T0190503

Lutz v. Wangenheim

Aktive Filter und Oszillatoren

Lutz v. Wangenheim

Aktive Filter
und Oszillatoren

Entwurf und Schaltungstechnik
mit integrierten Bausteinen

Mit 153 Abbildungen und 26 Tabellen

 Springer

Prof. Dipl.-Ing. Lutz v. Wangenheim
Hochschule Bremen
Neustadtswall 30
28199 Bremen
e-mail: wangenhm@etech.hs-bremen.de

Ursprünglich erschienen bei Hüthig unter dem Titel: Aktive Filter in RC- und SC-Technik (1991).

Bibliografische Information der Deutschen Bibliothek
Die Deutsche Bibliothek verzeichnet diese Publikation in der Deutschen Nationalbibliografie;
detaillierte bibliografische Daten sind im Internet über <http://dnb.ddb.de> abrufbar.

ISBN 978-3-540-71737-9 Springer Berlin Heidelberg New York

Springer ist ein Unternehmen von Springer Science+Business Media

springer.de

© Springer-Verlag Berlin Heidelberg 2008

Satz: Digitale Druckvorlage des Autors
Herstellung: LE-TeX Jelonek, Schmidt & Vöckler GbR, Leipzig
Einbandgestaltung: eStudioCalamar S.L., F. Steinen-Broo, Girona, Spanien

SPIN 11935858   7/3180/YL - 5 4 3 2 1 0   Gedruckt auf säurefreiem Papier

Vorwort

Die Dimensionierung einer elektronischen Schaltung zur Realisierung einer ausgewählten Filterfunktion ist Routine – entweder über zugehörige Formeln (nach der „Kochbuch"-Methode) oder auch mit dem PC und einem Programm zum Filterentwurf. Aber dieses ist bereits der *dritte* Schritt.

Der *erste* Schritt besteht darin, erst einmal die Entscheidung für eine geeignete Filtercharakteristik zu treffen, mit der die Vorgaben einzuhalten sind – und dabei hat man die Wahl zwischen vier bis fünf „klassischen" Funktionen (Stichworte: Butterworth, Tschebyscheff, Cauer, ...) und etwa zehn weiteren „exotischen" Varianten. Kompliziert wird diese Auswahl zusätzlich noch dadurch, dass gleichzeitig auch schaltungstechnische Konsequenzen zu berücksichtigen sind, da der Realisierungsaufwand bei den einzelnen Funktionen durchaus unterschiedlich ist.

Und danach kommt der *zweite* – der entscheidende und wohl auch der schwierigste – Schritt: Die Auswahl einer Schaltung. Das vorliegende Buch bietet beispielsweise für einen Tiefpass zweiten Grades etwa 20 Schaltungskonfigurationen an – teilweise noch mit bis zu jeweils drei unterschiedlichen Dimensionierungs-Strategien. Zudem eröffnen sich für Funktionen vierten oder höheren Grades noch weitere – leistungsstarke und durchaus empfehlenswerte – Möglichkeiten.

Eines von diesen zahlreichen Schaltungskonzepten wird wahrscheinlich das „Optimum" darstellen – bezogen auf Anforderungen und Randbedingungen technischer, operationeller oder auch wirtschaftlicher Art (Stichworte: Selektivität, Genauigkeit, Leistungsverbrauch, Spannungsversorgung, Kosten). Aber auf diese Frage nach der „richtigen" Schaltung können keine PC-Programme, keine Internet-Recherchen und auch keine – notwendigerweise knapp gehaltenen – Kapitel zur Filtertechnik in allgemeinen Elektronik-Fachbüchern eine Antwort geben.

Auch dieses Buch kann das nicht. Es hat aber das Ziel, den interessierten Leser zu befähigen, selber eine angemessene Lösung für seine spezielle Aufgabenstellung zu finden. Dazu ist es unerlässlich, die aktuellen Entwicklungen auf dem Sektor der analogen Filtertechnik nicht nur zu kennen, sondern die Entwurfsgrundlagen dazu sowie die besonderen Merkmale und Einschränkungen der verschiedenen Verfahren auch zu verstehen. Nur dann besteht die Chance, in einem systematischen Auswahlprozess das richtige Filter für eine bestimmte Anwendung definieren zu können.

Mit dieser Zielsetzung stellt das vorliegende Buch eine Einführung in die Systemtheorie und die Praxis des Entwurfs aktiver Filterschaltungen dar.

Ein Buch über moderne analoge Filtertechnik ist zugleich auch ein Buch über die analoge Signalverarbeitung – ein Gebiet, das auch im „digitalen Zeitalter" keinesfalls an Bedeutung verloren hat.

Gerade innerhalb der letzten Jahre haben sich durch den weiteren Ausbau der Kommunikationsnetze – insbesondere der mobilen Dienste – für die Analogtechnik ganz neue Herausforderungen und zusätzliche Anwendungsbereiche ergeben.

Das Kernstück der analogen Signalverarbeitung sind Aktivfilter mit elektronischen Verstärkern, welche – abgesehen vom Mikrowellenbereich – heute praktisch ausschließlich als integrierte Bausteine eingesetzt werden. Dabei spielt der klassische Operationsverstärker zwar immer noch die Hauptrolle; im vorliegenden Buch werden aber auch aktuelle Neuentwicklungen berücksichtigt, die sich hinter den Abkürzungen wie z. B. CFA, OTA und CC verbergen. Weitergehende Informationen zu den Themenbereichen und Schwerpunkten liefert das Inhaltsverzeichnis – trotzdem sollen drei Kapitel hier gesondert angesprochen werden.

Vor dem Hintergrund der zahlreichen Methoden, mit denen Filterschaltungen entworfen werden können, erscheint es sinnvoll, die einzelnen Strukturvarianten und unterschiedlichen Strategien zunächst im Zusammenhang vorzustellen, bevor sie später jeweils in einem eigenen Kapitel oder Abschnitt anhand von Zahlenbeispielen detailliert diskutiert werden. Diesem Zweck dient das zweite Kapitel.

Ein eigenes Kapitel wird auch den Filtern mit geschalteten Kapazitäten gewidmet (SC-Filter) – eine mittlerweile schon etablierte Technik, die in Form komplett integrierter Filterbausteine breite Anwendung findet. Systemtechnisch gesehen stellen diese getakteten Systeme den Übergang dar von den zeitkontinuierlichen Analogfiltern zu den zeitdiskreten Digitalfiltern.

Selbstverständlich sollten die Fähigkeiten moderner und leistungsstarker PC-Programme auch für das Gebiet der Filtertechnik genutzt werden. Das gilt sowohl für die Schaltungssimulation – zur Überprüfung eines Schaltungskonzepts und der gewählten Dimensionierung – als auch für den Filterentwurf selber. Aus diesem Grund werden in einem separaten Kapitel neun kostenfrei erhältliche Entwurfsprogramme auf ihre Leistungsfähigkeit und ihre Grenzen hin untersucht.

Das Buch ist ein Fachbuch – geschrieben für Ingenieure und Naturwissenschaftler, die ihre Kenntnisse über die Filtertechnik auffrischen und vor dem Hintergrund vieler neuer Entwicklungen aktualisieren wollen oder müssen.

Es ist aber auch ein Lehrbuch für Studierende der Informations- und Kommunikationstechnik sowie verwandter Fachrichtungen, die sich – aufbauend auf dem mitgelieferten systemtheoretischen Fundament – in das Gebiet der Filtertechnik einarbeiten wollen. Als Voraussetzung dafür sind Kenntnisse in Mathematik und Elektrotechnik in einem Umfang erforderlich, wie sie in den ersten drei Semestern eines ingenieurwissenschaftlichen Studiums vermittelt werden.

Der Inhalt des Buches ist entstanden aus meiner 25-jährigen Lehr- und Forschungstätigkeit an der Hochschule Bremen im Bereich der analogen Signalverarbeitung. In diesem Zusammenhang möchte ich besonders den zahlreichen ehemaligen Studierenden danken, die in Form von Projekten, Studien- und Diplomarbeiten wesentlich zu den hier präsentierten Ergebnissen beigetragen haben.

Bremen, im Herbst 2007   Lutz v. Wangenheim

Inhalt

Verwendete Symbole und Abkürzungen

Symbole

Symbol	Bedeutung
A	Verstärkung allgemein, Amplitude
$A(\omega)$	Betrag der Übertragungsfunktion, Amplitudengang
$\underline{A}(j\omega)$	komplexe Übertragungsfunktion eines Vierpols
A_0	Grundverstärkung bei $f=0$ (Tiefpass)
A_M	Mittenverstärkung (Bandpass)
A_∞	Verstärkungswert für $f \to \infty$
$\underline{A}_U(j\omega)$	frequenzabhängige Spannungsverstärkung (Operationsverstärker)
$\underline{A}_U(s)$	komplexe Verstärkungsfunktion (Operationsverstärker)
A_{U0}	Gleichspannungsverstärkung (Operationsverstärker)
a_D	Durchlassdämpfung in dB
a_S	Sperrdämpfung in dB
B	3-dB-Bandbreite (Bandpass)
B_{SR}	Großsignalbandbreite
C	Kapazitätswert des Kondensators
C_B	Bezugskapazitätswert
c	auf die Bezugsgröße C_B normierter Kapazitätswert
D^*	Kenngröße des FDNR mit der Impedanz $Z_D = -1/\omega^2 D^*$
D_S	Sperrdämpfungsfaktor
F	allgemeines Symbol für einen idealen Rückkopplungs-Vierpol
$\mathfrak{F}$	Symbol für die Fourier-Transformation
$\mathfrak{F}_D$	Symbol für die Fourier-Transformation diskreter Signale
f	Frequenz in Hz
f_A	Abtastfrequenz, Abtastrate
f_D	Durchlassgrenze in Hz
f_G	3-dB-Grenzfrequenz in Hz
f_T	Taktrate, Taktfrequenz
f_T	Transitfrequenz (Operationsverstärker)
$g(t)$	Sprungantwort einer Übertragungseinheit
g_m	Übertragungsleitwert bzw. Steilheit des OTA (Verstärkung)
$\underline{H}$	allgemeines Symbol für einen idealen Übertragungs-Vierpol
$\underline{H}(s)$	Systemfunktion eines zeitkontinuierlichen Systems
$H(z)$	Systemfunktion eines zeitdiskreten Systems

$\underline{H}_E(s)$	Einkopplungsfunktion
$\underline{H}_R(s)$	Rückkopplungsfunktion
$\underline{H}_S(s)$	Schleifensystemfunktion
$h(t)$	Impulsantwort
I	elektrischer Gleichstrom, Effektivwert des Wechselstroms
$i(t)$	Zeitfunktion des elektrischen Stromes
K	Skalierungsfaktor
k	Komponentenspreizung (Verhältnis zweier Bauteilwerte)
$k(j\omega)$	Konversionsfaktor (Impedanzkonverter)
L	Induktivitätswert einer Spule
L_B	Bezugsinduktivitätswert
$\mathfrak{L}$	Symbol für die Laplace-Transformation
l	auf die Bezugsgröße L_B normierter Induktivitätswert
$\underline{N}(s)$	Nennerpolynom, allgemein
n	Grad der Systemfunktion, Filtergrad
$P(\eta)$	Polynomfunktion, Approximationsfunktion
Q	Güte eines Resonanzkreises, Kondensatorladung (SC-Technik)
Q_P	Polgüte
Q_Z	Nullstellengüte
R	Ohmscher Widerstand
R_B	Bezugswiderstand
r	auf die Bezugsgröße R_B normierter ohmscher Widerstand
r_E	Signaleingangswiderstand
r_A	Signalausgangswiderstand
S	auf die Polfrequenz normierte komplexe Frequenz ($S=s/\omega_P$)
s	komplexe (Kreis-)frequenz ($s=\sigma+j\omega$)
s_N	komplexe Nullstelle der charakteristischen Gleichung, komplexe Polstelle der Systemfunktion (Eigenwert)
s_Z	komplexe Nullstelle der Systemfunktion
S_y^x	passive Empfindlichkeit von x gegenüber Änderungen von y
SR	Slew Rate (Großsignal-Anstiegsrate, Anstiegsgeschwindigkeit)
T	Zeitkonstante
$T(\omega)$	reelle Frequenztransformationsfunktion
$T(s)$	komplexe Frequenztransformationsfunktion
T_A	Abtastperiode $T_A=1/f_A$
T_T	Taktperiode $T_T=1/f_T$
t	kontinuierliche Zeitvariable
U	Elektrische Gleichspannung, Effektivwert einer Wechselspannung
$\underline{U}$	komplexer Effektivwert einer Wechselspannung
$U(z)$	z-Transformierte einer Folge von Spannungswerten $u(n)$
$\hat{\underline{u}}$	komplexe Spannungsamplitude $\hat{\underline{u}} = \hat{u} \cdot e^{j\varphi}$
$u(t)$	Zeitfunktion der elektrischen Spannung
$\underline{u}(t)$	elektrische Wechselspannung in komplexer Schreibweise
u_E, u_A	Eingangs-/Ausgangssignalspannungen (allgemein)

u_D	Differenzspannung (OPV-Eingang)
$u(n)$	Folge diskreter Spannungswerte
v	Spannungsverstärkungsfaktor
$\underline{v}(s)$	komplexer Wert der Spannungsverstärkung
w	Welligkeit (einer Betragsfunktion)
$\underline{X}(j\omega)$	Fourier-Transformierte der Funktion $x(t)$, Eingangsspektrum
$x(t)$	Eingangssignal (allgemein) im Zeitbereich
$x_{(n)}$	Wertefolge am Eingang eines zeitdiskreten Systems
$\underline{Y}(j\omega)$	Fourier-Transformierte der Funktion $y(t)$, Ausgangsspektrum
$y(t)$	Ausgangssignal (allgemein) im Zeitbereich
$y_{(n)}$	Wertefolge am Ausgang eines zeitdiskreten Systems
$\underline{Y}$	komplexer Leitwert, Admittanz,
$\underline{Z}$	komplexer Widerstand, Impedanz
$\mathfrak{Z}$	Symbol der z-Transformation
$\underline{Z}(s)$	Zählerpolynom
Z_D	negative Impedanz des FDNR
Z_{TR}	Transferimpedanz, Transimpedanz (CFA)
z	Frequenzvariable in zeitdiskreten Systemen

$\delta(t)$	Impulsfunktion (Dirac-Impuls)
ε	Spreizungsfaktor (Amplitudenstabilisierung, Oszillator)
$\varepsilon(t)$	Einheitssprungfunktion
ε_D	Toleranzfaktor (Betragsfunktion, Amplitudengang)
φ	Phasenwinkel
ϕ	Taktphase (SC-Technik)
γ	Maß für das Überschwingen (in %)
η	auf die Polfrequenz ω_P normierte allgemeine Frequenzvariable,
σ	Realteil der komplexen (Kreis-)frequenz s
σ_N	Abklingkonstante, Realteil des komplexen Eigenwertes s_N
τ	Zeitkonstante
$\tau_G(j\omega)$	frequenzabhängige Gruppenlaufzeit
τ_{G0}	Gruppenlaufzeit bei $\omega=0$
τ_N	Skalierungsgröße (Bruton-Transformation)
τ_{SC}	Skalierungsgröße (SC-Technik)
ω	Kreisfrequenz $\omega=2\pi f$, Imaginärteil der komplexen Kreisfrequenz s
ω_D	Durchlassgrenze
ω_G	3-dB-Grenzkreisfrequenz
ω_M	Mittenkreisfrequenz (Bandpass)
ω_N	Eigenkreisfrequenz, Imaginärteil des komplexen Eigenwertes s_N
ω_P	Polkreisfrequenz, $\omega_P=|s_N|$
ω_S	Beginn des Sperrbereichs, Sperrgrenze
ω_Z	Übertragungsnullstelle, Imaginärteil von s_Z
Ω	auf die Durchlassgrenze ω_D normierte allgemeine Frequenzvariable
ζ	Dämpfungsfaktor (Resonanzkreis)

Abkürzungen

A-H	Abtast-Halte-Funktion
BL	Bilineare Transformation (SC-Technik)
BTC	Balanced Time Constants
CC	Current Conveyor (Stromkonverter)
CCCS	Current Controlled Current Source (Stromgesteuerte Stromquelle)
CCVS	Current Controlled Voltage Source (Stromgesteuerte Spannungs quelle)
CFA	Current-Feedback Amplifier (Transimpedanzverstärker)
ER	Euler-Rückwärts-Approximation (SC-Technik)
EV	Euler-Vorwärts-Approximation (SC-Technik)
FDNR	Frequency-Dependent Negative Resistor
FLF	Follow-the-Leader-Feedback
GBP	Gain-Bandwidth-Product (Transitfrequenz)
GIC	Generalized Impedance Converter
KHN	Kerwin-Huelsman-Newcomb(-Filter)
LDI	Lossless Discrete Integrator (verlustloser zeitdiskreter Integrator)
LF	Leapfrog
MFB	Multiple-Feedback
MLF	Multi-Loop-Feedback
NIC	Negative Impedance Converter
OPV	Operationsverstärker
OTA	Operational Transconductance Amplifier (Steilheitsverstärker)
PRB	Primary Resonator Block
SC	Switched-Capacitor (Schalter-Kondensator)
VCVS	Voltage-Controlled Voltage Source
VFA	Voltage-Feedback Amplifier

Einführung

Elektrische Filterschaltungen spielen eine herausragende Rolle in allen Bereichen der modernen Telekommunikation, der Signalverarbeitung sowie der Mess- und Regelungstechnik. Dabei entspricht die Funktion des „Filterns" einem Auswahlprozess, bei dem charakteristische Merkmale der zu filternden elektrischen Größen benutzt werden, um bestimmte Anteile erkennen und verarbeiten zu können. In den meisten Fällen sind es elektrische Spannungen, die auf diese Weise nach bestimmten Kriterien verarbeitet werden.

Unter diese allgemeine Definition fallen beispielsweise die auf bestimmte Minimal- bzw. Maximalwerte reagierenden Amplitudenfilter sowie über spezielle Impulse synchronisierte Auswahlschalter, die als Zeitfilter angesehen werden können (Beispiel: PCM-Zeitmultiplex).

In der bei weitem überwiegenden Anzahl aller Anwendungen werden elektrische Filter aber eingesetzt, um die in den elektrischen Spannungen enthaltenen spektralen Anteile unterschiedlich zu bewerten und beim Durchlauf durch das Filter gezielt zu verändern.

Dieses Buch befasst sich ausschließlich mit diesen frequenzselektiven Filtern, die – soweit es den Bereich der Elektrotechnik betrifft – im allgemeinen Sprachgebrauch vereinfachend als „Filter" bezeichnet werden und deren Funktion darin besteht, aus einem Frequenzgemisch nach festgelegten Kriterien bestimmte Anteile zwecks Weiterverarbeitung oder auch Unterdrückung „herauszufiltern".

Aus einer Vielzahl von Filteranwendungen in der modernen Elektronik seien sechs typische Beispiele herausgegriffen:

- Tiefpassfilter zur Bandbegrenzung in Systemen zur digitalen Verarbeitung analoger Signale (Anti-Aliasing-Filter);
- Tiefpass als Rekonstruktionsfilter am Ausgang eines Digital-Analog-Wandlers (Video-Filter);
- Bandpassfilter zur Frequenzselektion in Empfangsgeräten für drahtlose Kommunikationssysteme;
- Hochpassfilter für Oberschwingungsanalysen oder als Teilstufe in extrem breitbandigen Bandpassfiltern;
- Bandsperrfilter zur Unterdrückung einzelner Störfrequenzen;
- Allpassfilter zum Ausgleich von Laufzeitschwankungen (Delay Equalizer).

Schaltungstechnisch eng verwandt mit den Aktivfiltern sind die freischwingenden „linearen" Oszillatoren, die entweder ein Filter als selektives Element enthalten oder auf dem Wege einer speziellen Dimensionierung unmittelbar hervorgegangen sind aus aktiven Filterschaltungen.

Um die Funktionsweise von Oszillatoren verstehen zu können, ist es deshalb unerlässlich, über vertiefte Kenntnisse der Filtertechnik zu verfügen. Ein Hinweis darauf, dass es sich bei Oszillatoren um besonders interessante und anspruchsvolle Systeme handelt, ist die – zunächst widersprüchlich erscheinende – Forderung, dass „lineare" Oszillatoren auch über nicht-linear wirkende Funktionen verfügen müssen, um ein qualitativ hochwertiges sinusförmiges Signal produzieren zu können.

Die Wirkungsweise der klassischen passiven Filternetzwerke beruht auf den von der Frequenz abhängigen Eigenschaften des Kondensators und der gewickelten Spule. Diese früher als „Siebschaltungen" und heute als „Reaktanzfilter" bezeichneten LC-Kombinationen haben auch weiterhin noch eine gewisse Bedeutung im oberen MHz-Bereich.

Angeregt durch die in den 50-er Jahren des vorigen Jahrhunderts sich stürmisch entwickelnde Halbleitertechnik konzentrierten sich zahlreiche Forschungsaktivitäten auf die Untersuchung der Möglichkeiten, gewickelte Spulen wegen ihrer gravierenden Nachteile – Kosten, Gewicht, Volumen, mechanische und elektromagnetische Eigenschaften – durch Verstärkerschaltungen zu ersetzen.

Stellvertretend für viele bahnbrechende Arbeiten auf diesem Sektor sei eine Veröffentlichung aus dem Jahre 1955 erwähnt (Sallen u. Key 1955), in der ein – auch heute noch gebräuchliches – Schaltungsprinzip für Aktivfilter auf der Basis gesteuerter Spannungsquellen beschrieben wird. Der eigentliche Durchbruch der aktiven Filtertechnik ist eng verbunden mit der Technologie der monolithischen Integration linearer Schaltungen, die ab 1960 die ersten voll integrierten Operationsverstärker hervorgebracht hat und wenige Jahre später auch kompakte Filterbausteine in Hybridtechnologie ermöglichte.

Als weiterer bedeutender Entwicklungssprung in diesem Bereich gilt die etwa seit 1980 beherrschbare monolithische Integration kompletter Filterschaltungen in MOS-Technik. Die Funktion des Widerstandes wird dabei entweder durch einen Verstärker mit Stromausgang (OTA-C-Filter) oder durch eine Kombination aus Signalschaltern und Kondensator nachgebildet (Switched-Capacitor-/SC-Filter). Diese SC-Filter nehmen – aus systemtheoretischer Sicht – eine Zwischenstellung ein zwischen den zeitkontinuierlichen Analogfiltern und den zeitdiskret arbeitenden Digitalfiltern. Gerade in diesem Bereich konnten innerhalb der letzten dreißig Jahre viele interessante netzwerktheoretische Erkenntnisse gewonnen und schaltungsmäßig umgesetzt werden.

Angeregt und motiviert durch die extremen Anforderungen der heutigen mobilen Kommunikationsdienste – mit Betriebsspannungen unterhalb von 1,5 V bei minimalem Leistungsverbrauch, guter Dynamik und Frequenzen im hohen MHz-Bereich – konzentriert sich der Entwicklungsaufwand seit etwa 10 Jahren auf vollständig integrierte Filterschaltungen, die im „Log-Modus" (log domain) arbeiten. Dabei werden die Eingangssignale zunächst über eine logarithmische Kennlinie komprimiert, bevor sie verarbeitet – d. h. gefiltert – und danach wieder nach dem Kompander-Prinzip exponentiell gedehnt werden (Frey 1996). Dieses derzeit noch nicht ganz ausgereifte Schaltungsprinzip wird im vorliegenden Buch jedoch nicht berücksichtigt.

1 Systemtheoretische Grundlagen

In diesem einleitenden Kapitel werden wichtige Definitionen und Aussagen der Systemtheorie zur Beschreibung des Übertragungsverhaltens frequenzabhängiger Netzwerke zusammengefasst.

In der überwiegenden Anzahl aller Anwendungen bestehen elektrische Filter aus einer Zusammenschaltung einzelner konzentrierter Bauelemente – man spricht deshalb auch von Filternetzwerken – mit jeweils zwei Eingangs- und Ausgangsanschlüssen (oder auch: zwei Toren) zur Ein- bzw. Auskopplung von Spannungen. Filterschaltungen werden bei der Beschreibung, Berechnung und Messung ihrer Eigenschaften also als frequenzabhängige *Zweitore* bzw. *Vierpole* zur Übertragung elektrischer Signale angesehen.

Der in diesem Zusammenhang elementare Begriff der *Systemfunktion* wird in Abschn. 1.1 eingeführt und erläutert. In Abschn. 1.2 werden geeignete Klassifizierungsmerkmale und Kenngrößen zur Charakterisierung des Filterübertragungsverhaltens festgelegt. Da die Übertragungseigenschaften der wichtigsten Filtertypen rechnerisch auf eine Tiefpassfunktion zurückgeführt werden können, wird in Abschn. 1.3 ein geeignetes Toleranzschema zur Formulierung der Anforderungen an den sog. *Referenztiefpass* eingeführt. Die wichtigsten Methoden zur Annäherung (Approximation) an den idealen Tiefpass werden in Abschn. 1.4 diskutiert. Die Verfahren, mit denen diese Tiefpassdaten auch zum Entwurf anderer klassischer Filterfunktionen herangezogen werden können (Frequenztransformationen), werden in Abschn. 1.5 beschrieben. Den Schluss dieses Abschnitts bildet eine Übersicht über passive *RLC*-Tiefpässe, deren Strukturen auf direktem oder indirektem Wege in aktive Schaltungen überführt werden können.

1.1 Lineare Vierpole

1.1.1 Die komplexe Frequenz

Der für die Übertragungs- und Filtertechnik fundamentale Begriff der *komplexen Frequenz* soll zunächst anhand eines Beispiels, s. Abb. 1.1, eingeführt und erläutert werden. Eine Gleichspannung U_0 wird zum Zeitpunkt $t=0$ über einen Schalter S auf eine Reihenschaltung aus Spule (Induktivität L), Widerstand R und Kondensator (Kapazität C) geschaltet. Die Reaktion dieser als Serienschwingkreis bezeichneten Schaltungsanordnung auf die sprungförmige Spannungserregung soll über den Zeitverlauf des fließenden Stromes $i(t)$ berechnet werden.

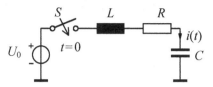

Abb. 1.1 *LRC*-Reihenschaltung an Gleichspannung

Für den geschlossenen Stromkreis ergibt sich nach der Maschenregel

$$L\frac{\mathrm{d}i(t)}{\mathrm{d}t} + i(t)\cdot R + \frac{1}{C}\int i(t)\mathrm{d}t = U_0.\qquad(1.1)$$

Gleichung (1.1) wird mit C multipliziert und nach der Zeit t differenziert. Es entsteht eine homogene Differentialgleichung zweiter Ordnung mit reellen konstanten Koeffizienten:

$$LC\frac{\mathrm{d}^2 i(t)}{\mathrm{d}t^2} + RC\frac{\mathrm{d}\,i(t)}{\mathrm{d}t} + i(t) = 0\,.\qquad(1.2)$$

Mit dem Lösungsansatz

$$i(t) = I\cdot \mathrm{e}^{st}\qquad(1.3)$$

folgt aus Gl. (1.2):

$$I\cdot \mathrm{e}^{st}(1 + sRC + s^2 LC) = 0\,.$$

Die Größe s ist dabei ein zunächst unbekannter Faktor im Exponenten des Lösungsansatzes mit der Dimension 1/Zeit. Der Vorfaktor I ist eine Konstante mit der Dimension eines Stromes. Da die Zeit t immer positiv ist (der Vorgang wurde bei $t=0$ gestartet), kann die Gleichung nur erfüllt werden, indem der Klammerausdruck zu Null gesetzt wird. Es entsteht die sog. *charakteristische Gleichung* des Systems, wobei die linke Seite dieser Gleichung das *charakteristische Polynom* bildet:

$$1 + sRC + s^2 LC = 0\,.\qquad(1.4)$$

Diese Gleichung zweiten Grades besitzt zwei Lösungen s_{N1} und s_{N2}, die auch als *Eigenwerte* des Systems bezeichnet werden:

$$s_{N1,2} = -\frac{R}{2L} \pm \sqrt{\left(\frac{R}{2L}\right)^2 - \frac{1}{LC}}\,.\qquad(1.5\mathrm{a})$$

Mit dem Ziel einer anschaulichen Interpretation wird dieses Ergebnis umgeformt, indem die Wurzel aus „-1" gebildet wird:

$$s_{N1,2} = -\frac{R}{2L} \pm \mathrm{j}\sqrt{\frac{1}{LC} - \left(\frac{R}{2L}\right)^2}\,.\qquad(1.5\mathrm{b})$$

Mit den folgenden – zunächst willkürlich erscheinenden – Abkürzungen

$$-\frac{R}{2L} = \sigma_N \quad \text{und} \quad \sqrt{\frac{1}{LC} - \left(\frac{R}{2L}\right)^2} = \omega_N \tag{1.6a}$$

sind die Eigenwerte, Gl. (1.5b), dann in folgender Form anzugeben:

$$s_{N1,2} = \sigma_N \pm j\omega_N \,. \tag{1.6b}$$

Mit dem Lösungsansatz, Gl. (1.3), ergibt sich daraus der zeitliche Verlauf des Stromes durch Überlagerung der beiden Teillösungen:

$$i(t) = I_1 \cdot e^{s_{N1}t} + I_2 \cdot e^{s_{N2}t} = e^{\sigma_N t}(I_1 \cdot e^{j\omega_N t} + I_2 \cdot e^{-j\omega_N t}) \,. \tag{1.7}$$

Zur Bestimmung der beiden Faktoren I_1 und I_2 werden die Anfangsbedingungen im Einschaltmoment (t=0) in Gl. (1.7) eingesetzt:

- Bei t=0 verhindert die Induktivität L den Stromfluss durch die Schaltung:

$$i(t = 0) = I_1 + I_2 = 0 \quad \Rightarrow \quad I_2 = -I_1 \,.$$

- Bei t=0 gilt deshalb für die Spannung über L (mit u_C=0):

$$u_L(t = 0) = U_0 = L\frac{di}{dt} \quad \Rightarrow \quad U_0 = L(I_1 s_{N1} + I_2 s_{N2}) \,.$$

Aus beiden Bedingungen folgt zusammen mit Gl. (1.6b):

$$I_1 = -I_2 = \frac{U_0}{j2\omega_N L} = \frac{I_0}{2j} \quad \text{mit:} \quad I_0 = \frac{U_0}{\omega_N L} \,.$$

Durch Einsetzen dieser beiden Konstanten in Gl. (1.7) erhält man dann für die Zeitfunktion des Stromes:

$$i(t) = I_0 \cdot e^{\sigma_N t} \cdot \frac{(e^{j\omega_N t} - e^{-j\omega_N t})}{2j} \,. \tag{1.8a}$$

Für reelle Werte von ω und mit der Euler-Formel für komplexe Ausdrücke

$$\frac{(e^{j\omega_N t} - e^{-j\omega_N t})}{2j} = \sin \omega_N t$$

lässt sich Gl. (1.8a) einfach darstellen als Produkt aus einer sinusförmigen Zeitfunktion und einem Vorfaktor (Amplitude), der ebenfalls zeitabhängig ist:

$$i(t) = I_0 \cdot e^{\sigma_N t} \sin \omega_N t \,. \tag{1.8b}$$

Fallunterscheidung Als Folge des Aufschaltens der Gleichspannung U_0 auf die Schaltungsanordnung nach Abb. 1.1 fließt also ein zeitlich veränderlicher Strom $i(t)$, Gl. (1.8), bei dem grundsätzlich drei Fälle zu unterscheiden sind:

- Für den Fall unterkritischer Dämpfung mit $\sigma_N{}^2 < 1/LC$ ist der Ausdruck unter der Wurzel in Gl. (1.6) positiv und die Größe ω_N deshalb reell. Als Strom stellen sich (mit σ_N negativ) nach einer e-Funktion abklingende sinusförmige Schwingungen ein mit der Kreisfrequenz ω_N (Einheit rad/s). Die Größe $f_N = \omega_N/2\pi$ wird dabei als *Eigenfrequenz* bezeichnet (Einheit 1/s=Hz). Enthält die Schaltung keine aktiven Bauelemente (Verstärker), ist die Größe σ_N stets negativ und führt zu einem gedämpften System. Deshalb wird diese Kenngröße auch Abkling- oder Dämpfungskonstante σ_N genannt. Ein in diesem Sinne gedämpftes System wird als stabil bezeichnet.
- Für den Fall kritischer bzw. überkritischer Dämpfung mit $\sigma_N{}^2 \geq 1/LC$ wird in Gl. (1.5b) der Radikand zu Null oder negativ und beide Lösungen sind negativ reell. Es kommt ohne Ausbildung von Schwingungen zu einem reinen Abklingvorgang.
- Für den – hier nur theoretisch denkbaren – Spezialfall eines ungedämpften Systems mit $R=0$ bzw. $\sigma_N=0$ reagiert das System mit einer kontinuierlichen Schwingung der Frequenz $\omega_N = \omega_0 = 1/LC$ (Schwingfall, Oszillatorprinzip, vgl. Kap. 8).

Zusammenfassend ist also festzuhalten, dass im vorliegenden Beispiel der zeitliche Verlauf des Stromes mittels Gl. (1.5) und Gl. (1.6) durch eine Größe s_N zu beschreiben ist, die als *komplexe Eigen(-Kreis)frequenz* bezeichnet wird.

Definition (komplexe Frequenz) In Erweiterung des Begriffs der Kreisfrequenz ω wird deshalb – in Verallgemeinerung von Gl. (1.6b) – die *komplexe Kreisfrequenz* definiert:

$$s = \sigma + j\omega \,. \tag{1.9}$$

Damit können die in stabilen Systemen auftretenden exponentiell abklingenden Schwingungen der Kreisfrequenz $\omega = 2\pi f$ mathematisch auf einfache Weise erfasst und beschrieben werden. Obwohl nicht ganz konsequent in der Ausdrucksweise, ist es in der Praxis jedoch üblich, in der Definition nach Gl. (1.9) nur von der *komplexen Frequenz s* zu sprechen.

1.1.2 Die Übertragungsfunktion

Für die hier behandelten Übertragungsvierpole sollen die folgenden Voraussetzungen gelten:

- Linearität: Der Vierpol besitzt lineares Übertragungsverhalten. Bei einem aus mehreren Anteilen zusammengesetzten Signal können deshalb die einzelnen Komponenten separat analysiert (also dem Übertragungsverhalten unterworfen) und am Ausgang wieder überlagert werden.
- Zeitinvarianz: Das Übertragungsverhalten ist von der Zeit unabhängig. Der Übertragungsvierpol hat damit zu jedem Zeitpunkt die gleichen Eigenschaften.

- Stationärer Zustand: Das Übertragungsverhalten des Vierpols wird nur für den eingeschwungenen Zustand untersucht. Alle Einschwingvorgänge werden deshalb als abgeschlossen betrachtet.

Unter diesen Voraussetzungen kann ein Vierpol (Abb. 1.2) auf ein sinusförmiges Eingangssignal $x(t)$ nur mit einem ebenfalls sinusförmigen Ausgangssignal $y(t)$ gleicher Frequenz reagieren, wobei i. a. jedoch Phasen- und Amplitudenänderungen auftreten.

Abb. 1.2 Vierpolmodell (linear, zeitinvariant)

Für zwei sinusförmige Eingangssignale $x_i(t)$ und $x_k(t)$ mit gleicher Frequenz gilt deshalb der folgende Ansatz:

$$x_i(t) = \sin(\omega t + \varphi_1) \quad \Rightarrow \quad y_i(t) = A\sin(\omega t + \varphi_2),$$
$$x_k(t) = \cos(\omega t + \varphi_1) \quad \Rightarrow \quad y_k(t) = A\cos(\omega t + \varphi_2).$$

Dabei berücksichtigt der Faktor A eine vom Vierpol bewirkte Amplitudenänderung (Verstärkung bzw. Dämpfung) und der Phasenwinkel $\varphi = \varphi_2 - \varphi_1$ die Veränderung der Phasenlage zwischen Eingangs- und Ausgangssignal. Die Größen A und φ sind i. a. von der Signalfrequenz abhängig:

$$A = A(\omega) \quad \text{und} \quad \varphi = \varphi(\omega).$$

Wegen der vorausgesetzten Linearität des Systems dürfen die beiden Eingangsgrößen $x_i(t)$ und $x_k(t)$ auch gemeinsam auf den Vierpol einwirken, ohne dass sich an den jeweiligen Ausgangsgrößen $y_i(t)$ und $y_k(t)$ etwas ändert. Wenn $x_i(t)$ außerdem noch mit dem Faktor „j" multipliziert wird, gilt für das zusammengesetzte Signal der folgende Zusammenhang:

$$\underline{x}(t) = x_k(t) + j x_i(t) \quad \Rightarrow \quad \underline{y}(t) = y_k(t) + j y_i(t).$$

Nach dem Satz von Euler für komplexe Zahlen

$$\cos x + j\sin x = e^{jx} \tag{1.10}$$

lassen sich Eingangs- und Ausgangssignal auch in folgender Form schreiben:

$$\underline{x}(t) = e^{j(\omega t + \varphi_1)} \quad \Rightarrow \quad \underline{y}(t) = A(\omega)e^{j(\omega t + \varphi_2)},$$
$$\underline{x}(t) = e^{j(\omega t)}e^{j\varphi_1} \quad \Rightarrow \quad \underline{y}(t) = A(\omega)e^{j(\omega t)}e^{j\varphi_2}. \tag{1.11}$$

Über die Bildung des Quotienten $\underline{y}(t)/\underline{x}(t)$ werden die vom Vierpol verursachten Amplituden- und Phasenänderungen als Übertragungsfunktion definiert.

Definition (Übertragungsfunktion) Die komplexe Übertragungsfunktion $\underline{A}(j\omega)$ eines Vierpols ist definiert als Quotient aus den Zeitfunktionen von Ausgangs- und Eingangssignal für den Spezialfall sinusförmiger Vorgänge:

$$\left.\frac{\underline{y}(t)}{\underline{x}(t)}\right|_{\underline{x}(t)=e^{j\omega t}} = A(\omega)e^{j\varphi} = \underline{A}(j\omega). \tag{1.12}$$

Für den hier besonders interessierenden Fall, dass die Signalgrößen $x(t)$ und $y(t)$ durch Spannungen $u_1(t)$ bzw. $u_2(t)$ mit den Amplituden $\hat{u}_1$ bzw. $\hat{u}_2$ repräsentiert werden, ist die Definition der Übertragungsfunktion besonders einfach zu formulieren. Für die Zeitfunktionen der komplexen Spannungen am Eingang bzw. am Ausgang des Vierpols lässt sich dann gemäß Gl. (1.11) schreiben:

$$\underline{x}(t) = \underline{u}_1(t) = \hat{u}_1 e^{j(\omega t + \varphi_1)} \quad \text{und} \quad \underline{y}(t) = \underline{u}_2(t) = \hat{u}_2 e^{j(\omega t + \varphi_2)}.$$

Der Übergang von den komplexen Spannungen $\underline{u}_1(t)$ und $\underline{u}_2(t)$ auf die physikalisch realen Spannungen $u_1(t)$ bzw. $u_2(t)$ ist gemäß Gl. (1.10) durch Bildung des Imaginär- oder Realteils für sinusförmige bzw. kosinusförmige Vorgänge jederzeit möglich.

Mit den komplexen Amplituden

$$\hat{\underline{u}}_1 = \hat{u}_1 e^{j\varphi_1} \quad \text{bzw.} \quad \hat{\underline{u}}_2 = \hat{u}_2 e^{j\varphi_2}$$

und den zugehörigen komplexen Effektivwerten $\underline{U}_1(t)$ bzw. $\underline{U}_2(t)$ folgt aus der mit Gl. (1.12) gegebenen Definition dann die komplexe *Übertragungsfunktion*

$$\underline{A}(j\omega) = \frac{\underline{u}_2(t)}{\underline{u}_1(t)} = \frac{\hat{\underline{u}}_2 e^{j\omega t}}{\hat{\underline{u}}_1 e^{j\omega t}} = \frac{\hat{\underline{u}}_2}{\hat{\underline{u}}_1} = \frac{\underline{U}_2}{\underline{U}_1}. \tag{1.13}$$

Die Übertragungsfunktion einer Schaltungsanordnung, die ausschließlich lineare Bauelemente bzw. im Arbeitspunkt linearisierte Elemente enthält, ist über die Gesetze der Wechselstromrechnung damit relativ einfach zu ermitteln.

Interpretation der Übertragungsfunktion Die Definition nach Gl. (1.13) kann für alle linearen Vierpole auch auf die Überlagerung mehrerer sinusförmiger Signale angewendet werden. Die dabei entstehende Summengleichung repräsentiert eine komplexe Fourier-Reihe, deren Koeffizienten Betrag und Phase des ausgangsseitigen Linienspektrums angeben. Durch Übergang auf eine unendlich große Periodendauer des entstehenden Summensignals geht die Fourier-Reihe über in das Fourier-Integral, wobei aus dem Linienspektrum ein kontinuierliches Spektrum wird.

Der Faktor, der Eingangs- und Ausgangsspektrum miteinander verknüpft, ist die bereits mit Gl. (1.12) definierte Übertragungsfunktion $\underline{A}(j\omega)$:

$$\underline{Y}(j\omega) = \underline{A}(j\omega)\underline{X}(j\omega) \quad \Rightarrow \quad \underline{A}(j\omega) = \frac{\underline{Y}(j\omega)}{\underline{X}(j\omega)}. \tag{1.14}$$

Die Größen $\underline{X}(j\omega)$ und $\underline{Y}(j\omega)$ sind dabei das zu den Zeitfunktionen $x(t)$ bzw. $y(t)$ gehörende *Amplitudendichtespektrum*, das über die Fourier-Transformation (Symbol $\mathfrak{F}$) berechnet wird:

$$\underline{X}(j\omega) = \mathfrak{F}\{x(t)\} \quad \text{und} \quad \underline{Y}(j\omega) = \mathfrak{F}\{y(t)\}.$$

Damit kann die Übertragungsfunktion $\underline{A}(j\omega)$ aufgefasst werden als eine komplexe Größe, mit der das Spektrum des Eingangssignals beim Durchgang durch einen Vierpol bewertet (d. h. multipliziert) wird. Sie liefert damit den mathematischen Zusammenhang zwischen den Amplitudendichtespektren des Eingangs- und Ausgangssignals und ist so einer anschaulichen physikalischen Deutung zugänglich.

1.1.3 Die Systemfunktion

In Erweiterung des mit Gl. (1.13) eingeführten Begriffs der komplexen Übertragungsfunktion $\underline{A}(j\omega)$ entsteht die *Systemfunktion* $\underline{H}(s)$ eines Vierpols durch den Übergang von der variablen Größe $j\omega$ auf die mit Gl. (1.9) definierte komplexe Variable s. Beide Begriffe sind eng miteinander verknüpft und können durch einfachen Ersatz der Variablen in die jeweils andere Funktion überführt werden.

$$\underline{A}(j\omega)\big|_{j\omega=s} = \underline{H}(s). \tag{1.15}$$

Definition (Systemfunktion) Sind $\underline{X}(s)$ und $\underline{Y}(s)$ die Laplace-Transformierten (Symbol $\mathfrak{L}$) der Zeitfunktionen $x(t)$ bzw. $y(t)$, also:

$$\underline{X}(s) = \mathfrak{L}\{x(t)\} \quad \text{und} \quad \underline{Y}(s) = \mathfrak{L}\{y(t)\},$$

dann geht der mit Gl. (1.14) definierte Quotient über in die *Systemfunktion*

$$\underline{H}(s) = \frac{\underline{Y}(s)}{\underline{X}(s)}. \tag{1.16}$$

Durch den formalen Übergang von $j\omega$ auf s gehen die Fourier-Transformierten $\underline{X}(j\omega)$ und $\underline{Y}(j\omega)$ in Gl. (1.14) in die Laplace-Transformierten $\underline{X}(s)$ bzw. $\underline{Y}(s)$ der Zeitfunktionen $x(t)$ und $y(t)$ über, vgl. Gl. (1.16).

Von besonderer Bedeutung ist die Systemfunktion $\underline{H}(s)$ für die Beurteilung der Stabilität von Übertragungssystemen, da sie – wie in Abschn. 1.1.4 gezeigt wird – in einem direkten Zusammenhang mit der Differentialgleichung bzw. der zugehörigen charakteristischen Gleichung des Systems steht, deren Lösungen das Zeitverhalten kennzeichnen.

Im Gegensatz zur der Übertragungsfunktion $\underline{A}(j\omega)$, die Eingangs- und Ausgangsspektrum miteinander verknüpft, ist die Systemfunktion $\underline{H}(s)$ keiner unmittelbaren physikalischen Deutung zugänglich. Sie steht jedoch über die Laplace-Transformation mit Zeitfunktionen in Verbindung, die auf anschauliche Weise das Übertragungsverhalten kennzeichnen (Impulsantwort bzw. Sprungantwort), vgl. dazu Abschn. 1.1.4.

1.1.4   Lineare Netzwerke im Zeit- und Frequenzbereich

Die wichtigsten Zusammenhänge zwischen den Funktionen, die den linearen
zeitinvarianten Übertragungsvierpol (Abb. 1.2) im Zeit- bzw. Frequenzbereich
beschreiben, werden – ohne Beweisführung – nachfolgend kurz zusammengefasst. Eine ausführliche Darlegung der Zusammenhänge ist der Spezialliteratur zu
dem Thema „Systemtheorie" zu entnehmen, z. B. (Marko 1995).

- Die Übertragungsfunktion $\underline{A}(j\omega)$ ist über die komplexe Wechselstromrechnung
  relativ einfach zu ermitteln, vgl. Gl. (1.13).
- Über die Regeln der komplexen Rechnung können aus $\underline{A}(j\omega)$ die Betragsfunk-
  tion $|\underline{A}(j\omega)| = A(\omega)$ und die Phasenfunktion $\varphi = \varphi(\omega)$ ermittelt werden. Beide
  Funktionen – auch als Amplituden- bzw. Phasengang bezeichnet – beschrei-
  ben auf anschauliche Weise das Übertragungsverhalten eines Vierpols.
- Durch den Übergang von der Variablen „$j\omega$" auf die komplexe Frequenz „s"
  entsteht aus der Übertragungsfunktion $\underline{A}(j\omega)$ die Systemfunktion $\underline{H}(s)$.
- Mit Gl. (1.16) und der Vorgabe $\underline{X}(s) = 1$ gilt folgender Sonderfall:

$$\underline{Y}(s) = \underline{H}(s) \quad \text{für} \quad \underline{X}(s) = 1 = \mathfrak{L}\{\delta(t)\}$$

mit der Impulsfunktion (Dirac-Impuls) $\delta(t)$.

- Deshalb ist auch:

$$\underline{H}(s) = \mathfrak{L}\{h(t)\}$$

mit der Impulsantwort $h(t) = y(t)$ für den Fall $x(t) = \delta(t)$.

- Die Systemfunktion $\underline{H}(s)$ ist also die Laplace-Transformierte der zeitlichen
  Reaktion $h(t)$ des Systems auf eine Impulserregung $\delta(t)$ am Eingang.
- Für die Einheitssprungfunktion

$$x(t) = \varepsilon(t) = \left\{ \begin{array}{ll} 0 & (t \leq 0) \\ 1 & (t > 0) \end{array} \right. \tag{1.17}$$

besteht der folgende Zusammenhang mit der Impulsfunktion $\delta(t)$:

$$\delta(t) = \frac{\mathrm{d}}{\mathrm{d}t}\varepsilon(t). \tag{1.18}$$

- Weil die Operation „d/dt" gemäß Laplace-Transformation einer Multiplikation
  im Frequenzbereich mit „s" entspricht, lässt sich für den als Testsignal interessanten Einheitssprung ein einfacher Zusammenhang mit $\underline{H}(s)$ formulieren:

$$\underline{H}(s) = s\mathfrak{L}\{g(t)\} \quad \text{mit} \quad y(t) = g(t) \text{ für } x(t) = \varepsilon(t).$$

- Die Systemfunktion $\underline{H}(s)$ ist also die mit der Variablen „s" multiplizierte
  Laplace-Transformierte der Zeitfunktion $g(t)$ am Ausgang für den Sonderfall
  einer sprungförmigen Erregung $\varepsilon(t)$ am Eingang. Die Funktion $g(t)$ wird deshalb als *Sprungantwort* bezeichnet.

- Zwischen den oben definierten Ausgangssignalen $h(t)$ und $g(t)$ besteht der gleiche mathematische Zusammenhang wie für die beiden zugehörigen Eingangsfunktionen $\delta(t)$ bzw. $\varepsilon(t)$:

$$h(t) = \frac{\mathrm{d}}{\mathrm{d}t} g(t). \qquad (1.19)$$

∎

Die oben genannten Möglichkeiten, ein Vierpolnetzwerk in seinem Zeit- bzw. Frequenzverhalten zu beschreiben, sind also nicht unabhängig voneinander. Die wesentlichen Zusammenhänge sind in Abb. 1.3 noch einmal zusammengefasst dargestellt.

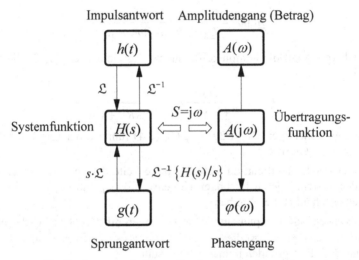

$\mathcal{L}$: Rechenvorschrift zur Laplace-Transformation

$\mathcal{L}^{-1}$: Rechenvorschrift zur inversen Laplace-Transformation

Abb. 1.3 Zusammenhänge kennzeichnender Funktionen im Zeit- und Frequenzbereich

Beispiel

In Abschn. 1.1.1 wurde das Zeitverhalten einer *RLC*-Serienschaltung (Abb. 1.1) untersucht, die mit einem Spannungssprung am Eingang beaufschlagt wird. Die gleiche Schaltung wird nun als Übertragungsvierpol betrachtet, indem die Spannung über dem Kondensator als Ausgangssignal $\underline{U}_2$ definiert wird, vgl. Abb. 1.4.

Für diese Anordnung, die den klassischen passiven *RLC*-Tiefpass darstellt, soll nun das Frequenzverhalten analysiert und die Systemfunktion $\underline{H}(s)$ ermittelt werden. Dabei wird sich ein wichtiger formaler Zusammenhang mit der Differentialgleichung, Gl. (1.2), ergeben, die das zeitliche Verhalten der Schaltung beschreibt.

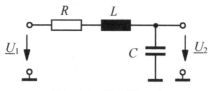

Abb. 1.4 *RLC*-Vierpol

Systemfunktion

Über die komplexe Wechselstromrechnung kann die Übertragungsfunktion der *RLC*-Schaltung als Verhältnis der komplexen Effektivwerte von Ausgangs- und Eingangsspannung angegeben werden:

$$\underline{A}(\mathrm{j}\omega) = \frac{\underline{U}_2}{\underline{U}_1} = \frac{1/\mathrm{j}\omega C}{R + 1/\mathrm{j}\omega C + \mathrm{j}\omega L}.$$

Durch Übergang auf die komplexe Frequenz folgt gemäß Gl. (1.15) die Systemfunktion

$$\underline{H}(s) = \frac{1/sC}{R + 1/sC + sL} = \frac{1}{1 + sRC + s^2 LC}. \tag{1.20}$$

Der Vergleich zwischen Gl. (1.20) und Gl. (1.4) führt zu der folgenden Aussage mit allgemeiner Gültigkeit:

Im Nenner der Systemfunktion steht die linke Seite der charakteristischen Gleichung des Systems, deren Lösungen (Eigenwerte) s_{N1} und s_{N2} das Einschwingverhalten anschaulich beschreiben.

Für das vorliegende Beispiel sind diese Lösungen mit Gl. (1.5) in Abschn. 1.1.1 angegeben. Der Realteil σ_N dieser Lösungen muss – wie in Abschn. 1.1.1 dargelegt – aus Stabilitätsgründen immer negativ sein.

Einschwingverhalten

Die Untersuchungen der Schaltungsanordnung in Abb. 1.4 sollen vervollständigt werden durch die Berechnung des zeitlichen Verlaufes der Ausgangsspannung $u_2(t)$ für den Fall einer sprungförmigen Erregung mit

$$u_1(t) = \begin{cases} 0 & (t < 0) \\ U_0 & (t \geq 0) \end{cases}.$$

Die Spannung $u_2(t)$ kann als Spannungsabfall am Kondensator durch den fließenden Strom $i(t)$ ausgedrückt werden. Zusammen mit Gl. (1.1) ist dann

$$u_2(t) = \frac{1}{C}\int i(t)\mathrm{d}t = U_0 - i(t)R + L\frac{\mathrm{d}i(t)}{\mathrm{d}t}.$$

Für kleine Dämpfungen $\sigma_N^2 < 1/LC$ verläuft die Zeitfunktion des Stromes nach Gl. (1.8) mit der zugehörigen Ausgangsspannung

$$u_2(t) = U_0 \left[1 - e^{\sigma_N t} \left(\cos \omega_N t - \frac{\sigma_N}{\omega_N} \sin \omega_N t \right) \right].$$ (1.21)

Nach anfänglichem Anstieg über U_0 hinaus – im Bereich negativer cos-Werte – nähert sich die Spannung $u_2(t)$ für den Fall relativ geringer Kreisdämpfung mit

$$\sigma_N{}^2 = \frac{R^2}{4L^2} < \frac{1}{LC}$$

dem Endwert U_0 in Form einer abklingenden Schwingung mit der Eigenkreisfrequenz ω_N, s. dazu Abschn. 1.1.1, Gl. (1.8). Bei relativ großer Dämpfung mit

$$\sigma_N{}^2 \geq \frac{1}{LC}$$

verläuft der Strom nach einer abklingenden e-Funktion und es kommt ohne Ausbildung von Schwingungen zu einer Annäherung an U_0.

Ein zahlenmäßiger Zusammenhang zwischen den Kenngrößen der Sprungantwort im Zeitbereich, Gl. (1.21), und der Frequenzcharakteristik von Filtern wird in Abschn. 1.2.3 (Absatz „Einschwingverhalten") formuliert.   ∎

1.1.5 Polverteilung und Stabilität

Für die Schaltung in Abb. 1.4 hat sich die charakteristische Gleichung über den Nenner der Systemfunktion, Gl. (1.20), ergeben. Diese Aussage lässt sich für alle hier behandelten aktiven und passiven Übertragungsvierpole verallgemeinern.

Damit ist es also nicht notwendig, die Differentialgleichung eines Systems zur Beurteilung des Einschwingverhaltens bzw. der Stabilität zu ermitteln. Viel einfacher ist es in vielen Fällen, die zugehörige Systemfunktion aufzustellen, deren Nenner dann direkt zur charakteristischen Gleichung und zu deren Lösung führt.

Es ist üblich, die Nullstellen s_N des Nennerpolynoms als Polstellen – oder kurz: *Pole* – der Systemfunktion zu bezeichnen und deren Zahlenwerte in der komplexen *s*-Ebene graphisch darzustellen. Zusammen mit der Darstellung der Nullstellen s_Z des Zählers (Nullstellen der gesamten Systemfunktion) wird das Übertragungsverhalten des Vierpols dadurch – bis auf eine Konstante – vollständig beschrieben (Beispiele dazu in Abschn. 1.2).

Da gemäß Voraussetzungen in Abschn. 1.1.2 hier nur lineare und zeitinvariante Vierpole betrachtet werden, haben die systembeschreibenden Differentialgleichungen reelle konstante Koeffizienten, so dass auch $\underline{H}(s)$ eine gebrochenrationale Funktion mit reellen Koeffizienten ist. Damit können als Nullstellen des Nenners nur *reelle* oder *konjugiert komplexe* Lösungen entstehen. Über eine Zerlegung des Nenners in Linearfaktoren ist diese Aussage leicht zu überprüfen. Der Grad der Differentialgleichung bzw. der Systemfunktion bestimmt dabei die Anzahl der Lösungen und damit die Anzahl der Pole.

Die wichtigsten Aussagen zu diesem Komplex werden wegen ihrer Bedeutung hier noch einmal im Überblick zusammengefasst:

- Bei einem linearen und zeitinvarianten Vierpol (LTI-System) lässt sich die charakteristische Gleichung des Systems, deren Lösungen das Einschwingverhalten im Zeitbereich charakterisieren, direkt über die Systemfunktion $\underline{H}(s)$ ermitteln. Der Nenner von $\underline{H}(s)$ ist mit dem charakteristischen Polynom identisch.

- Die Nullstellen des Nennerpolynoms $\underline{N}(s)$ – die Pole der Systemfunktion – sind damit die Lösungen der charakteristischen Gleichung. Sie sind entweder reell oder konjugiert komplex. Die Anzahl der Pole ist identisch zum Grad der Systemfunktion.

- Das Vorzeichen des Realteils der Pole ist stets *negativ*, sofern es sich um ein stabiles Übertragungssystem handelt. Die graphische Darstellung in der komplexen *s*-Ebene zeigt dann Pole nur in der linken Halbebene, vgl. Abb. 1.5.

- Bei einem passiven Vierpol ist diese Eigenschaft stets sichergestellt und muss für ein stabiles *aktives* System durch die Dimensionierung erzwungen werden.

- Aus der Lage der Pole s_N bzw. der Nullstellen s_Z in der *s*-Ebene kann unmittelbar auf das Übertragungsverhalten und die Stabilitätseigenschaften eines Vierpolnetzwerks geschlossen werden.

- Für den theoretisch denkbaren Sonderfall, dass bei einem System 2. Grades für den Realteil des Polpaares $\sigma_{N1,2} = 0$ gilt (Pole auf der imaginären Achse der *s*-Ebene), handelt es sich um ein System mit der Fähigkeit zur Erzeugung ungedämpfter Schwingungen (Oszillatorprinzip).

Beispiele

Beispiel 1: *RLC*-Vierpol Für den *RLC*-Vierpol in Abb. 1.4 sind die Pole bereits als Nullstellen der charakteristischen Gleichung ermittelt worden, s. Gl. (1.5):

$$s_{N1,2} = \underbrace{-\frac{R}{2L}}_{\sigma_N} \pm j \underbrace{\sqrt{\frac{1}{LC} - \left(\frac{R}{2L}\right)^2}}_{\omega_N}.$$

Für den Ausdruck unter der Wurzel sind dabei drei charakteristische Fälle zu unterscheiden:

$$\left(\frac{R}{2L}\right)^2 < \frac{1}{LC} \quad \Rightarrow \quad \text{unterkritische Dämpfung (konj.-komplexes Polpaar),}$$

$$\left(\frac{R}{2L}\right)^2 = \frac{1}{LC} \quad \Rightarrow \quad \text{kritische Dämpfung (negativ-reeller Doppelpol),}$$

$$\left(\frac{R}{2L}\right)^2 > \frac{1}{LC} \quad \Rightarrow \quad \text{überkritische Dämpfung (zwei neg.-reelle Pole).}$$

Der Sonderfall mit $R=0$ würde einem verlustfreien und ungedämpften passiven Schwingreis entsprechen, der bei einem Netzwerk aus realen Bauelementen wegen der unvermeidbaren Verluste in der Spule und im Kondensator jedoch nicht auftreten kann.

Es ist üblich, in der komplexen s-Ebene die Pole s_N der Systemfunktion durch Kreuze (×) und die Nullstellen s_Z durch Kreise (O) zu markieren . Für das vorliegende Beispiel kann in Abb. 1.5 nur das konjugiert-komplexe Polpaar dargestellt werden, da die Systemfunktion, Gl. (1.20), nur für $s \to \infty$ verschwindet. In diesem Fall ist die Nullstelle in der s-Ebene nicht darstellbar. ∎

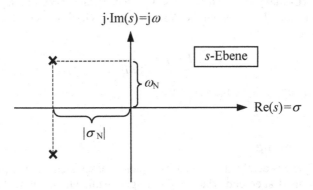

Abb. 1.5 Polverteilung in der s-Ebene (zu Abb. 1.4)

Beispiel 2: RC-Vierpol zweiten Grades Zum Vergleich mit der Polverteilung des *RLC*-Vierpols zweiten Grades aus dem ersten Beispiel sollen jetzt die Pole der Serienschaltung zweier einfacher *RC*-Glieder nach Abb. 1.6 ermittelt werden.

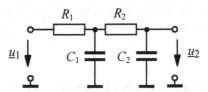

Abb. 1.6 *RC*-Vierpol zweiten Grades

Über die komplexe Wechselstromrechnung und mit den abkürzenden Bezeichnungen für die Zeitkonstanten

$$R_1 C_1 = T_1 \quad \text{bzw.} \quad R_2 C_2 = T_2$$

kann die zugehörige Systemfunktion zweiten Grades aufgestellt werden:

$$\underline{H}(s) = \frac{1}{1 + s(T_1 + T_2 + R_1 C_2) + s^2 T_1 T_2}. \tag{1.22}$$

Die zugehörigen Pole (Nullstellen des Nenners) sind:

$$s_{N1,2} = -\frac{T_1 + T_2 + R_1 C_2}{2 T_1 T_2} \pm \sqrt{\frac{1}{T_1 T_2} \left(\frac{(T_1 + T_2 + R_1 C_2)^2}{4 T_1 T_2} - 1 \right)}. \tag{1.23}$$

Da der Ausdruck unter der Wurzel für alle Werte von T immer positiv ist, besitzt die Systemfunktion der Schaltung in Abb. 1.6 zwei reelle Pole s_{N1} und s_{N2} auf der negativ-reellen Achse der s-Ebene.

■

Beispiel 3: *RC*-Vierpol ersten Grades Für den Ansatz $R_2=0$ und $C_2=0$ geht die Schaltung in Abb. 1.6 in einen *RC*-Vierpol ersten Grades über. Die zugehörige Systemfunktion

$$\underline{H}(s) = \frac{1}{1 + s T_1} \tag{1.24}$$

besitzt eine reelle Polstelle bei $s_N = -1/T_1$.

■

Verallgemeinerung

Die Ergebnisse aus den letzten beiden Beispielen lassen sich auf alle passiven *RC*-Schaltungen übertragen und erlauben die folgende allgemeingültige Aussage:

Passive *RC*-Anordnungen ermöglichen keine Systemfunktionen mit konjugiert-komplexer Polverteilung. Alle Polstellen liegen auf der negativ-reellen Achse der s-Ebene.

Diese Eigenschaft ist der eigentliche Grund dafür, dass spulenfreie *RC*-Filter aktive Elemente (d. h. Verstärker) enthalten müssen, um das Übertragungsverhalten passiver Filterstrukturen aus Widerständen, Spulen und Kondensatoren – mit der Fähigkeit zu konjugiert-komplexen Polen – nachbilden zu können.

1.2   Filtercharakteristiken zweiten Grades

Die wesentlichen Merkmale und Kenngrößen von Filternetzwerken werden in diesem Abschnitt abgeleitet und definiert am Beispiel einer allgemeinen System-funktion zweiten Grades, die auch bei der Konfiguration und Dimensionierung von Filtern höheren Grades ($n>2$) eine wichtige Rolle spielt. Daraus ergeben sich die Kriterien für eine sinnvolle Klassifizierung unterschiedlicher Filtertypen.

Der Grad der Systemfunktion ist identisch mit dem Grad des Nennerpolynoms und für kanonische Schaltungen – das sind Schaltungen mit der systembedingten Minimalzahl an Bauelementen – auch identisch mit der Zahl der frequenzabhän-gigen Bauelemente (Kondensator der Kapazität C bzw. Spule der Induktivität L.

1.2.1 Die biquadratische Systemfunktion

In Abschnitt 1.1.4 wurde mit Gl. (1.20) die Systemfunktion für den hier noch einmal in Abb. 1.7(a) gezeigten *RLC*-Tiefpass angegeben. Durch zyklische Vertauschung der Bauelemente entstehen zwei weitere Vierpole, Abb. 1.7(b) und (c), die analog zur Schaltung (a) berechnet werden können.

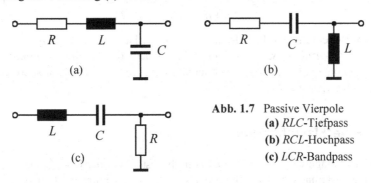

(a) (b)

(c)

Abb. 1.7 Passive Vierpole
(a) *RLC*-Tiefpass
(b) *RCL*-Hochpass
(c) *LCR*-Bandpass

Dabei zeigt sich eine interessante Gemeinsamkeit der drei Systemfunktionen:

Die Nennerpolynome $N(s)$ der drei Systemfunktionen $H(s)$ sind identisch, sofern die Nenner durch entsprechende Erweiterungen auf die sog. Normalform gebracht worden sind.

Dabei wird mit dem Ausdruck *Normalform* ein Polynom der Variablen "s" bezeichnet, bei dem das konstante Glied den Wert "1" hat. Somit kann für alle drei *RLC*-Vierpole als gemeinsame Systemfunktion

$$\underline{H}(s) = \frac{a_0 + a_1 s + a_2 s^2}{1 + RCs + LCs^2} \qquad (1.25)$$

angegeben werden, bei der die Zählerkoeffizienten a_i das prinzipielle Übertragungsverhalten bestimmen:

Fall (a): $a_1=a_2=0$; $a_0=1$ $\Rightarrow$ *RLC*-Tiefpass,

Fall (b): $a_0=a_1=0$; $a_2=LC$ $\Rightarrow$ *RCL*-Hochpass,

Fall (c): $a_0=a_2=0$; $a_1=RC$ $\Rightarrow$ *LCR*-Bandpass .

Die Größe a_0 als dimensionsfreie Konstante im Zähler bestimmt den Wert der Systemfunktion bei $s=0$.

Definition (Biquadratische Systemfunktion) Ausgehend von diesem Beispiel wird mit Gl.(1.26) die allgemeine *biquadratische Systemfunktion* definiert, die alle für die Filterpraxis bedeutenden Charakteristiken als Sonderfälle beinhaltet:

$$\underline{H}(s) = \frac{a_0 + a_1 s + a_2 s^2}{1 + b_1 s + b_2 s^2} = \frac{\underline{Z}(s)}{\underline{N}(s)} . \qquad (1.26)$$

Nach Ersatz der komplexen Variablen s durch $j\omega$ geht Gl. (1.26) über in die bi-quadratische Übertragungsfunktion, die durch eine Normierung $j\Omega = j\omega/\omega_D$ auf eine für die praktische Anwendung günstige Form gebracht wird. Dabei ergeben sich neue dimensionsfreie Koeffizienten c_i bzw. d_i:

$$\underline{A}(j\Omega) = \frac{a_0 + c_1\left(j\Omega\right) + c_2\left(j\Omega\right)^2}{1 + d_1\left(j\Omega\right) + d_2\left(j\Omega\right)^2}. \qquad (1.27)$$

Besondere Bedeutung hat diese frequenznormierte Darstellung im Zusammenhang mit dem *Referenztiefpass*, s. Abschn. 1.3, bei dem die für die Normierung der Frequenz benutzte Größe ω_D als obere Grenze für den Durchlassbereich des Tiefpasses interpretiert wird.

1.2.2 Filterklassifikation

Auf der Grundlage von Gl. (1.26) kann durch Festlegung der Koeffizienten a_1, a_2, b_1, b_2 eine systematische Einteilung der verschiedenen Filterfunktionen erfolgen. Es ist sinnvoll, diese Funktionen zunächst nach ihrer grundsätzlichen Frequenzcharakteristik einzuteilen. Nach Abschn. 1.2.1 werden diese Eigenschaften durch den Zähler der Systemfunktion und damit durch die Lage der Nullstellen des Zählerpolynoms $\underline{Z}(s)$ in der s-Ebene gekennzeichnet. Dabei sind fünf Fälle zu unterscheiden, die zur Definition von fünf klassischen Filterfunktionen führen.

Fallunterscheidungen

1. Tiefpass mit Nullstellen bei $s_Z \to \pm\infty$:

   $a_1 = a_2 = b_2 = 0$ $\Rightarrow$ Tiefpass ersten Grades (eine Nullstelle),
   $a_1 = a_2 = 0$ $\Rightarrow$ Tiefpass zweiten Grades (zwei Nullstellen).

2. Hochpass mit Nullstellen bei $s_Z = 0$:

   $a_0 = a_2 = b_2 = 0$ $\Rightarrow$ Hochpass ersten Grades (eine Nullstelle),
   $a_0 = a_1 = 0$ $\Rightarrow$ Hochpass zweiten Grades (doppelte Nullstelle).

3. Bandpass mit Nullstellen bei $s_Z = 0$ und bei $s_Z \to \pm\infty$:

   $a_0 = a_2 = 0$ $\Rightarrow$ Bandpass zweiten Grades .

4. Sperrfilter mit Nullstellen bei $\omega_Z = \pm\sqrt{a_0/a_2}$:

   $a_1 = 0$ $\Rightarrow$ Sperrfilter zweiten Grades

$$\text{mit} \quad \underline{H}(s) = \begin{cases} a_0 & \text{für } \omega = 0 \\ 0 & \text{für } \omega = \sqrt{a_0/a_2} \\ a_2/b_2 & \text{für } \omega \to \infty \end{cases}.$$

5. Allpass mit Nullstellen, spiegelbildlich zur Polverteilung:

$a_0 = 1$, $a_1 = -b_1$, $a_2 = b_2 = 0$ $\quad \Rightarrow \quad$ Allpass ersten Grades (eine Nullstelle),

$a_0 = 1$, $a_1 = -b_1$, $a_2 = b_2 \neq 0$ $\quad \Rightarrow \quad$ Allpass zweiten Grades (zwei Nullstellen).

Zähler und Nenner der Systemfunktion sind konjugiert-komplex zueinander, es gilt also

$$\underline{Z}(s) = \underline{N}(-s) \quad \Rightarrow \quad \left| \underline{Z}(s) \right| = \left| \underline{N}(s) \right|.$$

Damit ist der *Betrag* der Systemfunktion frequenzunabhängig und es ergibt sich lediglich eine frequenzabhängige Phasendrehung. ∎

In den meisten Fällen können die in der Praxis auftretenden Anforderungen an die Frequenz-Selektionseigenschaften durch eine der oben definierten Filterklassen oder eine Kombination davon erfüllt werden, aber auch in ihrer allgemeinen Form kann die biquadratische Systemfunktion, Gl. (1.26), als elektronische Schaltung zur Anwendung kommen (Bewertungsfilter, Equalizer).

Zusammenfassung

Über die Zählerelemente a_0, a_1 und a_2 der biquadratischen Systemfunktion werden fünf Filterklassen zweiten Grades definiert, deren prinzipielles Übertragungsverhalten durch die Namensgebung in anschaulicher Weise beschrieben wird. Mit Ausnahme der Klasse der Allpassfilter weisen alle anderen Filterfunktionen ein ausgeprägtes Durchlass- bzw. Sperrverhalten in Abhängigkeit von der Frequenz auf (Selektivität).

Der genaue Verlauf der Systemfunktion im Übergangsbereich zwischen dem Durchlass- und dem Sperrbereich wird durch die Parameter b_1 und b_2 des Nennerpolynoms festgelegt. Da in der praktischen Anwendung das frequenzselektive Verhalten eines Filters gerade im Übergangsbereich von besonderer Bedeutung ist, wird in Abschn. 1.2.3 das Nennerpolynom über die Poldarstellung in der s-Ebene analysiert und anschaulich interpretiert.

1.2.3 Polkenngrößen

Um das Übertragungsverhalten eines Filters durch anschauliche und der Messung zugängliche Kenngrößen beschreiben zu können, wird die Poldarstellung in der komplexen s-Ebene herangezogen. Zu diesem Zweck wird der Nenner $\underline{N}(s)$ der mit Gl. 1.26 angegebenen biquadratischen Systemfunktion

$$\underline{H}(s) = \frac{a_0 + a_1 s + a_2 s^2}{1 + b_1 s + b_2 s^2} = \frac{\underline{Z}(s)}{\underline{N}(s)}$$

über die Bestimmung seiner Nullstellen in Linearfaktoren zerlegt.

Für reelle Werte b_1 und b_2 besitzt das Nennerpolynom $\underline{N}(s)$ zwei reelle oder konjugiert komplexe Nullstellen bei $s=s_{N1}$ und $s=s_{N2}$, die gleichzeitig die Polstellen der Gesamtfunktion $\underline{H}(s)$ darstellen. Damit ist folgende Schreibweise möglich:

$$\underline{N}(s) = b_2 \left(s^2 + \frac{b_1}{b_2}s + \frac{1}{b_2} \right), \tag{1.28a}$$

$$\underline{N}(s) = b_2 \left(s - s_{N1} \right)\left(s - s_{N2} \right) = b_2 \left[s^2 - s\left(s_{N1} + s_{N2} \right) + s_{N1}s_{N2} \right]. \tag{1.28b}$$

Der Koeffizientenvergleich zwischen Gl. (1.28a) und (1.28b) liefert

$$a_2 = \frac{1}{s_{N1}s_{N2}}. \tag{1.29}$$

Für ein konjugiert-komplexes Polpaar – und nur dieser Fall interessiert bei aktiven Filtern – ist

$$s_{N1,2} = \sigma_N \pm j\omega_N \quad \text{und} \quad s_{N1}s_{N2} = \sigma_N^2 + \omega_N^2.$$

Damit folgt aus Gl. (1.28) und Gl. (1.29):

$$\underline{N}(s) = \frac{1}{\sigma_N^2 + \omega_N^2} \left[s^2 - 2\sigma_N s + \left(\sigma_N^2 + \omega_N^2 \right) \right]. \tag{1.30}$$

Wird die Polverteilung jetzt nicht mehr durch Realteil und Imaginärteil, sondern über den Betrag und den zugehörigen Phasenwinkel durch Polarkoordinaten ausgedrückt:

$$s_{N1,2} = \left| s_N \right| e^{\pm j\left(\pi - \delta \right)},$$

so ergeben sich zwei neue Größen im Nennerpolynom $\underline{N}(s)$, die zur Charakterisierung des Übertragungsverhaltens besonders geeignet sind.

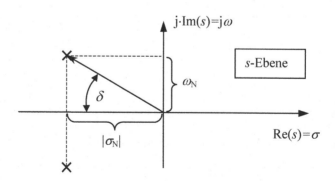

Abb. 1.8   Polpaar $s_{N1,2}$ in der s-Ebene

Dazu werden aus der graphischen Darstellung eines konjugiert-komplexen Polpaars (Abb. 1.8) die folgenden Zusammenhänge direkt abgelesen:

- Das Quadrat der Länge (Betragsquadrat) des vom Koordinatenursprung zur Polstelle weisenden Zeigers s_N ist

$$|s_N|^2 = \sigma_N{}^2 + \omega_N{}^2 \quad \text{mit} \quad |s_N| : \text{Zeigerlänge.} \tag{1.31}$$

- Mit dem in Abb. 1.8 eingetragenen Winkel δ, den dieser Zeiger mit der negativ-reellen Achse bildet, lässt sich der Realteil auch über die Zeigerlänge ausdrücken:

$$\sigma_N = |s_N| \cos \delta. \tag{1.32}$$

Definition (Polfrequenz) Die Länge des mit Gl. (1.31) definierten Zeigers, d. h. der Betrag der Polstelle, wird als *Polfrequenz* ω_P bezeichnet (Einheit rad/s):

$$|s_N| = \omega_P. \tag{1.33}$$

(Anmerkung: In Übereinstimmung mit der in Abschnitt 1.1 erwähnten Sprachregelung ist es unüblich, in diesem Zusammenhang von der „Polkreisfrequenz" zu sprechen.)

Definition (Polgüte) Über den die Lage des konjugiert-komplexen Polpaares kennzeichnenden Winkel δ zwischen der negativ-reellen Achse und dem Zeiger s_N in Abb. 1.8 wird nach Gl. (1.32) über die Kosinusfunktion die *Polgüte* Q_P definiert:

$$2 \cos \delta = 2 \frac{|\sigma_N|}{|s_N|} = \frac{1}{Q_P},$$

$$Q_P = \frac{1}{2 \cos \delta} = \frac{|s_N|}{2|\sigma_N|} = \frac{\omega_P}{2|\sigma_N|}. \tag{1.34}$$

Die Bezeichnung „Polgüte" für den mit Gl. (1.34) definierten Ausdruck erfolgt in Anlehnung an die Schwingungslehre, die für den Kehrwert des zweifachen Dämpfungsfaktors ζ die Bezeichnung „Kreisgüte" benutzt ($Q = 1/2\zeta$ bzw. $\zeta = \cos\delta$). Die beiden Parameter Polfrequenz ω_P und Polgüte Q_P werden gemeinsam als Polkenngrößen oder als *Poldaten* bezeichnet.

Grenzfälle

- Für den Fall immer kleiner werdender Dämpfung wandert das Polpaar bei steigender Polgüte Q_P zur imaginären Achse. Der Grenzfall mit den Polen auf der Im-Achse ($\sigma_N = 0$ und $Q_P \to \infty$) ist die Bedingung für Selbsterregung des Systems (Oszillatorprinzip).
- Für den Fall ansteigender Dämpfung verlagern sich die Pole in Richtung negativ-reeller Achse und bilden dort für den Grenzfall $|\sigma_N| = \omega_P$ eine doppelte reelle Polstelle mit der Polgüte $Q_P = 0{,}5$.
- Für weiter ansteigende Dämpfungswerte entstehen zwei reelle Pole. Die Definition der Polgüte nach Gl. (1.34) ist dann nicht mehr anwendbar.

Es sei noch einmal darauf hingewiesen, dass zur Erzeugung reeller Pole *passive RC*-Anordnungen ausreichend sind (vgl. Abschn. 1.1.5, Beispiel 2). Die Polgüte $Q_P = 0,5$ stellt damit die untere Grenze einer sinnvollen aktiven Realisierung dar.

Einschwingverhalten

Der Zusammenhang zwischen den Poldaten ω_P bzw. Q_P und dem zeitlichen Verhalten einer Filterschaltung soll am Beispiel des *RLC*-Tiefpasses, Abb. 1.7(a), untersucht werden. Als Testsignal wird eine Sprungfunktion an den Eingang gelegt und das zugehörige Ausgangssignal als *Sprungantwort* bezeichnet.

Der zeitliche Verlauf der Ausgangsspannung $u_2(t)$ bei einem eingangsseitigen Spannungssprung auf U_0 wurde bereits in Abschn. 1.1 berechnet, s. Gl. (1.21), und wird hier noch einmal angegeben:

$$u_2(t) = U_0 \left[1 - e^{\sigma_N t} (\cos \omega_N t - \frac{\sigma_N}{\omega_N} \sin \omega_N t) \right].$$

Nach Abschn. 1.1 nähert sich die Ausgangsspannung dem konstanten Endwert U_0 in Form einer abklingenden Schwingung, bei der ω_N die zugehörige Kreisfrequenz ist und σ_N als Dämpfungskonstante den Abklingvorgang bestimmt. Da das Verhältnis beider Größen gemäß Abb. 1.8 über den Winkel δ jedoch auch mit der Polgüte verknüpft ist, erscheint es sinnvoll, einen Zusammenhang zwischen dem dabei auftretenden Maximalwert und der Polgüte Q_P herzustellen.

Aus dem Verlauf der beiden Winkelfunktionen in der Sprungantwort folgt unmittelbar die Aussage, dass $u_2(t)$ für den Fall $\omega_N t = \pi$ zu einem Maximum wird, weil die Sinusfunktion dann verschwindet und die Kosinusfunktion ihren Extremwert „1" annimmt. Die weiteren Maxima bei Vielfachen von π sind nur relativ, weil der exponentielle Vorfaktor wegen $\sigma_N < 0$ eine mit der Zeit t zunehmende Dämpfung verursacht. Damit gilt für das Maximum der Ausgangsspannung

$$u_{2,\max} = u_2(t = \pi/\omega_N) = U_0 \left[1 + e^{(\sigma_N/\omega_N)\pi} \right].$$

Mit $\sigma_N = -|\sigma_N|$ und den Definitionen gem. Gl. (1.31), (1.33) und (1.34) ist

$$\omega_N = \sqrt{\omega_P^2 - \sigma_N^2} = |\sigma_N| \cdot \sqrt{(\omega_P/\sigma_N)^2 - 1} = |\sigma_N| \cdot \sqrt{4Q_P^2 - 1}$$

und

$$u_{2,\max} = U_0 \left[1 + \exp\left(-\pi / \sqrt{4Q_P^2 - 1} \right) \right].$$

Definition (Überschwingen) Die Größe von $u_{2,\max}$ in Bezug auf den Endwert U_0 wird als relative Größe γ (Überschwingen, overshoot) definiert und in Prozent angegeben:

$$\gamma = 100 \frac{u_{2,\max} - U_0}{U_0} = 100 \cdot \exp\left(-\pi / \sqrt{4Q_P^2 - 1} \right).$$

Interpretation

Der Einschwingvorgang der untersuchten Schaltung als Reaktion auf einen Spannungssprung am Eingang zeigt ein Überschwingen über den sich für $t\rightarrow\infty$ einstellenden Endwert U_0, sofern der Ausdruck unter der Wurzel positiv bzw. die Polgüte $Q_P > 0{,}5$ ist.

Das Maximum der Spannung steigt mit der Polgüte Q_P und erreicht für sehr große Gütewerte ($Q_P\rightarrow\infty$) mit $\gamma=100~\%$ den Endwert $2U_0$. Der Kennwert γ als Maß für die Größe des Überschwingens wird also ausschließlich durch die Polgüte Q_P bestimmt. Einige typische Zahlenwerte sollen diesen Zusammenhang verdeutlichen:

Q_P	0,5	0,7071	1	10
γ in %	0	4,3	16,3	85,4

Poldaten und Systemfunktion

Mit den Definitionen nach Gl. (1.33) und Gl. (1.34) lässt sich die biquadratische Systemfunktion in einer für die praktische Anwendung besonders günstigen Form darstellen. Weil der Realteil des Pols für die hier zu untersuchenden Funktionen aus Stabilitätsgründen stets *negativ* sein muss, gilt mit der Definition nach Gl. (1.34) für den mittleren Term der Nennerfunktion in der Form nach Gl. (1.30):

$$-2\sigma_N s = 2\left|\sigma_N\right|s = \frac{\omega_P}{Q_P}s\ .$$

Unter Berücksichtigung der Definition der Polfrequenz nach Gl. (1.33) ergibt sich daraus für das Nennerpolynom der biquadratischen Systemfunktion, Gl. (1.30), die folgende Schreibweise:

$$\underline{N}(s)=\frac{1}{\omega_P{}^2}\left(s^2+\frac{\omega_P}{Q_P}s+\omega_P{}^2\right)=1+\frac{s}{\omega_P Q_P}+\frac{s^2}{\omega_P{}^2}\ . \tag{1.35}$$

Damit geht Gl. (1.26) über in eine auf die Polfrequenz ω_P normierte Darstellung der biquadratischen Systemfunktion:

$$\underline{H}(s)=\frac{a_0+a_1 s+a_2 s^2}{1+\dfrac{s}{\omega_P Q_P}+\dfrac{s^2}{\omega_P{}^2}}\ . \tag{1.36}$$

Die Bedeutung dieser Darstellung liegt darin, dass mit den Poldaten ω_P und Q_P zwei Kenngrößen definiert wurden, mit denen auf anschauliche Weise die Übertragungseigenschaften von Filtern beschrieben werden können und die außerdem direkt der Messung zugänglich sind, s. Abschn. 1.3. Über die Normalform der Systemfunktion, Gl. (1.36), kann der Einfluss der Poldaten ω_P und Q_P auf die Frequenzeigenschaften des Systems direkt erfasst und so in Dimensionierungsvorgaben umgesetzt werden.

Die Gemeinsamkeiten der in Abschnitt 1.2.2 definierten Filterklassen zweiten Grades mit einem jeweils gleichen Nennerpolynom erlauben es außerdem, die zugehörigen Systemfunktionen durch geeignete mathematische Manipulationen (*Frequenztransformationen*) ineinander zu überführen, s. Abschn. 1.5. Umgekehrt folgt daraus aber auch, dass alle Systemfunktionen in ihren Frequenzeigenschaften auf eine äquivalente Tiefpassfunktion zurückgeführt – d. h. umgerechnet – werden können.

Damit reduziert sich die in der Praxis auftretende Problemstellung, für eine bestimmte Aufgabe eine geeignete Filtercharakteristik (Typ, Grad n, Poldaten) festzulegen, zunächst auf die Auswahl einer Tiefpassfunktion, die dann als *Referenztiefpass* dient. Diese Vorgehensweise ist besonders für Filterfunktionen höheren Grades ($n>2$) von großer praktischer Bedeutung. Dieser Referenztiefpass mit seinen unterschiedlichen Charakteristiken – den Standard-Approximationen – ist Gegenstand der Abschnitte 1.3 und 1.4.

1.3   Der Referenztiefpass

1.3.1   Der Tiefpass zweiten Grades

Soll ein Tiefpassfilter für einen bestimmten Anwendungsfall entworfen werden, müssen die Anforderungen an die Selektionseigenschaften des Filters – als Vorgabe für eine schaltungstechnische Realisierung – zunächst formuliert werden. Ein Tiefpass hat die Aufgabe, Signalanteile unterhalb einer vorgegebenen Frequenzgrenze (d. h. im *Durchlassbereich*) möglichst unverändert zu übertragen und Signalanteile oberhalb dieser Grenze (d. h. im *Sperrbereich*) möglichst vollständig zu unterdrücken. Jede physikalisch reale Tiefpassfunktion – realisiert mit einer endlichen Anzahl von Bauelementen – kann jedoch nur eine mehr oder weniger gute Annäherung (*Approximation*) an diese idealisierte Wunsch-Charakteristik darstellen.

Der Betrag einer allgemeinen Tiefpassfunktion zweiten Grades in Abhängigkeit von der Frequenz – der *Amplitudengang* – ist über Real- und Imaginärteil der biquadratischen Systemfunktion, Gl. (1.36), mit dem für Tiefpässe gültigen Ansatz $a_1=a_2=0$ und $A(\omega=0)=A_0=a_0$ sofort anzugeben:

$$\left|\underline{H}(s=\mathrm{j}\omega)\right|=\left|\underline{A}(\mathrm{j}\omega)\right|=A(\omega)=\frac{A_0}{\sqrt{\left[1-\left(\dfrac{\omega}{\omega_\mathrm{P}}\right)^2\right]^2+\left(\dfrac{\omega}{Q_\mathrm{P}\omega_\mathrm{P}}\right)^2}}. \qquad (1.37)$$

Zur Verdeutlichung zeigt Abb. 1.9 drei Betragsfunktionen nach Gl. (1.37) – im Vergleich zur idealen Tiefpassfunktion – für drei charakteristische Werte von Q_P im engeren Bereich um die jeweils gleiche Polfrequenz ω_P.

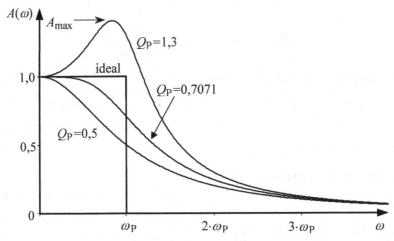

Abb. 1.9 Tiefpass zweiten Grades, Betragsfunktionen
(zum Vergleich: Tiefpass ideal)

Im Gegensatz zum idealen Tiefpass zeigen die Funktionen zweiten Grades einen ausgeprägten Übergangsbereich zwischen den beiden Bereichen mit Durchlass- bzw. Sperrverhalten. Die Grenzen zwischen diesen drei Bereichen werden individuell festgelegt – in Abhängigkeit von den Anforderungen an die „Flachheit" der Betragsfunktion im Durchlassbereich bzw. an die Mindestdämpfung im Sperrbereich des Filters. Es erscheint sinnvoll, zunächst die typischen Eigenschaften dieser drei Bereiche zu diskutieren und miteinander zu vergleichen.

Bereich sehr kleiner Frequenzen ($\omega \ll \omega_P$)

Mit kleiner werdender Frequenz nähern sich alle drei Betragsfunktionen dem idealen Tiefpassverlauf. Innerhalb des Durchlassbereichs ermöglicht die Funktion mit der Polgüte $Q_P=0,7071$ dabei die beste Annäherung an den für $\omega =0$ gültigen Wert A_0, ohne dass eine Amplitudenerhöhung über A_0 hinaus auftritt (maximal flacher Amplitudengang).

Übergangsbereich

Abb. 1.9 verdeutlicht den dominierenden Einfluss der Polgüte Q_P auf den Amplitudengang im Übergangsbereich. Für $\omega=\omega_P$ kann der Betrag der Übertragungsfunktion direkt aus Gl. (1.37) entnommen werden:

$$A(\omega = \omega_P) = A_0 Q_P .$$

Über den Differentialquotienten $dA/d\omega$ (Extremwertrechnung) kann die Frequenz ω_{max} ermittelt werden, bei der eine Amplitudenüberhöhung $A_{max}>A_0$ auftritt:

$$\omega_{max} = \omega_P \sqrt{1 - \frac{1}{2Q_P^2}} .$$

Durch Einsetzen in Gl. (1.37) ergibt sich daraus dann der Wert für das Maximum A_{max}:

$$A\left(\omega = \omega_{max}\right) = A_{max} = \frac{A_0 Q_P}{\sqrt{1 - 1/4 Q_P^2}}.$$

Dabei sind drei typische Fälle zu unterscheiden:

$Q_P < \sqrt{0,5}$ $\Rightarrow$ keine reelle Lösung für ω_{max} (kein Extremwert),

$Q_P = \sqrt{0,5}$ $\Rightarrow$ $\omega_{max}=0$ und $A_{max}=A_0$ (maximal flacher Amplitudengang),

$Q_P > \sqrt{0,5}$ $\Rightarrow$ $\omega_{max}<\omega_P$ und $A_{max}>A_0$ (Amplitudengang mit Überhöhung).

Ein Sonderfall soll herausgestellt werden:

$Q_P=1,3049,$ $\omega_{max}=0,8404\,\omega_P,$ $A_{max} = A_0\sqrt{2}$ $\Rightarrow$ Überhöhung um 3,01 dB.

Oberer Frequenzbereich $(\omega \gg \omega_P)$

Für Werte von ω weit oberhalb der Polfrequenz ω_P ergibt sich – unter ausschließlicher Berücksichtigung des Gliedes mit der höchsten Potenz – aus Gl. (1.37) die Näherung

$$A\left(\omega \gg \omega_P\right) \approx A_0 \left(\frac{\omega_P}{\omega}\right)^2.$$

Dieser Ausdruck zeigt, dass der Abfall des Amplitudengangs zweiten Grades für Frequenzen weit oberhalb der Polfrequenz – unabhängig von der Polgüte Q_P – ungefähr proportional zum Quadrat der Frequenz erfolgt. Dieser Zusammenhang wird üblicherweise über den dekadischen Logarithmus (Schreibweise: $\log_{10} \rightarrow \lg$) in Dezibel (dB) angegeben:

$$20\cdot\lg A\big|_{\omega\gg\omega_P} \approx 20\cdot\lg A_0 - 2\cdot 20\cdot\lg\left(\frac{\omega}{\omega_P}\right).$$

Bei jeder Erhöhung des Zahlenwertes von ω um den Faktor 10, sinkt damit der Betrag A um 40 dB. Der Amplitudengang der Tiefpassfunktion zweiten Grades, Gl. (1.37), nähert sich also mit wachsender Frequenz asymptotisch einem Abfall von 40 dB pro Dekade (bzw. 12 dB pro Oktave).

In Verallgemeinerung dieser Aussage gilt, dass auch für Tiefpassfunktionen höheren Grades $(n>2)$ der Wert n den Abfall des Amplitudengangs für Frequenzen weit oberhalb der Polfrequenzen bestimmt. Dieser Abfall nähert sich dabei einer Asymptote mit der Steigung m:

$$m=-20n \text{ dB/Dekade} \quad \text{bzw.} \quad m=-6n \text{ dB/Oktave.}$$

Diese Regel hat jedoch nur Geltung für die Tiefpässe, die keine Übertragungs-Nullstellen aufweisen und bei denen deshalb bei wachsender Frequenz ein monotoner Abfall auftritt (Polynomfilter, Allpolfilter).

1.3.2 Das Toleranzschema

Der Entwurf eines Tiefpassfilters beginnt damit, eine Funktion nach Grad n und Polkennwerten so auszuwählen, dass die Vorgaben an die Selektionseigenschaften des Filters erfüllt werden. Da ein ideales Tiefpassverhalten (Rechteckfunktion in Abb. 1.9) nicht realisierbar ist, werden die zulässigen Abweichungen davon in Form eines *Toleranzschemas*, Abb. 1.10, vorgeschrieben. Das Toleranzschema definiert den Bereich (im Bild nicht eingefärbt), in dem die Betragsfunktion (Amplitudengang) liegen muss, um die jeweiligen Anforderungen zu erfüllen. Als Beispiel ist in Abb. 1.10 eine in diesem Sinne zulässige Funktion eingetragen.

Um ein Toleranzschema unabhängig von der Frequenz definieren zu können, wird für die Frequenzachse eine normiere Darstellung mit $\Omega = \omega / \omega_D$ gewählt, wobei ω_D die individuell zu wählende Durchlassgrenze ist (Ende des Durchlassbereichs bei $\Omega_D = 1$). Die auf der Ordinate aufgetragene Betragsfunktion wird ebenfalls normiert – und zwar auf den zulässigen Maximalwert $A_{D,max}$ innerhalb des Durchlassbereichs, um auch hier unabhängig von aktuellen Verstärkungs- oder Dämpfungswerten zu sein.

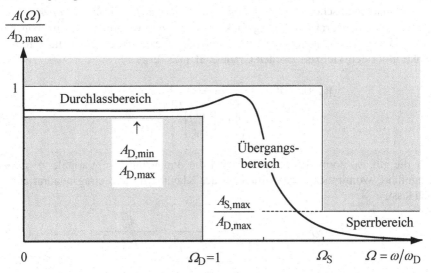

Abb. 1.10 Tiefpass-Toleranzschema in normierter Darstellung

Definition (Durchlassbereich, Toleranzbreite) Der Durchlassbereich $0 \le \Omega \le 1$ wird durch die Länge des *Toleranzschlauchs* festgelegt, der die zulässigen Abweichungen vom idealen Amplitudengang vorgibt. Die Breite des Toleranzschlauchs definiert die innerhalb des Durchlassbereichs zulässigen Amplitudenschwankungen a_D, wobei es üblich und sinnvoll ist, die normierten Werte in dB anzugeben:

$$a_D = 20 \cdot \lg(1) - 20 \cdot \lg\left(A_{D,min} / A_{D,max}\right) = 20 \cdot \lg\left(A_{D,max} / A_{D,min}\right) \mathrm{dB}. \quad (1.38)$$

Definition (Sperrbereich) Der im Toleranzschema, Abb. 1.10, ausgewiesene *Sperrbereich* für $\Omega \geq \Omega_S = \omega_S / \omega_D$ wird durch die Kreisfrequenz ω_S festgelegt, bei der die Betragsfunktion eine vorgegebene Obergrenze $A_{S,max}$ nicht überschreiten darf. Auch in diesem Fall ist es üblich, diesen Wert als Mindestdämpfung im Vergleich zu $A_{D,max}$ in dB vorzugeben:

$$a_S = 20 \cdot \lg \left(A_{D,max} / A_{S,max} \right) \text{dB} . \tag{1.39}$$

1.3.3 Das Prinzip der Tiefpass-Approximation

Von den vielen Möglichkeiten, einen Kurvenverlauf innerhalb eines vorliegenden Toleranzschemas zu definieren, sind aus Gründen der technischen Realisierbarkeit nur gebrochen-rationale Funktionen zulässig, s. Abschn. 1.2.1. Einige dieser Funktionen, die damit nur eine Annäherung (Approximation) an den idealen Tiefpass darstellen, haben sich in der Filtertechnik als besonders günstig erwiesen und werden im folgenden vorgestellt.

Zur mathematischen Beschreibung dieser *Standard-Approximationen* ist es hilfreich, das Quadrat der Betragsfunktion $A(\omega)$ zur weiteren Untersuchung heranzuziehen. Als Ausgangspunkt der weiteren Überlegungen dient die Betragsfunktion für den Tiefpass zweiten Grades, Gl. (1.37),

$$\left| \underline{A}(j\omega) \right| = A(\omega) = \frac{a_0}{\sqrt{\left[1 - \left(\dfrac{\omega}{\omega_P} \right)^2 \right]^2 + \left(\dfrac{\omega}{Q_P \omega_P} \right)^2}} .$$

Für die auf ω_P normierte Frequenz wird die dimensionslose Variable $\eta = \omega / \omega_P$ eingeführt, womit sich nach Auflösung der Klammern das Betragsquadrat angeben lässt:

$$A(\eta)^2 = \frac{A_0{}^2}{1 + \underbrace{\left(1/Q_P{}^2 - 2 \right) \eta^2 + \eta^4}_{P_2(\eta)^2}} = \frac{A_0{}^2}{1 + P_2(\eta)^2} . \tag{1.40}$$

Mit $P_2(\eta)^2$ wird im Nenner von Gl. (1.40) ein quadriertes Polynom zweiten Grades definiert, das den Verlauf des Amplitudengangs bestimmt. Das Prinzip der Approximation besteht nun darin, für $P_2(\eta)$ geeignete Funktionen zweiten Grades zu finden, mit denen ein gegebenes Toleranzschema eingehalten werden kann. Der Wert A_0 im Zähler legt den Wert bei $\omega = 0$ fest.

Das in Abb. 1.10 eingetragene Beispiel zeigt, dass auch Funktionen zulässig sind, bei denen Amplitudenwerte A_{max} größer als A_0 auftreten. Deshalb wird im Zähler von Gl. (1.40) das Symbol A_0 durch A_{max} ersetzt (mit $A_{max} \leq A_{D,max}$).

Aus praktischen Gründen ist es außerdem sinnvoll, nicht auf die Polfrequenz ω_P sondern – wie auch im Toleranzschema Abb. 1.10 – auf die Durchlassgrenze ω_D zu normieren. Damit geht die Variable η in die Variable Ω über. Gleichzeitig wird noch ein Maßstabsfaktor ε_D eingeführt, mit dem der Einfluss der Approximationsfunktion $P_2(\eta)$ auf das Übertragungsverhalten kontrolliert werden kann.

Damit entsteht aus Gl. (1.40)

$$A(\Omega)^2 = \frac{A_{max}^2}{1+\varepsilon_D^2 P_2^2(\Omega)} . \tag{1.41}$$

Diese – zunächst nur für Funktionen zweiten Grades gültigen – Überlegungen werden in Abschn. 1.3.4 auf Funktionen höheren Grades erweitert.

1.3.4 Der Tiefpass n-ten Grades

Auch für Tiefpässe höheren Grades lässt sich das Betragsquadrat in der Form nach Gl. (1.41) angeben, wenn die Approximationsfunktion zweiten Grades $P_2(\Omega)$ durch eine Funktion $P_n(\Omega)$ vom Grade n ersetzt wird:

$$A(\Omega)^2 = \frac{A_{max}^2}{1+\varepsilon_D^2 P_n^2(\Omega)} . \tag{1.42}$$

Die Quadratwurzel aus diesem Ausdruck führt dann zu der allgemeinen Form der Betragsfunktion, welche die Vorgaben aus dem Toleranzschema erfüllen muss:

$$A(\Omega) = \frac{A_{max}}{\sqrt{1+\varepsilon_D^2 P_n^2(\Omega)}} . \tag{1.43}$$

Für das Produkt $\varepsilon_D \cdot P_n(\Omega)$ im Nenner der Funktion werden in Abschn. 1.4 mit den Methoden der Tiefpass-Approximation rationale Funktionen festgelegt, die das Toleranzschema erfüllen können. Um auf diesem Wege auch zu schaltungstechnisch realisierbaren Anordnungen zu kommen, muss die Betragsfunktion $A(\Omega)$ zunächst in die zugehörige Systemfunktion $\underline{H}(s)$ überführt werden. Dieses Ziel kann auf zwei verschiedenen Wegen erreicht werden, die nachfolgend kurz beschrieben werden.

Weg 1: Die allgemeine Tiefpassfunktion n-ten Grades

Wird der Grad des Nennerpolynoms der biquadratischen Übertragungsfunktion, Gl. (1.27), von 2 auf n erhöht, entsteht die Übertragungsfunktion für den Tiefpass n-ten Grades (mit $c_1 = c_2 = 0$)

$$\underline{A}(j\Omega) = \frac{a_0}{1+d_1(j\Omega)+d_2(j\Omega)^2+d_3(j\Omega)^3+...+d_n(j\Omega)^n} . \tag{1.44}$$

In Analogie zu Gl. (1.15) mit dem Frequenzvariablenersatz $j\omega \rightarrow s$ entsteht durch den Übergang

$$j\omega/\omega_D = j\Omega \quad \rightarrow \quad S = s/j\omega_D$$

aus der Übertragungsfunktion $\underline{A}(j\Omega)$ die Systemfunktion $\underline{H}(S)$ für den allgemeinen Tiefpass n-ten Grades

$$\underline{H}(S) = \frac{a_0}{1 + d_1 S + d_2 S^2 + d_3 (S)^3 + ... + d_n (S)^n} . \qquad (1.45)$$

Die Zahlenwerte für d_1 bis d_n werden durch das gewählte Approximationspolynom festgelegt und können durch einen Koeffizientenvergleich zwischen Gl. (1.43) und dem Betrag von Gl. (1.44) bestimmt werden. Die Ergebnisse dieser – für höhere Filtergrade recht umständlichen – Rechnung werden für einige Näherungsverfahren in der Fachliteratur gelegentlich als komplette Nennerpolynome bis maximal $n=10$ angegeben.

Weg 2: Die Systemfunktion als Produkt einzelner Teilfunktionen

Im Hinblick auf die angestrebte Realisierung von Filterfunktionen höheren Grades durch eine Serienschaltung von Filterstufen zweiten Grades (Prinzip der Kaskadentechnik) ist eine andere Form der Darstellung von Bedeutung. Dafür ist der Nenner der mit Gl. (1.45) gegebenen Systemfunktion n-ten Grades in Teilpolynome zweiten Grades (und einen Ausdruck ersten Grades für ungerade n) aufzuspalten, die – mit $a_0=A_0$ in der Form nach Gl. (1.36) – durch die jeweiligen Poldaten ausgedrückt werden können.

Als Beispiel dafür wird mit Gl. (1.46) eine Tiefpassfunktion fünften Grades in normierter Darstellung angegeben, die über eine Serienschaltung dreier Teilstufen realisiert werden kann:

$$\underline{H}(s) = \underbrace{\frac{A_{01}}{1 + \dfrac{S}{\Omega_{P1}}}}_{\text{Stufe 1 } (n=1)} \cdot \underbrace{\frac{A_{02}}{1 + S \dfrac{1}{\Omega_{P2} Q_{P2}} + \left(\dfrac{S}{\Omega_{P2}}\right)^2}}_{\text{Stufe 2 } (n=2)} \cdot \underbrace{\frac{A_{03}}{1 + S \dfrac{1}{\Omega_{P3} Q_{P3}} + \left(\dfrac{S}{\Omega_{P3}}\right)^2}}_{\text{Stufe 3 } (n=2)} . \qquad (1.46)$$

(Normierung: $S=s/\omega_D$ und $\Omega_P=\omega_P/\omega$).

Die Poldaten Ω_P und Q_P für jede Stufe werden durch die gewählte Approximationsfunktion $P_n(\Omega)$ bestimmt und können entsprechenden Tabellen entnommen werden. Trotzdem soll das Prinzip ihrer Berechnung im folgenden kurz skizziert werden.

Nach Wahl einer Approximationsfunktion $P_n(\Omega)$ im Betragsquadrat, (Gl. 1.42), werden für die Variable Ω bzw. für die – nur geradzahlig auftretenden – Potenzen von Ω folgende Substitutionen durchgeführt:

$$j\Omega \quad \Rightarrow \quad S = \frac{s}{\omega_D},$$

$$\Omega \quad \Rightarrow \quad S/j = -jS,$$

$$\Omega^{2n} = \left[\Omega^2\right]^n \quad \Rightarrow \quad \left[(-jS)^2\right]^n = \left[-S^2\right]^n.$$

Danach werden zunächst die $2n$ Pole der so aus $A(\Omega)^2$ entstandenen Funktion $|\underline{H}(S)|^2$ vom Grade $2n$ ermittelt. Wegen der konjugiert-komplexen Eigenschaften von $\underline{H}(S)$ ist

$$\left|\underline{H}(S)\right|^2 = \underline{H}(S) \cdot \underline{H}(-S).$$

Deshalb werden von den $2n$ Polen, die in den vier Quadranten der S-Ebene symmetrisch angeordnet sind, die n Pole der linken Halbebene der Funktion $\underline{H}(S)$ zugeordnet, die dann in der Form nach Gl. (1.46) aufgestellt werden kann. Beispiele zu dieser Vorgehensweise enthält Abschn. 1.4, in dem die wichtigsten Tiefpass-Approximationen mit ihren charakteristischen Poldaten beschrieben sind.

1.4　Tiefpass-Approximationen

Grundsätzlich sind beliebig viele Übertragungsfunktionen möglich, mit denen die Vorgaben eines vorgegebenen Toleranzschemas eingehalten werden können. Wichtig für die Praxis des Filterentwurfs ist dabei die Möglichkeit einer systematischen *Schaltungssynthese* – im Unterschied zur experimentellen Methode des Nachprüfens, ob und bei welchen Parameterkombinationen eine Schaltungsanordnung die Spezifikationen einhalten kann (*Schaltungsanalyse*).

Mit dieser Zielsetzung sind zahlreiche Verfahren zur Annäherung an den idealen Tiefpass durch Festlegung einer bestimmten Approximationsfunktion $P_n(\Omega)$ für Gl. (1.42) entwickelt worden. Die speziellen Eigenschaften dieser *Tiefpass-Approximationen* sind Gegenstand des vorliegenden Abschnitts.

Über die Poldaten Ω_P und Q_P jeder Approximation können dann die Systemfunktionen in Normalform gemäß Gl. (1.46) aufgestellt werden. Die in diesem Kapitel auszugsweise angegebenen Poldaten gelten für Filtergrade bis maximal $n=6$, womit eine für viele Anwendungen ausreichende Selektivität erreicht werden kann. Für weitergehende Anforderungen existieren spezielle Filterkataloge, denen die Poldaten gängiger Tiefpass-Approximationen höheren Grades entnommen werden können (Saal u. Entenmann 1988; Williams u. Taylor 2006).

In diesem Zusammenhang ist zu erwähnen, dass bei einigen Entwurfsverfahren (s. Abschn. 2.2 und 2.3) passive *RLC*-Abzweigfilter in aktive *RC*-Schaltungen überführt werden, ohne dass die Systemfunktion mit ihrer Polverteilung bekannt sein muss. In diesen Fällen können die Bauteilwerte normierter *RLC*-Tiefpässe entweder Tabellen (Saal u. Entenmann 1988, Williams u. Taylor 2006) entnommen oder auch über Filterentwurfsprogramme berechnet werden (s. Kap. 7).

1.4.1 Butterworth-Charakteristik

Eine sinnvolle und oftmals angestrebte Approximation der idealen Tiefpassfunktion ist ein Amplitudengang, der im Durchlassbereich – ohne jegliche Amplitudenüberhöhung – sich möglichst wenig vom Wert A_0 (bei $\omega = 0$) unterscheidet. Diese von S. Butterworth im Jahre 1930 vorgeschlagene Charakteristik ist für eine Funktion zweiten Grades – wie in Abschn. 1.3.1 (Abb. 1.9) gezeigt – über die Polgüte $Q_P = 0{,}7071$ zu realisieren.

Für diesen Fall sind über Gl. (1.40) und Gl. (1.41) die quadrierten Approximationspolynome $P_2{}^2(\eta)$ bzw. $P_2{}^2(\Omega)$ sofort anzugeben:

$$P_2{}^2\left(\eta\right)\Big|_{Q_P = 0,7071} = \left(1/0{,}5 - 2\right)\eta^2 + \eta^4 \;\Rightarrow\; P_2{}^2\left(\Omega\right) = \Omega^4 \;\Rightarrow\; P_2\left(\Omega\right) = \Omega^2 \,.$$

Die Funktion $P_2(\Omega)$ wird dann als Butterworth-Polynom $B_2(\Omega)$ bezeichnet:

$$B_2\left(\Omega\right) = \Omega^2 \,. \tag{1.47}$$

Dieses Ergebnis ist auch anschaulich nachzuvollziehen: Wenn der Amplitudengang im Toleranzschema, Abb. 1.10, für $\omega < \omega_D$ bzw. für $\Omega < 1$ möglichst wenig von A_{max} abweichen – und damit möglichst wenig von der Frequenz abhängen – soll, darf die Betragsfunktion $A(\Omega)$ nur die höchste Potenz von Ω enthalten, weil kleinere Potenzen für $\Omega < 1$ die größeren Beiträge zur Abhängigkeit liefern.

Damit kann dieses Ergebnis auf beliebige Grade n übertragen werden und führt so zur Definition für das Butterworth-Polynom n-ten Grades:

$$B_n\left(\Omega\right) = \Omega^n \,. \tag{1.48}$$

Ausgehend von Gl. (1.43) kann damit der Amplitudengang für den allgemeinen Tiefpass mit Butterworth-Verhalten und $A_{max} = A_0$ angegeben werden:

$$A(\Omega) = \frac{A_0}{\sqrt{1 + \varepsilon_D{}^2 \Omega^{2n}}} \,. \tag{1.49}$$

Der Butterworth-Tiefpass zweiten Grades

Nach Gl. (1.49) hat ein Butterworth-Tiefpass zweiten Grades die Betragsfunktion

$$A(\Omega) = \frac{A_0}{\sqrt{1 + \varepsilon_D{}^2 \Omega^4}} \,. \tag{1.50}$$

Durch Kombination von Gl. (1.38) und Gl. (1.50) kann – für den hier vorliegenden Fall mit $A_{max} = A_0$ – der Faktor ε_D auch durch die zulässige Toleranzbreite a_D des Durchlassbereichs ausgedrückt werden:

$$a_D = 20 \cdot \lg\left(A_0 / A_{D,min}\right) = 20 \cdot \lg\sqrt{1 + \varepsilon_D{}^2} \,. \tag{1.51}$$

Für den Faktor ε_D ist deshalb auch die Bezeichnung *Toleranzfaktor* üblich.

Grenzfrequenz

Von besonderer Bedeutung in der Praxis ist die normierte Kreisfrequenz

$$\Omega = \Omega_G = \omega_G / \omega_D ,$$

für die das Betragsquadrat der Spannungsübertragungsfunktion – und damit die übertragene Leistung – auf die Hälfte zurückgegangen ist. Zusammen mit Gl. (1.50) gilt dann:

$$A(\Omega = \Omega_G)^2 = \frac{A_0{}^2}{1 + \varepsilon_D{}^2 \Omega_G{}^4} = 0,5 A_0{}^2 \quad \Rightarrow \quad \varepsilon_D{}^2 \Omega_G{}^4 = 1 .$$

Bei Filtern mit Butterworth-Charakteristik ist es übliche Praxis, diese Bedingung der halben Leistung bei $\Omega = 1$ als Durchlassgrenze zu definieren,

$$\Omega = \Omega_G = 1 \quad \Rightarrow \quad \varepsilon_D{}^2 = 1 ,$$

und die zugehörige Variable ω dann als *Grenz(kreis)frequenz* ω_G zu bezeichnen. Mit $\varepsilon_D = 1$ hat der Amplitudengang nach Gl. (1.50) an dieser Stelle den Wert

$$A(\Omega = 1) = A_D = \frac{A_0}{\sqrt{1 + \varepsilon_D{}^2}} = \frac{A_0}{\sqrt{2}} .$$

Die maximale Toleranzabweichung nach Gl. (1.51) beträgt bei der Grenzfrequenz dann

$$a_D = 20 \cdot \lg \sqrt{2} = 3,01 \text{ dB} .$$

Für die Grenzfrequenz ω_G gilt damit folgende Festlegung:

$$\omega_G := \omega \big|_{A(\omega) = A_0 / \sqrt{2}} . \tag{1.52}$$

Diese Definition von ω_G als 3-dB-Grenze ist in der Praxis zwar üblich, jedoch völlig willkürlich und für manche Anwendungen nicht sinnvoll. Soll der Durchlassbereich bis ω_D beispielsweise für geringere Schwankungen definiert werden (Toleranzfaktor ε_D kleiner), liefern Gl. (1.50) und Gl. (1.52) für jeden Filtergrad n die Beziehung für eine Umrechnung:

$$\omega_D{}^n = \varepsilon_D \omega_G{}^n .$$

Systemfunktion

Über eine Bestimmung der Polfrequenz ω_P und der Polgüte Q_P ist die Systemfunktion aufzustellen. Dazu kann beispielsweise das Betragsquadrat nach Gl. (1.40) der Butterworth-Näherung zweiten Grades, Gl. (1.50), gleichgesetzt werden für den Fall $\omega_D = \omega_G$ (mit $\varepsilon_D = 1$). Aus dem Zusammenhang

$$A(\eta)^2 = \frac{A_0{}^2}{1 + \left(1/Q_P{}^2 - 2\right)\eta^2 + \eta^4} = \frac{A_0{}^2}{1 + \Omega^4}$$

folgen dann durch Koeffizientenvergleich die Werte

$$\eta = \omega/\omega_P = \Omega = \omega/\omega_D \;\Rightarrow\; \omega_P/\omega_D = \Omega_P = 1 \;\text{ und }\; Q_P = \frac{1}{\sqrt{2}} = 0,7071\,.$$

Eingesetzt in die Teilfunktion zweiten Grades in der Form nach Gl. (1.46) ergibt sich so die Systemfunktion für den Butterworth-Tiefpass ($n=2$):

$$\underline{H}(S) = \frac{A_0}{1 + S\sqrt{2} + S^2} \;\text{ mit }\; S = s/\omega_G\,.$$

Im vorliegenden Fall konnten die Poldaten über Koeffizientenvergleich ermittelt werden, weil für $n=2$ mit Gl. (1.40) eine Funktion existiert, die bereits beide interessierenden Größen ω_P und Q_P explizit enthält.

Butterworth-Tiefpässe höheren Grades

Zur Bestimmung der Systemfunktionen höheren Grades aus den mit Gl. (1.48) gegebenen Polynomen $B_n(\Omega)$ existieren die beiden im vorigen Abschnitt mit „Weg 1" bzw. „Weg 2" bezeichneten Alternativen.

Weg 1 Es wird der Betrag von Gl. (1.44) gebildet, der durch Koeffizientenvergleich mit der Näherung, Gl. (1.49), die Größen d_1 bis d_n liefert. Für den Fall $n=2$ erhält man so die bereits im vorigen Abschnitt indirekt ermittelten Werte

$$d_2 = 1 \;\text{ und }\; d_1 = \sqrt{2}\,.$$

Weg 2 Die prinzipielle Vorgehensweise wird anhand des behandelten Beispiels zweiten Grades demonstriert. Mit dem Übergang $j\Omega \to S$ wird aus Gl. (1.50)

$$|\underline{H}(S)|^2 = \frac{A_0{}^2}{1 + \varepsilon_D{}^2 S^4}\,.$$

Damit sind die vier Pole (Nullstellen des Nenners) in Polarkoordinaten:

$$S_{N1,2} = \pm\frac{1}{\varepsilon_D{}^2}e^{j\pi/4} \;\text{ und }\; S_{N3,4} = \pm\frac{1}{\varepsilon_D{}^2}e^{j3\pi/4}\,.$$

Das Polpaar der linken Halbebene wird dann $\underline{H}(S)$ zugeordnet (mit $\varepsilon_D=1$):

$$S_{N2} = -e^{j\pi/4} = +e^{-j3\pi/4} \;\text{ und }\; S_{N3} = +e^{j3\pi/4}\,.$$

Über die Definitionen von Polfrequenz und Polgüte, Gl. (1.31) bzw. (1.34), ergeben sich dann ebenfalls die schon ermittelten Werte

$$\Omega_P = |S_N| = 1 \;\text{ und }\; Q_P = (2\cos\pi/4)^{-1} = 1/\sqrt{2}\,.$$

Tabelle der Poldaten

Die auf die 3-dB-Grenze $\omega_D=\omega_G$ normierten Polfrequenzen $\Omega_P=\omega_P/\omega_G$ sind mit den zugehörigen Polgüten Q_P für Butterworth-Tiefpässe maximal sechsten Grades in Tabelle 1.1 zusammengestellt. Im Hinblick auf die praktische Realisierung durch eine Serienschaltung von Teilfiltern maximal zweiten Grades in der Form nach Gl. (1.46) sind die Poldaten den einzelnen Stufen ersten bzw. zweiten Grades mit steigender Polgüte zugeordnet. Als typisches Kennzeichen der Butterworth-Charakteristik ist für alle Teilstufen $\Omega_P=1$, also $\omega_P=\omega_D=\omega_G$.

Zur Illustration sind die Betragsfunktionen (Amplitudengang) für den Butterworth-Tiefpass zweiten und vierten Grades in Abb. 1.11 dargestellt.

Tabelle 1.1 Poldaten, Butterworth-Tiefpass, $\Omega_P=\omega_P/\omega_D$

Grad n	Stufe 1		Stufe 2		Stufe 3	
	Ω_{P1}	Q_{P1}	Ω_{P2}	Q_{P2}	Ω_{P3}	Q_{P3}
2	1	0,7071	–	–	–	–
3	1	Pol reell	1	1	–	–
4	1	0,5412	1	1,3065	–	–
5	1	Pol reell	1	0,6180	1	1,6180
6	1	0,5176	1	0,7071	1	1,9318

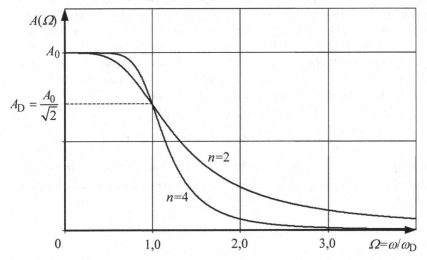

Abb. 1.11 Amplitudengang, Butterworth-Tiefpass für $n=2$ und $n=4$

Filtergrad

Die Vorschriften des Toleranzschemas führen zu einem Mindestwert des Filtergrades, der über den Amplitudengang $A(\omega)$ bestimmt werden kann. Dazu wird die Bedingung $A(\Omega=\Omega_S)=A_S$ in Gl. (1.49) eingesetzt und nach n aufgelöst:

$$n = \frac{\lg\left[\left(A_0/A_S\right)^2 - 1\right] - \lg\left(\varepsilon_D^2\right)}{2\lg\left(\Omega_S\right)} \ .$$

Es ergibt sich i. a. ein nicht ganzzahliger Wert n, der die jeweiligen Vorgaben für A_0/A_S, ε_D und Ω_S genau erfüllt. Zu wählen ist dann für n die nächsthöhere ganze Zahl. Unter Berücksichtigung von Gl. (1.39) und Gl. (1.51) erhält man eine für die Anwendung besser geeignete Formel:

$$n \geq \frac{\lg \dfrac{10^{0,1a_S}-1}{10^{0,1a_D}-1}}{2 \cdot \lg \Omega_S} . \tag{1.53}$$

Der notwendige Filtergrad ergibt sich also aus den Vorgaben für die Toleranz im Durchlassbereich a_D (in dB), für die Sperrdämpfung a_S (in dB) sowie für die normierte Sperrfrequenz $\Omega_S = \omega_S/\omega_D$ (vgl. Toleranzschema in Abb. 1.10).

1.4.2 Tschebyscheff-Charakteristik

Diese in der Filtertechnik häufig angewendete Annäherung an den idealen Tiefpass geht nicht – wie bei der Butterworth-Approximation – von einem monoton fallenden Amplitudengang aus, sondern im Durchlassbereich wird eine gewisse Schwankung des Funktionsverlaufs zugelassen. Im Nenner des Betragsquadrats, Gl. (1.42), ist für $P_n(\Omega)$ eine Funktion einzusetzen, die bis zur Durchlassgrenze $\Omega = 1$ eine begrenzte Welligkeit aufweisen darf und oberhalb davon kontinuierlich mit Ω ansteigen muss, um das Sperrverhalten zu realisieren. Diese Anforderungen können durch die Tschebyscheff-Polynome erfüllt werden:

$$P_n\left(\Omega\right) = T_n\left(\Omega\right) = \begin{cases} \cos\left(n \cdot \arccos \Omega\right) & , \text{für } \Omega \leq 1 \\ \cosh\left(n \cdot \operatorname{ar\,cosh} \Omega\right) & , \text{für } \Omega > 1 \end{cases} .$$

Diese Polynome oszillieren im Bereich $\Omega \leq 1$ mit konstanter Amplitude von „1", um dann für $\Omega > 1$ monoton anzusteigen. Sie sind über eine Rekursionsformel zu berechnen:

$$T_1(\Omega) = \Omega$$
$$T_2(\Omega) = 2\Omega^2 - 1$$
$$T_3(\Omega) = 4\Omega^3 - 3\Omega$$
$$\vdots \tag{1.54}$$
$$T_n(\Omega) = 2\Omega \cdot T_{n-1}\left(\Omega\right) - T_{n-2}\left(\Omega\right) .$$

Damit nimmt Gl. (1.43) folgende Form an:

$$A(\Omega) = \frac{A_{\max}}{\sqrt{1 + \varepsilon_D{}^2 T_n{}^2(\Omega)}} . \tag{1.55}$$

Wie für den Fall der Butterworth-Näherung können die komplexen Funktionen $\underline{A}(j\Omega)$ bzw. $\underline{H}(S)$ aus Gl. (1.55) abgeleitet werden, indem entweder die Koeffizienten d_1 bis d_n (Weg 1) oder die Poldaten (Weg 2) bestimmt werden.

Abb. 1.12 zeigt den prinzipiellen Verlauf der Betragsfunktion (Amplitudengang, lineare Skalierung) für die Filtergrade $n=2$, 3 und 4. Das Verhalten der Polynome, Gl. (1.54), an der Stelle $\Omega=0$ führt dazu, dass der Wert A_0 für gerade Werte n an der unteren und für ungerade n an der oberen Toleranzgrenze liegt. Der Toleranzfaktor ε_D bestimmt den Unterschied zwischen A_{max} und A_D, wobei die zulässige Breite eines vorgegebenen Toleranzschlauchs (Abb. 1.10) nicht überschritten werden darf.

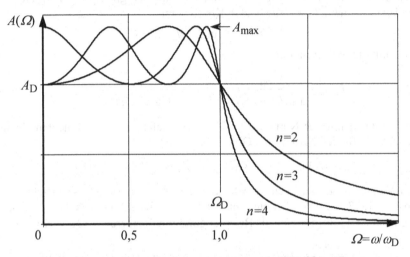

Abb. 1.12 Amplitudengang, Tschebyscheff-Tiefpass, Filtergrad $n=2, 3, 4$ mit $\varepsilon_D=1$ ($w=3$ dB)

Definitionen

- Die zulässigen Schwankungen des Amplitudengangs im Durchlassbereich werden als *Welligkeit w* in dB angegeben:

$$20 \cdot \lg\left(A_{max} / A_D\right) = 20 \cdot \lg\sqrt{1+\varepsilon_D^{\,2}} = w\,\text{dB} . \qquad (1.56)$$

- Der Fall $\varepsilon_D=1$ führt dann z. B. zu einer Welligkeit $w=3{,}01$ dB.
- Die Welligkeit w entspricht damit der für die Butterworth-Filter mit Gl. (1.51) definierten Dämpfung a_D an der Durchlassgrenze.
- Es ist übliche Praxis, die Durchlassgrenze von Tschebyscheff-Filtern bei der Frequenz ω_D zu definieren, bei der die Betragsfunktion letztmalig den Wert der unteren Toleranzgrenze annimmt (in Abb. 1.12 bei $\Omega=\Omega_D=1$). Aus Vergleichsgründen wird manchmal zusätzlich auch die 3-dB-Grenze ω_G in der Definition nach Gl. (1.52) angegeben.

Der Tschebyscheff-Tiefpass zweiten Grades

Aus dem Betrag $A(\Omega)$ kann die Systemfunktion $\underline{H}(S)$ für den Tschebyscheff-Tiefpass zweiten Grades abgeleitet werden. Die Berechnung erfolgt über das in Abschn. 1.3.4 mit „Weg 1" bezeichnete Verfahren – hier für das Beispiel $w=3$ dB. Mit den Gln. (1.54), (1.55) und (1.56) ist für $n=2$ und $w=3,01$ dB (bzw. $\varepsilon_D=1$)

$$A(\Omega) = \frac{A_{\max}}{\sqrt{1+\left(2\Omega^2-1\right)^2}} = \frac{A_0\sqrt{2}}{\sqrt{1+\left(2\Omega^2-1\right)^2}}\,.$$

Nach geeigneter Umformung des Nenners ergibt der gliedweise Vergleich mit dem Betrag von Gl. (1.44) die beiden Koeffizienten

$$d_1=0,91018 \quad \text{und} \quad d_2=1,4142$$

und damit die Systemfunktion

$$\underline{H}(S) = \frac{A_0}{1+d_1 S + d_2 S^2} = \frac{A_0}{1+0,91018\cdot S + 1,4142\cdot S^2}\,.$$

Ein Vergleich mit der Normalform Gl. (1.46) liefert dann die Poldaten für den Tschebyscheff-Tiefpass zweiten Grades ($w=3$ dB):

$$Q_P = 1,30656 \quad \text{und} \quad \Omega_P = \omega_P/\omega_D = 1/\sqrt{1,4142} = 0,8409\,.$$

Zum Vergleich mit der noch zu behandelnden *inversen* Tschebyscheff-Näherung (Abschn. 1.4.3) wird für den hier untersuchten Tiefpass 2. Grades die Sperrdämpfung nach Gl. (1.39) für eine als Beispiel gewählte Sperrgrenze $\Omega_S=4$ ermittelt:

$$A_S = \frac{A_{\max}}{\sqrt{1+\left(32-1\right)^2}} = \frac{A_{\max}}{31,016} \quad \Rightarrow \quad a_S = 20\cdot\lg 31,016 \approx 30 \text{ dB}\,.$$

Tabelle der Poldaten

Eine Untersuchung der Polverteilung für die Tschebyscheff-Charakteristik zeigt, dass alle Pole in der linken s-Halbebene auf einer Halbellipse angeordnet sind. In Tabelle 1.2 sind die Poldaten $\Omega_P=\omega_P/\omega_D$ und Q_P für die Filtergrade $n=2$, 3 und 4 aufgelistet – jeweils für die drei Welligkeiten $w=0,5$ / 1 / 3 dB. Im Hinblick auf die Serienschaltung einzelner Teilfilter in der Form nach Gl. (1.46) sind die Poldaten den einzelnen Stufen ersten bzw. zweiten Grades mit steigender Polgüte zugeordnet. Hintergrund dafür ist die Aussteuerungsfähigkeit der Verstärker.

Es wird noch einmal darauf hingewiesen, dass als Normierungsgröße die unter „Definitionen" erwähnte Durchlassgrenze ω_D benutzt wird, die bei der Tschebyscheff-Charakteristik nicht der „klassischen" 3-dB-Grenzfrequenz entspricht. Hauptgrund dafür ist die Tatsache, dass der Betag A_0 – je nach Filtergrad – an der oberen oder der unteren Toleranzgrenze liegen kann, s. Prinzipdarstellung in Abb. 1.12.

Tabelle 1.2 Poldaten, Tschebyscheff-Tiefpass, $\Omega_P = \omega_P/\omega_D$, w: 0,5 / 1 / 3 dB

Grad n	Welligkeit w [dB]	Stufe 1		Stufe 2	
		Ω_{P1}	Q_{P1}	Ω_{P2}	Q_{P2}
2	0,5	1,2313	0,8637	–	–
	1	1,0500	0,9565	–	–
	3	0,8409	1,30656	–	–
3	0,5	0,6265	Pol reell	1,0688	1,7062
	1	0,4942	Pol reell	0,9971	2,0177
	3	0,2990	Pol reell	0,91605	3,0678
4	0,5	0,5970	0,7051	1,0313	2,9406
	1	0,5286	0,7845	0,9932	3,5590
	3	0,44265	1,0765	0,9503	5,5770

Filtergrad

Über die Tschebyscheff-Polynome, Gl. (1.54), und mit Gl. (1.55) lässt sich der Wert A_S (bei $\Omega = \Omega_S$) mit dem Filtergrad n als Parameter angeben. Daraus kann der zur Erfüllung bestimmter Dämpfungsanforderungen erforderliche Filtergrad

$$n \geq \frac{\operatorname{ar cosh}\sqrt{\dfrac{10^{0,1a_S}-1}{10^{0,1w}-1}}}{\operatorname{ar cosh}\Omega_S} \qquad (1.57)$$

ermittelt werden. Ausgangspunkt der Berechnung sind Vorgaben für die Sperr-dämpfung a_S (in dB), für die Welligkeit w (in dB) und für die normierte Sperrfre-quenz $\Omega_S = \omega_S/\omega_D$ (s. dazu auch das Toleranzschema, Abb. 1.10).

1.4.3 Inverse Tschebyscheff-Charakteristik

Auch für den Fall, dass eine Welligkeit der Betragsfunktion nur im Sperrbereich zulässig ist, liefern die Tschebyscheff-Polynome $T_n(\Omega)$ nach Gl. (1.54) eine Lö-sung. Übertragungsfunktionen dieser Art haben eine *inverse* Tschebyscheff-Charakteristik, die gelegentlich auch mit Tschebyscheff-2 bezeichnet wird.

Wenn in Gl. (1.42) für $P_n(\Omega)$ der Kehrwert des Polynoms $T_n(\Omega)$ angesetzt wird, besitzt die so entstandene Funktion zunächst ein Hochpassverhalten mit einer Welligkeit im unteren Frequenzbereich (Sperrbereich vom Hochpass). Durch anschließende Variablentransformation $\omega \rightarrow 1/\omega$ (s. dazu Abschn. 1.5.2) geht die Hochpassfunktion dann wieder in eine Tiefpasscharakteristik über:

$$A(\Omega)^2 = \frac{A_{max}^2}{1+\dfrac{1}{\varepsilon_S^2 T_n^2(\omega/\omega_D)}} \xrightarrow[\omega_D \rightarrow 1/\omega_S]{\omega \rightarrow 1/\omega} \frac{A_{max}^2 \varepsilon_S^2 T_n^2(\omega_S/\omega)}{1+\varepsilon_S^2 T_n^2(\omega_S/\omega)}.$$

Durch die Transformation ist der Einfluss des Toleranzfaktors ε_D in den Sperrbereich verlegt worden. Dieser Tatsache wurde oben durch den Übergang $\omega_D \rightarrow 1/\omega_S$ und die Umbenennung $\varepsilon_D \rightarrow \varepsilon_S$ Rechnung getragen.

Wenn mit $\Omega = \omega/\omega_D$ wieder auf die Durchlassgrenze ω_D normiert wird und deshalb auch $\omega_S/\omega = \Omega_S/\Omega$ gilt, ergibt sich mit $A_{max} = A_0$ die Betragsfunktion

$$A(\Omega) = \frac{A_0 \sqrt{\varepsilon_S^2 T_n^2 (\Omega_S / \Omega)}}{\sqrt{1 + \varepsilon_S^2 T_n^2 (\Omega_S / \Omega)}} \quad . \tag{1.58}$$

Definitionen

- Die Welligkeit im Sperrbereich wird über das zulässige Betragsmaximum A_S festgelegt. Aus Gl. (1.58) und mit $T_n(\Omega=1)=1$ folgt dafür

$$A(\Omega = \Omega_S) = A_S = \frac{A_0}{\sqrt{1 + 1/\varepsilon_S^2}} \quad .$$

- Die Selektionsanforderungen werden über den Quotienten A_0/A_S als Sperrdämpfungsfaktor D_S bzw. als Sperrdämpfung a_S in dB vorgegeben:

$$A_0 / A_S = D_S = \sqrt{1 + 1/\varepsilon_S^2} \quad \Rightarrow \quad 20 \cdot \lg D_S = a_S \text{ (in dB)} . \tag{1.59}$$

- Zwecks Definition unterschiedlicher Durchlassgrenzen wird die Bedingung $\Omega=1$ in Gl. (1.58) eingesetzt. Nach Einführung der oben definierten Größe D_S und einigen Umformungen ergibt sich dann für den Betrag A_D bei $\Omega=1$

$$A_D = A(\Omega = 1) = \frac{A_0}{\sqrt{1 + \underbrace{\left(D_S^2 - 1\right)\Big/T_n^2(\Omega_S)}_{\varepsilon_D^2}}} = \frac{A_0}{\sqrt{1 + \varepsilon_D^2}} .$$

- Der oben definierte Toleranzparameter ε_D erfasst den Zusammenhang zwischen der Sperrgrenze Ω_S und dem Sperrdämpfungsfaktor D_S:

$$\varepsilon_D^2 = \left(D_S^2 - 1\right)\Big/T_n^2(\Omega_S) \quad \Rightarrow \quad D_S = \sqrt{\varepsilon_D^2 T_n^2(\Omega_S) + 1} . \tag{1.60}$$

mit $$\varepsilon_D = \sqrt{\left(A_0/A_D\right)^2 - 1}$$

und $$a_D = 20 \cdot \lg\left(A_0/A_D\right) = 20 \cdot \lg\sqrt{1 + \varepsilon_D^2} \text{ dB} .$$

- Die Parameter ε_D bzw. a_D bestimmen den Betrag A_D an der Durchlassgrenze, z. B.

$$\varepsilon_D = 1 \quad (a_D = 3 \text{ dB}) \quad \Rightarrow \quad A_D = A_0/\sqrt{2} ,$$
$$\varepsilon_D = 0{,}5088 \quad (a_D = 1 \text{ dB}) \quad \Rightarrow \quad A_D = A_0/1{,}122 .$$

Erläuterungen zu den Definitionen

Aus Gl. (1.60) folgt, dass bei gegebenem Filtergrad n die drei Parameter Ω_S, ε_D (bzw. a_D) und D_S (bzw. a_S) nicht unabhängig voneinander gewählt werden können. So führt z. B. der jeweils vorzugebende und über die Normierung $\Omega_S = \omega_S / \omega_D$ festgelegte Abstand zwischen Durchlass- und Sperrbereich über Gl. (1.60) bei einer geforderten Sperrdämpfung a_S zu einer bestimmten Untergrenze für den Filtergrad n – oder umgekehrt bei vorgegebenem Grad n zu einer bestimmten Sperrdämpfung a_S.

Zur Verdeutlichung zeigt Abb. 1.13 als Beispiel den prinzipiellen Verlauf des Amplitudengangs in linearer Frequenzskalierung für den inversen Tschebyscheff-Tiefpass 2. und 3. Grades mit einer Sperrdämpfung $a_S = 20$ dB ($A_S = 0{,}1 \cdot A_0$). Der Durchlassbereich bis $\Omega = 1$ ist durch eine gewählte Amplitudenschwankung um maximal $a_D = 1$ dB festgelegt ($A_D \approx 0.89 \cdot A_0$).

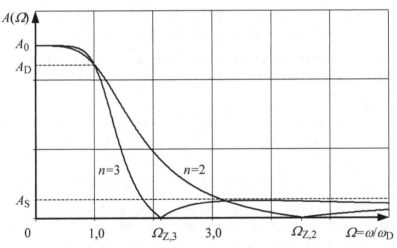

Abb. 1.13   Amplitudengang für Tschebyscheff-Tiefpass/invers, Filtergrad $n=2$ und 3, $a_D = 1$ dB, $a_S = 20$ dB

Der inverse Tschebyscheff-Tiefpass zweiten Grades

Im Gegensatz zu den beiden bisher behandelten Approximationen erscheint hier im Zähler der Betragsfunktion, Gl. (1.58), keine Konstante, sondern ein Polynom, welches die hier erstmals auftretenden *Nullstellen* im Sperrbereich der System-funktion bei $\Omega = \Omega_Z$ festlegt. Deshalb muss zur Ermittlung der Koeffizienten der Systemfunktion zweiten Grades ein Vergleich mit dem Betrag der allgemeinen biquadratischen Übertragungsfunktion in der Form nach Gl. (1.27) durchgeführt werden. Für den Fall $n=2$ ist nach Gl. (1.54)

$$T_2(\Omega_S / \Omega) = 2(\Omega_S / \Omega)^2 - 1 .$$

Wird dieser Ausdruck eingesetzt in Gl. (1.58), erhält man

$$A(\Omega) = \frac{A_0 \varepsilon_S \left[2(\Omega_S / \Omega)^2 - 1 \right]}{\sqrt{1 + \varepsilon_S^2 \left[2(\Omega_S / \Omega)^2 - 1 \right]^2}} . \tag{1.61}$$

Nach Ausmultiplizieren und Erweitern liefert der Vergleich mit dem Betrag von Gl. (1.27) die Koeffizienten

Zähler: $c_1 = 0$ und $c_2 = 0{,}5 A_0 \left(1/\Omega_S \right)^2$,

Nenner: $d_1 = \left(1/\Omega_S \right) \sqrt{D_S}$ und $d_2 = 0{,}5 D_S \left(1/\Omega_S \right)^2$.

Nach Variablenersatz $j\Omega \to S$ lässt sich damit die Systemfunktion $\underline{H}(S)$ für den inversen Tschebyscheff-Tiefpass zweiten Grades in der Form nach Gl. (1.27) angeben:

$$\underline{H}(S) = \frac{A_0 + 0{,}5 A_0 \left(S/\Omega_S \right)^2}{1 + \left(S/\Omega_S \right) \sqrt{D_S - 1} + 0{,}5 D_S \left(S/\Omega_S \right)^2} . \tag{1.62}$$

Die Analyse des Zählers von Gl. (1.62) zeigt, dass diese Systemfunktion ein Null-stellenpaar bei $S_{Z1,2} = \pm j\sqrt{2} \cdot \Omega_S$ besitzt.

Poldaten

Der Vergleich zwischen Gl. (1.62) und Gl. (1.46) liefert die normierte Polfre-quenz und die Polgüte für den inversen Tschebyscheff-Tiefpass zweiten Grades:

$$\Omega_P = \Omega_S \sqrt{\frac{2}{D_S}}, \qquad Q_P = \frac{1}{\sqrt{2}} \sqrt{\frac{D_S}{D_S - 1}} . \tag{1.63}$$

Der Sperrdämpfungsfaktor D_S und die Sperrfrequenz Ω_S sind über Gl. (1.60) außerdem mit der Toleranzgröße a_D und dem Filtergrad n verknüpft.

Vergleich mit der Tschebyscheff-Approximation (Abschn. 1.4.2)

Zum Vergleich mit der Tschebyscheff-Näherung nach Abschn. 1.4.2 soll die Güte Q_P für den Fall $\Omega_S = 4$ und $a_S \approx 30$ dB bestimmt werden. Aus den Gln. (1.59) und (1.63) ergeben sich dafür die Werte

$$D_S = 31{,}016 , \quad \varepsilon_S = 0{,}03226 \quad \text{und} \quad Q_P = 0{,}72 .$$

Die Sperrfrequenz Ω_S lässt sich über Gl. (1.60) für das Tschebyscheff-Polynom zweiten Grades ermitteln. Eine Kombination mit Gl. (1.58) führt für $\varepsilon_S = 0{,}03226$ und $\varepsilon_D = 1$ mit $\omega_D = \omega_G$ nach einigen Umformungen auf

$$\Omega_S = \sqrt{\frac{\varepsilon_D + 1/\varepsilon_S}{2\varepsilon_D}} = 4 .$$

Für das gewählte Beispiel liegt die Sperrgrenze also für beide Tschebyscheff-Näherungen bei $\Omega_S = 4$.

Zusammenfassung

Die wesentlichen Eigenschaften der inversen Tschebyscheff-Charakteristik – im Vergleich zur klassischen Tschebyscheff-Näherung – werden noch einmal zusammengefasst:

- Bei gleichen Selektionseigenschaften (gleicher Übergangsbereich mit gleicher Durchlass- bzw. Sperrgrenze) erfordert die inverse Tschebyscheff-Näherung zweiten Grades eine geringere Polgüte (im Beispiel: $Q_P=0{,}72$) im Vergleich zur direkten Tschebyscheff-Approximation (im Beispiel: $Q_P=1{,}3$).
- Im Hinblick auf eine aktive Realisierung mit vorzugsweise kleineren Gütewerten ist diese Eigenschaft der inversen Tschebyscheff-Näherung als Vorteil gegenüber der direkten Näherung, Abschn. 1.4.2, anzusehen. Diese Aussage gilt gleichermaßen auch für Filtergrade $n>2$.
- Dem steht als Nachteil der erhöhte Schaltungsaufwand zur Erzeugung der Nullstellen des Zählerpolynoms gegenüber.

Tabelle der Pol- und Nullstellendaten

In Tabelle 1.3 sind die Pol- und Nullstellendaten inverser Tschebyscheff-Tiefpässe zweiten bis vierten Grades für drei verschiedene Sperrdämpfungen a_S zusammengestellt. Da jede Teilstufe sowohl ein Pol- als auch ein Nullstellenpaar erzeugen muss, kommt für die Systemfunktion folgende Form zur Anwendung:

$$\underline{H}(S) = \frac{A_0\left[1+\left(\dfrac{S}{\Omega_Z}\right)^2\right]}{1+S\dfrac{1}{\Omega_P\,Q_P}+\left(\dfrac{S}{\Omega_P}\right)^2}\,. \tag{1.64}$$

Tabelle 1.3 Pol- und Nullstellendaten, Tschebyscheff-Tiefpass (invers), Durchlassdämpfung $a_D=1$ dB

n	Dämpfung a_S [dB]	Stufe 1			Stufe 2		
		Ω_{P1}	Q_{P1}	Ω_{Z1}	Ω_{P2}	Q_{P2}	Ω_{Z2}
2	20	1,4337	0,7453	4,5338	–	–	–
	30	1,4128	0,7186	7,9449	–	–	–
	40	1,4054	0,7107	14,0546	–	–	–
3	20	1,5751	Pol reell	–	1,2657	1,2445	2,1264
	30	1,3904	Pol reell	–	1,2612	1,1024	2,9960
	40	1,3143	Pol reell	–	1,2571	1,0455	4,3078
4	20	1,6053	0,5974	1,7859	1,1738	1,9703	1,5682
	30	1,3074	0,5540	6,1109	1,1832	1,4780	2,5312
	40	1,2221	0,5449	10,5103	1,1840	1,3577	4,3535

Durch Vergleich der Ausdrücke im Zähler der Gln. (1.62) und (1.64) kann das Nullstellenpaar auf der Imaginärachse der s-Ebene angegeben werden:

$$S_Z = \pm j\Omega_S \sqrt{2} = \pm j\Omega_Z.$$

Wegen ihrer endlichen Sperrdämpfung werden inverse Tschebyscheff-Filter i. a. nur dann eingesetzt, wenn der Amplitudengang im Durchlassbereich möglichst flach verlaufen soll. Den Angaben in Tabelle 1.3 liegt deshalb eine Durchlassgrenze mit einem Amplitudenabfall von nur 1 dB zugrunde (a_D=1 dB bzw. ε_D=0,2589). Die Pol- und Nullstellendaten für andere Dämpfungswerte a_D können über Tabellen bestimmt werden (z. B. Herpy u. Berka 1984).

Filtergrad

Das Toleranzschema erfordert einen Filtergrad, für den sinngemäß Gl. (1.57) aus Abschn. 1.4.2 anzuwenden ist. An die Stelle der Welligkeit w, die hier im Sperrbereich auftritt und über a_S festgelegt wird, tritt lediglich die zulässige Schwankung a_D im Durchlassbereich. Über die Vorgaben (vgl. dazu Abb. 1.13)

$$a_S = 20 \cdot \lg\left(A_0/A_S\right), \quad a_D = 20 \cdot \lg\left(A_0/A_D\right) \quad \text{und} \quad \Omega_S = \omega_S/\omega_D$$

kann dann der jeweilige Filtergrad als Minimalwert ermittelt werden:

$$n \geq \frac{\operatorname{ar cosh} \sqrt{\dfrac{10^{0,1a_S} - 1}{10^{0,1a_D} - 1}}}{\operatorname{ar cosh} \Omega_S}. \tag{1.65}$$

1.4.4   Elliptische Charakteristik

Ein steilerer Abfall der Amplitude im Übergangsbereich ist dadurch möglich, dass eine gleichmäßige Welligkeit sowohl im Durchlass- als auch im Sperrbereich zugelassen wird. Als Approximationsfunktion $P_n(\Omega)$ in Gl. (1.43) ist dafür anstatt einer ganzen rationalen Funktion (Polynom) eine *gebrochen-rationale* Funktion $R_n(\Omega)$ mit Unendlichkeitsstellen (Polen) für endliche Werte von Ω zu wählen:

$$A(\Omega) = \frac{A_{\max}}{\sqrt{1 + \varepsilon_D^2 R_n^2(\Omega)}}. \tag{1.66}$$

Die Nullstellen der Funktion $R_n(\Omega)$ bestimmen dann die Maxima des Amplitudengangs $A(\Omega)$ im Durchlassbereich, und die Pole von $R_n(\Omega)$ legen die Nullstellen im Sperrbereich fest. Die Anforderungen an den Übergangsbereich können auf diese Weise i. a. mit einem kleineren Filtergrad n – also weniger aufwendig und damit oft kostengünstiger – als bei den Butterworth- bzw. Tschebyscheff-Näherungen eingehalten werden. Allerdings verursachen die Nullstellen im Sperrbereich erhöhte Anforderungen bei der schaltungstechnischen Realisierung.

Die eigentliche mathematische Problemstellung besteht darin, die Nullstellen und Pole der Funktion $R_n(\Omega)$ so zu organisieren, dass eine gleichmäßige Welligkeit im Durchlass- und im Sperrbereich gegeben ist. Eine geschlossenen Lösung dafür wurde von W. Cauer formuliert, die auf den elliptischen Jacobi-Funktionen basiert und dieser Approximation ihren Namen gibt (*elliptischer* Tiefpass, Cauer-Tiefpass). Auf eine genauere Analyse dieser relativ komplizierten Funktionen soll an dieser Stelle verzichtet werden.

Übertragungsverhalten

Die speziellen Eigenschaften der Jacobi-Funktionen bestimmen das prinzipielle Übertragungsverhalten dieser Klasse von Tiefpässen:

- Die Summe aus Wellenbergen und Wellentälern im Durchlassbereich gleicht zahlenmäßig dem Grad der Funktion und damit dem Filtergrad n.
- Der Filtergrad n bestimmt das Verhalten an den Grenzen $\Omega=0$ bzw. $\Omega\to\infty$:
  - n gerade: $A_0=A_D<A_{max}$ und $A_\infty=A_S$ (Minimum der Sperrdämpfung),
  - n ungerade: $A_0=A_{max}$ und $A_\infty=0$.
- Der Parameter ε_D in Gl. (1.66) legt die Welligkeit w im Durchlassbereich fest (analog zur Tschebyscheff-Charakteristik, Abschn. 1.4.2).

Ein mit diesen Eigenschaften ausgestattetes Filter wird üblicherweise als Cauer-A-Tiefpass bezeichnet. Zur Verdeutlichung zeigt Abb. 1.14 den prinzipiellen Amplitudengang in linearer Skalierung für einen Cauer-A-Tiefpass zweiten bzw. dritten Grades.

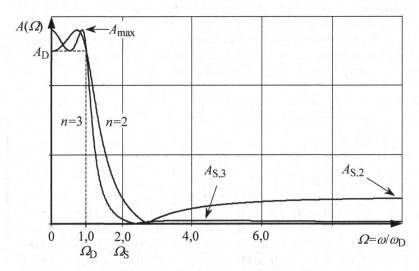

Abb. 1.14 Amplitudengang für Cauer-A-Tiefpass, Filtergrad $n=2, 3$

Für die Cauer-Näherung existieren zwei Modifikationen, die zu einer anderen Pol-bzw. Nullstellenverteilung führen. Bei geraden n kann die Funktion $R_n(\Omega)$ auch so gewählt werden, dass die Zahl der Übertragungsnullstellen im Sperrbereich um 1 reduziert wird (Cauer-B-Approximation). Wird außerdem die erste Nullstelle von $R_n(\Omega)$ nach $\Omega=0$ verlagert, entsteht der Cauer-C-Tiefpass mit $A_0=A_{max}$. In beiden Fällen wird die Vereinfachung der Übertragungsfunktion bzw. der schaltungs-technischen Umsetzung jedoch erkauft durch eine Verschlechterung der Selekti-vität (breiterer Übergangsbereich).

Tabelle der Pol- und Nullstellendaten

Zum Vergleich mit anderen Standard-Approximationen sind in Tabelle 1.4 einige Pol- und Nullstellendaten für Cauer-A-Tiefpässe mit der Welligkeit $w=1$ dB für jeweils drei Sperrgrenzen (mit zugehörigen Sperrdämpfungen) zusammengestellt. Da jede Stufe zweiten Grades einen Pol und eine Nullstelle erzeugt, ist die in Abschn. 1.4.3 für die inverse Tschebyscheff-Charakteristik angegebene allgemei-ne Form der Systemfunktion, Gl. (1.64), auch hier anwendbar.

Aus Gründen der Dimensionierung ist es für Cauer-Filter üblich, als Parameter nicht die Sperrdämpfung a_S vorzugeben (wie bei den inversen Tschebyscheff-Filtern), sondern die Kenndaten nach unterschiedlichen Sperrgrenzen Ω_S – also nach der Breite des Übergangsbereichs – zu ordnen und dann die zugehörige Sperrdämpfung a_S zu tabellieren. Für die Welligkeit w und die Sperrdämpfung a_S gelten die Definitionen nach Gl. (1.56) bzw. Gl. (1.59).

Eine umfangreiche Zusammenstellung der Kenngrößen normierter elliptischer Tiefpässe bis $n=15$ (für n gerade nur Cauer-B und Cauer-C) kann der Fachlitera-tur entnommen werden (Saal u. Entenmann 1988, Williams u. Taylor 2006). Pol-und Nullstellendaten ausgewählter Cauer-B-Tiefpässe sind außerdem auch bei (Herpy u. Berka 1984) tabelliert. Zur Ermittlung der Pol- und Nullstellendaten für die Cauer-A-Approximation bis $n=15$ kann darüber hinaus auch eines der in Abschn. 7.2 erwähnten PC-Programme eingesetzt werden.

Tabelle 1.4 Pol- und Nullstellendaten, Cauer-A-Tiefpass, $n=2,3,4$; Welligkeit $w=1$ dB

n	Ω_S	a_S [dB]	Stufe 1			Stufe 2		
			Ω_{P1}	Q_{P1}	Ω_{Z1}	Ω_{P2}	Q_{P2}	Ω_{Z2}
2	2	17,1	1,0817	1,0828	2,7321	–	–	–
	4	30,0	1,0582	0,9820	5,6118	–	–	–
	6	37,2	1,0536	0,9675	8,4556	–	–	–
3	2	34,5	0,5400	Pol reell	–	1,0053	2,3160	2,2701
	4	53,9	0,5042	Pol reell	–	0,9991	2,0798	4,6004
	6	64,7	0,4985	Pol reell	–	0,9980	2,0445	6,9161
4	2	51,9	0,5650	0,8042	2,1432	0,9966	4,1020	4,9221
	4	77,9	0,5367	0,7888	4,3195	0,9941	3,6724	10,3103
	6	92,3	0,5321	0,7864	6,4877	0,9936	3,6080	15,5850

Für den in einigen Tabellen anstatt der Sperrgrenze Ω_S benutzten *Modulwinkel* Θ der Jacobi-Funktionen (in Grad) gilt der einfache Zusammenhang

$$\sin\Theta = 1/\Omega_S \quad \text{bzw.} \quad \Theta = \arcsin(1/\Omega_S).$$

Als Maß für die Welligkeit w (in dB) wird gelegentlich auch der Reflexionsfaktor ρ mit einem Wertebereich von 0 % bis 100 % benutzt:

$$\rho = \sqrt{1 - 10^{-0,1w}}.$$

Filtergrad

Eine genaue Berechnung des Filtergrades in Abhängigkeit der Durchlass- und Dämpfungseigenschaften erfordert die Auswertung der elliptischen Jacobi-Integrale und ist nicht über einen geschlossenen Formelausdruck möglich. In der Praxis können dafür spezielle Nomogramme benutzt werden oder es kommen Filterentwurfsprogramme zur Anwendung (s. Abschn. 7.2).

1.4.5 Thomson-Bessel-Charakteristik

Die bisher diskutierten Möglichkeiten, das Übertragungsverhalten von Tiefpässen festzulegen, haben sich an dem Toleranzschema für den Amplitudengang in Abb. 1.10 orientiert, ohne auf das Verhalten im *Zeitbereich* Rücksicht zu nehmen (Reaktion auf sprungförmige Erregung, Einschwingverhalten). Diese Vorgehensweise ist auch sinnvoll für Filter, deren Eigenschaften über ihr frequenzselektives Verhalten beschrieben werden sollen.

Es gibt jedoch Anwendungen, bei denen neben der Tiefpassfilterung eine möglichst unverfälschte Sprungsignalübertragung – also ein ganz bestimmtes Zeitverhalten – gefordert wird. In Abschn. 1.2.3 wurde das Zeitverhalten einer Tiefpassanordnung zweiten Grades untersucht mit dem Ergebnis, dass die Reaktion auf einen Spannungssprung ein mit der Polgüte Q_P zunehmendes Überschwingen aufweist, sofern $Q_P > 0{,}5$ ist.

Da für Anwendungen dieser Art die bisher in den Abschnitten 1.4.1 bis 1.4.4 behandelten Approximationen nicht oder nur sehr bedingt geeignet sind, ist ein anderer Ansatz – über zeitliche Anforderungen – sinnvoll.

Darf beispielsweise ein Übertragungsvierpol eine Signalspannung $u_1(t)$ nur um eine gewisse Laufzeit τ verzögern, ohne die Signalform (z. B. einen rechteckförmigen Spannungssprung) dabei zu verändern, muss zwischen Signaleingang und Signalausgang im Zeitbereich die Beziehung

$$u_2(t) = u_1(t - \tau)$$

bestehen, aus der die zugehörige Systemfunktion durch Anwendung der Laplace-Transformation zu ermitteln ist:

$$\underline{H}(s) = e^{-s\tau}. \tag{1.67}$$

Aus Gl. (1.67) folgt dann unmittelbar

$$\text{Amplitudengang}: \quad A(\omega) = 1, \tag{1.68a}$$

$$\text{Phasengang}: \quad \varphi(\omega) = -\omega\tau. \tag{1.68b}$$

Um eine konstante und von der Frequenz unabhängige Signalverzögerung zu gewährleisten, muss der Phasenwinkel also eine lineare Funktion der Frequenz sein. Über die Definition der *Gruppenlaufzeit* τ_G – Differentialquotient als Maß für die Steigung der Phasenfunktion – wird diese Bedingung wie folgt formuliert:

$$-\frac{\mathrm{d}\varphi(\omega)}{\mathrm{d}\omega} = \tau_\mathrm{G} = \text{const.} \quad (\text{mit } \varphi \text{ in rad}). \tag{1.69}$$

Damit entspricht Gl. (1.69) der Definition eines idealen Verzögerungsgliedes.

Ein realer Tiefpass kann diese Eigenschaften der konstanten Gruppenlaufzeit jedoch nur annähernd erfüllen. Deshalb werden – im Hinblick auf das Verhalten im Zeitbereich – folgende Anforderungen formuliert:

Approximatiosvorschrift Für eine maximal ebene Laufzeitcharakteristik ist das Nennerpolynom der Übertragungsfunktion $\underline{A}(\mathrm{j}\omega)$ so festzulegen, dass der Differentialquotient $\mathrm{d}\varphi/\mathrm{d}\omega$ der Phasenfunktion von $\underline{A}(\mathrm{j}\omega)$ möglichst wenig von der Kreisfrequenz ω abhängt.

Diese Vorschrift erfolgt in Analogie zur Vorschrift einer maximal ebenen Amplitude für die Klasse der Butterworth-Filter (vgl. dazu Abschn. 1.4.1). Nach W. E. Thomson, der als erster diese Art der Annäherung an das ideale Zeitverhalten vorschlug, werden Filter mit dieser Charakteristik als Thomson-Filter bezeichnet. Die Vorgehensweise zur Festlegung geeigneter Nennerpolynome wird nachfolgend am Beispiel einer Funktion zweiten Grades erläutert.

1.4.5.1 Der Thomson-Bessel-Tiefpass zweiten Grades

Aus der biquadratischen Funktion in Poldarstellung, Gl. (1.36), entsteht mit dem Übergang $s \to \mathrm{j}\omega$ die allgemeine Übertragungsfunktion für den Tiefpass zweiten Grades

$$\underline{A}(\mathrm{j}\omega) = \frac{A_0}{1 + \mathrm{j}\omega\dfrac{1}{\omega_\mathrm{P} Q_\mathrm{P}} - \dfrac{\omega^2}{\omega_\mathrm{P}^2}} = A(\omega) \cdot \mathrm{e}^{\mathrm{j}\varphi(\omega)}. \tag{1.70}$$

Im Gegensatz zu den anderen Approximationsverfahren ist es hier sinnvoll, durch Einführung einer Größe η die laufende Frequenz auf ω_P zu normieren. Damit ergeben sich besonders einfache Beziehungen für die Laufzeiten. Die Phasenfunktion kann dann aus Gl. (1.70) durch Bildung des Real- und Imaginärteils abgeleitet werden:

$$\varphi(\omega) = -\arctan\frac{\eta/Q_P}{1-\eta^2} \quad \text{mit} \quad \eta = \omega/\omega_\mathrm{P}. \tag{1.71}$$

Der Differentialquotient von Gl. (1.71) führt zur Gruppenlaufzeitfunktion

$$\tau_G(\eta) = -\frac{d\varphi}{d\omega} = -\frac{d\varphi}{d\eta}\cdot\frac{d\eta}{d\omega} = \frac{1}{\omega_P Q_P}\cdot\frac{1+\eta^2}{1+\eta^2\left(1/Q_P^2 - 2\right)+\eta^4} \tag{1.72}$$

mit: $\tau_G\left(\omega = 0\right) = \tau_{G0} = \dfrac{1}{\omega_P Q_P}$ (Gruppenlaufzeit für ω=0) .

Eine weitere Ableitung nach ω zeigt, dass $\tau_G(\eta)$ dann am wenigsten von η abhängt – d. h. die geringste Steigung besitzt, wenn die Koeffizienten gleicher Potenzen von η im Zähler und Nenner jeweils auch gleich sind. Für einen im Aufbau ähnlichen Ausdruck führten sinngemäß gleiche Voraussetzungen zum maximal flachen Amplitudengang der Butterworth-Näherung, Abschn. 1.4.1.

Über die Koeffizienten von η^2 erhält man so die Bestimmungsgleichung für die Polgüte für den Thomson-Tiefpass zweiten Grades:

$$\frac{1}{Q_P^2} - 2 = 1 \quad\Rightarrow\quad Q_P = \frac{1}{\sqrt{3}} = 0{,}57735 \ .$$

Gruppenlaufzeit

Für einen maximal flachen Verlauf der Laufzeitfunktion zweiten Grades $\tau_G(\eta)$ muss also die Polgüte den Wert Q_P=0,57735 annehmen. Damit sind über Gl. (1.70) und Gl. (1.72) die Übertragungsfunktion bzw. die Laufzeitfunktion für den laufzeitgeebneten Thomson-Tiefpass zweiten Grades anzugeben:

$$\underline{A}(j\omega) = \frac{A_0}{1+j\sqrt{3}\eta-\eta^2} \qquad \eta=\omega/\omega_P \ , \tag{1.73}$$

$$\tau_G(\eta) = \tau_{G0}\frac{1+\eta^2}{1+\eta^2+\eta^4} \quad\text{mit}\quad \tau_{G0} = \frac{1}{\omega_P Q_P} = \frac{\sqrt{3}}{\omega_P} \ . \tag{1.74}$$

Mit Gl. (1.74) wird der maximal flache Verlauf der Funktion $\tau_G(\eta)$ bestätigt, wobei für $\eta \ll 1$ die Grundlaufzeit τ_{G0} durch die Polfrequenz ω_P bestimmt wird. Der Betrag $A(\eta)$ der Übertragungsfunktion, Gl. (1.73), und die Gruppenlaufzeit $\tau_G(\eta)$ nach Gl. (1.74) sind als Funktion der normierten Frequenz $\eta=\omega/\omega_P$ in Abb. 1.15 dargestellt.

Durchlassgrenze im Zeitbereich

Da beim Thomson-Tiefpass die Approximation über zeitliche Vorschriften erfolgt, erscheint es sinnvoll, auch die Durchlassgrenze über den Zeitbereich zu definieren. Dem Kehrwert der Grundlaufzeit τ_{G0} wird deshalb formal eine Kreisfrequenz ω zugeordnet, die zwecks Normierung der Systemfunktion zweiten Grades als Durchlassgrenze definiert wird:

$$\omega_D = 1/\tau_{G0} \ . \tag{1.75}$$

Für den Thomson-Tiefpass zweiten Grades erhält man mit den Gln. (1.74) und (1.75) damit die normierte Durchlassgrenze

$$\eta_D = \frac{\omega_D}{\omega_P} = \frac{1}{\omega_P \cdot \tau_{G0}} = Q_P = 0,5773 \,,$$

für die Gl. (1.74) den zugehörigen Funktionswert

$$\tau_G \left(\omega = \omega_D \right) = 0,923 \cdot \tau_{G0}$$

liefert, vgl. dazu auch Abb. 1.15. Damit weicht die Gruppenlaufzeit bei der oben definierten Durchlassgrenze um 7,7 % von dem zu $\omega = 0$ gehörenden Wert τ_{G0} ab, was einer Laufzeitschwankung innerhalb des Durchlassbereichs von etwa 0,7 dB entspricht. Dieser Durchlassgrenze liegt somit eine für viele praktische Anwendungen sinnvolle Definition zu Grunde.

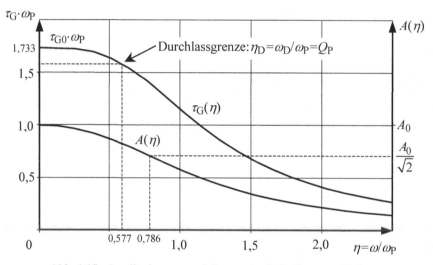

Abb. 1.15 Amplitudengang und Gruppenlaufzeit, Thomson-Tiefpass
Darstellung normiert auf ω_P, Filtergrad $n=2$

Durchlassgrenze im Frequenzbereich

Zwecks Vergleich mit den anderen Näherungsverfahren ist es hilfreich, zusätzlich zur Durchlassgrenze im Zeitbereich auch noch die 3-dB-Grenzfrequenz ω_G mit der Definition nach Gl. (1.52) zu berücksichtigen:

$$\omega_G := \omega \big|_{A(\omega) = A_0 / \sqrt{2}} \,.$$

Zusammen mit Gl. (1.73) ist deshalb

$$\eta \big|_{\omega = \omega_G} = \sqrt{0,618} \quad \Rightarrow \quad \omega_G = \omega_P \sqrt{0,618} = 0,786 \omega_P \,. \tag{1.76}$$

Um den Unterschied zwischen beiden Definitionen zu verdeutlichen, ist in Abb. 1.15 die 3-dB-Grenze bei η=0,786 gekennzeichnet. Die Gruppenlaufzeit weicht bei dieser Frequenz mit einem Wert von $\tau_G(\omega=\omega_G)$=0,81·τ_{G0} bereits um ca. 20 % von der Gruppenlaufzeit τ_{G0} (bei ω=0) ab. Im Hinblick auf die Laufzeiteigenschaften ist die Definition einer 3-dB-Durchlassgrenze also nicht sinnvoll.

Systemfunktion

Aus Gl. (1.73) entsteht durch Übergang auf die komplexe Größe S die Systemfunktion zweiten Grades in normierter Darstellung. Wegen der beiden Definitionen für die Durchlassgrenze sind dabei zwei Normierungen möglich:

- Normierung: $\Omega_0=\omega/\omega_0=\omega\cdot\tau_{G0}$ bzw. $S=s/\omega_0$

  Unter Berücksichtigung des Zusammenhangs zwischen τ_{G0} und ω_P, Gl. (1.74), ist

$$j\eta = j\omega/\omega_P = j\omega\tau_{G0}/\sqrt{3} = j\Omega_0/\sqrt{3} \xrightarrow{\;j\Omega_0\to S\;} \frac{S}{\sqrt{3}}\,.$$

Eingesetzt in Gl. (1.73) :

$$\underline{H}(S) = \frac{A_0}{1+S+\frac{1}{3}S^2}\,. \qquad (1.77)$$

- Normierung: $\Omega_G=\omega/\omega_G$ bzw. $S=s/\omega_G$

  Mit dem Zusammenhang zwischen den Größen ω_P und ω_G nach Gl. (1.76) ist

$$j\eta = j\omega/\omega_P = j\sqrt{0,618}\cdot\Omega_G \xrightarrow{\;j\Omega_G\to S\;} \sqrt{0,618}\cdot S\,.$$

Eingesetzt in Gl. (1.73):

$$\underline{H}(S) = \frac{A_0}{1+1,3616\cdot S+0,618\cdot S^2}\,. \qquad (1.78)$$

1.4.5.2 Der Thomson-Bessel-Tiefpass *n*-ten Grades

Im Hinblick auf eine Verallgemeinerung der für den Grad n=2 mit Gl. (1.73) und Gl. (1.77) erhaltenen Ergebnisse wird das Nennerpolynom $N_2(S)$ von Gl. (1.77) näher untersucht:

$$N_2(S) = 1+S+\frac{1}{3}S^2 = \frac{1}{3}(3+3S+S^2)\,. \qquad (1.79a)$$

Mit der abkürzenden Schreibweise

$$B_2(S) = (3+3S+S^2) \quad\text{und}\quad B_2(S=0) = 3$$

lautet das Nennerpolynom zweiten Grades dann

$$N_2(S) = B_2(S)/B_2(0)\,. \qquad (1.79b)$$

Für die Tiefpässe höheren Grades erfolgt die Berechnung der Nennerpolynome $N_n(S)$ nach dem eingangs erwähnten Prinzip der Laufzeitebnung mit gliedweise gleichen Koeffizienten im Zähler und Nenner der Laufzeitfunktion. Die Rechnung wird dadurch erleichtert, dass von einer Rekursionsformel Gebrauch gemacht werden kann. Zu diesem Zweck werden die Polynome – in Anlehnung an Gl. (1.79b) – in der Form

$$B_n(S) = N_n(S) \cdot B_n(0) \qquad (1.80)$$

angegeben und für höhere Grade n rekursiv berechnet über die Beziehung

$$B_n(S) = (2n-1) \cdot B_{n-1}(S) + S^2 \cdot B_{n-2}(S) .$$

Systemfunktion

Die allgemeine Systemfunktion lässt sich auf einfache Weise durch die rekursiv zu ermittelnden Polynome $B_n(S)$ ausdrücken. Für den Fall $n=2$ ist das Nennerpolynom deshalb in der Schreibweise nach Gl. (1.79b) in Gl. (1.77) einzusetzen:

$$\underline{H}(S)_{n=2} = A_0 \frac{B_2(0)}{B_2(S)} . \qquad (1.81a)$$

Diese Vorgehensweise ist auch für beliebige Grade n zulässig. In Verallgemeinerung von Gl. (1.81a) gilt deshalb:

$$\underline{H}(S) = A_0 \frac{B_n(0)}{B_n(S)} . \qquad (1.81b)$$

Nennerpolynome

Die Nennerpolynome $N_n(S)$ werden über die Polynome $B_n(S)$, Gl. (1.80), erzeugt. Es lässt sich zeigen, dass diese Polynome in einem mathematischen Zusammenhang mit den Bessel-Polynomen stehen. Filter mit einer Charakteristik nach Gl. (1.81) werden deshalb auch als Thomson-Bessel-Tiefpässe bezeichnet. Die Polynome $B_n(S)$ für $n=1$ bis $n=4$ sind in Tabelle 1.5 zusammengestellt.

Tabelle 1.5 Polynome $B_n(S)$ für Thomson-Bessel-Tiefpass, normiert auf $\omega_D = \omega_0 = 1/\tau_0$

n	Polynome $B_n(S)$ $S = s/\omega_0 = s\,\tau_{G0}$
1	$1 + S$
2	$3 + 3S + S^2$
3	$15 + 15S + 6S^2 + S^3$ $= (S+2{,}3222) \cdot (S^2 + 3{,}6778S + 6{,}4594)$
4	$105 + 105S + 45S^2 + 10S^3 + S^4 = (S^2 + 5{,}7924S + 9{,}1401) \cdot (S^2 + 4{,}2076S + 11{,}4878)$

Da aktive Filter für Filtergrade $n>2$ oft als Serienschaltung von Teilfiltern maximal zweiten Grades entworfen werden, ist die Aufspaltung in entsprechende Teilpolynome mit angegeben.

Laufzeiteigenschaften

Bei den in 1.4.1 bis 1.4.4 behandelten Approximationen mit einer im Frequenzbereich definierten Durchlassgrenze führen steigende Anforderungen an die Selektivität der Tiefpässe – d. h. schmalerer Übergangsbereich im Toleranzschema – zu höheren Filtergraden n.

Bei der Thomson-Näherung mit maximal flacher Laufzeitcharakteristik im Durchlassbereich, bei der die Frequenzselektivität nicht im Vordergrund steht, steigt die Qualität der Näherung – und damit die Konstanz der Gruppenlaufzeit – ebenfalls mit dem Filtergrad n. Als Beispiel dafür sei die über Gl. (1.81) und Tabelle 1.5 erzeugte Systemfunktion dritten Grades mit Thomson-Charakteristik betrachtet,

$$\underline{H}(S) = A_0 \frac{15}{15 + 15S + 6S^2 + S^3} = \frac{A_0}{1 + S + \frac{6}{15}S^2 + \frac{1}{15}S^3} .$$

Die Gruppenlaufzeit an der Stelle $\omega = \omega_0 = 1/\tau_{G0}$ (d. h. bei $\Omega_0 = 1$) wird durch einmalige Differentiation der zugehörigen Phasenfunktion ermittelt:

$$-\frac{d\varphi}{d\omega} = \tau_{G0} \frac{225 + 45\Omega_0^2 + 6\Omega_0^4}{225 + 45\Omega_0^2 + 6\Omega_0^4 + \Omega_0^6} \xrightarrow{\Omega_0 = 1} 0{,}9964 \cdot \tau_{G0} .$$

Für $n=3$ weicht die Gruppenlaufzeit τ_G bei $\omega = \omega_0 = 1/\tau_{G0}$ nur um 0,36 % von der Grundlaufzeit τ_{G0} ab – im Vergleich zur Abweichung von etwa 7,5 % für den Fall $n=2$ (vgl. dazu Abschn. 1.4.5.1, Absatz „Durchlassgrenze im Zeitbereich").

Durchlassgrenze im Zeitbereich

Für den Thomson-Bessel-Tiefpass n-ten Grades wird die Durchlassgrenze ω_D zumeist im Zeitbereich definiert. Die selektiven Eigenschaften werden dann zusätzlich durch Angabe der 3-dB-Grenzfrequenz ω_G ermittelt bzw. vorgegeben.

Wie oben für den Fall $n=3$ gezeigt, kann aus den Laufzeitfunktionen $\tau_G(\omega)$ die relative Abweichung der Gruppenlaufzeit

$$\frac{\tau_{G0} - \tau_G}{\tau_{G0}} = \frac{\Delta\tau_G(\omega)}{\tau_{G0}}$$

als Funktion der Frequenz für beliebige Grade n berechnet werden. Die Definition eines Durchlassbereichs ergibt sich dann für jeden Grad n aus der jeweils zulässigen relativen Laufzeitabweichung bei einer bestimmten Frequenz.

In Tabelle 1.6 sind für die Filtergrade $n=2$ bis $n=6$ einige auf $\omega_0 = 1/\tau_{G0}$ normierte Frequenzen zusammengestellt, bei denen gerade eine als Durchlassgrenze definierte Laufzeitabweichung von 1 %, 5 % bzw. 10 % erreicht wird. Die in der Tabelle angegebenen Ω_0-Werte mit den zugehörigen Laufzeitfehlern sind dabei als Obergrenze aufzufassen, so dass beim praktischen Filterentwurf die Gruppenlaufzeit τ_{G0} kleiner gewählt werden darf, als die über die tabellierten Ω_0-Werte zu ermittelnde Grundlaufzeit $\tau_{G0} = 1/\omega_0$.

Tabelle 1.6   Normierte Werte $\Omega_0 = \omega/\omega_0 = \omega \cdot \tau_{G0}$ für Laufzeitabweichungen in %

$\dfrac{\Delta\tau_G}{\tau_{G0}} \cdot 100$	$\Omega_0 = \omega/\omega_0$ für Filtergrad n				
	$n=2$	$n=3$	$n=4$	$n=5$	$n=6$
1 %	0,56	1,21	1,93	2,71	3,48
5 %	0,88	1,62	2,38	3,26	4,22
10 %	1,09	1,94	2,84	3,76	4,68

Durchlassgrenze im Frequenzbereich

Zur Definition des Durchlassbereichs wird bei Thomson-Bessel-Filtern – zusätzlich zu zeitlichen Anforderungen (Laufzeit bzw. Laufzeitabweichungen) – gelegentlich auch die 3-dB-Grenzfrequenz ω_G herangezogen. Für $n=2$ ist der Zusammenhang zwischen der formal eingeführten „zeitlichen" Durchlassgrenze, vgl. Gl. (1.75), und der über Gl. (1.52) definierten Grenzfrequenz ω_G bereits über die beiden unterschiedlich normierten Funktionen Gl. (1.77) bzw. Gl.(1.78) hergestellt. Durch Koeffizientenvergleich der beiden zugehörigen Nenner erhält man

$$\frac{1}{3}\left(\frac{s}{\omega_0}\right)^2 = 0,618\left(\frac{s}{\omega_G}\right)^2 \quad \Rightarrow \quad \frac{\omega_G}{\omega_0} = \omega_G \tau_{G0} = 1,3616 \ \ (\text{für } n=2).$$

Für Filtergrade $n>2$ kann das Verhältnis ω_G/ω_0 auf ähnlichem Wege ermittelt werden. Über eine Reihenentwicklung der Übertragungsfunktion lässt sich jedoch eine für die meisten Fälle ausreichend genaue Näherungsformel angeben:

$$\frac{\omega_G}{\omega_0} = \omega_G \tau_{G0} \approx \sqrt{(2n-1)\ln 2} \qquad (\text{Näherung für } n \geq 2). \qquad (1.82)$$

Der Fehler dieser Näherung beträgt bei $n=2$ etwa 6 % und verringert sich mit steigendem Filtergrad n. Wird die Näherungsbeziehung nach n aufgelöst, kann für eine vorgegebene Gruppenlaufzeit $\tau_{G0} = 1/\omega_0$ und eine bestimmte Grenzfrequenz ω_G der mindestens erforderliche Filtergrad n_{min} abgeschätzt werden:

$$n_{min} \approx \frac{1}{2} + \frac{(\omega_G/\omega_0)^2}{2 \cdot \ln 2} \qquad (\text{Näherung für } n \geq 2). \qquad (1.83)$$

Nachdem zwei der drei Parameter n, ω_0 bzw. ω_G vorgegeben sind, ist die dritte Größe dann über Gl. (1.82) bzw. (1.83) zu ermitteln.

Sperrbereich

Bei Thomson-Bessel-Tiefpässen wird – zusätzlich zu den Laufzeitvorschriften – statt einer Grenzfrequenz ω_G oft auch der Beginn des Sperrbereichs mit bestimmter Mindestdämpfung bei einer Sperrfrequenz ω_S vorgegeben. Tabelle 1.7 enthält deshalb einige charakteristische Punkte des Dämpfungsverlaufs, die in den meisten Fällen für eine Abschätzung des Filtergrades n_{min} ausreichen.

Bei den in Tabelle 1.7 angegebenen Ω_0-Werten wird die jeweils zugehörige Dämpfung a gerade erreicht. Da die Dämpfungen i. a. als Mindestwerte vorgeschrieben werden, sind die aufgeführten Ω_0-Werte als Untergrenze aufzufassen. Beim praktischen Filterentwurf können deshalb die über Ω_0 berechneten Gruppenlaufzeiten $\tau_{G0}=1/\omega_0$ größer gewählt werden.

Aus dieser im Vergleich zur Auswertung von Tabelle 1.6 gegenläufigen Tendenz ergibt sich ein geeignetes Kriterium zur Festlegung des Filtergrades bei gleichzeitiger Vorgabe von Zeit- und Dämpfungseigenschaften. Die folgenden zwei Zahlenbeispiele verdeutlichen die daraus resultierende Vorgehensweise.

Tabelle 1.7   Normierte Werte $\Omega_0=\omega\cdot\tau_{G0}$ für Dämpfungswerte a in dB

$\Omega_0=\omega/\omega_0=\omega\cdot\tau_{G0}$							
n	a=3 dB	a=10 dB	a=15 dB	a=20 dB	a=25 dB	a=30 dB	a=40 dB
2	1,35	2,75	3,9	5,33	7,2	9,66	17,3
3	1,75	3,15	4,05	5,1	6,25	7,66	11,35
4	2,1	3,65	4,5	5,4	6,33	7,4	10
5	2,4	4,15	5	5,8	6,7	7,6	9,7

Beispiel 1 (Vorgaben im Zeitbereich)

Es soll ein Tiefpass mit der Grundlaufzeit τ_{G0}=25 ms und einem Laufzeitfehler von maximal 1 % bei ω =60 rad/s entworfen werden. Damit ist also

$$\omega/\omega_0=\omega\tau_{G0}=60\cdot 25\cdot 10^{-3}=1,5\,.$$

Aus Tabelle 1.6 ist dafür bei Ω_0=1,93 der Filtergrad n_{min}=4 abzulesen mit der zugehörigen Obergrenze

$$\omega_{max}=1,93/\tau_{G0}=77,2\ \text{rad/s}$$

für eine einprozentige Laufzeitabweichung. Über Gl. (1.81) und Tabelle 1.5 kann die Systemfunktion aufgestellt werden. Die Näherung Gl. (1.82) liefert mit $1/\tau_{G0}$=40 s^{-1} die zugehörige 3-dB-Bandbreite

$$\omega_G \approx 40\sqrt{7\cdot\ln 2}=88,11\ \text{rad/s}\ \Rightarrow\ f_G=\omega_G/2\pi \approx 14\ \text{Hz}.$$

∎

Beispiel 2 (Vorgaben im Zeit- und Frequenzbereich)

Es ist ein Tiefpass zu entwerfen mit einer Gruppenlaufzeitabweichung von maximal 10 % bei f_1=1,5$\cdot 10^3$ Hz. Bei der Frequenz f_S=2$\cdot 10^3$ Hz soll der Amplitudengang um mindestens a=10 dB gedämpft sein.

Über die Angaben in Tabelle 1.6 (mit Maximalwerten $\Omega_0=\omega\tau_{G0}$ für eine Abweichung von 10 %) bzw. Tabelle 1.7 (mit Minimalwerten $\Omega_0=\omega\tau_{G0}$ für a=10 dB) muss zunächst der mindestens erforderliche Filtergrad festgestellt werden.

Es zeigt sich, dass die Maximal- bzw. Minimalvorgaben aus beiden Tabellen gemeinsam nur für einen Filtergrad $n_{min}=4$ zu erfüllen sind:

$$\text{Tabelle 1.6}: \quad \tau_{G0} \le 2{,}84 / 2\pi \cdot f_1 = 0{,}3013 \cdot 10^{-3} \text{ s},$$

$$\text{Tabelle 1.7}: \quad \tau_{G0} \ge 3{,}65 / 2\pi \cdot f_S = 0{,}2905 \cdot 10^{-3} \text{ s}.$$

Zusammen führen beide Ungleichungen zu der allgemeingültigen Vorschrift

$$f_S / f > \Omega_{\text{Tab.1.7}} / \Omega_{\text{Tab.1.6}}.$$

Wenn z. B. mit $\tau_{G0}=0{,}3$ ms eine Grundlaufzeit zwischen beiden oben genannten Grenzwerten gewählt wird, stellt sich erst bei der Frequenz

$$f_1^* = 2{,}84 / 2\pi\tau_{G0} = 1{,}507 \text{ kHz} > 1{,}5 \text{ kHz} = f_1$$

eine relative Laufzeitabweichung von 10 % ein. Dagegen wird bereits bei der Frequenz

$$f_S^* = 3{,}65 / 2\pi\tau_{G0} = 1{,}94 \text{ kHz} < 2 \text{ kHz} = f_S$$

eine Dämpfung von $a=10$ dB erreicht.

Die Vorgaben erfordern also einen Tiefpass vierten Grades mit Thomson-Bessel-Charakteristik bei einer Grundlaufzeit $\tau_{G0}=0{,}3$ ms. Für einen Entwurf als zweistufiges Filter können die Poldaten Tabelle 1.8 entnommen werden. ∎

Tabelle der Poldaten

Soll der Filterentwurf nicht auf der Grundlage der allgemeinen Systemfunktion nach Gl. (1.81), sondern über die Darstellung gemäß Gl. (1.46) als Serienschaltung von Teilfiltern zweiten Grades erfolgen, werden die Poldaten benötigt. Zu ihrer Berechnung sind über Tabelle 1.5 und Gl. (1.79) die Nennerpolynome $\underline{N}(S)$ der jeweiligen Teilstufen zweiten Grades zu bilden und dann gliedweise mit dem Nenner der Normalform, Gl. (1.46), zu vergleichen.

Tabelle 1.8 enthält die Poldaten einzelner Stufen zweiten Grades für Thomson-Bessel-Tiefpässe – normiert auf den Kehrwert der Gruppenlaufzeit $\omega_0=1/\tau_{G0}$ – für die Filtergrade $n=2$ bis $n=6$.

Tabelle 1.8 Poldaten, Thomson-Bessel-Tiefpass, $\Omega_P=\omega_P/\omega_0$

Grad n	Stufe 1		Stufe 2		Stufe 3	
	Ω_{P1}	Q_{P1}	Ω_{P2}	Q_{P2}	Ω_{P3}	Q_{P3}
2	1,7320	0,5773	–	–	–	–
3	2,3220	Pol reell	2,5420	0,6910	–	–
4	3,0230	0,5219	3,3890	0,8055	–	–
5	3,6470	Pol reell	3,7780	0,5635	4,2600	0,9165
6	4,3360	0,5103	4,5650	0,6112	5,1500	1,0233

1.4.6 Vergleich der Standard-Approximationen

Eine qualitative Übersicht über die charakteristischen Merkmale der fünf beschriebenen Standard-Approximationen enthält Tabelle 1.9. Die Angaben in der letzten Spalte „Überschwingen" resultieren aus dem Zusammenhang zwischen der Polgüte und der Kenngröße γ (overshoot), vgl. Abschn. 1.2.3, und sind zugleich auch ein Hinweis auf die relative Größe der Gruppenlaufzeitschwankungen. Die Schwankungsbreite der Amplitude innerhalb des Durchlassbereichs hat für alle fünf Approximationen einen Betrag von 3 dB.

Tabelle 1.9 Vergleich der Standard-Approximationen

Typ	Amplitudengang im Durchlass-	Sperrbereich	Übergangs-bereich	Polgüte Q_P	Überschwingen $(\Delta \tau_G / \tau_{G0})$
BU	max. flach	monoton abnehmend	mittel	mittel	mittel
TB	wellig	monoton abnehmend	schmal	mittelgroß	groß
TBi	max. flach	wellig (Nullstellen)	schmal	mittel	mittel
CA	wellig	wellig (Nullstellen)	sehr schmal	groß	groß
TH	monoton abnehmend	monoton abnehmend	breit	klein	sehr klein

BU: Butterworth; TB: Tschebyscheff; TBi: Tscheb./invers, CA: Cauer, TH: Thomson

Zum direkten Vergleich der fünf Standardapproximationen sind die einzelnen Betragsfunktionen für den Fall $n=2$ gemeinsam in Abb. 1.16 mit logarithmisch skalierten Achsen und jeweils gleicher 3-dB-Durchlassgrenze dargestellt.

Auswahlkriterien

Die einzelnen Schritte in klassischer Reihenfolge beim Entwurf eines Tiefpassfilters sind:

1. Formulierung der Anforderungen (Toleranzschema mit Dämpfungsvorgaben für den Durchlass- und Sperrbereich),
2. Festlegung einer Approximationsvorschrift nach Charakteristik und Grad innerhalb der zulässigen Toleranzen,
3. Auswahl eines Realisierungsprinzips und einer geeigneten elektronischen Schaltung,
4. Schaltungsdimensionierung und Erfolgsüberprüfung (Simulation, Messung).

Die Festlegung auf eine ganz bestimmte Charakteristik innerhalb des Toleranzschemas erfolgt i. a. im Wechselspiel mit den Überlegungen zur schaltungstechnischen Realisierung, weil einige Approximationen ganz bestimmte Schaltungsstrukturen voraussetzen.

So muss ein Filter mit Cauer- oder mit inversem Tschebyscheff-Verhalten die Möglichkeit zur Realisierung von Übertragungsnullstellen besitzen, wodurch die Komplexität einzelner Stufen zwar größer, jedoch der erforderliche Filtergrad (und damit die Zahl der Stufen) geringer als bei den anderen Approximationen sein kann.

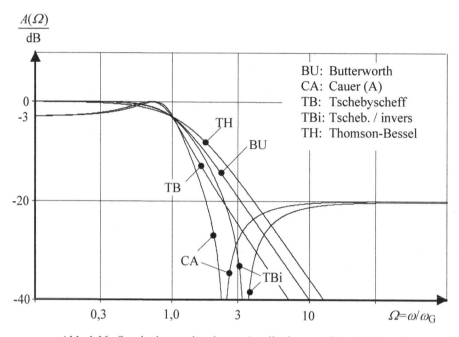

Abb. 1.16 Standardapproximationen, Amplitudengang (Vergleich), $n=2$

Der Auswahl einer bestimmten Tiefpass-Approximation kommt somit eine ganz besondere Bedeutung auch unter schaltungstechnischen Aspekten zu. Als Konsequenz daraus sind die in den Abschnitten 1.4.1 bis 1.4.5 besprochenen Näherungsverfahren nach vielfältigen Kriterien zu bewerten, die bei der Umsetzung in eine Schaltung oftmals zu einem Kompromiss führen:

- Übertragungsverhalten im Durchlassbereich (mit/ohne Welligkeit),
- Breite des Übergangsbereiches (Steilheit des Amplitudenabfalls, Filtergrad),
- Verhalten im Sperrbereich (mit/ohne Nullstellen),
- Verhalten im Zeitbereich (Sprungantwort, Gruppenlaufzeit),
- Erforderliche Polgüten Q_P (Konsequenzen im Hinblick auf die Realisierung),
- Konsequenzen für die Schaltungsstruktur (mit/ohne Nullstellen),
- Anforderungen an die Verstärkerbausteine (Einfluss nicht-idealer Parameter).

Damit wird deutlich, dass eine allgemeine Bewertung der unterschiedlichen Approximationen – losgelöst von einem konkreten Anwendungsfall – weder sinnvoll noch möglich ist.

In diesem Zusammenhang sind auch die – teilweise kostenfrei bzw. kostengünstig angebotenen – PC-Filterentwurfsprogramme zu erwähnen, die bei der Auswahl eines Approximationsverfahrens und/oder einer geeigneten Schaltungsstruktur durchaus hilfreich sein können. Einzelheiten zu den Fähigkeiten und Beschränkungen derartiger Programme werden in Abschn. 7.2 angesprochen.

Vergleichendes Beispiel

Für die vier Standard-Approximationen nach Butterworth, Tschebyscheff, Cauer und Thomson-Bessel soll der Realisierungsaufwand hinsichtlich Filtergrad n, Stufenzahl und Polgüte Q_P verglichen werden. Für das Tiefpass-Dämpfungsschema sollen dabei folgende Vorgaben gelten:

- Max. Durchlassdämpfung (Welligkeit): $a_D = w = 1$ dB,
- minimale Sperrdämpfung: $a_S = 40$ dB,
- Sperrfrequenz: $\omega_S / \omega_D = \Omega_S = 2$.

Butterworth-Tiefpass Nach Gl. (1.53) berechnet sich der erforderliche Filtergrad zu

$$n \geq \frac{\lg \dfrac{10^{0,1 \cdot 40} - 1}{10^{0,1} - 1}}{2 \lg 2} = 7,62 \quad \Rightarrow \quad n = 8.$$

Tschebyscheff-Tiefpass Der Filtergrad zur Erfüllung der Anforderungen für beide Charakteristiken nach Tschebyscheff ist laut Gl. (1.57)

$$n \geq \frac{\operatorname{ar cosh} \sqrt{\dfrac{10^{0,1 \cdot 40} - 1}{10^{0,1w} - 1}}}{\operatorname{ar cosh} 2} = 4.54 \quad \Rightarrow \quad n = 5.$$

Cauer-A-Tiefpass Aus Tabelle 1.4 entnimmt man für die Vorgabe $\Omega_S = 2$ die Sperrdämpfungen

$$a_S = 34,5 \text{ dB } (n = 3) \quad \text{bzw.} \quad a_S = 51,9 \text{ dB } (n = 4).$$

Die Dämpfungsforderung von $a_S = 40$ dB (Mindestwert) kann also nur von einem Cauer-A-Tiefpass vierten Grades erfüllt werden – allerdings mit einer sehr guten Dämpfungsreserve von $51,9 - 40 = 11,9$ dB.

Thomson-Bessel-Tiefpass Ein direkter Vergleich mit den anderen Approximationen auf der Grundlage der vorgegebenen Dämpfungen erscheint hier nicht sinnvoll, da die Thomson-Bessel-Filter i. a. über Vorgaben im Zeitbereich entworfen werden. Die Selektionseigenschaften sind jedoch um ein Vielfaches schlechter als die der Butterworth-Näherung. So hat die Sperrdämpfung bei $\Omega_S = 2$ für alle Filtergrade oberhalb von $n = 2$ lediglich einen Wert von $a_S \approx 4,5$ dB. Laut Tabelle 1.7 erreicht der Thomson-Bessel-Tiefpass die vorgegebene minimale Sperrdämpfung von $a_S = 40$ dB erst bei $\Omega_S = 8$ (für $n = 4$) bzw. bei $\Omega_S \approx 7$ (für $n = 6$).

Zusammenfassung Tabelle 1.10 fasst die Ergebnisse des Beispiels – ergänzt durch die maximalen Polgüten – noch einmal in übersichtlicher Form zusammen. Die Aufwandsabschätzung durch Angabe der Stufenzahl geht von einer Serienschaltung von Teilfiltern maximal zweiten Grades aus. Die Komplexität einer Stufe zweiten Grades ist dann vergleichsweise höher, wenn außer dem Polpaar auch ein Nullstellenpaar erzeugt werden muss.

Tabelle 1.10 Vergleich der Approximationen für $a_D=w=1$ dB ; $a_S=40$ dB ; $\Omega_S=2$

Typ	min. Grad n	max. Polgüte $Q_{P,max}$	Stufenzahl (Komplexität)
BU	8	2,56	4
TB	5	5,56	3
TB (invers)	5	≈ 2	3 (2 Nullstellenpaare)
CA-A	4	4,1	2 (2 Nullstellenpaare)

BU: Butterworth; TB: Tschebyscheff; CA-A: Cauer-A;

Bei der Entscheidung für eine der Approximationen darf der mit der Stufenzahl steigende Schaltungsaufwand nicht ohne Berücksichtigung der Komplexität (Nullstellen ja/nein) und der Polgüte jeder Stufe bewertet werden. Steigende Polgüten wirken sich ungünstig auf das Zeitverhalten aus (vgl. Abschn. 1.2.3) und vergrößern die Empfindlichkeit der Schaltung auf Bauteiltoleranzen und nichtideale Verstärkerdaten. Außerdem bestimmt der Wert der Polgüte – über die damit verknüpfte Amplitudenüberhöhung – maßgeblich die Aussteuerungsgrenzen der eingesetzten Verstärker.

1.4.7 Andere Approximationsverfahren

Die bisher behandelten Verfahren zur Annäherung an den idealen Tiefpass sind die wichtigsten der Standard-Approximationen. Es folgt ein Überblick über einige weitere Ansätze zur Erzeugung spezieller Filtercharakteristiken mit gebrochenrationalen Übertragungsfunktionen.

Tiefpass mit kritischer Dämpfung

Die einfachste aller Systemfunktionen besteht aus einer Reihenschaltung von n entkoppelten RC-Gliedern mit jeweils gleicher Zeitkonstanten τ:

$$\underline{H}(s) = \frac{1}{\left(1+s\tau\right)^n} \; .$$

Zu dieser Tiefpassfunktion mit *kritischer Dämpfung* gehört ein *n*-facher Pol auf der negativ-reellen Achse der *s*-Ebene bei $\sigma_N = -1/\tau$ mit der Polgüte $Q_P = 0{,}5$ und einer Grenzkreisfrequenz

$$\omega_{3\,\text{dB}} = \omega_G = (1/\tau) \cdot \sqrt{2^{1/n} - 1}\ .$$

Die Sprungantwort dieses Filters weist kein Überschwingen auf, dafür besitzt es die schlechteste Selektivität – d. h. den breitesten Übergangsbereich – aller Approximationen. Unter systemtheoretischem Gesichtspunkt ist die Tatsache interessant, dass die Übertragungseigenschaften dieses Filters sich bei wachsendem Filtergrad *n* denen des Gauss-Filters nähern.

Tiefpass mit Gauss-Charakteristik

Wenn als Betragsquadrat die Funktion

$$A(\Omega)^2 = \exp(-b \cdot \Omega^2)$$

vorgegeben wird, gilt für den Betrag bei der 3-dB-Durchlassgrenze

$$A(\Omega = 1) = \exp\left(-\frac{b}{2}\right) = 0{,}7071 \quad \Rightarrow \quad b = -2 \cdot \ln 0{,}7071 = 0{,}6932\ .$$

Nach Variablenersatz $\Omega \to -jS$ ist das Betragsquadrat

$$|\underline{H}(S)|^2 = \exp(+0{,}6932 \cdot S^2) = \frac{1}{\exp(-0{,}6932 \cdot S^2)}\ .$$

Die schaltungstechnische Umsetzung durch konzentrierte Bauelemente erfordert die Darstellung als gebrochen-rationale Funktion. Deshalb wird die Exponentialfunktion im Nenner durch eine Reihenentwicklung angenähert:

$$|\underline{H}(S)|^2 = \frac{1}{1 - 0{,}6932 \cdot S^2 + 0{,}241 \cdot S^4 - \ldots}\ .$$

Wie im letzten Absatz von Abschn. 1.3 erläutert, können wegen

$$|\underline{H}(S)|^2 = \underline{H}(S) \cdot \underline{H}(-S)$$

von den 2*n* Polen dieser Funktion die *n* Pole in der linken Halbebene der Funktion $\underline{H}(S)$ zugeordnet werden, die dann in der Form nach Gl. (1.46) aufgestellt werden kann. Der Grad dieser Funktion – und damit die Genauigkeit der Näherung – wird durch die Zahl der berücksichtigten Reihenglieder bestimmt Die Charakteristik im Frequenz- und im Zeitbereich ähnelt der des Thomson-Filters mit einer etwas schlechteren Konstanz der Gruppenlaufzeit im Durchlassbereich.

Das Gauss-Filter, dessen Bezeichnung sich aus dem glockenförmigen Verlauf seiner Impulsantwort ableitet, wird primär zur Pulsformumg in digitalen Übertragungssystemen (Mobilfunk) und in der digitalen Bildverarbeitung eingesetzt.

Filter mit „Raised-Cosine"-Charakteristik

Für Anwendungen in der digitalen Übertragungstechnik werden spezielle Tief-passfilter zur Pulsformung benötigt, bei denen die Anforderungen ausschließlich im Zeitbereich formuliert werden. Für die Auswertung bzw. Weiterverarbeitung digitaler Signale mit hoher Datenrate ist es nämlich wichtig, dass die im Emp-fangskanal durch die einzelnen Pulse verursachten Einschwingvorgänge sich nicht gegenseitig überlagern und so zu Fehlern bei der Auswertung führen (Intersym-bol-Interferenz, ISI). Gefordert wird deshalb ein Filter, dessen Impulsantwort möglichst schnell abklingt und Nulldurchgänge genau bei den *ganzzahligen* Viel-fachen der Pulsperiode T_P aufweist – also zu Zeiten der Auswertung für die vor-hergehenden und die nachfolgenden Pulse.

Eine derartige Charakteristik kann theoretisch durch eine Betragsfunktion er-zeugt werden, die aus einer halben Periode einer nach „oben" verschobenen Kosi-nus-Funktion hervorgegangen ist (raised cosine). Der Amplitudengang dieser Funktion kann demnach wie folgt beschrieben werden:

$$A(\omega) = \begin{cases} 0.5\left[1 + \cos\left(\omega T_P/2\right)\right] & \text{für } \omega \leq 2\pi/T_P = 2\omega_N \\ 0 & \text{für } \omega > 2\pi/T_P = 2\omega_N \end{cases}.$$

Bei der *Nyquistfrequenz* $\omega_N = \pi/T_P$ ist die Betragsfunktion demnach auf die Hälfte zurückgegangen und hat oberhalb von $\omega = 2\omega_N$ den Wert Null. Eine Reduzierung dieser Bandbreite – bei gleicher „Halbwertsbreite" ω_N – ist dadurch möglich, dass die Kosinus-Funktion durch einen sog. Roll-Off-Faktor ($0 < \alpha < 1$) versteilert wird. Als Konsequenz daraus nimmt die Dauer des Abklingvorgangs der Impulsantwort allerdings zu, so dass oftmals ein Kompromiss zwischen Bandbreite und Zeitverhalten gefunden werden muss.

Eine Realisierung dieser aus zwei Teilen zusammengesetzten Funktion in analoger Technik ist nur angenähert und mit relativ großem Aufwand möglich. So wird eine ausreichend gute Näherung oft erst für Filtergrade $n > 10$ erzielt, wobei zusätzlich zu den Polen auch $n/2$ konjugiert-komplexe Nullstellenpaare in der rechten s-Halbebene implementiert werden müssen.

In der Praxis werden Raised-Cosine-Filter deshalb zumeist als digitale FIR-Filter implementiert. Dabei wird die Pulsformung normalerweise zu gleichen Teilen auf den Sender und den Empfänger des Kommunikationssystems aufgeteilt, indem als Kanalfilterung jeweils die Wurzel aus der oben aufgeführten Betragsfunktion $A(j\omega)$ berücksichtigt wird (Root-Raised-Cosine-Filter).

Weitere Approximationsverfahren (Übersicht)

Neben den bisher behandelten Approximationsverfahren sind einige weitere Me-thoden zur Definition spezieller Tiefpassfunktionen erarbeitet worden, die für ganz bestimmte Anwendungen durchaus eine bessere Lösung darstellen können als die klassischen Näherungen. Dabei sind zwei prinzipiell unterschiedliche An-sätze zu unterscheiden:

1. Die Koeffizienten der Systemfunktion werden so festgelegt, dass bestimmte Optimierungskriterien erfüllt werden können, wie z. B. Minimierung von einfachen oder quadratischen Fehlerfunktionen – als Maß für die Abweichungen zwischen realem und idealem Übertragungsverhalten. Die Lösungen dafür liegen i. a. nicht in geschlossener Form vor und sind nur über iterative Rechenprozesse zu ermitteln.

2. Es werden Funktionen erzeugt, welche günstige Eigenschaften verschiedener Näherungen miteinander kombinieren, wie z. B. die guten Laufzeit-Eigenschaften der Thomson-Bessel-Charakteristik mit der besseren Selektivität der Tschebyscheff-Näherungen (Transitional Thomson-Tschebyscheff).

Die folgende Zusammenstellung gibt einen Überblick über einige dazu in der Fachliteratur veröffentlichte Vorschläge:

- Papoulis-Filter (Papoulis 1958) haben eine bessere Selektivität als die Butterworth-Tiefpässe, dafür aber einen weniger flachen Amplitudengang im Durchlassbereich.

- Tiefpassfilter auf der Basis ultrasphärischer Polynome (Johnson 1966) bilden einen Kompromiss zwischen Butterworth- und Tschebyscheff-Verhalten und beinhalten beide Näherungen als Grenzfall. Über einen zusätzlichen Parameter sind Kompromisse zwischen Frequenz- und Zeitverhalten einstellbar. Die Welligkeit im Durchlassbereich ist nicht konstant und kann als zu- oder abnehmend gewählt werden. Zu dieser Tiefpasskategorie zählen auch die relativ bekannten Legendre-Filter.

- Ein Filter mit ähnlichen Eigenschaften (Transitional-Butterworth-Tschebyscheff-Filter) entsteht durch eine Approximationsfunktion, die aus dem Produkt der für die Butterworth- bzw. Tschebyscheff-Näherung gewählten Funktionen $P_n(\Omega)$ besteht (Budak 1991).

- Eine verallgemeinerte inverse Tschebyscheff-Charakteristik (Chang 1968) bietet die Möglichkeit, die Zahl und Anordnung der Übertragungsnullstellen unabhängig vom Grad des Nennerpolynoms zu wählen, wobei die Welligkeit im Sperrbereich ungleichmäßig wird. Eine besonders einfache Variante dazu mit nur einer Nullstelle ist ausführlich in (Budak 1991) beschrieben.

- Die Pole der Parabolischen Filter (Mullik 1961) sind in der linken s-Halbebene auf einer Parabel angeordnet. Das Übertragungsverhalten ähnelt dem der Thomson-Bessel-Filter bei verbesserten Laufzeiteigenschaften mit leicht ansteigender Tendenz zum Ende des Durchlassbereichs.

- Das L-Filter (Feistel u. Unbehauen 1965) besitzt einen laufzeitgeebneten Durchlassbereich (L: Laufzeit); das Übergangs- und Sperrverhalten ist wie beim inversen Tschebyscheff-Filter. Es bietet dabei einen Kompromiss zwischen den zeitlichen Eigenschaften der Thomson-Bessel-Filter und der guten Selektivität der Tschebyscheff-Charakteristik.

- Filter mit einer Tschebyscheff-Laufzeitwelligkeit (Ulbrich u. Piloty 1960) besitzen eine bessere Selektivität als die Thomson-Bessel-Filter bei etwas schlechterer Laufzeitkonstanz.

1.4.8 Zusammenfassung

Die üblicherweise als Toleranzschema (Abschn. 1.3) vorgeschriebenen Übertragungseigenschaften eines Tiefpassfilters können über unterschiedliche Entwurfsverfahren in Schaltungen umgesetzt werden.

Über die Standard-Approximationen (Abschn. 1.4.1 bis 1.4.5) werden Referenztiefpässe entworfen, deren spezielle Charakteristik für jeden Filtergrad durch die Polkenngrößen ω_P und Q_P festgelegt ist (Tabellen der Poldaten). Der jeweils erforderliche Filtergrad n kann als Funktion der Vorgaben berechnet werden und ist von der gewählten Approximation abhängig. Damit kann die Systemfunktion des Referenzfilters im S-Bereich – und nach Denormierung die des gesuchten Filters als Funktion der komplexen Variablen s – als Produkt von Teilfunktionen maximal zweiten Grades aufgestellt werden.

Diese Darstellungsform entspricht dem verbreiteten Verfahren, aktive Filter höheren Grades durch Serienschaltung entkoppelter Teilfilter zweiten Grades zu realisieren (Kaskadensynthese). Als Alternative dazu kann der Filterentwurf – ohne Kenntnis der Systemfunktion und der Poldaten – aber auch auf der Basis dimensionierter passiver RLC-Referenzstrukturen erfolgen (Methode der direkten Filtersynthese).

Bei der Festlegung auf eine Approximation sind neben den Übertragungseigenschaften auch Konsequenzen im Hinblick auf die elektronische Umsetzung (Stufenzahl, eventuell notwendige Übertragungsnullstellen) zu berücksichtigen. In Sonderfällen können andere Näherungsverfahren als die klassischen Standard-Approximationen durchaus zu einer besseren Lösung – d. h. zu einem besseren Kompromiss zwischen Schaltungsaufwand und Leistungsfähigkeit – führen.

Die tabellierten Poldaten werden jedoch nicht nur zum Entwurf von Tiefpassfiltern benutzt. Über geeignete Umrechnungen (Frequenztransformationen) können auch andere Filtertypen mit den typischen Eigenschaften der ausgewählten Tiefpass-Approximation ausgestattet werden.

1.5   Frequenztransformationen

Es gibt mathematische Methoden, mit denen – auf der Grundlage der in Abschn. 1.4 behandelten Tiefpass-Approximationen – der Filterentwurf auch innerhalb eines anderen Toleranzschemas (z. B. Bandpass, Hochpass, Bandsperre) durchgeführt werden kann. Dabei werden die im Frequenzbereich über die Variable ω formulierten Anforderungen an die Übertragungs- bzw. Dämpfungseigenschaften des Filters durch eine spezielle Rechenvorschrift (Frequenztransformation) zunächst in ein äquivalentes Tiefpass-Toleranzschema mit der Variablen Ω überführt. Auf dieser Grundlage wird für den Referenztiefpass eine Approximation ausgewählt, mit deren Hilfe die gesuchte Systemfunktion $\underline{H}(s)$ nach Rücktransformation in den Originalbereich angegeben werden kann. Die schematische Darstellung in Abb. 1.17 fasst diese Vorgehensweise noch einmal zusammen.

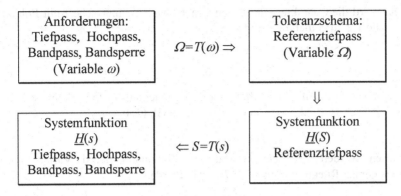

Abb. 1.17 Schema zum Filterentwurf über Referenztiefpass,

1.5.1 Tiefpass-Tiefpass-Transformation

Diese Frequenztransformation besteht lediglich aus einer Skalierung der Frequenzachse, womit die Anforderungen an ein beliebiges Tiefpassfilter auf den normierten Referenztiefpass mit seinen Approximationsmöglichkeiten umgerechnet werden. Diese Skalierung wurde bereits in den Abschnitten 1.3 und 1.4 in Form einer Normierung auf die Durchlassgrenze ω_D benutzt, um die Poldaten der Standard-Approximationen anzugeben. Für den Variablenersatz wird dabei formal folgende Transformationsfunktion angesetzt:

$$T(\omega): \Omega = \omega/\omega_D \qquad (1.84)$$
$$T(s): \ S = s/\omega_D \ .$$

Diese Beziehung stellt den Zusammenhang zwischen dem Referenztiefpass (Variable S bzw. Ω) und dem zu entwerfenden Tiefpass (Variable s bzw. ω) her.

Beispiel

Es soll ein Tiefpass entworfen werden, der folgende Vorgaben erfüllt:
- Maximalwert der Übertragungsfunktion: $A_{max}=1$;
- Durchlassgrenze: $\omega_D=2\pi\cdot500$ rad/s mit maximaler Dämpfung $a_D=1$ dB ;
- Sperrgrenze: $\omega_S=2\pi\cdot1000$ rad/s mit minimaler Dämpfung $a_S=20$ dB .

Durch Anwendung der Transformationsfunktion $T(\omega)$, Gl. (1.84), auf die Sperrgrenze ω_S erhält man die normierte Größe $\Omega_S=\omega_S/\omega_D=2$. Für den entsprechenden Referenztiefpass wäre dafür dann eine der folgenden drei Approximationen geeignet:

1. Butterworth mit dem Filtergrad $n=5$ nach Gl. (1.53), oder
2. Tschebyscheff mit dem Filtergrad $n=3$ nach Gl. (1.57), oder
3. Tschebyscheff/invers mit dem Filtergrad $n=3$ nach Gl. (1.65).

Gewählt wird die Charakteristik dritten Grades nach Tschebyscheff mit Poldaten, die Tabelle 1.2 zu entnehmen sind ($n=3$, $a_D=w=1$ dB, $A_0=A_{max}$):

$$\text{Stufe 1} \ (n=1): \ \Omega_{P1} = 0,4942,$$

$$\text{Stufe 2} \ (n=2): \ \Omega_{P2} = 0,9971, \ \ Q_{P2} = 2,0177.$$

Die normierte Systemfunktion $\underline{H}(S)$ für den gesuchten Tiefpass kann somit als Produkt zweier Teilfunktionen in der Form nach Gl. (1.46) mit

$$A_0 = A_{01}A_{02} = A_{max} = 1$$

angegeben werden. Die Denormierung erfolgt dann durch Variablenersatz $S \rightarrow s/\omega_D$ gemäß Rücktransformation $T(s)$, Gl. (1.84).   ∎

1.5.2 Tiefpass-Hochpass-Transformation

Wird das Übertragungsverhalten eines Tiefpassfilters für Frequenzen unterhalb (bzw. oberhalb) der Durchlassgrenze durch Variablenersatz in den oberen (bzw. unteren) Frequenzbereich verlagert, ergibt sich unter Beibehaltung der typischen Charakteristik – Welligkeit, Maxima, Minima, Durchlassgrenze – eine Hochpass-funktion. Die im Unendlichen liegende Tiefpassnullstelle wird dabei in die einen Hochpass kennzeichnende Nullstelle bei $s=0$ transformiert. Umgekehrt geht die Tiefpass-Grundverstärkung A_0 (bei $\omega=0$) in den Wert der Hochpassfunktion A_∞ (bei $\omega \rightarrow \infty$) über.

Die dazu notwendigen Transformationsbeziehung, Gl. (1.85), beinhaltet also eine Inversion der Frequenzabhängigkeit – bezogen auf die unverändert gültige Durchlassgrenze bei $\omega = \omega_D$:

$$\begin{aligned} T(\omega): \ & \Omega = \omega_D/\omega \\ T(s): \ & S = \omega_D/s. \end{aligned} \tag{1.85}$$

Wie in Abb. 1.17 angedeutet, gehören die beiden Frequenzvariablen ω bzw. s zur Hochpassfunktion und die durch die Normierung entstandenen Größen Ω bzw. S zum Referenztiefpass.

Die gesuchte Systemfunktion für den Hochpass erhält man dann dadurch, dass die mit Gl. (1.85) gegebene Transformationsbeziehung entweder auf die Funktion $\underline{H}(S)$ vom Referenztiefpass (Weg 1), oder auf dessen Poldaten angewendet wird (Weg 2). Das folgende Beispiel erläutert die Vorgehensweise für beide Möglichkeiten.

Beispiel

In Anlehnung an das Tiefpass-Beispiel aus Abschn. 1.5.1 soll ein Hochpass mit gleichen Dämpfungsanforderungen entworfen werden:

$A_{max}=1$, $\omega_S=2\pi \cdot 500$ rad/s ($a_S \geq 20$ dB), $\omega_D=2\pi \cdot 1000$ rad/s ($a_D \leq 1$ dB).

Referenztiefpass

Durch Anwendung der Transformationsvorschrift $T(\omega)$ in Gl. (1.85) auf die Variablen ω_S bzw. ω_D erhält man die Daten für den Referenztiefpass:

$$A_{max}=1, \quad \Omega_S=\omega_D/\omega_S=2 \ (a_S \geq 20 \text{ dB}), \quad \Omega_D=1 \ (a_D \leq 1 \text{ dB}) \,.$$

Die Poldaten einer Tschebyscheff-Funktion dritten Grades, die diese Vorgaben erfüllt, wurden bereits in Abschn. 1.5.1 (Beispiel) gefunden:

$$\Omega_{P1}=0{,}4942, \quad \Omega_{P2}=0{,}9971, \quad Q_{P2}=2{,}017.$$

Damit kann die normierte Tiefpass-Systemfunktion $\underline{H}(S)$ dritten Grades als Produkt zweier Teilfunktionen in der Form nach Gl. (1.46) mit

$$A_{01}=A_{02}=A_{max} = 1$$

angegeben werden:

$$\underline{H}(S) = \frac{1}{1+\dfrac{S}{0,4942}} \cdot \frac{1}{1+\dfrac{S}{0,9971\cdot 2,0177}+\left(\dfrac{S}{0,9971}\right)^2} \,.$$

Transformation zum Hochpass

Die Hochpassfunktion kann aufgestellt werden durch Anwendung der Transformation, Gl. (1.85), auf den Referenztiefpass. Dafür existieren zwei Möglichkeiten:

Weg 1: Anwendung auf die Tiefpass-Systemfunktion

Durch Ersatz der Variablen S in $\underline{H}(S)$ gemäß Vorschrift nach Gl. (1.85) erfolgt die Rücktransformation in den s-Bereich. Nach anschließender Umformung beider Teilbrüche entsteht die gesuchte Systemfunktion für den Tschebyscheff-Hochpass dritten Grades mit $|H(s \to \infty)| = A_\infty = 1$:

$$\underline{H}(s) = \underbrace{\frac{\dfrac{s}{12713,85}}{1+\dfrac{s}{12713,85}}}_{\substack{\text{Stufe 1}\,(n=1)\\A_\infty=1}} \cdot \underbrace{\frac{\dfrac{s^2}{6301,46^2}}{1+\dfrac{s}{6301,46\cdot 2,0177}+\dfrac{s^2}{6301,46^2}}}_{\substack{\text{Stufe 2}\,(n=2)\\A_\infty=1}} \,.$$

Weg 2: Anwendung auf die Pole vom Referenztiefpass

Wird die Transformation, Gl. (1.85), in der Form $s=\omega_D/S$ angewendet auf die normierten Tiefpasspole in Polarkoordinatendarstellung (vgl. dazu Abb. 1.8),

$$S_{N1,2} = \Omega_P \, e^{\pm j(\pi-\delta)} \xrightarrow{\text{Gl.(1.85)}} s_{N1,2} = \frac{\omega_D}{\Omega_P} e^{\mp j(\pi-\delta)} \,,$$

wird deutlich, dass sich dabei lediglich der Betrag der Polstelle – also die Polfrequenz gemäß Gl. (1.33) – vom Wert Ω_P auf ω_D/Ω_P verändert hat.

Der Winkel δ zwischen Polzeiger und reeller Achse – d. h. die Polgüte Q_P – wird durch diese Transformation nicht verändert, s. Abb. 1.8 und Gl. (1.34). Für das gewählte Beispiel ergeben sich auf diese Weise die Hochpasspole:

$$\text{Stufe 1 } (n=1): \quad \omega_{P1} = \omega_D/\Omega_{P1} = 2\pi \cdot 1000/0,4942 \text{ rad/s},$$

$$\text{Stufe 2 } (n=2): \quad \omega_{P2} = \omega_D/\Omega_{P2} = 2\pi \cdot 1000/0,9971 \text{ rad/s}, \quad Q_{P2} = 2,0177.$$

Eingesetzt in die für den Hochpassfall ($a_0 = a_1 = 0$) zugeschnittene biquadratische Systemfunktion, Gl. (1.36), entsteht die bereits über „Weg 1" ermittelte Hochpassfunktion $\underline{H}(s)$.

∎

1.5.3 Tiefpass-Bandpass-Transformation

Hintergrund der folgenden Überlegungen ist die Vorstellung, dass die Betragsfunktion vom Referenztiefpass – wenn formal in den Bereich negativer Frequenzen fortgesetzt – bereits dem prinzipiellen Verlauf einer Bandpassfunktion gleicht. Die gesuchte Transformation muss also die gesamte Tiefpassfunktion (für negative und positive Frequenzen) in den positiven Bereich verschieben.

Zu diesem Zweck werden die Übertragungsfunktionen vom Referenztiefpass (Grad $n=1$) und vom Bandpass (Grad $n=2$) in der Form nach Gl. (1.36) gliedweise miteinander verglichen.

1.5.3.1 Bandpasskenngrößen

Mit dem Ansatz $a_0 = a_2 = 0$ (vgl. Filterklassifikation, Abschn. 1.2.2) für die Koeffizienten in Gl. (1.36) lassen sich System- und Übertragungsfunktion für den Bandpass angeben:

$$\underline{H}(s) = \frac{a_1 s}{1 + \dfrac{s}{\omega_P Q_P} + \dfrac{s^2}{\omega_P^2}} = \frac{a_1 \omega_P Q_P}{1 + Q_P\left(\dfrac{s}{\omega_P} + \dfrac{\omega_P}{s}\right)}, \tag{1.86a}$$

$$\underline{A}(j\omega) = \frac{a_1 \omega_P Q_P}{1 + j Q_P\left(\dfrac{\omega}{\omega_P} - \dfrac{\omega_P}{\omega}\right)}. \tag{1.86b}$$

Im Hinblick auf die praktische Anwendbarkeit der gesuchten Transformationsbeziehung soll zunächst der Zusammenhang zwischen den Parametern in Gl. (1.86) und den messtechnisch aus dem Amplitudenverlauf zu ermittelnden Bandpass-Kenngrößen hergestellt werden.

Polfrequenz und Mittenfrequenz

Der Nenner der Bandpass-Übertragungsfunktion, Gl. (1.86b), wird für den Fall $\omega = \omega_P$ zum Minimum, so dass der zugehörige Funktionswert

$$\underline{A}(\omega = \omega_P) = a_1 \omega_P Q_P = A_M$$

sein Maximum bei $\omega = \omega_P$ erreicht. Die Polfrequenz ω_P ist deshalb identisch zur Bandpass-Mittenfrequenz ω_M.

Polgüte

Die Selektivität von Bandpassfiltern wird i. a. über die beiden Frequenzen ω_{G1} und ω_{G2} definiert, bei denen der Betrag der Übertragungsfunktion auf 70,71 % des Maximalwertes A_M abgesunken ist (3-dB-Grenzen):

$$A(\omega = \omega_{G1,2}) = A_M / \sqrt{2}.$$

Wird diese Definition auf die Übertragungsfunktion, Gl. (1.86b), angewendet, erhält man – bei jeweils gleichem Real- und Imaginärteil im Nenner von Gl. (1.86b) – die beiden Bedingungen

$$Q_P \left(\omega_{G2} / \omega_M - \omega_M / \omega_{G2} \right) = +1,$$
$$Q_P \left(\omega_{G1} / \omega_M - \omega_M / \omega_{G1} \right) = -1.$$

Die sich daraus ergebenden quadratischen Gleichungen für die beiden Grenzfrequenzen ω_{G1} bzw. ω_{G2} führen zu den positiven Lösungen

$$\omega_{G1,2} = \mp \frac{\omega_M}{2 Q_P} + \sqrt{\left(\frac{\omega_M}{2 Q_P} \right)^2 + \omega_M^{\,2}}.$$

Die Differenz beider Lösungen

$$\Delta \omega = \omega_{G2} - \omega_{G1} = \omega_M / Q_P$$

bestimmt den Bandpass-Durchlassbereich und ermöglicht so eine einfache Beziehung zwischen den drei Größen Mittenfrequenz (Polfrequenz), 3-dB-Bandbreite B und Polgüte Q_P:

$$B = \Delta f = \Delta \omega / 2\pi = f_M / Q_P \quad \Rightarrow \quad Q_P = f_M / B.$$

Da beim passiven *RLC*-Resonanzkreis der Quotient aus Resonanzfrequenz und Bandbreite auch als Kreisgüte Q bezeichnet wird, sind beim Bandpass zweiten Grades also Polgüte Q_P und Kreisgüte Q identisch. Damit kann die Polgüte über die Messung der Mittenfrequenz und der 3-dB-Bandbreite auf einfache Weise bestimmt werden.

Zusammenfassung

Zwischen den Poldaten einer Bandpassfunktion zweiten Grades und den messtechnisch leicht zu erfassenden Parametern der zugehörigen Betragsfunktion bestehen damit folgende einfache Zusammenhänge:

$$\text{Mittenfrequenz } f_M \equiv \text{Polfrequenz } f_P,$$
$$\text{Kreisgüte } Q \equiv \text{Polgüte } Q_P.$$

Unter Berücksichtigung dieser Zusammenhänge geht Gl. (1.86) über in

$$\underline{H}(s) = \frac{A_\mathrm{M}}{1 + Q\left(\dfrac{s}{\omega_\mathrm{M}} + \dfrac{\omega_\mathrm{M}}{s}\right)} \quad, \tag{1.87a}$$

$$\underline{A}(\mathrm{j}\omega) = \frac{A_\mathrm{M}}{1 + \mathrm{j}Q\left(\dfrac{\omega}{\omega_\mathrm{M}} - \dfrac{\omega_\mathrm{M}}{\omega}\right)} \quad. \tag{1.87b}$$

1.5.3.2 Tiefpass-Bandpass-Transformationsgleichung

Wie zuvor erwähnt, muss die zum Referenztiefpass ersten Grades (Variable S bzw. Ω) gehörende Übertragungsfunktion

$$\underline{H}(S) = \frac{A_0}{1 + S} \;\Rightarrow\; \underline{A}(\mathrm{j}\Omega) = \frac{A_0}{1 + \mathrm{j}\Omega}$$

für positive und negative Ω-Werte in eine Bandpassfunktion (Variable s bzw. ω) zweiten Grades überführt werden. Ein Vergleich dieser Funktion mit Gl. (1.87b) liefert dann die Gleichungen der Tiefpass-Bandpass-Transformation:

$$\begin{aligned} T(\omega): \quad & \Omega = Q\left(\omega/\omega_\mathrm{M} - \omega_\mathrm{M}/\omega\right) \\ T(s) \;: \quad & S = Q\left(s/\omega_\mathrm{M} + \omega_\mathrm{M}/s\right). \end{aligned} \tag{1.88}$$

Eigenschaften der Transformation

Die speziellen Eigenschaften der Tiefpass-Bandpass-Transformation werden deutlich, wenn Gl. (1.88) nach den Bandpassvariablen s bzw. ω aufgelöst wird. Es entsteht dabei als Umkehrfunktion von T eine Abbildungsvorschrift, durch die jedem Wert im S- und Ω-Bereich (Referenztiefpass) jeweils zwei Werte im s- bzw. ω-Bereich (Bandpass) formal zugeordnet werden:

$$s_{1,2} = \frac{S \cdot \omega_\mathrm{M}}{2Q} \pm \omega_\mathrm{M}\sqrt{\left(\frac{S}{2Q}\right)^2 - 1} \qquad (\text{Abbildung } S \to s), \tag{1.89a}$$

$$\omega_{1,2} = \frac{\Omega \cdot \omega_\mathrm{M}}{2Q} \pm \omega_\mathrm{M}\sqrt{\left(\frac{\Omega}{2Q}\right)^2 + 1} \qquad (\text{Abbildung } \Omega \to \omega). \tag{1.89b}$$

Zur Verdeutlichung der Transformationseigenschaften sind in Tabelle 1.11 einige markante Werte aus dem Ω-Bereich (Referenztiefpass) mit den zugehörigen Bandpassdaten (ω-Bereich) aufgelistet, wobei nur die für die Praxis interessierenden positiven Lösungen von Gl. (1.89b) berücksichtigt werden.

Tabelle 1.11 Korrespondenzen zwischen Referenztiefpass und Bandpass

Referenztiefpass (Ω)	Bandpass (Variable ω)
$-\infty$	0
-1	$\omega_{G1} = -\dfrac{\omega_M}{2Q} + \omega_M \sqrt{\left(\dfrac{1}{2Q}\right)^2 + 1}$
$+1$	$\omega_{G2} = +\dfrac{\omega_M}{2Q} + \omega_M \sqrt{\left(\dfrac{1}{2Q}\right)^2 + 1}$
0	ω_M
$+\infty$	$+\infty$

Am Beispiel der beiden Frequenzen ω_{G1} und ω_{G2}, die den 3-dB-Grenzfrequenzen entsprechen, lässt sich eine fundamentale Eigenschaft der Tiefpass-Bandpass-Transformation ablesen:

$$\omega_{G1}\omega_{G2} = \omega_M^2 \quad \Rightarrow \quad \omega_{G2}/\omega_M = \omega_M/\omega_{G1}.$$

Wie sich leicht anhand der Lösungen ω_1 und ω_2 von Gl. (1.89b) nachweisen lässt, gilt diese Eigenschaft der *geometrischen* Symmetrie ganz allgemein:

$$\omega_2/\omega_M = \omega_M/\omega_1 \quad \Rightarrow \quad \omega_M = \sqrt{\omega_1\omega_2}.$$

Jeder Wert Ω der Referenzcharakteristik wird also in zwei Frequenzen ω_1 und ω_2 der Bandpassfunktion transformiert, deren geometrischer Mittelwert die Bandpass-Mittenfrequenz ω_M ist.

Damit sind also auf diesem Wege nur Bandpässe zu entwerfen, deren Amplitudengang bezüglich der Mittenfrequenz die Eigenschaft der geometrischen Symmetrie aufweist. Für relativ schmalbandige Filter ist diese Einschränkung in der Praxis zumeist von geringer Bedeutung. Es soll an dieser Stelle aber erwähnt werden, dass Entwurfsmethoden entwickelt worden sind, die näherungsweise zu *arithmetisch*-symmetrischen Bandpassfunktionen mit

$$\omega_M \approx (\omega_1 + \omega_2)/2$$

führen, bei denen jedoch ein periodischer Betragsverlauf (mit aufeinander folgenden Durchlass- und Sperrbereichen) auftritt.

1.5.3.3 Transformation zur Bandpassfunktion

Analog zur Tiefpass-Hochpass-Transformation in Abschn. 1.5.2 kann auch hier der dimensionierte Referenztiefpass in den zugehörigen Bandpass überführt werden, indem die Transformation, Gl. (1.88), entweder direkt auf die Tiefpass-Systemfunktion $\underline{H}(S)$ oder die zugehörigen Polstellen angewendet wird.

Weg 1: Anwendung auf die Tiefpass-Systemfunktion

Da durch die Transformation jedem Wert im S-Bereich (Tiefpassvariable) formal nun zwei Werte im s-Bereich (Bandpassvariable) zugeordnet werden, wird ein Referenztiefpass vom Grad n in einen Bandpass vom Grad $2n$ überführt. Soll die praktische Realisierung des Bandpassfilters durch eine Serienschaltung einzelner Stufen zweiten Grades erfolgen, ist also eine Aufspaltung der so ermittelten Funktion $\underline{H}(s)$ vom Grad $2n$ in separate Teilfunktionen zweiten Grades nötig. Dieses Verfahren ist für alle Fälle mit $2n \geq 6$ jedoch mit relativ viel Rechenaufwand verbunden, so dass meistens die nachfolgend beschriebene Alternative bevorzugt wird.

Weg 2: Anwendung auf die Pole vom Referenztiefpass

Wird die Tiefpass-Bandpass-Transformation in der Form nach Gl. (1.89a) auf die n normierten Tiefpasspole S_N – d. h. für $n>2$ auf $n/2$ konjugiert-komplexe Tiefpass-Polpaare – angewendet, erhält man die $2n$ Polstellen der Bandpassfunktion bzw. die n konjugiert-komplexen Bandpass-Polpaare. Diese sind dann paarweise – ausgedrückt durch die jeweiligen Poldaten ω_P und Q_P – in die zur Realisierung ausgewählten Normalformen zweiten Grades einzusetzen. Auf diese Weise erhält man direkt die Systemfunktionen der in Serie zu schaltenden Filterstufen.

Sonderfall (Schmalbandtransformation) Eine bedeutende Vereinfachung bei der rechnerischen Ermittlung der Bandpasspole ist dadurch möglich, dass bei ausreichend großen Werten für die resultierende Bandpassgüte Q die folgende Näherungsbeziehung für Gl. (1.89a) angewendet werden kann:

$$s_{1,2} \approx \frac{S \cdot \omega_M}{2Q} \pm \omega_M \quad \text{für} \quad \left(\frac{|S|}{2Q} \right)^2 \ll 1 . \tag{1.90}$$

Die Bedingung für die Gültigkeit von Gl. (1.90) ist an den Polstellen $S=S_N$ schon für Gütewerte $Q \geq 5$ relativ leicht zu erfüllen, weil die Polfrequenzen $|S_N| = \Omega_P$ vom Referenztiefpass zumeist in der Größenordnung von „1" liegen, vgl. dazu auch das folgende Beispiel. Im Einzelfall ist die Zulässigkeit dieser Näherung vor dem Hintergrund anderer Fehlereinflüsse (z. B. Bauteiltoleranzen) zu überprüfen.

Realisierungsaspekte

Unabhängig von den beiden erwähnten prinzipiellen Möglichkeiten zur Ermittlung der Bandpassfunktion sind – im Hinblick auf die schaltungsmäßige Umsetzung – grundsätzliche noch zwei weitere Vorgehensweisen zu unterscheiden:

1. Serienschaltung von $n/2$ Bandpassfilterstufen zweiten Grades mit unterschiedlicher Polfrequenz und gleicher Polgüte (s. Beispiel unter 1.5.3.4), indem ein Polpaar und eine Nullstelle jeweils einer Stufe zugeordnet werden;

2. Serienschaltung von $n/2$ Tiefpass- und $n/2$ Hochpassfiltern – gleichbedeutend mit einer gleichmäßigen Aufteilung der Polpaare auf alle n Stufen. Die Nullstellen werden dann paarweise (als doppelte Nullstelle) nur den Hochpässen zugeordnet.

Eine Entscheidung für oder gegen eine dieser Möglichkeiten kann sinnvoll erst im Zusammenhang mit der Festlegung einer bestimmten Schaltungsstruktur getroffen werden.

1.5.3.4 Beispiel zum Bandpassentwurf

Ein ausführliches Beispiel soll die Vorgehensweise beim Entwurf eines Bandpass-filters und die Alternativen bei der Realisierung verdeutlichen. Zu diesem Zweck soll ein Bandpass mit folgenden Kenndaten entworfen werden:

- Mittenfrequenz: ω_M=1000 rad/s ,
- 3 dB-Bandbreite: $\Delta\omega$=2πB=100 rad/s $\Rightarrow$ $Q=\omega_M/\Delta\omega$=10,
- Mittenverstärkung: A_M=1,
- Durchlasscharakteristik: maximal flach (Butterworth),
- obere Sperrgrenze: ω_S=1250 rad/s ,
- Sperrdämpfung (bei ω_S): a_S≥20 dB.

Entwurf Referenztiefpass

Über die Transformationsfunktion Gl. (1.87) führen die Bandpassvorgaben zu folgenden Tiefpassdaten:

- Durchlassgrenze: Ω_D=1 mit a_D=3 dB (Durchlassdämpfung),
- Durchlasscharakteristik: maximal flach (Butterworth),
- Sperrgrenze: $\Omega_S=Q\left(\omega_S/\omega_M-\omega_M/\omega_S\right)$=4,5 ,
- Sperrdämpfung (bei Ω_S): $a_S \geq 20$ dB ,
- Filtergrad nach Gl. (1.53): $n \geq \dfrac{\lg\left(\dfrac{10^2-1}{10^{0,3}-1}\right)}{2\lg 4,5}=1,53 \Rightarrow$ Wahl n=2 .

Poldaten Referenztiefpass

Der Referenztiefpass zweiten Grades mit Butterworth-Charakteristik besitzt ein konjugiert-komplexes Polpaar

$$S_{N1,2} = \sigma_N/\omega_D \pm j\left(\omega_N/\omega_D\right) = \Sigma_N \pm \Omega_N \quad \text{(mit } \Sigma_N < 0).$$

Die zugehörigen Poldaten sind laut Tabelle 1.1:

$$\Omega_P = 1 \quad \text{und} \quad Q_P = 0,7071 \ .$$

Die Definitionsgleichung der Polgüte, Gl. (1.34), liefert den zugehörigen Real- bzw. Imaginärteil des Pols:

$$\left|\Sigma_N\right| = \Omega_P/2Q_P = 0,5/0,7071 = 0,7071,$$

$$\left|\Omega_N\right| = \sqrt{\Omega_P{}^2 - \Sigma_N{}^2} = \sqrt{1-0,5} = 0,7071 \ .$$

Poldaten Bandpass

Über die Transformationsbeziehung Gl. (1.89a) wird das Tiefpass-Polpaar $S_{N1,2}$ in die beiden zugehörigen Bandpass-Polpaare überführt. Weil sich dabei die Anzahl der Pole verdoppelt, ist eine neue Indizierung notwendig:

$$S_{N1} \ \rightarrow \ s_{N_{A1}} \text{ und } s_{N_{B1}},$$

$$S_{N2} \ \rightarrow \ s_{N_{A2}} \text{ und } s_{N_{B2}}.$$

Die etwas mühsame zahlenmäßige Auswertung führt auf die zwei konjugiert-komplexen Polpaare s_{N_A} und s_{N_B} :

$$s_{N_{A1,A2}} = \omega_M \left(-0,034115 \mp j \cdot 0,964645 \right),$$

$$s_{N_{B1,B2}} = \omega_M \left(-0,036595 \pm j \cdot 1,035356 \right).$$

Die zugehörigen Poldaten sind:

$$\omega_{P,A} = \left| s_{N_A} \right| = 0,965248 \cdot \omega_M \quad \text{mit} \quad Q_{P,A} = 0,5 \omega_{P,A} \big/ \left| \sigma_{N,A} \right| = 14,15,$$

$$\omega_{P,B} = \left| s_{N_B} \right| = 1,036003 \cdot \omega_M \quad \text{mit} \quad Q_{P,B} = 0,5 \omega_{P,B} \big/ \left| \sigma_{N,B} \right| = 14,15.$$

Dieses Beispiel zeigt noch einmal die typische Eigenschaft der Tiefpass-Bandpass-Transformation, durch die jedes konjugiert-komplexe Polpaar vom Referenztiefpass (Grad n) überführt wird in jeweils zwei konjugiert-komplexe Bandpass-Polpaare (Grad $2n$) mit unterschiedlicher Polfrequenz und gleicher Polgüte.

Schmalbandtransformation Die Anwendung der vereinfachten Transformationsbeziehung, Gl. (1.90), auf das Tiefpass-Polpaar $S_{N1,2}$ führt als Näherung auf die folgenden Poldaten:

$$\omega_{P,A} \approx 0,965292 \cdot \omega_M \quad \text{mit} \quad Q_{P,A} \approx 13,65,$$

$$\omega_{P,B} \approx 1,035958 \cdot \omega_M \quad \text{mit} \quad Q_{P,B} \approx 14,65.$$

Die Genauigkeit der Näherung für die Polfrequenzen ist offensichtlich, die zugehörigen Gütewerte weichen in gleichem Maße nach oben bzw. nach unten ab, so dass deren Mittelwert exakt der zuvor ermittelten Güte ($Q_P=14,15$) gleicht.

Realisierungsaspekte

Zusammen mit den ermittelten Tiefpass-Poldaten lässt sich über die Normalform, Gl. (1.46), die Systemfunktion $\underline{H}(S)$ für den Referenztiefpass angeben. Nach Ersatz der Variablen S gemäß der Transformation, Gl. (1.88), entsteht nach mehreren Umformungen dann die gesuchte Bandpassfunktion vierten Grades.

Soll die Realisierung dann über eine Serienschaltung zweier Teilstufen zweiten Grades erfolgen, muss diese Funktion zuvor in zwei geeignete Teilfunktionen aufgespalten werden – mit den beiden Varianten: Zwei Bandpässe oder eine Serienschaltung von Tiefpass und Hochpass.

Serienschaltung zweier Bandpässe

Da für das vorliegende Beispiel die Poldaten für den Bandpass bereits ermittelt worden sind, können beide Teilfunktionen – auf der Grundlage der entsprechenden Normalformen – unmittelbar angegeben werden.

Mit den Werten für Polfrequenz und Polgüte und mit $\omega_M = 1000$ rad/s liefert die Bandpass-Normalform, Gl. (1.86a), dann die Teilsystemfunktionen

$$\underline{H}(s)_A = \frac{a_{1,A} \cdot s}{1 + \dfrac{s}{\omega_{P,A} \cdot Q_{P,A}} + \dfrac{s^2}{\omega_{P,A}^2}} = \frac{a_{1,A} \cdot s}{1 + s \cdot 73,216 \cdot 10^{-6} + s^2 \cdot 1,0733 \cdot 10^{-6}},$$

$$\underline{H}(s)_B = \frac{a_{1,B} \cdot s}{1 + \dfrac{s}{\omega_{P,B} \cdot Q_{P,B}} + \dfrac{s^2}{\omega_{P,B}^2}} = \frac{a_{1,B} \cdot s}{1 + s \cdot 68,2155 \cdot 10^{-6} + s^2 \cdot 0,9317 \cdot 10^{-6}}.$$

Die beiden Zählerkoeffizienten $a_{1,A}$ und $a_{1,B}$ dieser Funktionen können über den für $\omega = \omega_M$ vorgegebenen reellen Wert A_M der Übertragungsfunktion ermittelt werden (im Beispiel: $A_M = 1$). Da A_M durch das Produkt der Beträge beider Teilfunktionen bestimmt wird, die aus Symmetriegründen bei $\omega = \omega_M$ gleich sein müssen, gilt der Ansatz:

$$\left| A(j\omega_M) \right|_A = \left| A(j\omega_M) \right|_B = \sqrt{A_M}.$$

Damit ist der Betrag beider Teilfilter bei der Frequenz $\omega = \omega_M$ bekannt und die beiden gleichen und noch unbekannten Verstärkungen $A_{M,A}$ bzw. $A_{M,B}$ bei den jeweiligen Mittenfrequenzen der beiden Teilfunktionen können somit berechnet werden.

Zu diesem Zweck wird der Betrag von Gl. (1.87b) bei $\omega = \omega_M$ gebildet und dem dafür oben angegebenen Wert gleichgesetzt. Aus Gründen der Symmetrie gilt diese Gleichung für beide Teilstufen:

$$\left| \underline{A}(j\omega_M) \right|_{A(B)} = A(\omega_M)_{A(B)} = \frac{A_{M,A(B)}}{\sqrt{1 + Q_{P,A(B)}^2 \left(\dfrac{\omega_M}{\omega_{P,A(B)}} - \dfrac{\omega_{P,A(B)}}{\omega_M} \right)^2}} = \sqrt{A_M}.$$

Mit den bereits bekannten Zahlenwerten für die Mittenfrequenz ω_M sowie für die Polfrequenzen und Polgüten beider Stufen liefert diese Gleichung für $A_M = 1$ dann die beiden Mittenverstärkungen

$$A_{M,A} = A_{M,B} = 1,415,$$

mit deren Hilfe sich die gesuchten Zählerkoeffizienten $a_{1,A}$ und $a_{1,B}$ angeben lassen:

$$a_{1,A} = \frac{A_{M,A}}{\omega_{P,A} \cdot Q_{P,A}} = \frac{1,415}{0,965248 \cdot \omega_M \cdot 14,15} = 103,6 \cdot 10^{-6}\,[\text{s}],$$

$$a_{1,B} = \frac{A_{M,B}}{\omega_{P,B} \cdot Q_{P,B}} = \frac{1,415}{1,036003 \cdot \omega_M \cdot 14,15} = 96,525 \cdot 10^{-6}\,[\text{s}].$$

Serienschaltung von Tief- und Hochpass

Die Poldaten werden in die für den Tiefpass ($a_0 = A_0$, $a_1 = a_2 = 0$) bzw. Hochpass ($a_0 = a_1 = 0$) gültige Form der biquadratischen Funktion, Gl. (1.36), eingesetzt:

$$\underline{H}(s)_{TP} = \frac{A_0}{1 + \dfrac{s}{\omega_{P_A} Q_{P_A}} + \dfrac{s^2}{\omega_{P_A}{}^2}} = \frac{A_0}{1 + s \cdot 73,216 \cdot 10^{-6} + s^2 \cdot 1,0733 \cdot 10^{-6}},$$

$$\underline{H}(s)_{HP} = \frac{a_2 \cdot s^2}{1 + \dfrac{s}{\omega_{P_B} Q_{P_B}} + \dfrac{s^2}{\omega_{P_B}{}^2}} = \frac{a_2 \cdot s^2}{1 + s \cdot 68,2155 \cdot 10^{-6} + s^2 \cdot 0,9317 \cdot 10^{-6}}.$$

Durch Vergleich mit beiden Bandpass-Teilfunktionen erkennt man, dass diese Realisierung – bei unverändertem Nennerpolynom – lediglich einer anderen Zuordnung der Nullstellen zu den beiden Teilfunktionen entspricht. Die Zählerkoeffizienten für Tief- bzw. Hochpass sind deshalb:

$$A_0 = 1 \quad \text{und} \quad a_2 = a_{1,A} \cdot a_{1,B} = 0,01 \cdot 10^{-6}\,[\text{s}^2].$$

Zusammenfassung

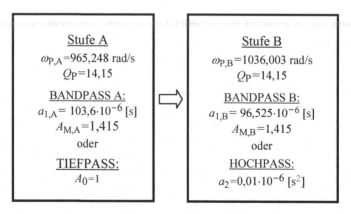

Abb. 1.18   Zweistufiger Butterworth-Bandpass ($n=4$)
mit zwei Realisierungsmöglichkeiten,
$\omega_M = 1000$ rad/s, $Q = 10$, $A_M = 1$.

Als Beispiel zur Anwendung der Tiefpass-Bandpass-Transformation wurden die Entwurfsparameter für ein zweistufigen Bandpass vierten Grades ermittelt. Die zugehörigen Zahlenwerte für zwei grundsätzliche Realisierungsmöglichkeiten sind in Abb. 1.18 noch einmal zusammengestellt. ∎

1.5.4 Tiefpass-Bandsperre-Transformation

Analog zur Tiefpass-Bandpass-Transformation, Gl. (1.88), entsteht die Funktion einer Bandsperre durch Anwendung dieser Transformation auf eine Hochpassfunktion, die ihrerseits aus dem Referenztiefpass durch eine Inversion der Frequenzvariablen erzeugt wird, s. Gl. (1.85) in Abschn. 1.5.2. Die Tiefpass-Bandsperre-Transformation entsteht deshalb durch Ersatz $\Omega \to 1/\Omega$ bzw. $S \to 1/S$ in Gl. (1.88) bei gleichzeitiger Umbenennung der Mittenfrequenz ω_M in die Nullfrequenz ω_Z:

$$T(\omega): \quad \Omega = \frac{1}{Q(\omega/\omega_Z - \omega_Z/\omega)},$$

$$T(s): \quad S = \frac{1}{Q(s/\omega_Z + \omega_Z/s)}.$$

$\hspace{10cm}$ (1.91)

Daraus ergeben sich die Abbildungsvorschriften

$$s_{1,2} = \frac{\omega_Z}{2Q \cdot S} \pm \omega_Z \sqrt{\left(\frac{1}{2Q \cdot S}\right)^2 - 1} \quad \text{(Abbildung } S \to s\text{)}, \quad (1.92a)$$

$$\omega_{1,2} = \frac{\omega_Z}{2Q \cdot \Omega} \pm \omega_Z \sqrt{\left(\frac{1}{2Q \cdot \Omega}\right)^2 + 1} \quad \text{(Abbildung } \Omega \to \omega\text{)}. \quad (1.92b)$$

Diese Transformation erzeugt aus der Tiefpasseigenschaft für $\Omega \to \infty$ eine doppelte Nullstelle für die Bandsperre bei $\omega = \omega_Z$. Die Durchlassgrenzen $\Omega = \pm 1$ vom Referenztiefpass entsprechen den Grenzfrequenzen ω_{G1} bzw. ω_{G2} und kennzeichnen die Bandbreite der Bandsperre. Die so erzeugte Bandsperrfunktion besitzt ebenfalls die Eigenschaft der geometrischen Symmetrie (vgl. Abschn. 1.5.3) mit:

$$\omega_2/\omega_Z = \omega_Z/\omega_1 \quad \Rightarrow \quad \omega_Z = \sqrt{\omega_1 \cdot \omega_2} .$$

1.5.5 Tiefpass-Allpass-Transformation

Die Überführung einer Tiefpass- in eine Allpassfunktion unterscheidet sich von den bisher behandelten Transformationen dadurch, dass kein Ersatz der Variablen vorgenommen wird. Stattdessen erfolgt eine konjugiert-komplexe Ergänzung des Ausdrucks im Zähler der Tiefpassfunktion, vgl. dazu Abschn. 1.2.2.

Der Grund dafür ist die Tatsache, dass der Allpass kein „Filter" im eigentlichen Sinne mit einer frequenzabhängigen Amplitudencharakteristik ist. Allpässe werden eingesetzt entweder als Verzögerungselement oder als „Delay Equalizer", um unerwünschte Laufzeitunterschiede innerhalb übertragungstechnischer Systeme auszugleichen – so beispielsweise auch zur Glättung der Laufzeitvariationen bei Tschebyscheff-Filtern.

Soll beispielsweise ein Allpass die Signalanteile innerhalb eines begrenzten Frequenzbereichs lediglich gleichmäßig verzögern, erfolgt der Entwurf auf der Grundlage eines laufzeitgeebneten Referenztiefpasses. Ein geeigneter Lösungsansatz dafür ist die in Abschn. 1.4.5 ausführlich behandelte Thomson-Bessel-Approximation. Folglich werden in diesem Fall die auszugsweise in Tabelle 1.5 angegebenen Nennerpolynome $B_n(S)$ verwendet, die auf eine Übertragungsgrenze $\omega_D = \omega_0 = 1/\tau_{G0}$ normiert sind, wobei τ_{G0} die zugehörige Tiefpass-Gruppenlaufzeit bei $\omega = 0$ ist. Als Alternative dazu können auch die Poldaten von Tabelle 1.8 verwendet werden. Der erforderliche Grad der Übertragungsfunktion kann vorher beispielsweise über Tabelle 1.6 abgeschätzt werden.

Bei der Dimensionierung ist aber zu beachten, dass der zum Nenner $\underline{N}(s)$ konjugiert-komplexe Zähler $\underline{Z}(s)$ der Allpassfunktion – im Vergleich zum zugehörigen Referenztiefpass – eine Verdopplung sowohl der Phasendrehung als auch der damit verknüpften Gruppenlaufzeit verursacht. Folglich muss bei der Anwendung der Tiefpass-Tabellen 1.5, 1.6 oder 1.8 der Zusammenhang

$$\tau_{G0,\text{Allpass}} = 2 \cdot \tau_{G0,\text{Tiefpass}}$$

berücksichtigt werden.

Beispiel

Es soll die Systemfunktion für einen Allpass mit einer Gruppenlaufzeit von 2 ms aufgestellt werden, wobei die relative Laufzeitabweichung bei der Kreisfrequenz $\omega = 1000$ rad/s maximal 1 % betragen darf.

Zwecks Bestimmung des erforderlichen Filtergrades über Tabelle 1.6 wird zunächst auf den Kehrwert der zugehörigen Tiefpasslaufzeit normiert:

$$\tau_{G0,\text{Tiefpass}} = 0,5 \cdot \tau_{G0,\text{Allpass}} = 1 \text{ ms},$$

$$\Omega = \omega/\omega_0 = \omega \cdot \tau_{G0,\text{Tiefpass}} = 1000 \cdot 10^{-3} = 1.$$

Für eine einprozentige Laufzeitabweichung wird in Zeile 1 von Tabelle 1.6 der Wert $\Omega = 1,21$ mit dem zugehörigen Filtergrad $n = 3$ abgelesen. Somit wird die vorgeschriebene Fehlergrenze von 1 % erst bei $\omega = 1210$ rad/s erreicht. Mit dem zum Grad $n = 3$ gehörenden Nennerpolynom $B_3(S)$ aus Tabelle 1.5 und dem dazu konjugiert-komplexen Zählerpolynom ergibt sich nach Denormierung mit $S = s/\omega_0 = s \cdot 10^{-3}$ die gesuchte Systemfunktion für den Allpass dritten Grades:

$$\underline{H}(s) = \frac{15 - 15 \cdot 10^{-3} s + 6 \cdot 10^{-6} s^2 - 10^{-9} s^3}{15 + 15 \cdot 10^{-3} s + 6 \cdot 10^{-6} s^2 + 10^{-9} s^3}.$$

■

1.5.6   Transformation normierter Tiefpasselemente

Die in den Abschnitten 1.5.2 bis 1.5.4 diskutierten Frequenztransformationen lassen sich nicht nur auf System- bzw. Übertragungsfunktionen anwenden, sondern können auch direkt zur Bestimmung von Schaltungselementen eingesetzt werden. Dieses Vorgehen bietet sich dann an, wenn der Referenztiefpass bereits als passive Schaltungsanordnung vorliegt.

Unter Beibehaltung der ursprünglichen Filtertopologie können so die Elemente für die einem passiven Tiefpass entsprechenden Hochpass-, Bandpass- und Bandsperrfilter berechnet werden. Da diese Netzwerke – über die rein passiven Anwendungen hinaus – auch die Grundlage für einige leistungsstarke aktive Syntheseverfahren bilden, werden in diesem Abschnitt diese speziellen Transformationsverfahren zusammengestellt.

Tiefpass-Abzweigstrukturen

Passive Filter werden bevorzugt in Form von RLC-Abzweigstrukturen (oder auch: RLC-Kettenleiter) realisiert. Die günstigsten Empfindlichkeitseigenschaften gegenüber Bauteiltoleranzen werden dabei dann erreicht, wenn ein verlustloses LC-Netzwerk zwischen zwei gleich großen Widerständen eingebettet wird (Orchard 1966, Temes u. Orchard 1973). Die Werte der Elemente L und C für alle gängigen Tiefpass-Approximationen und für unterschiedliche Filtergrade können – in normierter Form – speziellen Filterkatalogen (Saal und Entenmann, 1988; Williams u. Taylor 2006) entnommen oder über PC-Programme zum Entwurf passiver Tiefpassfilter ermittelt werden (s. dazu Abschn. 7.2).

Ausgehend von der RLC-Grundschaltung in Abb. 1.4 wird die allgemeine Kettenleiterstruktur gebildet durch Anfügen weiterer LC-Elemente und Abschluss mit Ohmwiderstand. Die beiden Möglichkeiten dafür (T- bzw. Π-Topologie) zeigt Abb. 1.19. Die Darstellung gilt für ungerade n. Ist der Filtergrad n gerade, entfällt die letzte Spule bzw. der letzte Kondensator.

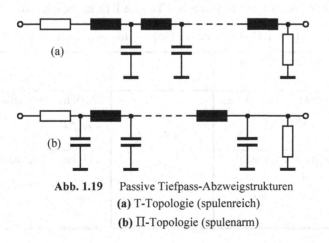

Abb. 1.19   Passive Tiefpass-Abzweigstrukturen

(a) T-Topologie (spulenreich)

(b) Π-Topologie (spulenarm)

Diese Strukturen ermöglichen alle Tiefpassfunktionen ohne endliche Nullstellen (Allpolfilter). Für inverse Tschebyscheff- oder Cauer-Charakteristiken mit endlichen Nullstellen werden entweder alle Querzweige in Abb. 1.19(a) durch eine LC-Reihenschaltung oder alle Längszweige in Abb. 1.19(b) durch eine LC-Parallelschaltung ersetzt. Als Ausgangsbasis für aktive Realisierungen ist primär die erste dieser beiden Möglichkeiten interessant, da in diesem Fall alle Kondensatoren nur in einseitig geerdeter Form auftreten (FDNR-Technik, Abschn. 2.2.3).

Tiefpass-Tiefpass-Transformation

Diese Transformation entspricht der Denormierung eines Referenzfilters und wird primär im Zusammenhang mit der Benutzung von Katalogen normierter Tiefpasselemente angewendet. Die dort tabellierten Bauelemente passiver Tiefpässe gelten für eine Durchlassgrenze $\omega_D = 1$ rad/s bei einem Impedanzniveau von $r = 1\ \Omega$.

Zusammen mit dieser zweifachen Normierung führt die in Abschn. 1.5.1 mit Gl. (1.84) gegebene Transformation auf die Umrechnungsformeln Gl. (1.93), mit denen die Tiefpasselemente R, L und C für beliebige Durchlassgrenzen ω_D und wählbare Impedanzniveaus (Bezugswiderstand R_B) aus den tabellierten Werten für r, l und c bestimmt werden können:

$$R = r \cdot R_B, \quad L = l \cdot L_B, \quad C = c \cdot C_B \qquad (1.93)$$

mit den Bezugsgrößen

$$L_B = R_B / \omega_D \ , \quad C_B = 1/(R_B \cdot \omega_D)\,.$$

Tiefpass-Hochpass-Transformation

Wird die Tiefpass-Hochpass-Transformation, Gl. (1.85), auf die Impedanzen eines passiven Tiefpassfilters mit der Durchlassgrenze ω_D angewendet, erhält man die Impedanzen eines Hochpassfilters in gleicher Grundstruktur und mit unveränderter Durchlassgrenze. Eingangs- und Abschlusswiderstände werden unverändert übernommen. Die Zusammenhänge sind Tabelle 1.12 zu entnehmen.

Tabelle 1.12 Elemente zur Tiefpass-HochpassTransformation

Referenztiefpass $S = s/\omega_D$	Transformation	Hochpass
Induktive Impedanz: $sL = S\omega_D L$	Gl. (1.85):	Kapazitive Impedanz: $\dfrac{1}{s}\omega_D{}^2 L \ \Rightarrow \ \dfrac{1}{s}\cdot\dfrac{1}{C_{HP}}$
Kapazitive Impedanz: $\dfrac{1}{sC} = \dfrac{1}{S\omega_D C}$	$\Rightarrow$ $S = \dfrac{\omega_D}{s}$	Induktive Impedanz: $s \cdot \dfrac{1}{\omega_D{}^2 C} \ \Rightarrow \ sL_{HP}$

Als Beispiel für diese Transformation sind in Abb. 1.20 die einander entsprechenden Strukturen für Tief- und Hochpass 2. Grades (T-Topologie) gezeigt.

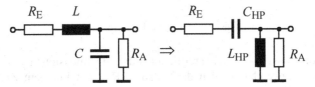

Abb. 1.20 Beispiel zur Tiefpass-Hochpass-Transformation

Sonderfall: *RC-CR*-Transformation

Durch Anwendung von Gl. (1.85) auf einen spulenfreien *RC*-Tiefpass entsteht ein kapazitätsfreier *RL*-Hochpass, der durch eine anschließende Impedanztransformation in einen spulenfreien *RC*-Hochpass überführt werden kann. Mit dieser für die aktive Filtertechnik wichtigen *RC-CR*-Transformation können dimensionierte *RC*-Tiefpässe in die dazu dualen *RC*-Hochpässe überführt werden.

Das Prinzip dieser Transformation wird gezeigt am Beispiel eines einfachen *RC*-Tiefpasses, Abb. 1.21(a), mit der auf ω_D normierten Systemfunktion

$$\underline{H}(s) = \frac{1/sC}{1/sC + R} \quad \xrightarrow{s = S\omega_D} \quad \underline{H}(S) = \frac{1/S\omega_D C}{1/S\omega_D C + R} \ .$$

Nach Anwendung der Tiefpass-Hochpass-Transformation, Gl. (1.85), entsteht als Zwischenlösung eine *RL*-Hochpassfunktion mit unveränderter Durchlassgrenze:

$$\underline{H}(s)_{HP} = \frac{s/\omega_D^{\,2} C}{s/\omega_D^{\,2} C + R} \quad \Rightarrow \quad \frac{sL}{sL + R} \quad \text{mit} \quad L = \frac{1}{\omega_D^{\,2} C} \ .$$

Durch eine anschließende Multiplikation der Impedanzen im Zähler und Nenner mit der dimensionslosen Größe ω_D/s (Impedanztransformation) wird die Charakteristik der Hochpassfunktion $\underline{H}(s)_{HP}$ nicht verändert – die Impedanzen selber müssen jedoch neu interpretiert werden:

$$\underline{H}(s)_{HP} = \frac{1/\omega_D C}{1/\omega_D C + R\,\omega_D/s} \quad \Rightarrow \quad \frac{R_{HP}}{R_{HP} + 1/sC_{HP}} \ .$$

Die induktive Impedanz ist also in einen Ohmwiderstand R_{HP} und der Widerstand R in eine kapazitive Impedanz $1/sC_{HP}$ übergegangen, s. Abb. 1.21(b).

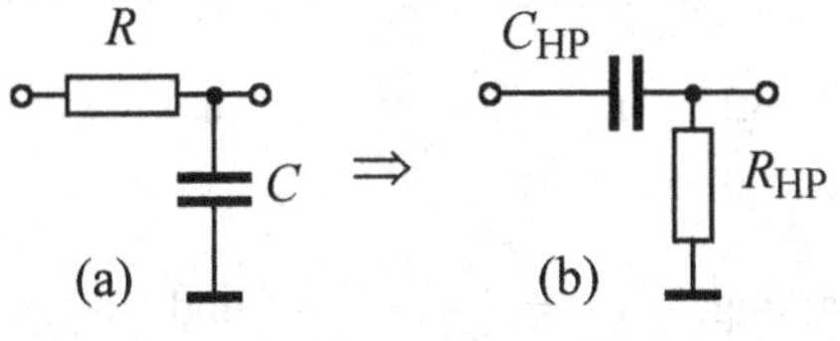

Abb. 1.21 *RC-CR*-Transformation, **(a)** *RC*-Tiefpass **(b)** *CR*-Hochpass

Die Elemente des auf diese Weise erzeugten RC-Hochpassfilters sind also mit den Elementen der ursprünglichen Tiefpassanordnung über die Durchlassgrenze ω_D verknüpft:

$$R_{HP} = \frac{1}{\omega_D C} \quad \text{und} \quad C_{HP} = \frac{1}{\omega_D R}. \tag{1.94}$$

Es sei betont, dass diese Transformation nur auf dimensionslose Übertragungsfunktionen angewendet werden darf, also z. B. nicht mit dem Ziel einer Umwandlung von Eingangs- oder Ausgangsimpedanzen.

Tiefpass-Bandpass-Transformation

Wenn auf jede Impedanz eines passiven Tiefpassfilters die Tiefpass-Bandpass-Transformation, Gl. (1.88), angewendet wird, entstehen aus jeder Komponente jeweils zwei neue Bauelemente. Tabelle 1.13 zeigt diese Zusammenhänge, wobei die induktiven Längszweige vom Tiefpass in LC-Serienresonanzkreise und die kapazitiven Tiefpass-Querzweige in LC-Parallelresonanzkreise mit jeweils gleicher Resonanzfrequenz übergehen. Die Eingangs- und Abschlusswiderstände vom Referenztiefpass sind von der Transformation nicht betroffen.

Tabelle 1.13 Elemente zur Tiefpass-Bandpass-Transformation:

Referenztiefpass $S = s/\omega_D$	Transformation	Bandpass Mittenfrequenz ω_M
Induktive Impedanz: $sL = S\omega_D L$	Gl. (1.88):	LC-Serienschaltung: $sLQ\dfrac{\omega_D}{\omega_M} + \dfrac{1}{s}LQ\omega_D\omega_M \Rightarrow Z_S$
Kapazitive Admittanz: $sC = S\omega_D C$	$\Rightarrow$ $S = Q\left(\dfrac{s}{\omega_M} + \dfrac{\omega_M}{s}\right)$	LC-Parallelschaltung: $sCQ\dfrac{\omega_D}{\omega_M} + \dfrac{1}{s}CQ\omega_D\omega_M \Rightarrow Y_P$

Aus den in der Tabelle angegebenen Ausdrücken für die Impedanz Z_S der Serienschaltung bzw. für die Admittanz Y_P der Parallelschaltung können die Gleichungen zur Umrechnung der Tiefpasselemente L und C in die Elemente der Serien- bzw. Parallelschaltung für den zugehörigen Bandpass direkt abgelesen werden:

$$\text{Serienschaltung:} \quad L_S = LQ\frac{\omega_D}{\omega_M} \quad \text{und} \quad C_S = \frac{1}{LQ\omega_D\omega_M},$$

$$\text{Parallelschaltung:} \quad L_P = \frac{1}{CQ\omega_D\omega_M} \quad \text{und} \quad C_P = CQ\frac{\omega_D}{\omega_M}.$$

Tiefpass-Bandsperre-Transformation

Werden die Elemente L und C eines passiven Referenztiefpasses der Transformation nach Gl. (1.91) unterzogen, ergeben sich LC-Serienresonanzkreise nunmehr in den Querzweigen und LC-Parallelresonanzkreise in den Längszweigen der gewählten Struktur, s. Tabelle 1.14.

Tabelle 1.14 Elemente zur Tiefpass-Bandsperre-Transformation:

Referenztiefpass $S = s/\omega_D$	Transformation	Bandsperre Nullfrequenz ω_Z
Kapazitive Impedanz: $1/sC = 1/S\omega_D C$	Gl. (1.91): $\Rightarrow$	LC-Serienschaltung: $s\dfrac{Q}{C\omega_D\omega_Z} + \dfrac{Q\omega_Z}{sC\omega_D} \Rightarrow Z_S$
Induktive Admittanz: $1/sL = 1/S\omega_D L$	$S = \dfrac{1}{Q\left(\dfrac{s}{\omega_Z} + \dfrac{\omega_Z}{s}\right)}$	LC-Parallelschaltung: $s\dfrac{Q}{L\omega_D\omega_Z} + \dfrac{Q\omega_Z}{sL\omega_D} \Rightarrow Y_P$

Die Umrechnungsformeln für die einzelnen Elemente der gesuchten Bandsperrschaltung werden in ähnlicher Weise wie bei der Tiefpass-Bandpass-Transformation aus der Tabelle abgelesen:

$$\text{Serienschaltung:} \quad L_S = \frac{Q}{C\omega_D\omega_Z} \quad \text{und} \quad C_S = \frac{C\omega_D}{Q\omega_Z},$$

$$\text{Parallelschaltung:} \quad L_P = \frac{L\omega_D}{Q\omega_Z} \quad \text{und} \quad C_P = \frac{Q}{L\omega_D\omega_Z}.$$

2   Grundstrukturen aktiver Filter

In diesem Kapitel sind die prinzipiellen Möglichkeiten zusammengestellt, mit denen elektrische Filterschaltungen in aktiver Technik entworfen werden können. Das gemeinsame Kennzeichen aller für die Filterpraxis interessanten Systemfunktionen sind die konjugiert-komplexen Polstellen, die für gerade Filterordnungen n ausschließlich und für ungerade n zusammen mit einem reellen Pol auftreten. An zwei Beispielen wurde in Abschn. 1.1.5 gezeigt, dass eine passive Schaltungsanordnung zur Erzeugung einer komplexen Polverteilung sowohl Induktivitäten als auch Kapazitäten enthalten muss, da reine RC-Netzwerke nur reelle Pole ermöglichen. Um in der Filtertechnik die Nachteile bei der Verwendung von Spulen umgehen zu können (elektromagnetische Eigenschaften, Verluste, Volumen, Gewicht, Kosten,....), sind zur Erzeugung der komplexen Polpaare elektronische Alternativen – unter Verwendung von Verstärkerelementen – entwickelt worden, die den aktiven Filtern ihren Namen geben.

Angeregt und ermöglicht durch die Fortschritte der Mikroelektronik – insbesondere durch die Entwicklung des Operationsverstärkers in IC-Technologie – ist zu diesem Thema im Laufe der letzten 40 Jahre eine nahezu unüberschaubare Anzahl von Vorschlägen in der Fachliteratur veröffentlicht worden. In den Beiträgen aus den letzten Jahren werden primär die Einsatzmöglichkeiten neuer Verstärkerstrukturen (CFA, OTA, CC) untersucht. Ein historischer Überblick über die Entwicklung der Aktivfiltertechnik sowie eine Zusammenstellung bahnbrechender Veröffentlichungen ist als Nachdruck verfügbar (Schaumann et al. 1981).

Bevor die Kapitel 4 und 5 auf die vielfältigen Realisierungsmöglichkeiten im Detail eingehen, sollen hier zunächst die wichtigsten Verfahren zur Synthese aktiver Filterschaltungen im Überblick vorgestellt werden. Es hat sich gezeigt, dass alle Schaltungsstrukturen, die für eine praktische Anwendung von Bedeutung sind, auf eines der folgenden Entwurfsprinzipien zurückzuführen sind:

- Kaskadentechnik (Serienschaltung entkoppelter Filterstufen maximal zweiten oder dritten Grades),
- Zweipolnachbildung mit Impedanzkonvertern (aktive Nachbildung passiver RLC-Strukturen bei Vermeidung von Spulen),
- Technik der Mehrfachkopplungen (Serienschaltung miteinander verkoppelter Stufen ersten und/oder zweiten Grades).

Die beiden letzten Verfahren werden auch unter dem Oberbegriff "Direkte Filtersynthese" zusammengefasst, weil – im Unterschied zur Kaskadentechnik – der Entwurf über ein passives Bezugsnetzwerk ohne Aufspaltung der Übertragungsfunktion in einzelne Teilfunktionen erfolgt.

2.1   Kaskadentechnik

Das Prinzip dieses sehr verbreiteten Entwurfsverfahrens besteht darin, mehrere Filterstufen maximal zweiten oder – in seltenen Fällen – auch dritten Grades in Serie zu schalten, um so Filterfunktionen höheren Grades zu ermöglichen. Formal entspricht dieses Vorgehen einer Aufspaltung der zu realisierenden Übertragungsfunktion in einzelne Teilfunktionen. Der Aufbau der Tabellen in Abschn. 1.4 mit Auflistung der Poldaten für die unterschiedlichen Tiefpassapproximationen trägt dieser Vorgehensweise Rechnung.

Die schaltungsmäßige Umsetzung der einzelnen Teilfunktionen erfolgt zumeist auf dem Wege einer frequenzabhängigen Rückkopplung, bei der ein geeignetes RC-Netzwerk im Rückkopplungszweig eines elektronischen Verstärkers so dimensioniert wird, dass die Systemfunktion die geforderten Frequenzeigenschaften aufweist – insbesondere konjugiert-komplexe Polstellen besitzt.

Bei der Kaskadentechnik werden üblicherweise nur Stufen maximal zweiten Grades eingesetzt, weil nur dann die Vorteile der einfachen und durchsichtigen Dimensionierung sowie des separaten Parameterabgleichs voll ausgenutzt werden können. Als wichtige Randbedingung beim Entwurf der Schaltungen ist aber zu beachten, dass jede einzelne Stufe ihre Übertragungseigenschaften als Folge der Kombination mit anderen Stufen nicht verändern darf (Prinzip der Rückwirkungsfreiheit).

2.1.1   Rückkopplungsmodell und Übertragungsfunktion

Die vorliegende Aufgabenstellung verlangt, dass das Netzwerk im Rückkopplungszweig eines Verstärkers keine Spulen enthalten darf, also nur aus Widerständen und Kondensatoren besteht (RC-Netzwerk). Da solche RC-Vierpole selbst nur negativ-reelle Polstellen besitzen, ist zunächst die Frage zu untersuchen, ob und unter welchen Bedingungen die Gesamtanordnung aus Verstärker und Rückführung diese Pole in die komplexe s-Ebene verschieben kann. Dazu wird das klassische Rückkopplungsmodell in Abb. 2.1 näher betrachtet.

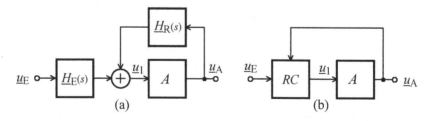

Abb. 2.1 Blockschaltbild: Spannungsverstärker mit Rückkopplung

(a) Separate Realisierung von $\underline{H}_E$ und $\underline{H}_R$ **(b)** Gemeinsames Netzwerk für $\underline{H}_E$ und $\underline{H}_R$

Ein elektronischer Verstärker mit der Übertragungsgröße A (Verstärkungswert) wird über einen Vierpol $\underline{H}_R(s)$ rückgekoppelt. Die Eingangsspannung wird über einen Vierpol $\underline{H}_E(s)$ auf den Verstärkereingang gegeben und dort mit dem rückgeführten Signal rückwirkungsfrei überlagert, Abb. 2.1(a). In der Praxis werden die beiden Funktionen $\underline{H}_R(s)$ und $\underline{H}_E(s)$ zumeist durch ein gemeinsames RC-Netzwerk realisiert, s. Abb. 2.1(b), und sind deshalb schaltungsmäßig gar nicht zu trennen, sondern nur rechnerisch zu identifizieren.

Mit Rücksicht auf die klassische und weit verbreitete Schaltungspraxis sind die Signalgrößen in Abb. 2.1 als Spannungen angesetzt. Damit ist das aktive Element als Spannungsverstärker anzusehen, für den in der Aktivfiltertechnik heute mehrheitlich Operationsverstärker (OPV) eingesetzt werden.

Für spezielle Anwendungen verfügt die moderne Elektronik aber auch über andere Verstärkertypen (wie z. B. Transkonduktanzverstärker/OTA oder Current Conveyor/CC), die bei Filterschaltungen ebenfalls zum Einsatz kommen und für die ganz ähnliche Rückkopplungsmodelle angegeben werden können.

So gilt für den – ebenfalls als integrierten Baustein verfügbaren – Transkonduktanzverstärker (Operational Transconductance Amplifier, OTA) mit hochohmigem Spannungseingang und Stromausgang im Prinzip das gleiche Rückkopplungsmodell, wenn in Abb. 2.1 und in den nachfolgenden Definitionsgleichungen die Spannung $\underline{u}_A$ durch den Strom $\underline{i}_A$ und die Verstärkung A durch den OTA-Übertragungsleitwert g_m ersetzt werden. In Abschn. 3.3 wird das Rückkopplungsmodell angewendet auf eine moderne und sehr leistungsfähige Sonderform des OPV – den Verstärker mit Stromrückkopplung (Transimpedanzverstärker, Current-Feedback-Amplifier, CFA).

Definitionen

Aus dem Blockschaltbild, Abb. 2.1, lassen sich folgende Definitionen ableiten:

- Einkopplungsfunktion: $\qquad \underline{H}_E(s) = \left[\underline{u}_1 / \underline{u}_E \right]_{\underline{u}_A=0}$, $\hfill$ (2.1a)

- Rückkopplungsfunktion: $\qquad \underline{H}_R(s) = \left[\underline{u}_1 / \underline{u}_A \right]_{\underline{u}_E=0}$, $\hfill$ (2.1b)

- Schleifensystemfunktion: $\qquad \underline{H}_S(s) = \underline{H}_R(s) \cdot A$, $\hfill$ (2.1c)

- (Gesamt-)Systemfunktion: $\qquad \underline{H}(s) = \underline{u}_A / \underline{u}_E$, $\hfill$ (2.1d)

- Übertragungsparameter $\qquad A = \underline{u}_A / \underline{u}_1$. $\hfill$ (2.1e)
  (Verstärkung)

Obwohl die Übertragungseigenschaften jedes elektronischen Verstärkers frequenzabhängig sind, wird der Übertragungsparameter A als konstante und von der Frequenz unabhängige Größe angesetzt. Dieses entspricht der üblichen Praxis, bei der Filterdimensionierung die Eigenschaften der Aktivbausteine zunächst zu idealisieren. Als Konsequenz aus dieser Vereinfachung wird die Schaltung – ohne Berücksichtigung weiterer Fehlerquellen (Toleranzen) – die gewünschte Funktion deswegen nur mit mehr oder weniger großen Abweichungen umsetzen können.

Aus diesem Grunde sollten die Frequenzgrenzen (Transitfrequenzen) der für den praktischen Einsatz ausgewählten Verstärkerbausteine etwa um zwei Größenordnungen höher liegen als die höchste im Filter zu verarbeitende Frequenz.

Eine ideale Möglichkeit, um Abweichungen dieser Art zu erfassen und zu bewerten, bieten hier moderne PC-Programme zur Simulation elektronischer Schaltungen auf der Basis realistischer Verstärkermodelle. Ein neuartiges Verfahren, bei dem diese Programme sogar eingesetzt werden können, um diesen Abweichungen entgegenzuwirken, wird in Abschn. 7.3 vorgestellt.

Systemfunktion

Die Übertragungseigenschaften des als Blockschaltbild gegebenen Systems in Abb. 2.1 lassen sich über die Zwischengröße $\underline{u}_1$ sehr einfach berechnen. Aus den beiden Spannungsgleichungen

$$\underline{u}_A = A \cdot \underline{u}_1 \quad \text{mit} \quad \underline{u}_1 = \underline{u}_E \cdot \underline{H}_E(s) + \underline{u}_A \cdot \underline{H}_R(s)$$

folgt durch Kombination die fundamentale Beziehung für eine rückgekoppelte Verstärkereinheit

$$\frac{\underline{u}_A}{\underline{u}_E} = \underline{H}(s) = \frac{\underline{H}_E(s) \cdot A}{1 - \underline{H}_R(s) \cdot A} = \frac{\underline{H}_E(s) \cdot A}{1 - \underline{H}_S(s)}. \tag{2.2}$$

Die gewünschte Filtercharakteristik muss also über die geeignete Auswahl der beiden Funktionen $\underline{H}_E(s)$ und $\underline{H}_R(s)$ erzeugt werden.

In Abb. 2.1 und Gl. (2.2) ist zunächst der allgemeine Fall der Rückkopplung angesetzt, wobei die Größe $\underline{u}_1$ durch gleichsinnige Überlagerung zweier Anteile entsteht. Für den i. a. angestrebten Fall der *Gegenkopplung* muss die Funktion $\underline{H}_R(s)$ ein negatives Vorzeichen erhalten. Das im Nenner von Gl. (2.2) stehende Produkt $\underline{H}_S(s) = \underline{H}_R(s) \cdot A$ entspricht nach Definition in Gl. (2.1c) der *Schleifensystemfunktion* (oder vereinfacht: Schleifenverstärkung, loop gain), der bei Gegenkopplung deshalb ein negatives Vorzeichen zugewiesen werden muss. Die Spannung $\underline{u}_1$ ist dann das Ergebnis einer Differenzbildung.

2.1.2 Erzeugung konjugiert-komplexer Pole

Es soll nun untersucht werden, unter welchen Bedingungen die Systemfunktion, Gl. (2.2), ein konjugiert-komplexes Polpaar besitzen kann. Dazu sind die Nullstellen des Nenners zu bestimmen:

$$1 - \underline{H}_R(s) \cdot A = 0 \, .$$

Da zur Erzeugung zweier Pole ein Netzwerk zweiten Grades erforderlich ist, wird für $\underline{H}_R(s)$ die biquadratische Systemfunktion nach Gl. (1.26) angesetzt:

$$\underline{H}(s) = \frac{a_0 + a_1 s + a_2 s^2}{1 + b_1 s + b_2 s^2} = \frac{\underline{Z}(s)}{\underline{N}(s)} \, .$$

Damit ist dann

$$1 - \underline{H}_R(s) \cdot A = 1 - \frac{\underline{Z}(s)}{\underline{N}(s)} \cdot A = 0 \quad \Rightarrow \quad \frac{\underline{N}(s)}{A} - \underline{Z}(s) = 0 \, .$$

Es sind also die Nullstellen folgender Gleichung zu bestimmen:

$$\frac{1 + b_1 s + b_2 s^2}{A} - (a_0 + a_1 s + a_2 s^2) = 0 \, . \tag{2.3}$$

Die Lösungen von Gl. (2.3) – gleichzeitig die Pole der Systemfunktion Gl. (2.2) – sind über die Lösungsformel für quadratische Gleichungen direkt anzugeben, wobei sich ein konjugiert-komplexes Polpaar ergibt für die Bedingung

$$\frac{(a_1 - b_1/A)^2}{4(b_2/A - a_2)^2} < \frac{1/A - a_0}{b_2/A - a_2} \, . \tag{2.4}$$

Über die Variablen in Gl. (2.4) lassen sich zwei grundsätzliche Aussagen machen:

1. Der Verstärkungsparameter A unterliegt (noch) keiner Einschränkung. Im Hinblick auf die elektronischen Realisierungsmöglichkeiten mit leistungsstarken Operationsverstärkern sollen sowohl positive als auch negative Werte beliebiger Größe zugelassen sein.

2. Die positiv-reellen und dimensionsbehafteten Faktoren b_1 und b_2 können für reine RC-Netzwerke nur zu reellen Nullstellen der Nennerfunktion $\underline{N}(s)$ – also zu ausschließlich reellen Polen von $\underline{H}_R(s)$ – führen. Über die beiden Lösungen der Gleichung $\underline{N}(s)=0$ ergibt sich deshalb neben Gl. (2.4) als zweite Realisierungsbedingung

$$b_1{}^2 \geq 4 b_2 \, . \tag{2.5}$$

Um aus beiden Bedingungen, Gln. (2.4) und (2.5), elektronisch realisierbare und relativ einfach zu dimensionierende Schaltungen ableiten zu können, werden für die drei Zählerkoeffizienten a_0, a_1 und a_2 sowie für die Größe A einige sinnvolle Annahmen getroffen, die zu vier grundsätzlichen Fallunterscheidungen führen.

Fallunterscheidung

1. Rückführung mit Tiefpassverhalten: $a_1 = a_2 = 0$
   Die Bedingung nach Gl. (2.4) vereinfacht sich für diesen Fall zu

$$A \cdot a_0 < 1 - \frac{b_1{}^2}{4 b_2} \, .$$

Zusammen mit Gl. (2.5) ergeben sich daraus – als Voraussetzung für konjugiert-komplexe Pole der Gesamtfunktion $\underline{H}(s)$ – negative Verstärkungswerte:

$$A < -\frac{1}{a_0}\left(\frac{b_1{}^2}{4 b_2} - 1 \right) \, . \tag{2.6}$$

2. Rückführung mit Hochpassverhalten: $a_0 = a_1 = 0$
Nach einigen Zwischenrechnungen erhält man aus Gl. (2.4) und Gl. (2.5) ebenfalls negative Verstärkungen:

$$A < -\frac{b_2}{a_2}\left(\frac{b_1^2}{4b_2} - 1\right). \tag{2.7}$$

3. Rückführung mit Bandpassverhalten: $a_0 = a_2 = 0$
Aus Gl. (2.4) ergibt sich in diesem Fall nach einigen Umformungen

$$A^2 < 2A\frac{b_1}{a_1} - \frac{4b_2}{a_1^2}\left(\frac{b_1^2}{4b_2} - 1\right). \tag{2.8}$$

Wegen Gl. (2.5) ist der Klammerausdruck in Gl. (2.8) immer positiv. Damit ist diese Ungleichung nur für positive Werte A erfüllt, wobei eine Obergrenze nicht überschritten werden darf:

$$0 < A < \frac{b_1 + 2\sqrt{b_2}}{a_1}. \tag{2.9}$$

4. Idealisierte Verstärkungseigenschaften
Im Unterschied zu den bisher diskutierten drei Fällen wird nunmehr eine Anfangsvoraussetzung nicht für die Zählerkoeffizienten der Funktion $\underline{H}_R(s)$ sondern für die Verstärkung A getroffen. Da mit Operationsverstärkern Werte für A in der Größenordnung von 10^4 bis 10^6 möglich sind, wird hier der in der Praxis oft angesetzte Idealfall unendlich großer Verstärkungswerte untersucht (aus Stabilitätsgründen nur mit negativen Werten für Gegenkopplungsbetrieb):

$$A = -|A| \to -\infty.$$

Damit vereinfacht sich die Forderung gemäß Gl. (2.4) zu

$$\frac{a_1^2}{4a_2^2} < \frac{a_0}{a_2}. \tag{2.10}$$

Das Realisierungsprinzip für diesen Fall wird deutlich, wenn die Bedingung $A \to -\infty$ in Gl. (2.3) eingesetzt wird, deren Lösungen den Polen der Systemfunktion $\underline{H}(s)$ entsprechen :

$$a_0 + a_1 s + a_2 s^2 = 0. \tag{2.11}$$

Da Gl. (2.11) nur noch aus dem Zählerpolynom von $\underline{H}_R(s)$ besteht, können konjugiert-komplexe Pole von $\underline{H}(s)$ dadurch erzeugt werden, dass die Rückkopplungsfunktion $\underline{H}_R(s)$ mit konjugiert-komplexen Nullstellen ausgestattet wird. Dafür können passive RC-Netzwerke eingesetzt werden (z. B. T-Glieder mit Überbrückung und Doppel-T-Netzwerke).

Zusammenfassung

Die oben diskutierten vier Möglichkeiten, Systemfunktionen mit einem konjugiert-komplexen Polpaar durch ein passives RC-Netzwerk zweiten Grades in der Rückführung eines Verstärkers zu erzeugen, führen zu unterschiedlichen Schaltungsstrukturen, die in Kap. 4 systematisch zusammengestellt und untersucht werden.

Die Fallunterscheidungen (1) bis (4) beziehen sich nur auf die einzelnen grundsätzlichen Möglichkeiten zur Erzeugung konjugiert-komplexer Pole – als notwendige Voraussetzung zur Realisierung beliebiger Filterfunktionen. Die speziellen Übertragungseigenschaften (Tiefpass, Hochpass, Bandpass, Bandsperre) werden dann über die Wahl der Einkopplungsfunktion $\underline{H}_E(s)$ im Zähler von Gl. (2.2) festgelegt.

Wird die Ausgangsspannung $\underline{u}_A$ in Abb. 2.1 an einem ausreichend niederohmigen Verstärkerausgang zur Verfügung gestellt, können aktive Filter höheren Grades durch Serienschaltung mehrerer Stufen – ohne gegenseitige Beeinflussung – einfach dimensioniert und abgestimmt werden (Prinzip der Kaskadentechnik). Der Aufbau der Tabellen mit den Poldaten normierter Tiefpässe auf der Grundlage der faktorisierten Systemfunktion, Gl. (1.46), unterstützt dieses verbreitete Entwurfsverfahren. Die Werte der zu verwendenden Bauelemente ergeben sich dabei einfach aus dem Koeffizientenvergleich zwischen der Normalform und der zur jeweiligen Stufe gehörenden Teilfunktion.

2.1.3 Erzeugung endlicher Übertragungsnullstellen

Bandsperren, inverse Tschebyscheff- oder Cauer-Filter zweiten Grades müssen eine Übertragungsnullstelle bei $\omega = \omega_Z$ aufweisen. Dafür werden biquadratische Funktionen in der Form nach Gl. (1.64) gefordert. Die Nullstellen auf der imaginären Achse der s-Ebene ergeben sich über den Ausdruck im Zähler von Gl. (1.64):

$$1 + \left(\frac{S}{\Omega_Z} \right)^2 = 0 \quad \Rightarrow \quad S_Z = \pm j\Omega_Z \quad \Rightarrow \quad s_Z = \pm j\omega_Z \; .$$

Zur Erzeugung der Nullstellen muss der Einkopplungsvierpol $\underline{H}_E(s)$ in Abb. 2.1 durch ein RC-Netzwerk mit rein imaginären Nullstellen realisiert werden. Ein dafür besonders geeignetes Netzwerk (Doppel-T-Glied) wird in Abschn. 4.5.2 untersucht. Eine andere Möglichkeit zur Nullstellenerzeugung besteht in der Bildung der Differenz zweier geeigneter Übertragungsfunktionen, s. Abschn. 2.1.5.

Filterstufen zweiten Grades mit endlichen Nullstellen werden insbesondere beim Entwurf elliptischer (Cauer-)Filter eingesetzt und werden deshalb oft auch als *elliptische Grundglieder* bezeichnet, denen durch die relative Lage der Pole und Nullstellen zueinander entweder Tiefpass-, Hochpass- oder auch reines Bandsperrverhalten verliehen werden kann (Einzelheiten dazu in Abschn. 4.5.2 und 4.5.3).

2.1.4 GIC-Stufen

Eine Sonderstellung innerhalb der Filterstufen 2. Grades nehmen die Strukturen ein, bei denen die Filterwirkung einer passiven *RLC*-Grundschaltung (s. Abb. 1.7) – unter Verzicht auf die Spule mit der Induktivität *L* – aktiv nachgebildet wird durch Verwendung zweier miteinander verkoppelter Operationsverstärker.

Diese Verstärker arbeiten dabei als ein Impedanzkonverter (Generalized Impedance Converter, GIC), der eine an seinem Ausgang angeschlossene Lastimpedanz mit einem frequenzabhängigen Konversionsfaktor multipliziert und als Impedanz mit veränderten Eigenschaften an seinem Eingang zur Verfügung stellt.

Es sei betont, dass diese Vorgehensweise zur Erzeugung eines konjugiert-komplexen Polpaares nicht dem in Abb. 2.1 skizzierten Prinzip „Verstärker mit Rückkopplung" entspricht. Es hat sich aber herausgestellt, dass mit dieser Technik besonders leistungsfähige Stufen zweiten Grades aufzubauen sind, die für Filteranordnungen höheren Grades ebenfalls in Serie geschaltet werden können. Das Prinzip der GIC-Technik wird in Abschn. 2.2 und die zugehörige Schaltungstechnik in Abschn. 3.2 bzw. Abschn. 4.4 ausführlich dargestellt.

2.1.5 Parallelstrukturen

Das Prinzip der Kaskadensynthese besteht darin, eine Filterfunktion höheren Grades in ein Produkt von Teilfunktionen ersten bzw. zweiten Grades aufzuspalten; die schaltungsmäßige Umsetzung besteht dann in der Serienschaltung der einzelnen Teilstufen.

In manchen Fällen kann es jedoch vorteilhaft sein, die vorgegebene Systemfunktion zunächst in eine Summe von Teilfunktionen (z. B. nach dem Verfahren der Partialbruchzerlegung) zu überführen. Dieses Entwurfsprinzip führt dann zu einer Parallelschaltung der Teilstufen, deren Ausgangsspannungen vorzeichenrichtig addiert werden müssen.

Die einzelnen Teilfunktionen lassen sich relativ einfach bestimmen, wenn die Gesamtsystemfunktion bereits in faktorisierter Form vorliegt. Aus diesem Grunde wird das Verfahrens des Filterentwurfs von Parallelstrukturen hier innerhalb der Kaskadentechnik behandelt.

Um den schaltungstechnischen Aufwand in Grenzen zu halten, beschränkt man sich bei diesem Verfahren zumeist auf Filterfunktionen maximal dritten Grades. Besonders bei Funktionen mit Übertragungsnullstellen (Sperrfilter oder inverse Tschebyscheff- bzw. Cauer-Charakteristiken) können diese Parallelstrukturen – im Vergleich zur Kaskadenstruktur – Vorteile bei Dimensionierung und Abstimmbarkeit haben.

Die Vorgehensweise wird in Abschn. 4.5.3.4 erläutert am Beispiel eines inversen Tschebyscheff-Tiefpasses dritten Grades. Es wird sich dabei zeigen, dass der Filterentwurf zurückgeführt werden kann auf die – vergleichsweise einfache – Aufgabe, einen Tiefpass ersten Grades und einen Bandpass zu entwerfen, deren Ausgangssignale dann nur überlagert werden müssen.

2.2   Zweipolnachbildung mit Impedanzkonvertern

2.2.1   Impedanzkonverter

Das Prinzip der bisher diskutierten Methoden, das Übertragungsverhalten passiver *RLC*-Filterschaltungen zweiten Grades nachzubilden, bestand darin, einen Verstärker mit einer speziellen *RC*-Rückkopplung auszustatten und so ein konjugiert-komplexes Polpaar zu erzeugen.

Im Gegensatz dazu sollen jetzt die Möglichkeiten untersucht werden, unter Beibehaltung der klassischen passiven *RLC*-Kettenleiterstruktur (s. Abschn. 1.5.6) die Spule als Bauelement durch eine elektronische Schaltung zu ersetzen, wobei die herausragenden Empfindlichkeitseigenschaften der Originalschaltung erhalten bleiben. Zur Anwendung kommen dabei aktive Schaltungen, die als *Impedanzkonverter* bezeichnet werden, s. Abb. 2.2.

Die Konverterwirkung besteht darin, eine ausgangsseitige Lastimpedanz $\underline{Z}_L$ in eine komplexe Eingangsimpedanz $\underline{Z}_E = \underline{k} \cdot \underline{Z}_L$ zu transformieren. Der Konversionsfaktor $\underline{k}$ kann dabei eine Konstante (positiv/negativ) oder auch eine frequenzabhängige Größe sein.

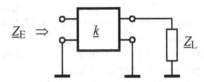

Abb. 2.2   Prinzip der Impedanzkonversion

Es sind deshalb folgende Fälle zu unterscheiden:

- **Positiv-Impedanzkonverter** (PIC): k konstant und positiv.
  Der PIC hat für die Filtertechnik keine besondere Bedeutung.

- **Negativ-Impedanzkonverter** (NIC): k konstant und negativ.
  Der NIC invertiert das Vorzeichen einer Lastimpedanz, wodurch z. B. eine negative Widerstandscharakteristik erzeugt werden kann, um passive *RC*-Schaltungen zu entdämpfen – mit dem Ziel, konjugiert-komplexe Pole mit Polgüten $Q_P > 0,5$ zu ermöglichen. Die Fachliteratur enthält verschiedene Vorschläge für reine NIC-Filter, die jedoch in der Filterpraxis keine besondere Bedeutung erlangt haben (hoher Schaltungsaufwand bei großer Toleranzempfindlichkeit).

  Eine gewisse Bedeutung hat der NIC aber als Bestandteil von Integratorschaltungen. Wird ein einfacher *RC*-Tiefpass mit dem negativen NIC-Eingangswiderstand belastet, wird der Tiefpass entdämpft und kann bei einer bestimmten Dimensionierung zu einem nichtinvertierenden Integrator entarten. Integrierende Schaltungen dieser Art werden z. B. in Filterstrukturen eingesetzt, die in Abschn. 4.6 diskutiert werden.

• **Allgemeiner Impedanzkonverter** (GIC): $\underline{k}=k(j\omega)$.

Der allgemeine Impedanzkonverter (Generalized Impedance Converter, GIC) mit einem frequenzabhängigen Konversionsfaktor $\underline{k}(j\omega)$ ist von überaus großer Bedeutung für die aktive Filtertechnik, da nur so die konkurrenzlos günstigen Toleranzeigenschaften passiver *RLC*-Kettenleiterstrukturen auf die aktiven (spulenlosen) Schaltungen übertragen werden können. Dafür existieren zwei unterschiedliche Entwurfsstrategien, die in den nachfolgenden Abschnitten beschrieben werden:

1. Nachbildung der Frequenzeigenschaften einer Induktivität L,
2. Anwendung einer speziellen Impedanztransformation auf alle Bauelemente einer dimensionierten passiven *RLC*-Struktur unter Beibehaltung der ursprünglichen Übertragungseigenschaften.

2.2.2 Elektronische Nachbildung von Induktivitäten

Einschränkend soll zunächst erwähnt werden, dass die GIC-Technik mit vertretbarem Aufwand nur einseitig geerdete Spulen simulieren kann. Obwohl schaltungstechnisch möglich, wird diese Methode bei „schwimmenden" Spulen (im Längszweig der passiven Abzweigschaltung) wegen des vergleichsweise hohen Schaltungsaufwandes i. a. nicht angewendet – zumal mit der FDNR-Technik (Abschn. 2.2.3) eine attraktive Alternative dazu besteht.

Deshalb wird die Methode der elektronischen *L*-Nachbildung primär auf passive Hochpassfilter in spulenarmer Abzweigstruktur angewendet, die mittels Tiefpass-Hochpass-Transformation aus einem spulenreichen Referenztiefpass in T-Struktur, Abb. 1.19(a), abgeleitet worden sind. Demgegenüber weisen passive Tiefpässe und Bandpässe in klassischer Abzweigstruktur immer auch Spulen in den nicht geerdeten Längszweigen auf.

Eine Ausnahme stellt in diesem Zusammenhang der für die Praxis wichtige Spezialfall eines passiven Bandpassgrundgliedes zweiten Grades mit Parallelresonanzkreis dar. Die elektronische Nachbildung der in diesem Fall geerdeten Spule führt auf eine äußerst leistungsfähige Schaltung, die durch Serienschaltung mit weiteren Stufen nach dem Prinzip der Kaskadentechnik zu Bandpässen höherer Ordnung erweitert werden kann, s. Abschn. 4.4.

Konversionsfaktor

Aus der Konvertergleichung

$$\underline{Z}_E = \underline{k}(j\omega)\cdot\underline{Z}_L \qquad (2.12)$$

lassen sich die Anforderungen an die Funktion $\underline{k}(j\omega)$ für eine induktive Eingangsimpedanz $\underline{Z}_E$ sofort angeben mit

$$Z_L = R_L,$$

$$\underline{Z}_E = j\omega L,$$

$$\underline{k}(j\omega) = j\omega L/R_L = j\omega\tau . \qquad (2.13)$$

Die Zeitkonstante τ, deren Wert durch die zu simulierende Induktivität L und einen frei wählbaren Widerstand R_L festgelegt ist, kann in der Aktivschaltung dann durch eine entsprechende RC-Kombination erzeugt werden.

Zusammenfassung: Filterentwurf mit Induktivitätsnachbildung

Der Entwurf aktiver Hochpässe nach der Methode der L-Simulation besteht aus folgenden drei Schritten:

1. Festlegung (Grad, Charakteristik) eines dimensionierten spulenreichen Bezugstiefpasses in T-Struktur, z. B. über Filtersoftware oder normierte Tiefpasstabellen (Saal u. Entenmann 1988; Williams u. Taylor 2006).

2. Überführung in eine spulenarme Hochpassschaltung durch Anwendung der Tiefpass-Hochpass-Transformation nach Abschn. 1.5.6.

3. Elektronische Nachbildung jeder Induktivität mit einer GIC-Einheit (Schaltungstechnik dazu in Abschn. 3.2.2).

2.2.3   FDNR-Technik

Das Prinzip dieses Entwurfsverfahrens besteht darin, auf alle Bauelemente einer passiven und dimensionierten RLC-Abzweigschaltung eine spezielle Impedanztransformation (Bruton-Transformation) anzuwenden, wobei insbesondere die Induktivitäten in Widerstände übergehen.

2.2.3.1 Die Bruton-Transformation

Das unter diesem Namen bekannt gewordene Verfahren (Bruton 1969) besteht darin, die Systemfunktion $\underline{H}(s)$ einer passiven RLC-Filterschaltung mit einem dimensionslosen Faktor $(s\,\tau_N)^{-1}$ zu erweitern. Die Zeitkonstante τ_N ist dabei eine reine Normierungsgröße, deren Wert unter praktischen Aspekten gewählt werden kann (s. Beispiel in Tabelle 2.1).

Die Frequenzcharakteristik der Funktion $\underline{H}(s)$ wird durch die Erweiterung nicht verändert. Durchaus verändert haben sich jedoch die einzelnen Impedanzen im Zähler und Nenner, die jetzt jeweils neuen Bauelementen zugeordnet werden können. Dabei entsteht ein in passiver Form nicht bekanntes „künstliches" Bauelement, das in ganz ähnlicher Weise wie eine Induktivität mit einer GIC-Schaltung realisiert werden kann. Das Verfahren soll anhand eines Beispiels erläutert werden.

Beispiel

Der RLC-Tiefpass in Abb. 2.3 wird der Bruton-Transformation unterzogen, um ihn dann in GIC-Technik aktiv realisieren zu können. Die zugehörige Systemfunktion kann aus Abschn. 1.1, Gl. (1.20), übernommen werden:

$$\underline{H}(s) = \frac{1/sC}{R+1/sC+sL}. \tag{2.14}$$

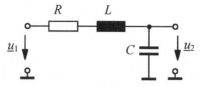

Abb. 2.3 *RLC*-Tiefpass

Werden Zähler und Nenner von Gl. (2.14) mit $(s\tau_N)^{-1}$ multipliziert, erhält man die neue Systemfunktion

$$\underline{H}(s) = \frac{\dfrac{1}{s^2\tau_N C}}{\dfrac{R}{s\tau_N} + \dfrac{1}{s^2\tau_N C} + \dfrac{L}{\tau_N}}, \qquad (2.15)$$

und nach dem Übergang $s \rightarrow j\omega$ die Übertragungsfunktion

$$\underline{A}(j\omega) = \frac{\dfrac{1}{-\omega^2\tau_N C}}{\dfrac{R}{j\omega\tau_N} + \dfrac{1}{-\omega^2\tau_N C} + \dfrac{L}{\tau_N}}. \qquad (2.16)$$

Es muss erwähnt werden, dass die Erweiterung der Funktion mit $(s\tau)^{-1}$ nur erlaubt ist unter der Voraussetzung $s \neq 0$. Das Verhalten der realen Schaltung an der Stelle $\omega = 0$ erfordert daher eine gesonderte Betrachtung (s. dazu Abschn. 2.2.3.2). ∎

Interpretation der Impedanzen

Die einzelnen Zähler- und Nennerelemente von Gl. (2.15), die auch nach Multiplikation mit dem dimensionsfreien Faktor weiterhin Impedanzen darstellen, werden nun einer neuen Interpretation unterzogen. Zu diesem Zweck werden die beiden Funktionen Gln. (2.14) und (2.15) gliedweise miteinander verglichen. Auf diese Weise kann die durch die Bruton-Transformation – symbolisiert hier durch einen Pfeil – veränderte Frequenzcharakteristik der drei Impedanzen neu gedeutet werden:

$$R \quad \xrightarrow{(s\tau_N)^{-1}} \quad \frac{R}{s\tau_N} = \frac{1}{s(\tau_N/R)} = \frac{1}{sC^*} \qquad \text{(kapazitiv)}, \qquad (2.17)$$

$$sL \quad \xrightarrow{(s\tau_N)^{-1}} \quad \frac{L}{\tau_N} = R^* \quad \text{(nicht frequenzabhängig, reell)}, \qquad (2.18)$$

$$\frac{1}{sC} \quad \xrightarrow{(s\tau_N)^{-1}} \quad \frac{1}{s^2\tau_N C} = \frac{1}{s^2 D^*} \quad \text{(frequenzabhängig, reell)}. \qquad (2.19)$$

Durch diese Transformation ist also der Widerstand R der passiven Ausgangs-schaltung in eine kapazitive Impedanz C^* und die induktive Impedanz sL in einen Ohmwiderstand R^* überführt worden. Aus der kapazitiven Impedanz $1/sC$ ist dabei ein neuartiges Element D^* entstanden, dessen Impedanz eine quadratische Frequenzabhängigkeit aufweist. Die Gln. (2.17) bis (2.19) führen direkt zu den Zusammenhängen

$$R \to C^* = \frac{\tau_N}{R}, \quad L \to R^* = \frac{L}{\tau_N}, \quad C \to D^* = \tau_N C. \qquad (2.20)$$

und zu der äquivalenten Schaltungsanordnung in Abb. 2.4. Man beachte das neue Schaltsymbol für das Element D^*.

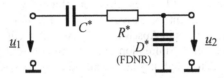

Abb. 2.4 Bruton-transformierter Tiefpass nach Abb. 2.3

2.2.3.2 Realisierungspraxis

Ein – beispielsweise mittels Filterkatalog oder Filtersoftware – dimensionierter RLC-Referenztiefpass beliebigen Grades kann nach Anwendung der Bruton-Transformation spulenlos nachgebildet werden, ohne dass die Übertragungsfunktion bekannt sein muss. Durch die Transformationsbeziehungen, Gl. (2.20), wird jedes Bauelement der Transformation separat unterzogen. Ergeben sich dabei für die Elemente R^* und C^* keine sinnvollen Werte, so wurde die Normierungsgröße τ_N ungünstig gewählt. Es hat sich aber gezeigt, dass durch eine weitere Impedanz-skalierung – d. h. Multiplikation aller Impedanzen mit einem Faktor K – eine Verlagerung in eine technisch sinnvolle Größenordnung immer möglich ist.

Die auf diese Weise aus Abb. 2.3 entstandene Schaltungsanordnung in Abb. 2.4 weist das Übertragungsverhalten der passiven Ausgangsschaltung auf – allerdings nicht bei der Frequenz $f=0$. Diese bei der Erzeugung von Gl. (2.15) bereits erwähnte Einschränkung wird schaltungsmäßig hier verdeutlicht durch den Kondensator C^* im Längszweig, dessen Impedanz für Signalanteile im Bereich von $f=0$ sehr große Werte annimmt und damit die Filterfunktion stört.

Im vorliegenden Fall kann ein korrektes Tiefpassverhalten durch einen zusätzlichen Widerstand R_P parallel zu C^* sichergestellt werden. Dabei muss R_P so ausgelegt sein, dass er das Übertragungsverhalten im Bereich um $f=0$ zwar korrigiert, andererseits aber auch – mindestens bis zum Bereich der Polfrequenz ω_P – möglichst wenig verfälscht. Aus diesen Forderungen ergeben sich für R_P zwei Randbedingungen, die beide gleichzeitig und ausreichend gut erfüllt sein sollten:

$$R_P \gg R^* \quad \text{und} \quad R_P \gg 1/\omega_P C^*. \qquad (2.21)$$

Für den Fall, dass die passive Originalschaltung auch ausgangsseitig einen Ohm-widerstand R_L enthält (der zu einer Kapazität $C_L{}^*$ wird), muss auch $C_L{}^*$ mit einem Zusatzwiderstand überbrückt werden, um das Verhalten bei $f=0$ zu korrigieren.

Eigenschaften des Elements D^*

Das aus der Kapazität C der Originalschaltung entstandene Element D^* hat nach Gl. (2.19) die Impedanz

$$Z_D = \frac{1}{s^2 D^*} \xrightarrow{\; s \to j\omega \;} -\frac{1}{\omega^2 D^*}. \tag{2.22}$$

Diese Impedanz Z_D ist zwar frequenzabhängig, jedoch negativ-reell – d. h. ohne frequenzabhängige Phasendrehung. Die technische Realisierung dieses neuen „Bauteils" mit der Charakteristik eines „frequenzabhängigen negativen Wider-standes" (Frequency Dependent Negative Resistor, FDNR) erfolgt als Aktiv-schaltung unter Ausnutzung des in Abschn. 2.2.1 erwähnten GIC-Prinzips.

Wie bei der Methode der L-Simulation existiert auch hier die Einschränkung, dass – im Hinblick auf den Schaltungsaufwand – die als FDNR betriebene GIC-Anordnung (und deshalb also alle Kapazitäten des passiven Referenzfilters) nur in geerdeter Form auftreten dürfen. Als Konsequenz daraus wird die FDNR-Technik in erster Linie auf Tiefpässe angewendet, wobei die spulenreiche/kapazitätsarme T-Topologie nach Abb. 1.19(a) gewählt werden sollte.

Zahlenbeispiel

Ausgehend von einem dimensionierten RLC-Tiefpass nach Abb. 2.3 werden die Elemente der Anordnung in Abb. 2.4 über die Bruton-Transformation, Gl. (2.20), ermittelt. Die einzelnen Schritte bei der Berechnung sind in übersichtlicher Form hier in Tabelle 2.1 zusammengestellt.

Tabelle 2.1 Bruton-Transformation: Berechnung der $C^*R^*D^*$-Struktur in Abb. 2.4

Referenztiefpass	$R=141{,}42 \ \Omega$	$L=20{\cdot}10^{-6}\,\mathrm{H}$	$C=2{\cdot}10^{-9}\,\mathrm{F}$
Transformation ($\tau_N=1$ s)	$C_1{}^*=7{,}071{\cdot}10^{-3}\,\mathrm{F}$	$R_1{}^*=20{\cdot}10^{-6}\,\Omega$	$D_1{}^*=2{\cdot}10^{-9}\,\mathrm{A{\cdot}s^2/V}$
Skalierung mit $K=10^7$	$C^*=C_1{}^*/K$ $C^*=7{,}071{\cdot}10^{-10}\,\mathrm{F}$	$R^*=K{\cdot}R_1{}^*$ $R^*=200\ \Omega$	$D^*=D_1{}^*/K$ $D^*=2{\cdot}10^{-16}\,\mathrm{A{\cdot}s^2/V}$

Die Daten in der ersten Zeile von Tabelle 2.1 für den Referenztiefpass gehören zu einer Butterworth-Charakteristik mit der Grenzkreisfrequenz $\omega_G=5{\cdot}10^6$ rad/s. Die Bruton-Transformation (mittlere Zeile) mit einer frei gewählten Normierungsgrö-ße $\tau_N=1$ s führt zunächst zu unrealistischen Bauteilwerten, so dass eine weitere Skalierung nötig ist. Werden alle drei Impedanzen beispielsweise mit dem Faktor $K=10^7$ multipliziert, wobei $C_1{}^*$ und $D_1{}^*$ dann durch K zu dividieren sind, haben die Schaltelemente in Abb. 2.4 die Werte (Tabelle 2.1, Zeile 3):

$$C^* = 0{,}707 \ \mathrm{nF}, \quad R^* = 200 \ \Omega, \quad D^* = 2{\cdot}10^{-16} \ \mathrm{As^2/V}.$$

Für den Zusatzwiderstand R_P gilt mit Gl. (2.21)

$$R_P \gg R^* = 200\ \Omega \quad \text{und} \quad R_P \gg 1/\omega_P C^* = 283\ \Omega.$$

Bei einer Wahl von R_P in der Größenordnung von etwa 10 kΩ sind beide Ungleichungen normalerweise ausreichend gut erfüllt. Eine andere Auslegung mit dem Skalierungsfaktor $K = 10^8$ führt zu den Werten

$$C^* = 70,7\ \text{pF}, \quad R^* = 2\ \text{k}\Omega, \quad R_P \geq 200\ \text{k}\Omega, \quad D^* = 2 \cdot 10^{-17}\ \text{As}^2/\text{V}.$$

Die Entscheidung für eine der beiden Dimensionierungen wird unter Berücksichtigung anderer Randbedingungen erfolgen müssen, wie z. B. Bauteilauswahl und Bauteiltoleranzen, Leitungswiderstände und -kapazitäten. Die Größenordnung des aktiven Elements D^* ist in beiden Fällen unkritisch, da die Dimensionierung über fünf frei wählbare Bauelemente erfolgen kann und somit ausreichend viele Freiheitsgrade bestehen (s. FDNR-Dimensionierung, Abschn. 3.2.3). ∎

2.2.3.3 Zusammenfassung zum FDNR-Filterentwurf

Der Entwurf aktiver Tiefpässe in FDNR-Technik besteht aus fünf Schritten:

1. Festlegung (Grad, Charakteristik) eines dimensionierten Bezugstiefpasses in spulenreicher T-Struktur (Filtersoftware oder normierte Tiefpasstabellen),
2. Anwendung der Bruton-Impedanztransformation auf jedes Bauelement mit gleichzeitiger Wahl einer Normierungsgröße τ_N zur Überführung der passiven RLC-Struktur in eine $C^*R^*D^*$-Struktur,
3. Skalierung aller Impedanzen mit einem Faktor K (wenn nötig bzw. sinnvoll),
4. Erzeugung der D^*-Charakteristik als FDNR mit einer GIC-Schaltung,
5. Falls der Originaltiefpass ein- und/oder ausgangsseitige mit Ohmwiderstand abgeschlossen ist: Korrektur des Frequenzgangs im Bereich um $f = 0$ durch Zusatzwiderstände R_P parallel zu den Kapazitäten C^*.

2.2.4   Einbettungstechnik

Wird die Tiefpass-Bandpass-Transformation auf die Impedanzen einer passiven Tiefpassstruktur angewendet, entsteht ein Bandpassfilter, das Spulen und Kondensatoren sowohl in den Längs- als auch in den Querzweigen der Abzweigschaltung aufweist (s. dazu Abschn. 1.5.6).

Zur aktiven Realisierung der Spulen bzw. der FDNR-Elemente nach einer der zuvor diskutierten Methoden (Abschn. 2.2.2 und 2.2.3) wären also neben geerdeten auch „schwimmende" GIC-Schaltungen erforderlich. Durch Anwendung der „Einbettungstechnik" – eine spezielle Technik der Netzwerkaufteilung – ist es jedoch möglich, auch Bandpassfilter der FDNR-Entwurfsmethode zugänglich zu machen mit ausschließlich geerdeten GIC-Elementen.

Anwendung der Einbettungstechnik für Bandpässe

Das passive Bandpassnetzwerk wird zunächst in Abschnitte mit und ohne Längs-kapazitäten aufgeteilt, um anschließend nur die Abschnitte mit den geerdeten Kapazitäten der Bruton-Transformation zu unterziehen. Diese transformierten Teile ($C^*R^*D^*$-Netzwerke) werden dann an ihren jeweiligen Ein- und Ausgängen an die benachbarten nicht-transformierten RC-Elemente über zwei als Vierpol betriebene GIC-Blöcke angepasst – also dazwischen „eingebettet" (Gorski-Popiel 1967).

Das Verfahren, welches auf beliebig viele Teilnetzwerke anzuwenden ist, wird hier am Beispiel einer Aufteilung in drei Abschnitte erläutert (Abb. 2.5).

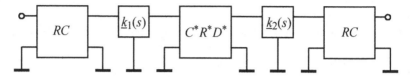

Abb. 2.5 Einbettung eines $C^*R^*D^*$-Vierpols zwischen zwei Anpassungsvierpolen

Ohne den Impedanzkonverter $\underline{k}_1(s)$ würde das erste nicht-transformierte RC-Netzwerk mit Impedanzen verbunden sein, deren Niveau – als Folge der Bruton-Transformation – um den Faktor $K(s\tau)^{-1}$ größer ist als vorher. Diese Impedanz-verschiebung kann kompensiert werden durch einen Anpassungsvierpol in GIC-Technik mit einem Konversionsfaktor, der diesem Effekt durch Inversion entge-genwirkt. Der Konversionsfaktor am Eingang des $C^*R^*D^*$-Netzwerks ist deshalb

$$\underline{k}_1(s) = s \cdot \tau_N / K \,.$$

In Analogie dazu erfolgt die Anpassung des ausgangsseitigen RC-Netzwerks an den inneren $C^*R^*D^*$-Vierpol mit

$$\underline{k}_2(s) = K / (s \cdot \tau_N) \,.$$

Ein ausführlich gestaltetes Beispiel zum Entwurf eines Bandpasses sechsten Gra-des in Einbettungstechnik findet sich in Abschn. 5.1.3.

Anwendung der Einbettungstechnik für Tiefpässe

Die Methode der Einbettungstechnik kann auch auf Tiefpassstrukturen angewen-det werden. Um den Aufwand an GIC-Einheiten zu vergleichen, wird im folgen-den Beispiel der Entwurf eines Tiefpasses fünften Grades sowohl in klassischer FDNR-Technik als auch in Einbettungstechnik skizziert.

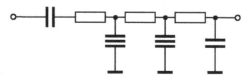

Abb. 2.6 Tiefpass 5. Grades in FDNR-Technik

Ausgehend vom spulenreichen *RLC*-Tiefpass fünften Grades (s. Abschn. 1.5.6, Abb. 1.19a) entsteht über die Bruton-Transformation eine $C^*R^*D^*$-Struktur mit zwei geerdeten FDNR-Elementen, Abb. 2.6. Der Frequenzgang muss für f=0 durch zwei zusätzliche (in Abb. 2.6 nicht dargestellte) Widerstände R_{PE} bzw. R_{PA} parallel zum Eingangs- bzw. Ausgangskondensator korrigiert werden.

Dagegen sollte als Ausgangsbasis für einen Entwurf in Einbettungstechnik die spulenarme Π-Struktur nach Abschn. 1.5.6, Abb. 1.19(b), mit zwei Induktivitäten im Längszweig und drei Querkapazitäten gewählt werden. Dann befinden sich nämlich im mittleren Teil, der zwischen zwei GIC-Schaltungen einzubetten ist, nach Anwendung der Bruton-Transformation nur zwei Widerstände und ein als FDNR beschalteter GIC-Block, s. Abb. 2.7.

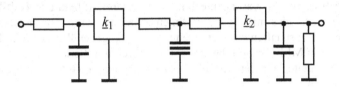

Abb. 2.7 Tiefpass 5. Grades in Einbettungstechnik

Wie der Vergleich mit Abb. 2.6 zeigt, hätte die spulenreiche T-Struktur zu zwei FDNR-Elementen zwischen den beiden GIC-Anpassungen – also zu einem größeren Schaltungsaufwand – geführt. Im Vergleich zur FDNR-Technik (Abb. 2.6) ist der Aufwand an aktiven Elementen zwar immer noch größer (drei statt zwei GIC-Schaltungen), es entfällt aber die Notwendigkeit einer Frequenzgangkorrektur bei f=0 durch zusätzliche Parallelwiderstände, da die Eingangs- und Ausgangswiderstände bei diesem Verfahren erhalten geblieben sind.

2.2.5 Entwurfsrichtlinien für die GIC-Technik

Mit der Einschränkung, dass nur geerdete Elemente der passiven Referenzstruktur aktiv über GIC-Schaltungen nachgebildet werden, können zusammenfassend folgende Entwurfsrichtlinien formuliert werden:

- Tiefpässe – vorzugsweise in spulenreicher T-Struktur – können nach Anwendung der Bruton-Transformation in FDNR-Technik realisiert werden (mit Frequenzgangkorrektur durch Parallelwiderstände).

- Als Alternative dazu lassen sich Tiefpässe auch – ausgehend von der spulenarmen Π-Struktur – ohne Frequenzgangkorrektur in Einbettungstechnik aufbauen, jedoch mit erhöhtem Schaltungsaufwand.

- Für Hochpässe wird die Methode der aktiven Induktivitätsnachbildung angewendet – vorzugsweise in spulenarmer Topologie, die nach Tiefpass-Hochpass-Transformation aus einem spulenreichen Referenztiefpass in T-Struktur erzeugt wird.

- Für aktive Bandpässe in GIC-Technik (Filtergrad $n>2$) wird die Einbettungs-technik angewendet, wobei sowohl FDNR-Elemente als auch aktive GIC-Anpassungsvierpole benötigt werden.

- Sonderfall: Ein passives Bandpassgrundelement zweiten Grades (mit geerdeter Spule) kann durch aktive L-Nachbildung in eine kaskadierfähige Aktivschaltung überführt werden, s. dazu Abschn. 4.4.3 (Abb. 4.22).

2.3   Mehrfachkopplungstechnik

Filterstrukturen mit Mehrfachkopplungen (Multi-Loop-Feedback, MLF) kombi-nieren die Vorteile der Kaskadentechnik – modularer Aufbau aus Teilfiltern ma-ximal zweiten Grades mit separater Dimensionierung – mit den günstigen Emp-findlichkeitseigenschaften der Kettenleiterstrukturen gegenüber Bauteiltoleranzen. Aktive Filter in MLF-Technik bestehen aus mehreren in Serie geschalteten Stufen ersten oder zweiten Grades, die über Rückkopplungsschleifen miteinander ver-koppelt werden.

Im Vergleich zur Kaskadensynthese führt die MLF-Technik besonders bei hö-heren Filtergraden ($n\geq4$) zu deutlich kleineren Toleranzabweichungen. Der Schaltungsentwurf und die Dimensionierung der Bauelemente erfordern aller-dings einen erhöhten Berechnungsaufwand, wobei zwei grundsätzlich unter-schiedliche Entwurfsprinzipien zur Anwendung kommen:

1. Leapfrog-Synthese (LF): Modellierung von Strom-Spannungs-Beziehungen passiver RLC-Referenzschaltungen;

2. Follow-the-Leader-Feedback (FLF): Ermittlung von Teilübertragungsfunktio-nen und Rückkopplungsfaktoren über ein System von Bestimmungsgleichun-gen.

2.3.1   Die Leapfrog-Synthese

Anstatt einzelne Elemente durch aktive Schaltungen zu ersetzen, erfolgt hier eine operationelle Simulation von RLC-Kettenleitern in aktiver Technik, indem die internen Strom-Spannungsbeziehungen der einzelnen Zweige in geeigneter Form nachgebildet werden. Da hier also der innere Zustand des passiven Netzwerks erfasst und durch Gleichungen ausgedrückt wird, ist für dieses Filterentwurfsver-fahren auch die Bezeichnung „Zustandsvariablentechnik" üblich.

Prinzip des Verfahrens

Das Entwurfsprinzip wird hier am Beispiel einer Abzweigschaltung mit vier Im-pedanzen demonstriert (Abb. 2.8), wobei jede der dargestellten Impedanzen auch als Kombination mehrerer Bauelemente auftreten darf – in der Praxis meistens in reiner Serien- oder Parallelschaltung.

Das passive Netzwerk in Abb. 2.8 kann durch Anwendung des Ohmschen Gesetzes auf die vier Impedanzen vollständig beschrieben werden, vgl. dazu die linken Anteile von Gl. (2.23). Durch einfache Multiplikation mit einem frei wählbaren Skalierungswiderstand R_N ergeben sich die jeweils auf der rechten Seite von Gl. (2.23) stehenden vier Gleichungen.

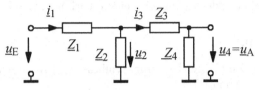

Abb. 2.8 Abzweigschaltung mit vier Impedanzen

$$\underline{i}_1 = (\underline{u}_\mathrm{E} - \underline{u}_2)/\underline{Z}_1 \quad \Rightarrow \quad \underline{u}_1 = \underline{i}_1 \cdot R_\mathrm{N} = (\underline{u}_\mathrm{E} - \underline{u}_2) \cdot (R_\mathrm{N}/\underline{Z}_1) , \qquad (2.23\mathrm{a})$$

$$\underline{u}_2 = (\underline{i}_1 - \underline{i}_3) \cdot \underline{Z}_2 \quad \Rightarrow \quad \underline{u}_2 \cdot R_\mathrm{N} = (\underline{u}_1 - \underline{u}_3) \cdot \underline{Z}_2 , \qquad (2.23\mathrm{b})$$

$$\underline{i}_3 = (\underline{u}_2 - \underline{u}_\mathrm{A})/\underline{Z}_3 \quad \Rightarrow \quad \underline{u}_3 = \underline{i}_3 \cdot R_\mathrm{N} = (\underline{u}_2 - \underline{u}_\mathrm{A}) \cdot (R_\mathrm{N}/\underline{Z}_3) , \qquad (2.23\mathrm{c})$$

$$\underline{u}_4 = \underline{i}_3 \cdot \underline{Z}_4 \quad \Rightarrow \quad \underline{u}_4 \cdot R_\mathrm{N} = \underline{u}_3 \cdot \underline{Z}_4 . \qquad (2.23\mathrm{d})$$

Durch die Multiplikation mit R_N sind die zwei Ströme $\underline{i}_1$ und $\underline{i}_3$ in zwei neue und in der Originalschaltung nicht darstellbare Spannungen $\underline{u}_1$ bzw. $\underline{u}_3$ übergegangen, womit die funktionellen Zusammenhänge – die *Zustandsgleichungen* – jetzt also nur noch durch Spannungen und Impedanzverhältnisse ausgedrückt werden. Damit können diese vier Gleichungen nun als vier neue Systemfunktionen $\underline{H}_i(s)$ gedeutet werden:

$$\underline{H}_1(s) = \underline{u}_1/(\underline{u}_\mathrm{E} - \underline{u}_2) = R_\mathrm{N}/\underline{Z}_1 , \qquad (2.24\mathrm{a})$$

$$\underline{H}_2(s) = \underline{u}_2/(\underline{u}_1 - \underline{u}_3) = \underline{Z}_2/R_\mathrm{N} , \qquad (2.24\mathrm{b})$$

$$\underline{H}_3(s) = \underline{u}_3/(\underline{u}_2 - \underline{u}_4) = R_\mathrm{N}/\underline{Z}_3 , \qquad (2.24\mathrm{c})$$

$$\underline{H}_4(s) = \underline{u}_4/\underline{u}_3 = \underline{Z}_4/R_\mathrm{N} . \qquad (2.24\mathrm{d})$$

Wird jeder dieser vier Systemfunktionen ein eigener Übertragungsblock zugewiesen, wobei die jeweiligen Ein- und Ausgänge den Zusammenhängen nach Gl. (2.24) entsprechen, lässt sich das Blockschaltbild in Abb. 2.9 angeben.

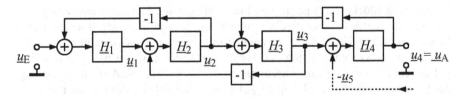

Abb. 2.9 Leapfrog-Struktur zu Abb. 2.8, Blockschaltbild

Hat das Referenzfilter mehr als die im Beispiel, Abb. 2.8, angenommenen vier Elemente, kann das Blockschaltbild in der angedeuteten Weise nach rechts fortgesetzt werden mit der Addition der invertierten Ausgangsspannung $\underline{u}_5$ vom nächsten Block $\underline{H}_5$. Damit führt dieses Verfahren auf Übertragungsblöcke, die wechselweise über Rückkopplungsschleifen in Form der sog. „Leapfrog"-Struktur (Bocksprung) miteinander verbunden werden (Girling u. Good 1970).

2.3.1.2 Beispiele

Die Vorgehensweise bei der Leapfrog-Synthese wird nachfolgend an zwei typischen Beispielen demonstriert.

Beispiel 1 (Tiefpass dritten Grades)
Für einen beidseitig mit Ohmwiderständen abgeschlossenen RLC-Tiefpass dritten Grades, Abb. 2.10, sollen die Teilfunktionen $\underline{H}_1$ bis $\underline{H}_4$ der Leapfrog-Struktur nach Abb. 2.9 ermittelt werden.

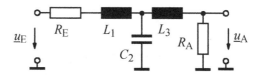

Abb. 2.10 Passiver RLC-Tiefpass dritten Grades

Der Vergleich mit Abb. 2.8 liefert zunächst die vier Impedanzen

$$\underline{Z}_1 = R_E + sL_1, \quad \underline{Z}_2 = 1/sC_2, \quad \underline{Z}_3 = sL_3, \quad \underline{Z}_4 = R_A,$$

mit denen man über Gl. (2.24) die Systemfunktionen der vier Blöcke erhält:

$$\underline{H}_1(s) = R_N/(R_E + sL_1) \quad \Rightarrow \quad \text{Tiefpass ersten Grades,}$$

$$\underline{H}_2(s) = 1/sR_N C_2 \quad \Rightarrow \quad \text{Integrator (Zeitkonstante } T_2 = R_N C_2\text{),}$$

$$\underline{H}_3(s) = R_N/sL_3 \quad \Rightarrow \quad \text{Integrator (Zeitkonstante } T_3 = L_3/R_N\text{),}$$

$$\underline{H}_4(s) = R_A/R_N \quad \Rightarrow \quad \text{Faktor.}$$

Im Hinblick auf eine möglichst einfache schaltungstechnische Umsetzung der vier Übertragungsblöcke $\underline{H}_i(s)$ ist für den hier vorliegenden Fall eines ohmschen Abschlusswiderstandes immer eine Vereinfachung dadurch möglich, dass der letzte Block (im Beispiel $\underline{H}_4$), der – zusammen mit der negativen Rückführung – nur eine konstante Gegenkopplung des vorletzten Blocks (im Beispiel $\underline{H}_3$) bewirkt, mit diesem zu einem neuen Block zusammengefasst wird. Die Ausgangsspannung der Gesamtanordnung (im Beispiel: $\underline{u}_4$) ändert sich dabei lediglich um den konstanten Faktor

$$\underline{u}_3/\underline{u}_4 = 1/\underline{H}_4 = R_N/R_A.$$

Rechnerisch ergibt sich diese neue Funktion $\underline{H}_{3,4}$ aus Abb. 2.8 (Zusammenfassung von Z_3 und Z_4) mit anschließender Modifikation von Gl. (2.23c):

$$i_3 = \underline{u}_2/(\underline{Z}_3 + \underline{Z}_4) \quad \Rightarrow \quad \underline{u}_3 = i_3 \cdot R_N = \underline{u}_2 \cdot R_N/(\underline{Z}_3 + \underline{Z}_4),$$

$$\underline{H}_{3,4} = \underline{u}_3/\underline{u}_2 = R_N/(\underline{Z}_3 + \underline{Z}_4).$$

Im vorliegenden Beispiel ist nach Abb. 2.10

$$\underline{Z}_3 = sL_3 \quad \text{und} \quad \underline{Z}_4 = R_A$$

und deshalb

$$\underline{H}_{3,4} = \frac{R_N}{R_A + sL_3} \quad \Rightarrow \quad \text{Tiefpass ersten Grades} .$$

Ein Vergleich der einzelnen Funktionen $\underline{H}_i(s)$ mit den zugehörigen Impedanzen Z_i führt zu der allgemeingültigen Aussage, dass bei der Überführung passiver RLC-Tiefpassfilter vom Grade n in eine Leapfrog-Struktur die folgenden Zuordnungen anzuwenden sind:

- Induktivität L $\Rightarrow$ Integrator,
- LR-Serienschaltung $\Rightarrow$ Tiefpass ersten Grades (gedämpfter Integrator),
- Kapazität C $\Rightarrow$ Integrator,
- RC-Parallelschaltung $\Rightarrow$ Tiefpass ersten Grades (gedämpfter Integrator).

Die einzelnen Teilfunktionen $\underline{H}_i(s)$ und die Additionselemente in Abb. 2.9 lassen sich elektronisch durch Standard-Aktivblöcke realisieren. Dabei sind Schaltungsvereinfachungen durch Wegfall von Invertern möglich, indem den Aktivblöcken gleich die passenden Vorzeichen zugewiesen werden. Einzelheiten dazu sind Abschn. 5.2.1 zu entnehmen.

■

Beispiel 2 (Bandpass sechsten Grades)

Die in Beispiel 1 für einen Tiefpass demonstrierte Entwurfsmethode lässt sich über die Tiefpass-Bandpass-Transformation, Abschn. 1.5.6 (Tabelle 1.13), direkt auf Bandpassfilter übertragen. Beispielsweise entsteht durch Anwendung dieser Transformation auf den Tiefpass dritten Grades in Abb. 2.10 der Bandpass sechsten Grades in Abb. 2.11.

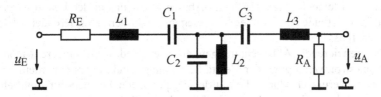

Abb. 2.11 Passiver Bandpass (sechspolig) in Abzweigstruktur

Durch Vergleich mit den vier Elementen der Grundstruktur in Abb. 2.8 lassen sich folgende vier Impedanzen identifizieren:

$$\underline{Z}_1 = R_E + sL_1 + 1/sC_1, \quad \underline{Z}_2 = \frac{1}{sC_2 + 1/sL_2}, \quad \underline{Z}_3 = sL_3 + 1/sC_3, \quad \underline{Z}_4 = R_A.$$

Mit Gl. (2.24) ergeben sich daraus die Systemfunktionen der vier Blöcke für die Leapfrog-Grundstruktur nach Abb. 2.9:

$$\underline{H}_1(s) = \frac{sR_N C_1}{1 + sR_E C_1 + s^2 L_1 C_1} \quad \Rightarrow \quad \text{Bandpass } (n=2),$$

$$\underline{H}_2(s) = \frac{s(L_2/R_N)}{1 + s^2 L_2 C_2} \quad \Rightarrow \quad \text{Resonator (Bandpass, } Q{\to}\infty),$$

$$\underline{H}_3(s) = \frac{sR_N C_3}{1 + s^2 L_3 C_3} \quad \Rightarrow \quad \text{Resonator (Bandpass, } Q{\to}\infty),$$

$$\underline{H}_4(s) = \frac{R_A}{R_N} \quad \Rightarrow \quad \text{Faktor.}$$

Mit der gleichen Begründung wie beim Tiefpass in Beispiel 1 ist es auch hier möglich und sinnvoll, die beiden Funktionen $\underline{H}_3$ und $\underline{H}_4$ in einem neuen Block $\underline{H}_{3,4}$ zusammenzufassen:

$$\underline{H}_{3,4}(s) = \frac{sR_N C_3}{1 + sR_A C_3 + s^2 L_3 C_3} \quad \Rightarrow \quad \text{Bandpass } (n=2).$$

In Verallgemeinerung dieser Ergebnisse für die Leapfrog-Synthese ist festzuhalten, dass bei Bandpass-Abzweigstrukturen nach Abb. 2.11 die verlustlosen *LC*-Resonanzkreise in Bandpassblöcke mit Gütewerten $Q{\to}\infty$ (Resonatoren) und die durch Eingangs- bzw. Abschlusswiderstand bedämpften *RLC*-Kreise in zweipolige Bandpassstufen endlicher Güte überführt werden. ■

Hochpässe in Leapfrog-Struktur

Wegen der Dualität zwischen Tiefpass und Hochpass (s. Abschn. 1.5.2 und 1.5.6) gehen die Elemente einer Hochpass-Abzweigstruktur bei der Leapfrog-Synthese in differenzierende Stufen über – im Gegensatz zu den integrierenden Elementen beim Tiefpass.

Differenzierende Aktivschaltungen erfordern jedoch besondere Maßnahmen zur Ruhestromversorgung der Verstärkereingänge und neigen außerdem zu Instabilitäten – verursacht durch die mit der Frequenz zunehmenden Phasendrehungen des Verstärkers. Sie werden deshalb in der analogen Signalverarbeitung nach Möglichkeit vermieden. Die Leapfrog-Struktur hat deshalb für die Realisierung von Hochpassfiltern keine Bedeutung.

2.3.2 Die Zustandsvariablen-Struktur zweiten Grades

Für den Fall $n=2$ führt die Leapfrog-Synthese auf eine Anordnung, die in der aktiven Filtertechnik eine besondere Rolle spielt. Ausgangspunkt der Überlegungen ist der *RLC*-Tiefpass zweiten Grades (Abb. 2.12) mit der Tiefpass-Ausgangsspannung $\underline{u}_T$. Dieser Tiefpass kann als Sonderfall der einfachen Abzweigschaltung nach Abb. 2.8 aufgefasst werden. Da hier die Impedanz Z_2 fehlt, fließt durch alle drei Elemente der gleiche Strom $\underline{i}$.

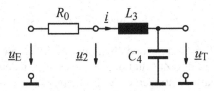

Abb. 2.12 *RLC*-Tiefpass zweiten Grades

Mit einem frei wählbaren Skalierungswiderstand R_N und der Definition

$$\underline{u}_B = \underline{i} \cdot R_N$$

lässt sich analog zu Gl. (2.23) folgendes Gleichungssystem aufstellen

$$\underline{i} = (\underline{u}_E - \underline{u}_2)/R_0 \quad \Rightarrow \quad \underline{u}_B = (\underline{u}_E - \underline{u}_2) \cdot (R_N/R_0),$$

$$\underline{u}_2 = \underline{u}_E - \underline{i}R_0 \quad \Rightarrow \quad \underline{u}_2 = \underline{u}_E - \underline{u}_B(R_0/R_N), \quad (2.25a)$$

$$\underline{i} = (\underline{u}_2 - \underline{u}_T)/sL_3 \quad \Rightarrow \quad \underline{u}_B = (\underline{u}_2 - \underline{u}_T) \cdot (R_N/sL_3), \quad (2.25b)$$

$$\underline{u}_T = \underline{i}/sC_4 \quad \Rightarrow \quad \underline{u}_T = \underline{u}_B(1/sR_N C_4). \quad (2.25c)$$

Die über den Skalierungswiderstand R_N definierte Spannung $\underline{u}_B$ repräsentiert den Strom $\underline{i}$ und ist in Abb. 2.12 nicht darstellbar.

Blockschaltbild

Zur Umsetzung von Gl. (2.25) in eine äquivalente Aktivschaltung werden die folgenden drei Teilsystemfunktionen definiert:

$$\underline{H}_0(s) = (\underline{u}_E - \underline{u}_2)/\underline{u}_B = R_0/R_N \quad \Rightarrow \quad \text{Faktor},$$

$$\underline{H}_3(s) = \underline{u}_B/(\underline{u}_2 - \underline{u}_T) = R_N/sL_3 \quad \Rightarrow \quad \text{Integrator (Zeitkonstante } T_3 = L_3/R_N),$$

$$\underline{H}_4(s) = \underline{u}_T/\underline{u}_B = 1/sR_N C_4 \quad \Rightarrow \quad \text{Integrator (Zeitkonstante } T_4 = R_N C_4).$$

Das daraus resultierende Blockschaltbild ist in Abb. 2.13 wiedergegeben. Man kann sich leicht davon überzeugen, dass die dargestellte Anordnung – unter Berücksichtigung der Definitionen für die drei Teilsystemfunktionen – das Gleichungssystem Gl. (2.25) erfüllt und deshalb zu einer aktiven Realisierung des passiven Originaltiefpasses, Abb. 2.12, führt.

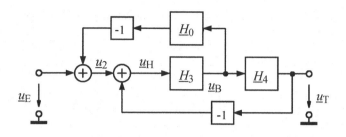

Abb. 2.13 Blockschaltbild zu Abb. 2.12 (Zustandsvariablenstruktur)

Die Zeitfunktionen aller Ströme und Spannungen innerhalb des passiven *RLC*-Netzwerkes beschreiben den Zustand des Netzwerks zu jedem Zeitpunkt über ein System von Differentialgleichungen erster Ordnung (Zustandsgleichungen). Diese internen Spannungen und Ströme sind die „Zustandsvariablen" des Netzwerks. Da im vorliegenden Fall die Zustandsvariablen aus Gl. (2.25) durch die Funktionsblöcke von Abb. 2.13 nachgebildet werden, wird die zugehörige Schaltung auch Zustandsvariablen-Filter (State-Variable Filter) genannt.

Die gleiche Struktur kann auch auf einem anderen Wege aus der Originalschaltung in Abb. 2.12 abgeleitet werden. Wegen der grundsätzlichen Bedeutung dieser Vorgehensweise soll das Prinzip hier kurz beschrieben werden:

Dazu sind die Beziehungen zwischen dem Strom $i(t)$ und den zugehörigen drei Spannungsabfällen $u_R(t)$, $u_L(t)$ und $u_C(t){=}u_T(t)$ an den drei Elementen im Zeitbereich in Form einer Integralgleichung zweiten Grades aufzuschreiben. Durch Anwendung der Laplace-Transformation ergibt sich daraus für die Ausgangsspannung eine Rechenanweisung, die in eine Schaltung mit zwei Integratorschleifen in der Form nach Abb. 2.13 umgesetzt werden kann. Daraus resultieren die anderen ebenfalls gebräuchlichen Bezeichnungen für diese Struktur: Doppel-Integratorschleife, Integratorfilter bzw. Analogrechnerschaltung.

Systemfunktionen

Die zwischen Eingangs- und Ausgangsspannung $\underline{u}_E$ bzw. $\underline{u}_T$ wirksame Tiefpassfunktion $\underline{H}_T(s)$ lässt sich am einfachsten über die drei Impedanzen der passiven Originalschaltung, Abb. 2.12, ermitteln. Die Rolle des wählbaren Skalierungswiderstandes R_N wird deutlich, wenn Zähler und Nenner anschließend mit $1/R_N$ erweitert werden. Die auf diesem Wege entstandene Form der Systemfunktion $\underline{H}_T(s)$ enthält dann die Funktionen der drei Übertragungseinheiten aus dem Blockschaltbild in Abb. 2.13:

$$\underline{H}_T(s) = \frac{\underline{u}_T}{\underline{u}_E} = \frac{\underline{Z}_4}{R_0 + \underline{Z}_3 + \underline{Z}_4} = \frac{\underline{Z}_4 / R_N}{R_0/R_N + \underline{Z}_3/R_N + \underline{Z}_4/R_N} = \frac{\underline{H}_4}{\underline{H}_0 + 1/\underline{H}_3 + \underline{H}_4},$$

$$\underline{H}_T(s) = \frac{1}{1 + \underline{H}_0/\underline{H}_4 + 1/\underline{H}_3\underline{H}_4} = \frac{1}{1 + sT_4(R_0/R_N) + s^2 T_3 T_4}. \qquad (2.26)$$

Setzt man zur Kontrolle die Definitionen der beiden Zeitkonstanten $T_3 = L_3/R_N$ bzw. $T_4 = R_N C_4$ in Gl. (2.26) ein, dann entsteht eine Form der Funktion, die auch aus der passiven Originalschaltung über die klassische Wechselstromrechnung ermittelt werden kann.

Interessanterweise bietet das Blockschaltbild in Abb. 2.13 – im Gegensatz zur passiven Originalschaltung – aber zwei weitere Ausgangsspannungen an, die zur Definition von zwei weiteren Systemfunktionen $\underline{H}_B(s)$ bzw. $\underline{H}_H(s)$ führen. Nach Abb. 2.13 und Gl. (2.26) ist

$$\frac{\underline{u}_B}{\underline{u}_E} = \frac{\underline{u}_T / \underline{H}_4}{\underline{u}_E} = \frac{\underline{u}_T \cdot sT_4}{\underline{u}_E} = \underline{H}_T(s) \cdot sT_4 \, ,$$

$$\underline{H}_B(s) = \frac{\underline{u}_B}{\underline{u}_E} = \frac{sT_4}{1 + sT_4(R_0/R_N) + s^2 T_3 T_4} \qquad \Rightarrow \qquad \text{Bandpass.} \quad (2.27)$$

Eine entsprechende Überlegung bezüglich der Spannung $\underline{u}_H$ am Ausgang des zweiten Summiergliedes führt auf

$$\frac{\underline{u}_H}{\underline{u}_E} = \frac{\underline{u}_B}{\underline{u}_E / \underline{H}_3} = \frac{\underline{u}_B \cdot sT_3}{\underline{u}_E} = \underline{H}_B(s) \cdot sT_3 \, ,$$

$$\underline{H}_H(s) = \frac{\underline{u}_H}{\underline{u}_E} = \frac{s^2 T_3 T_4}{1 + sT_4(R_0/R_N) + s^2 T_3 T_4} \qquad \Rightarrow \qquad \text{Hochpass.} \quad (2.28)$$

Zusammenfassung

Die Bedeutung der Zustandsvariablenstruktur in Abb. 2.13 besteht darin, dass an drei Ausgängen gleichzeitig die drei Übertragungsfunktionen für Tief-, Hoch- und Bandpass zur Verfügung gestellt werden. Der gemeinsame Nenner weist darauf hin, dass zu allen drei Funktionen die gleiche Polverteilung in der s-Ebene – und damit auch die gleichen Poldaten (Polfrequenz und Polgüte) – gehören.

Wenn mit einem zusätzlichen – als Addierer beschalteten – Operationsverstärker die Summe der Ausgangsspannungen von Hoch-, Band- und Tiefpass gebildet wird, erhält man am Ausgang dieses Addierverstärkers die biquadratische Systemfunktion in der Form nach Gl. (1.26):

$$\underline{H}_{BQ}(s) = \frac{\underline{u}_T + \underline{u}_B + \underline{u}_H}{\underline{u}_E} = \frac{1 + sT_4 + s^2 T_3 T_4}{1 + sT_4(R_1/R_N) + s^2 T_3 T_4} \, . \qquad (2.29)$$

Durch – evtl. auch vorzeichenbehaftete – Bewertung der zu addierenden Spannungsanteile sind als Sonderfall der biquadratischen Funktion, Gl. (2.29), auch elliptische Grundglieder oder Allpassfilter zweiten Grades zu erzeugen. Die Möglichkeiten einer schaltungstechnische Umsetzung von Abb. 2.13 in biquadratische Filterstufen werden in Abschn. 4.6 behandelt.

Aufgrund ihrer vielfältigen Anwendungsmöglichkeiten bildet die Zustandsvariablenstruktur die Grundlage für die Universalfilter zweiten Grades und wird als integrierter Filterbaustein in unterschiedlichen Ausführungen angeboten. Die an niederohmigen Verstärkerausgängen verfügbaren Tiefpass-, Hochpass- und Bandpassfunktionen erlauben auch den Filterentwurf höheren Grades durch Serienschaltung mehrerer Bausteine nach dem Prinzip der Kaskadensynthese.

2.3.3 Die FLF-Struktur

Eine Verallgemeinerung der Leapfrog-Struktur aus Abschn. 2.3.1, Abb. 2.9, besteht darin, alle Rückkopplungsschleifen der einzelnen Funktionsblöcke $\underline{H}_i(s)$ an den Schaltungseingang zu führen und gleichzeitig mit einem Gegenkopplungsfaktor F_i zu bewerten, s. Abb. 2.14.

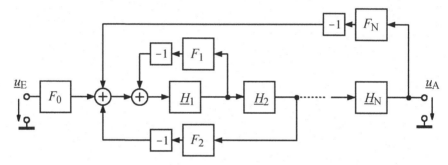

Abb. 2.14 Blockschaltbild der FLF-Struktur (Follow-the-Leader-Feedback)

Zur Festlegung der Grundverstärkung kann die Eingangsspannung $\underline{u}_E$ vor der Summenbildung mit den anderen Anteilen bewertet werden mit einem Faktor F_0. Die so erzeugte Filterstruktur ist unter der Bezeichnung „Follow-the-Leader-Feedback" (FLF) bekannt geworden (Laker u. Ghausi 1974).

Systemfunktion

Über die Aufsummierung der rückgekoppelten Signalanteile lässt sich – analog zur Berechnung des allgemeinen Rückführungsmodells in Abb. 2.1 – die Systemfunktion der Anordnung von Abb. 2.14 aufstellen:

$$\underline{H}(s) = \frac{F_0 \prod_{i=1}^{N} \underline{H}_i}{1 + F_1 H_1 + F_2 H_1 H_2 + F_3 H_1 H_2 H_3 + \dots + F_N \prod_{i=1}^{N} \underline{H}_i}. \tag{2.30}$$

Die Ermittlung der einzelnen Faktoren F_i bzw. der Funktionsblöcke H_i zur Synthese einer vorgegebenen Funktion über Gl. (2.30) und Abb. 2.14 ist bei höheren

Filtergraden jedoch ziemlich rechenintensiv. Die einzelnen Bestimmungsgleichungen für die gesuchten Größen entstehen dabei durch Koeffizientenvergleich mit der allgemeinen Systemfunktion n-ten Grades.

Besondere Bedeutung hat die FLF-Struktur für die Erzeugung von Bandpässen höheren Grades ($n \geq 4$), bei denen die einzelnen Funktionsblöcke $H_i(s)$ als zweipolige Bandpassfilter ausgelegt werden. Auf diese Weise können z. B. auch mehrere integrierte Filterbausteine zweiten Grades zu höhergradigen Bandpässen mit außerordentlich geringen Toleranzempfindlichkeiten zusammengesetzt werden, s. dazu Abschn. 5.2.2.

Modifikationen

Zwei interessante Modifikationen mit vereinfachter Dimensionierung haben sich – als Spezialfall der FLF-Struktur in Abb. 2.14 – in der Filterpraxis bewährt:

1. Shifted-Companion-Feedback (Tow 1975): $F_1=0$ und $\underline{H_2}=\underline{H_3}=...=\underline{H_N}$,
2. Primary-Resonator-Block (Hurtig 1972): $F_1=0$ und $\underline{H_1}=\underline{H_2}=...=\underline{H_N}$.

Für eine ausführliche und vergleichende Darstellung aller Varianten der Mehrfachkopplungstechnik wird auf die Speziallitеratur zu diesem Themenkomplex verwiesen (Laker et al. 1979).

Beispiel: Tiefpass in Primary-Resonator-Block-(PRB)-Technik

Ein Tiefpass dritten Grades nach dem PRB-Prinzip kann auf der Grundlage der Struktur in Abb. 2.14 über drei gleiche Teilfunktionen $\underline{H_P}(s)$ ersten Grades mit der Vereinfachung $F_1=0$ entworfen werden. Hat jeder der drei Blöcke die Grundverstärkung $A_{0,P}$ und eine 3-dB-Grenze $\omega_{G,P}$, so ergibt sich mit dem Ansatz

$$\underline{H_1}(s) = \underline{H_2}(s) = \underline{H_3}(s) = \underline{H_P}(s) = \frac{A_{0,P}}{1+s/\omega_{G,P}}$$

durch Einsetzen in Gl. (2.30) die Tiefpassfunktion dritten Grades

$$\underline{H}(s) = \frac{-F_0\,\underline{H_P}^3(s)}{1+F_2\,\underline{H_P}^2(s)+F_3\,\underline{H_P}^3(s)},$$

$$\underline{H}(s) = \frac{-F_0 A_{0,P}^3 \omega_{G,P}^3}{\omega_{G,P}^3\left(1+F_2 A_{0,P}^2+F_3 A_{0,P}^3\right)+s\cdot\omega_{G,P}^2\left(3+F_2 A_{0,P}^2\right)+3s^2\omega_{G,P}+s^3}.$$

Wenn die allgemeine Systemfunktion dritten Grades nach Gl. (1.45)

$$\underline{H}(S) = \frac{a_0}{1+d_1 S + d_2 S^2 + d_3 S^3}$$

durch Denormierung mit $S=s/\omega_D$ und Erweitern mit ω_G^3/d_3 auf die gleiche Form gebracht wird, liefert ein Koeffizientenvergleich vier Bestimmungsgleichungen für vier Parameter des PRB-Filters:

$$\boxed{s^2:}\quad \omega_{G,P} = \omega_D \frac{d_2}{3d_3}, \qquad\qquad \boxed{s^1:}\quad F_2 A_{0,P}{}^2 = \frac{d_1 \omega_D{}^2}{d_3 \omega_{G,P}{}^2} - 3,$$

$$\boxed{s^0:}\quad F_3 A_{0,P}{}^3 = \frac{\omega_D{}^3}{d_3 \omega_{G,P}{}^3} - F_2 A_{0,P}{}^2 - 1, \qquad \boxed{Z\ddot{a}hler:}\quad a_0 = d_3 F_0 A_{0,P}{}^3 \left(\frac{\omega_{G,P}}{\omega_D}\right)^3.$$

Nach Vorgabe der gewünschten Tiefpassdaten (Grundverstärkung $A_0 = a_0$, Durchlassgrenze ω_D, Filtercharakteristik mit den Koeffizienten d_1 bis d_3) sowie der Grundverstärkung $A_{0,P}$ eines PRB-Blocks sind die restlichen PRB-Parameter F_0, F_2, F_3 und $\omega_{G,P}$ über diese vier Gleichungen zu ermitteln. Dabei können die Koeffizienten d_1 bis d_3 aus den tabellierten Polparametern ω_P und Q_P durch Vergleich der Nennerausdrücke von Gl. (1.45) und Gl. (1.46) bestimmt werden. ∎

Bandpässe in PRB-Technik
Durch Anwendung der Tiefpass-Bandpass-Transformation auf jede der einpoligen Tiefpassstufen $\underline{H}_P(s)$ aus Beispiel 1 kann ein Bandpass sechsten Grades in PRB-Struktur entworfen werden, der aus drei identischen Bandpassstufen zweiten Grades zusammengesetzt ist. Als ausführliches Demonstrationsbeispiel wird in Abschn. 5.2.2 die Schaltung eines vierpoligen Bandpassfilters in PRB-Technik entworfen und dimensioniert.

2.4   Zusammenfassung

Die wichtigsten Schritte und Alternativen beim Entwurf einer aktiven Filterschaltung werden hier noch einmal zusammengestellt:

1. Vorgabe der Selektivitätsanforderungen als Toleranzschema, analog zum Tiefpassschema in Abb. 1.10 (Tiefpass, Hochpass, Bandpass, Sperrfilter, Allpass, Durchlass- und Sperrgrenzen, Dämpfungsanforderungen);

2. Überführung in das Tiefpass-Toleranzschema durch Anwendung der entsprechenden Frequenztransformation (Abschn. 1.5.1 bis 1.5.5 und Abb. 1.17);

3. Ermittlung des Mindestfiltergrades n – je nach Anforderung evtl. für unterschiedliche Tiefpassapproximationen – und Auswahl einer Approximation (Abschn. 1.4.1 bis 1.4.5, 1.4.7);

4. Umsetzung der Filtervorschrift in eine elektronische Schaltung, wobei drei vom prinzipiellen Ansatz her unterschiedliche Vorgehensweisen zu unterscheiden sind:

   a) Kaskadentechnik,

   b) Nachbildung passiver RLC-Bezugsnetzwerke,

   c) Mehrfachkopplungstechnik (FLF-Strukturen).

zu a) Kaskadentechnik

- Ermittlung der zur Approximation gehörenden Poldaten für jede Stufe des Referenztiefpasses (Tabellen mit Poldaten, Abschn. 1.4.1 bis 1.4.5);
- Ermittlung der Poldaten für den Originalfrequenzbereich (Rücktransformation), vgl. Abschn. 1.5.1 bis 1.5.5 und Abb. 1.17;
- Realisierung der $n/2$ konjugiert-komplexen Polpaare durch jeweils eine Filterstufe zweiten Grades mit folgenden Varianten:
  - Frequenzabhängige Verstärkerrückkopplung (Abschn. 2.1.2 und 2.1.3),
  - kaskadierfähiges GIC-Filter (Abschn. 2.1.4),
  - Zustandsvariablenstruktur (Abschn. 2.3.2);
- Serienschaltung aller Teilstufen zweiten Grades und – falls n ungerade – einer Stufe ersten Grades.

zu b) Nachbildung passiver *RLC*-Bezugsnetzwerke

- Dimensionierung aller Elemente des zugehörigen passiven Bezugstiefpasses als dimensionierte Abzweigschaltung über Filtersoftware oder Filterkataloge (Abschn. 1.5.6);
- Anwendung der entsprechenden Frequenztransformation auf jedes Element des Bezugstiefpassfilters , vgl. Abschn. 1.5.6. Das Ergebnis ist eine passive und dimensionierte *RLC*-Schaltung in Abzweigstruktur;
- Leapfrog-Synthese (Abschn. 2.3.1)
  oder
  Zweipolnachbildung mit Impedanzkonvertern (GIC-Technik):
  - Hochpass: Elektronische *L*-Nachbildung (Abschn. 2.2.2),
  - Tiefpass: FDNR-Technik (Bruton-Transformation, Abschn. 2.2.3),
  - Bandpass: Einbettungstechnik Abschn.2.2.4),

zu c) Mehrfachkopplungstechnik (FLF-Strukturen)

- Festlegung der zur Approximation gehörenden Poldaten für jede Stufe des Referenztiefpasses (Tabellen mit Poldaten, Abschn. 1.4.1 bis 1.4.5, 1.4.7);
- Erzeugung der Systemfunktion für das zugehörige Standard-Tiefpassfilter auf der Basis der Poldaten in der allgemeinen Form nach Gl. (1.45);
- Ermittlung der Funktionen $\underline{H}_i(s)$ sowie der Faktoren F_i durch Koeffizientenvergleich mit der Übertragungsfunktion in der Form nach Gl. (2.30) – unter Berücksichtigung der ausgewählten Schaltungsvariante:
  - Follow-the-Leader (FLF, allgemein),
  - Shifted-Companion-Feedback,
  - Primary-Resonator-Block (PRB).
- Filtersynthese mit Rücktransformation gemäß der in Abschn. 2.3.3 beschriebenen Vorgehensweise.   ∎

Der Prozess des Filterentwurfs ist als Ablaufschema noch einmal in Abb.2.15 zusammenfassend dargestellt.

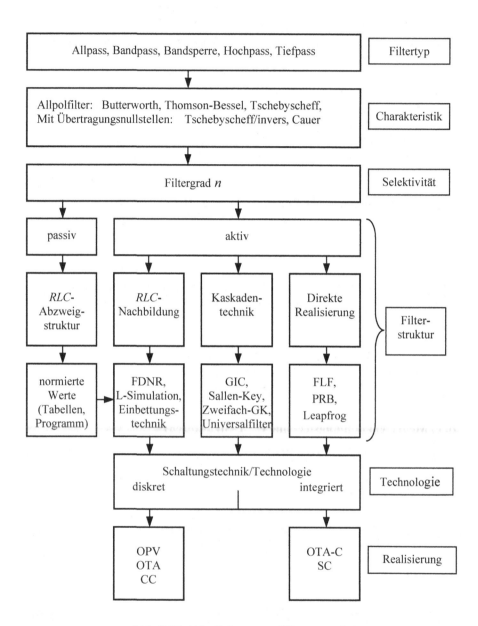

Abb. 2.15 Ablaufschema zum Filterentwurf

3 Aktive Grundelemente

Die in Kapitel 2 vorgestellten Entwurfsverfahren für spulenfreie Filterschaltungen erfordern elektronische Verstärker zur Realisierung der in den Blockschaltbildern enthaltenen aktiven Funktionseinheiten, wie z. B.

- Verstärker (invertierend, nichtinvertierend),
- Addier-/Subtrahierglieder,
- Integratoren (invertierend/nichtinvertierend),
- Tiefpässe ersten Grades (gedämpfte Integratoren),
- Impedanzkonverter (NIC, GIC, FDNR).

Dieses Kapitel enthält eine zusammenfassende Übersicht über die dafür in der Filterpraxis gebräuchlichen Schaltungsalternativen und gibt entsprechende Anwendungshinweise.

Obwohl grundsätzlich jede der oben erwähnten aktiven Baugruppen auch in diskreter Technik auf Transistorbasis aufgebaut werden kann, konzentriert sich dieses Kapitel – im Hinblick auf die moderne elektronische Praxis – ausschließlich auf den Einsatz der vier monolithisch integrierten Verstärkertypen:

- Operationsverstärker (OPV), auch: Voltage-Feedback Amplifier (VFA),
- Transimpedanzverstärker, auch: Current-Feedback Amplifier (CFA),
- Transkonduktanzverstärker, auch: Operational Transconductance Amplifier (OTA),
- Stromkonverter, auch: Current Conveyor (CC).

Als Vorbereitung für die eingehende Diskussion aktiver Filterschaltungen in den Kapiteln 4 und 5 können Funktionsprinzip, Aufbau und Eigenschaften dieser Verstärkertypen hier nur in zusammenfassender Form behandelt werden. Detaillierte Angaben zur Technologie und zur internen Schaltungstechnik sowie spezielle Anwendungshinweise zum Betrieb sind entsprechender Spezialliteratur zu entnehmen (Tietze u. Schenk 2002).

Dem klassischen Operationsverstärker (OPV) kommt in diesem Zusammenhang zweifellos die größte Bedeutung zu, für Spezialanwendungen kann es aber durchaus sinnvoll und angemessen sein, eines der anderen Verstärkerprinzipien auszuwählen. So hat der Transkonduktanzverstärker (OTA) heute seine größte Bedeutung als Aktivelement in komplett integrierten und extern abstimmbaren Filterschaltungen sowie in neuartigen programmierbaren Analog-IC's.

Aber auch Kombinationen – beispielsweise OTA mit OPV oder CC mit OPV – sind sinnvoll und möglich, um die Vorteile beider Typen zu nutzen, besonders im Hinblick auf die Serienschaltung mehrerer voneinander entkoppelter Stufen (Prinzip der Kaskadentechnik).

3.1   Operationsverstärker

Seit etwa 40 Jahren werden von der Industrie monolithisch integrierte Halbleiter-verstärker angeboten, deren Bezeichnung „Operationsverstärker" (OPV) aus ihrer ursprünglichen Anwendung in Analogrechnern zur Ausführung verschiedener mathematischer Operationen abgeleitet worden ist.

Bis heute ist der OPV, der in nahezu unüberschaubarer Vielfalt für unter-schiedliche Anwendungsbereiche verfügbar ist, das elektronische Kernstück der meisten aktiven Filterschaltungen. Der wesentliche Vorteil des OPV im Vergleich zu einfacher aufgebauten Verstärkerstufen in „diskreter" Schaltungstechnik mit Einzeltransistoren liegt in seinen nahezu idealen Eigenschaften als Spannungsver-stärker, die ihm eine äußerst große Flexibilität verleihen und so viele Anwen-dungsbereiche erschließen.

3.1.1   Eigenschaften und Kenndaten

Um die einleitend erwähnten Funktionseinheiten – als Aktivelemente der unter-schiedlichen Filterstrukturen – möglichst funktionsgetreu und fehlerfrei zu reali-sieren, muss der Operationsverstärker über Eigenschaften verfügen, die es erlau-ben, die gewünschte Funktion (Verstärkung, Integration, Addition, etc.) praktisch nur noch durch die äußere passive Beschaltung des OPV herstellen zu können.

Aus dieser Vorgabe resultierten die drei wichtigsten Anforderungen an den OPV: Extrem großer Spannungsverstärkungswert, Differenzeingang mit sehr hohem Eingangswiderstand, kleiner Ausgangswiderstand. Die maximale Span-nungsverstärkung liegt dabei typischerweise in der Größenordnung von 10^4 bis 10^6 (80...120 dB) und soll über einen möglichst großen Frequenzbereich verfüg-bar sein.

Diese Verstärkereigenschaften sind zwar nicht unbedingt notwendig, um zu-sammen mit einem RC-Netzwerk eine bestimmte Filterfunktion festzulegen, die Schaltungsdimensionierung wird jedoch entscheidend vereinfacht und damit über-sichtlicher, wenn Eingangs-, Ausgangswiderstand und die eigene Frequenzabhän-gigkeit des Verstärkers vor dem Hintergrund anderer Fehlereinflüsse (Toleranzen etc.) vernachlässigt werden können. So ist das Entwurfsverfahren der Kaskaden-technik überhaupt erst dann sinnvoll anzuwenden, wenn die in Serie zu schalten-den Teilfilter so gut voneinander entkoppelt sind, dass sie sich gegenseitig nicht merklich belasten und deshalb separat dimensioniert und abgeglichen werden können.

In diesem Zusammenhang stellen die Eingangswiderstände (typischerweise im Bereich von 10^5 bis 10^{10} Ω) und Ausgangswiderstände (50 bis 500 Ω) der heute verfügbaren Verstärkerbausteine für die meisten Anwendungen eine ausreichend gute Annäherung an das ideale Verhalten dar. Durch externe Gegenkopplung des OPV – beispielsweise zur Einstellung eines vorgegebenen Verstärkungswertes – werden diese Bedingungen sogar noch erheblich verbessert.

Schaltzeichen

Das Schaltzeichen des Operationsverstärkers ist in der DIN 40900 festgelegt, wobei das in Abb. 3.1(a) gezeigte Symbol zwar als veraltet gilt, trotzdem aber weiterhin in den meisten Veröffentlichungen und technischen Unterlagen – und auch in diesem Buch durchgängig – benutzt wird. Das Schaltzeichen enthält die beiden Anschlüsse für den nicht-invertierenden p-Eingang (Signalspannung u_P) und für den invertierenden n-Eingang (Signalspannung u_N) sowie für den Ausgang (Signalspannung u_A). Aus Gründen der besseren Übersichtlichkeit werden die beiden Anschlüsse für die normalerweise symmetrische Betriebsspannungsversorgung $\pm U_V$ in den nachfolgenden Kapiteln nicht mit in die Darstellungen aufgenommen.

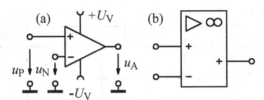

Abb. 3.1 Operationsverstärker, altes **(a)** und neues **(b)** Schaltsymbol nach DIN 40900

Operationsverstärker sind vom inneren Aufbau her so ausgelegt, dass sie praktisch nur auf die Spannungsdifferenz u_D zwischen beiden Eingängen reagieren. Zwei gleich große Eingangsspannungen – wie sie z. B. als Gleichtaktanteil in beliebigen Spannungsdifferenzen praktisch immer vorhanden sind – haben keine merklichen Auswirkungen auf die Ausgangsspannung. Dieses gilt insbesondere auch für eingekoppelte Störsignale, die normalerweise auf beide Eingänge gleichzeitig einwirken und damit als Gleichtaktsignal anzusehen sind. Für diesen Fall einer idealen Gleichtaktunterdrückung ergibt sich dann die Signalausgangsspannung als Produkt aus der Eingangsdifferenzspannung u_D und der frequenzabhängigen Differenzverstärkung $\underline{A}_U(\mathrm{j}\omega)$:

$$u_A = \left(u_P - u_N \right) \cdot \underline{A}_U(\mathrm{j}\omega) = u_D \cdot \underline{A}_U(\mathrm{j}\omega).$$

Kenndaten des Operationsverstärkers

Um als aktives Element möglichst universell einsetzbar zu sein, konzentrierte sich der Entwicklungsaufwand seit 1963 (Einführung des ersten vollintegrierten OPV) auf eine Annäherung an die Eigenschaften eines idealen Spannungsverstärkers:

- Differenzeingang mit hohem Eingangswiderstand r_D,
- Hohe Spannungsverstärkung über einen möglichst großen Frequenzbereich,
- Hohe Großsignalbandbreite (Leistungsbandbreite) mit kleinem Ausgangswiderstand r_A,
- Arbeitspunkt (für symmetrische Spannungsversorgung $\pm U_V$): Ruhepotentiale von Null Volt am Ein- und Ausgang mit guten Offset- und Drifteigenschaften .

In Tabelle 3.1 sind einige typische und für Filteranwendungen interessante Kenngrößen zweier kostengünstiger Standardverstärker den idealisierten Werten gegenübergestellt.

In Übereinstimmung mit der üblichen Praxis des Filterentwurfs erfolgen alle Schaltungsberechnungen in den nachfolgenden Kapiteln auf der Basis dieser idealisierten OPV-Eigenschaften. Als Konsequenz aus dieser vereinfachenden Annahme werden alle Übertragungsfunktionen in der Realität bei wachsender Frequenz mehr oder weniger stark vom angestrebten Verlauf abweichen. Da die verschiedenen Filterstrukturen aber mit unterschiedlicher Empfindlichkeit auf die realen Verstärkerparameter reagieren, kann daraus ein wichtiges Qualitätskriterium zur Bewertung dieser Strukturen abgeleitet werden.

Tabelle 3.1 Operationsverstärker, typische Kenngrößen (Vergleich real vs. ideal)

Kenngröße	Symbol	LM741	AD8038	ideal
Gleichspannungs-verstärkung	A_{U0}	100 dB	90 dB	∞
Transitfrequenz ($A_{U0}\cdot$Grenzfrequenz)	$A_{U0}\cdot f_G = f_T$	10^6 Hz	$3\cdot10^8$ Hz	∞
Differenz-Eingangswiderstand	r_D	$2\cdot10^6\,\Omega$	$10^7\,\Omega$	∞
Ausgangs-widerstand	r_A	75 Ω	50 Ω	0
Großsignal-Anstieg (Slew Rate)	SR	0,6 V/µs	425 V/µs	*
Großsignalbandbreite ($U_V=\pm10$ V)	B_{SR}	10 kHz	6 MHz	*

(* keine Idealisierung sinnvoll)

Der OPV vom Typ 741, der zur ersten Generation der monolithisch integrierten Linearverstärker gehört (Einführung 1968), wird für Neuentwicklungen heute kaum noch eingesetzt. Im Laufe der Zeit hat er sich aber praktisch zum Industriestandard entwickelt und wird – auch heute noch – sehr oft in der Fachliteratur für Vergleichszwecke herangezogen. Der andere als Beispiel in der Tabelle aufgeführte OPV-Typ AD8038 ist dagegen ein relativ moderner Schaltkreis für Anwendungen bis in den mittleren MHz-Bereich hinein.

Frequenzcharakteristik

In Übereinstimmung mit der Datenbuchpraxis werden für die „offene" Differenzverstärkung des OPV – ohne externe Beschaltung, oft auch nicht ganz korrekt „Leerlaufverstärkung" genannt – die folgenden Symbole benutzt:

- Maximale Differenzverstärkung ($f=0$ Hz): A_{U0},
- Frequenzabhängige Differenzverstärkung: $\underline{A}_U(j\omega)$.

Als Qualitätsmerkmal für die Verstärkungs- und Frequenzeigenschaften eines OPV wird das Produkt aus Verstärkung A_{U0} und der 3-dB-Bandbreite von $\underline{A}_U(j\omega)$ als „Bandbreiten-Verstärkungs-Produkt" (Zeile 2 in Tabelle 3.1) in den Datenblättern angegeben.

Um auch im Gegenkopplungsbetrieb über eine ausreichende Stabilitätsreserve zu verfügen, weisen die meisten Operationsverstärker eine universell kompensierte Frequenzcharakteristik auf, die im interessierenden Frequenzbereich – mindestens aber bis zu der Transitfrequenz f_T, bei der die Verstärkung auf den Betrag $A_U(f{=}f_T){=}1$ abgesunken ist – einer Tiefpassfunktion ersten Grades mit der Grenzfrequenz $f_{G,0}$ entspricht. Diese Abschätzung führt dann zu der vereinfachten Betrachtung des OPV als „Einpolmodell":

$$\underline{A}_U(j\omega) = \frac{A_{U0}}{1+j(\omega/\omega_{G,0})} = \frac{A_{U0}\cdot\omega_{G,0}}{\omega_{G,0}+j\omega}. \tag{3.1}$$

Nach Betragsbildung kann die Transitfrequenz f_T definiert werden:

$$\left|\underline{A}_U(j\omega)\right|_{\omega\gg\omega_{G,0}} \approx \frac{A_{U0}\cdot\omega_{G,0}}{\omega} = \frac{A_{U0}\cdot 2\pi\cdot f_{G,0}}{2\pi\cdot f} \xrightarrow{f=f_T=A_{U0}\cdot f_{G,0}} 1,$$

$$f\big|_{(A_U=1)} = f_T = A_{U0}\cdot f_{G,0}. \tag{3.2}$$

Für die weitverbreitete Klasse der Operationsverstärker, deren Frequenzeigenschaften in ihrem Arbeitsbereich durch Gl. (3.1) beschrieben werden können, gleicht deshalb das Produkt aus der Maximalverstärkung A_{U0} und der 3-dB-Grenzfrequenz $f_{G,0}$ der Frequenz, bei der die Verstärkung auf den Betrag $A_U{=}1$ abgefallen ist (Bandbreiten-Verstärkungs-Produkt $\equiv$ Transitfrequenz f_T).

Als Konsequenz aus der universellen Frequenzgangkompensation und aus der Frequenzcharakteristik des Einpolmodells ergibt sich dann beispielsweise für die in Tabelle 3.1 aufgelisteten typischen Parameter des OPV der 741-er Serie eine überraschend geringe 3-dB-Grenzfrequenz von

$$f_{G,0} = \frac{f_T}{A_{U0}} = \frac{10^6}{10^5} = 10\ \text{Hz}.$$

Trotzdem ist dieser Typ als Aktivelement in der Filtertechnik einsetzbar bis in den unteren Kilohertzbereich (z. B. mit $|A_U|\approx 100$ bei $f{=}10$ kHz).

Gegenkopplung, Verstärkung und Bandbreite

Um den Einfluss eines rein reellen Gegenkopplungszweiges auf Verstärkung und Frequenzcharakteristik zu erkennen, wird das allgemeine Rückkopplungsmodell aus Abschn. 2.1.1 (Abb. 2.1) zusammen mit der zugehörigen Systemfunktion $\underline{H}(s)$, Gl. (2.2), auf den Operationsverstärker anwendet. Dazu muss das allgemeine Verstärkungssymbol A in Gl. (2.2) durch die OPV-Verstärkung $\underline{A}_U(s)$ und die Funktion $\underline{H}_R(s)$ durch den Spannungsteilerfaktor k ersetzt werden.

Abb. 3.2 zeigt die zugehörige Schaltung und das modifizierte Rückkopplungsmodell. Das für den Fall der Gegenkopplung negative Vorzeichen der Rückkopplungsfunktion $\underline{H}_R$ kann im Modell beim Faktor k oder – wie in Abb. 3.2 – bei der
Addition berücksichtigt werden.

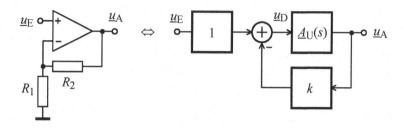

Abb. 3.2   Operationsverstärker mit reellem Gegenkopplungsfaktor k

Zunächst wird die Verstärkung des unbeschalteten OPV, Gl. (3.1), als Quotient
aus Zähler und frequenzabhängigem Nenner betrachtet:

$$\underline{A}_U(j\omega) = \frac{A_{U0}}{\underline{N}(j\omega)} \quad \xrightarrow{\;j\omega \to s\;} \quad \underline{A}_U(s) = \frac{A_{U0}}{\underline{N}(s)}. \tag{3.3}$$

Speziell für das Einpolmodell gilt dann der Ansatz

$$\underline{N}(s) = 1 + s/\omega_{G,0}.$$

Damit kann Gl. (2.2) nun als Produkt zweier Teilfunktionen dargestellt werden.
Da mit der Schaltung in Abb. 3.2 ein von der Frequenz möglichst unabhängiger
und konstanter Verstärkungswert erzeugt werden soll, erscheint es in diesem Fall
sinnvoll, das allgemeine Symbol $\underline{H}(s)$ aus Gl. (2.2) zu ersetzen durch das Verstärkungssymbol $\underline{v}(s)$:

$$\underline{v}(s) = \frac{\underline{u}_A}{\underline{u}_E} = \frac{H_E \cdot \underline{A}_U(s)}{1 + |H_R| \cdot \underline{A}_U(s)} = \frac{H_E}{|H_R|} \cdot \frac{1}{1 + \underline{N}(s)/\left(A_{U0} \cdot |H_R|\right)}. \tag{3.4a}$$

Der erste Faktor ist von der Frequenz unabhängig und wird mit H_E und H_R nur
durch die äußere Beschaltung vorgegeben, wogegen der zweite Teil die realen
und frequenzabhängigen Eigenschaften des OPV berücksichtigt. Mit dem für die
Anordnung in Abb. 3.2 gültigen Ansatz

$$H_E = 1 \quad \text{und} \quad H_R = -|H_R| = -k = -R_1/\left(R_1 + R_2\right)$$

geht Gl. (3.4a) dann über in

$$\underline{v}(s) = \frac{\underline{u}_A}{\underline{u}_E} = \frac{R_1 + R_2}{R_1} \cdot \frac{1}{1 + \dfrac{\underline{N}(s)}{A_{U0}} \cdot \dfrac{R_1 + R_2}{R_1}} . \tag{3.4b}$$

Eine nähere Betrachtung von Gl. (3.4) zeigt, dass der erste Faktor die maximal möglich Verstärkung für den Idealfall $A_{U0} \to \infty$ beinhaltet. Dieser Faktor erhält deshalb das Symbol v für einen idealisierten und frequenzunabhängigen Spannungsverstärker:

$$\underline{v}(s)\Big|_{A_{U0} \to \infty} = v = \frac{H_E}{|H_R|} \; .$$

Für den hier vorliegenden Fall mit $H_E=1$ ist deshalb

$$v = \frac{1}{|H_R|} = \frac{R_1 + R_2}{R_1} = 1 + \frac{R_2}{R_1} \; .$$

Es ist also festzuhalten, dass für die Schaltung in Abb. 3.2 die Verstärkung alleine durch den Kehrwert des Gegenkopplungsfaktors $1/|H_R|=1/k$ festgelegt wird, sofern dem OPV idealisierte Eigenschaften zugeordnet werden.

Ein Vergleich der beiden Nenner von Gl. (3.3) und Gl. (3.4) verdeutlicht außerdem den Einfluss der Gegenkopplung auf die Polverteilung beider Funktionen. Wird für $\underline{N}(s)$ die Funktion ersten Grades aus dem Einpolmodell eingesetzt, zeigt die Berechnung der Nullstellen des Nenners, dass die Polfrequenz von $\underline{H}(s)$ – und damit die Übertragungsbandbreite – im Vergleich zur Charakteristik $\underline{A}_U(s)$ des Operationsverstärkers größer geworden ist um den Faktor $(1+|H_R| \cdot A_{U0})$.

Als praktische Dimensionierungsregel gilt deshalb, dass der Vergrößerungsfaktor der Bandbreite durch Gegenkopplung ungefähr dem Produkt aus Gegenkopplungsfaktor $k=|H_R|$ und maximaler OPV-Verstärkung (bei $\omega=0$) entspricht.

Dieser eigentlich positive Effekt ist auch der eigentlich Grund dafür, dass universal-kompensierte OPV mit relativ kleinen Grenzfrequenzen als Verstärker mit Gegenkopplung bis in den mittleren Kilohertzbereich betrieben werden können. Die Umkehrung dieser Argumentation liefert nun aber auch die Begründung für die Notwendigkeit einer universellen Frequenzgangkompensation bzw. für das Einpolmodell. Andernfalls muss nämlich für $\underline{N}(s)$ eine Funktion mit zwei oder mehr Polstellen in Gl. (3.4) eingesetzt werden – mit der Folge, dass die Gegenkopplung neben der gewünschten Bandbreitenerhöhung gleichzeitig auch eine Polverlagerung in den komplexen Bereich der s-Ebene verursacht, wodurch es zu unerwünschten Einschwingvorgängen oder sogar zur Instabilität kommen kann.

Bode-Diagramm

Zur Erläuterung dieser Zusammenhänge ist in Abb. 3.3 der frequenzabhängige Verlauf des Betrags $A_U(f)$ der offenen Verstärkung eines kompensierten Standard-OPV dargestellt (Transitfrequenz $f_T \approx 1$ MHz, $A_{U0} \approx 110$ dB). Beide Achsen sind logarithmisch skaliert, wobei die Werte auf der Ordinate in dB aufgetragen sind. Es wird deutlich, dass das Einpolmodell mit dem typischen Verstärkungsabfall von 20 dB/Dekade nur in dem Bereich $A_U > 0$ dB Gültigkeit hat. Oberhalb der Transitfrequenz f_T verursacht eine zweite Polstelle einen steileren Abfall der Verstärkung. Eingetragen ist außerdem der Verlauf der Verstärkung $v(f)$ für den Fall einer Gegenkopplung mit $1/|H_R|=20$ dB und die zugehörige Grenzfrequenz $f_{G,R}$.

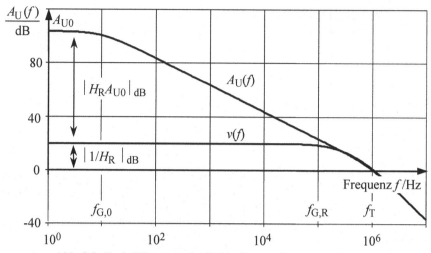

Abb. 3.3 Bode-Diagramm der Verstärkungen für einen Standard-OPV

Der zuvor erwähnte Vergrößerungsfaktor der Bandbreite durch Gegenkopplung ist aus den graphischen Gegebenheiten (20 dB/Dekade) unmittelbar zu überprüfen, da auch das Produkt $|H_R|A_{U0}$ in Abb. 3.3 eingetragen werden kann. Wegen der logarithmischen Charakteristik gilt nämlich:

$$|H_R| \cdot A_{U0} = \frac{A_{U0}}{|1/H_R|} \quad \xrightarrow{\text{in dB}} \quad A_{U0,\text{dB}} - \left|\frac{1}{H_R}\right|_{\text{dB}}.$$

Aussteuerungseigenschaften

Als direkte Konsequenz aus dem Ansatz des OPV als Einpolmodell kann man die Reaktion auf einen kleinen Spannungssprung am Eingang des gegengekoppelten Verstärkers, der die erste Differenzstufe noch nicht übersteuert (max. etwa 10...50 mV), unmittelbar angeben. Wie für jeden Tiefpass ersten Grades gilt auch hier der umgekehrt proportionale Zusammenhang zwischen dieser Kleinsignal-Anstiegszeit und der – von der jeweiligen Gegenkopplungsbeschaltung abhängigen – Grenzfrequenz des Verstärkers.

Für die Filtertechnik viel wichtiger ist jedoch die Großsignal-Anstiegszeit, bei der die Eingangsstufe durch einen Spannungssprung (mindestens 150...200 mV) kurzzeitig in den übersteuerten Zustand gebracht wird, bevor die Wirkung der Gegenkopplung einsetzt und den OPV in den linearen Arbeitsbereich zurückbringt. Die Dauer dieses Vorgangs wird bestimmt durch die Umladungszeit der größten Kapazität innerhalb des Schaltkreises – das ist normalerweise die für die Frequenzgangkorrektur verantwortliche Kompensationskapazität hinter der ersten Stufe – und führt zu der Definition der maximalen Anstiegsgeschwindigkeit der Ausgangsspannung (Slew Rate, *SR*), die in V/μs angegeben wird.

Als Konsequenz aus dieser nach oben begrenzten Großsignal-Anstiegsrate kann die Ausgangsspannung auch einem sinusförmigen Signal – mit maximalem Anstieg im Nulldurchgang und bei maximal möglicher Amplitude ohne Begrenzungseffekt – oberhalb einer bestimmten Frequenz nicht mehr folgen, ohne dass es zu dreieckförmigen Verzerrungen kommt.

Eine verzerrungsfreie Aussteuerung des Verstärkers bis zu den durch die Versorgungsspannung bestimmten Grenzen ist also nur für Frequenzen möglich, die innerhalb dieser durch das Anstiegsverhalten festgelegten Großsignalbandbreite B_{SR} (oder auch: Leistungsbandbreite) liegen. Oberhalb dieser Frequenzgrenze muss der zulässige Aussteuerungsbereich dann entsprechend reduziert werden. Das Datenblatt enthält deshalb eine Darstellung der jeweils maximal zulässigen Amplitude in Abhängigkeit von der Frequenz.

Der Zusammenhang zwischen den beiden Parametern Slew Rate (*SR*) und Großsignalbandbreite (B_{SR}) kann über die Berechnung des maximalen Anstiegs einer Sinusfunktion ermittelt werden mit dem Ergebnis:

$$B_{SR} = \frac{SR}{2\pi \cdot \hat{u}_{max}} . \tag{3.5}$$

Bei der praktischen Auswertung dieser Beziehung wird die Maximalamplitude $\hat{u}_{max}$ normalerweise der Versorgungsspannung gleichgesetzt.

So kann der OPV vom Typ 741 beispielsweise mit maximaler Aussteuerung nur bis zu einer Frequenz von 10 kHz betrieben werden (Versorgungsspannung $U_V = \pm 10$ V, vgl. dazu Tabelle 3.1). Umgekehrt wäre ein Betrieb bei 100 kHz ohne Verzerrungen nur bis zu einer maximalen Ausgangsamplitude von etwa 1 V möglich. Es wird deutlich, dass die praktischen Einsatzgrenzen im vorliegenden Fall primär durch die Großsignalparameter des verwendeten OPV bestimmt werden.

Bei der Auswahl eines Verstärkers für Arbeitsfrequenzen bis in den oberen Kilohertzbereich ist deshalb eine ausreichend große Anstiegsgeschwindigkeit mindestens genauso wichtig wie der in ausführlichen Datenblättern als Bode-Diagramm vom Hersteller angegebene frequenzabhängige Verlauf der offenen OPV-Verstärkung $\underline{A}_U(j\omega)$.

In diesem Zusammenhang ist zu erwähnen, dass heute bereits Verstärker für Spezialanwendungen angeboten werden, deren besondere innere Architektur Großsignal-Anstiegsraten von (1000...2000) V/μs ermöglicht, vgl. dazu auch Abschn. 3.3.

Anwendungshinweise

In der aktiven Filtertechnik wird der OPV ausnahmslos als Verstärker im linearen Bereich seiner Übertragungskennlinie betrieben. Wegen der hohen Gleichspannungsverstärkung A_{U0} kann ein stabiler Arbeitspunkt im mittleren Bereich dieser Kennlinie nur über einen ohmschen Gegenkopplungszweig eingestellt werden. Die Widerstandsverhältnisse innerhalb dieses Zweiges legen dabei den Verstärkungswert fest – bei gleichzeitig verbesserten Eigenschaften hinsichtlich Linearität, Bandbreite, Ein- und Ausgangswiderstand.

Bei jeder Anwendung ist besonders darauf zu achten, dass – als Voraussetzung für die korrekte Funktion der OPV-Eingangsstufe – beide Signaleingänge den erforderlichen Ruhestrom aufnehmen können. Obwohl diese Eingangsströme bei der Schaltungsberechnung immer vernachlässigt werden, muss die externe Beschaltung einen Gleichstrompfad zwischen jedem der beiden Eingänge und Bezugspotential zur Verfügung stellen – ggf. über die Signalquelle oder das Rückkopplungsnetzwerk. Dieses gilt – aus anderen Gründen (Ladungsakkumulation) – auch für Verstärker mit Feldeffekttransistoren am Signaleingang.

Der ideale Verstärker, Schaltungsberechnung

Es ist übliche Praxis, bei der Dimensionierung aktiver Filterschaltungen den Operationsverstärker als Element mit idealisierten Eigenschaften zu betrachten, vgl. dazu auch Tabelle 3.1 (rechte Spalte). Es hat sich gezeigt, dass die dadurch verursachten Ungenauigkeiten vor dem Hintergrund anderer Fehlereinflüsse (Toleranzen) praktisch keine Rolle spielen – solange die Voraussetzungen für die Idealisierung ausreichend gut erfüllt sind !

Dabei geht die maximale Anstiegsgeschwindigkeit (Slew Rate) und die damit verknüpfte Großsignalbandbreite nicht in die Schaltungsberechnung mit ein. Beide Parameter sind aber oft bestimmend für die Beschränkung des Arbeitsbereichs der Schaltung; für sie können deshalb keine Idealwerte in Tabelle 3.1 angegeben werden.

Die Idealisierung gilt insbesondere für die Frequenzabhängigkeit der Verstärkung. Bei welchen Frequenzen der Einfluss der realen Frequenzcharakteristik sich merklich auszuwirken beginnt, wird dabei sowohl vom OPV-Typ als auch von der gewählten Filterstruktur bestimmt. Es gibt zwar mathematische Ansätze, mit denen das Einpolmodell des Verstärkers in den Formeln zur Schaltungsdimensionierung berücksichtigt werden kann. Die praktische Bedeutung dieser Methoden, die eine genaue Kenntnis der Eigenschaften des verwendeten OPV-Modells voraussetzen, ist jedoch gering.

Mit der Zielsetzung praktikabler Dimensionierungsformeln erfolgt die Berechnung der aktiven Funktionseinheiten also auf der Basis unendlich großer Verstärkungswerte (Tabelle 3.1, rechte Spalte). Damit wächst auch das Bandbreiten-Verstärkungs-Produkt

$$A_{U0} \cdot f_G = f_T \to \infty$$

über alle Grenzen und es ergeben sich mit Gl. (3.1) und Gl. (3.2) folgende Randbedingungen für die Schaltungsberechnung:

$$\underline{A}_U (j\omega) = u_A / u_D \to \infty ,$$

$$u_D = u_P - u_N = u_A / \underline{A}_U (j\omega) \to 0 ,$$

$$u_P = u_N . \tag{3.6}$$

Als Ausgangspunkt zur Berechnung der Verstärkung einer OPV-Schaltung werden also die Spannungen an beiden Signaleingängen des OPV ermittelt und dann einander gleichgesetzt.

Für die meisten Anwendungen gibt es immer mehrere schaltungstechnische Lösungen, die sich unter idealisierten Bedingungen in ihren Eigenschaften jedoch nicht unterscheiden. Es ist deshalb sinnvoll, zwecks Schaltungsbewertung und Schaltungsauswahl das Verhalten unter dem Einfluss realer Verstärkereigenschaften näher zu untersuchen. Die einzelnen Schaltungsvarianten reagieren nämlich durchaus unterschiedlich auf die nicht-idealen Parameter des OPV. In diesem Zusammenhang spielen die modernen PC-gestützten Verfahren zur Simulation elektronischer Schaltungen auf der Grundlage realer OPV-Makromodelle eine wichtige Rolle. Die Empfindlichkeit der Schaltung auf die nicht-idealen Verstärkereigenschaften liefert damit ein wertvolles Vergleichskriterium zur Bewertung unterschiedlicher Syntheseverfahren und Schaltungsalternativen.

3.1.2 Der nicht-invertierende Verstärker

Für eines der in Kap. 2 erwähnten Entwurfsverfahren nach dem Prinzip der Kaskadentechnik werden Spannungsverstärker mit positiven und endlichen Verstärkungswerten benötigt, s. Gl. (2.9) in Abschn. 2.1. Eine nahezu ideale Lösung dafür ist der mit Gegenkopplung betriebene Operationsverstärker in Abb. 3.4 mit Signaleinspeisung am nicht-invertierenden p-Eingang.

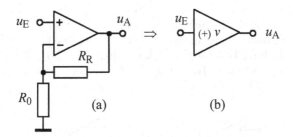

Abb. 3.4 Der OPV als nicht-invertierender Verstärker
(a) Schaltungsanordnung **(b)** Schaltsymbol

Verstärkungswert

Der Berechnungsansatz $u_P = u_N$ für den idealisierten OPV nach Gl. (3.6) führt unmittelbar zu der Beziehung

$$u_E = u_N = u_A \frac{R_0}{R_0 + R_R}$$

und damit zu dem Verstärkungswert

$$v = \frac{u_A}{u_E} = 1 + \frac{R_R}{R_0} \,. \tag{3.7}$$

Eingangswiderstand, Ausgangswiderstand

Bei der Auswertung von Gl. (3.4) wurde gezeigt, dass die Bandbreite des Verstärkers durch die Gegenkopplung um den Faktor $(1+|H_R|\cdot A_{U0})$ größer geworden ist. Die Gegenkopplungstheorie liefert einen ähnlichen Zusammenhang auch für die bei der Berechnung vernachlässigten Verstärkerdaten r_D (Eingangswiderstand) und r_A (Ausgangswiderstand), die sich ebenfalls beide in Richtung auf den idealen Verstärker um diesen Faktor verändert haben (r_D größer, r_A kleiner).

Deshalb können Operationsverstärker in der Grundschaltung nach Abb. 3.4 als nahezu ideale Entkopplungsverstärker in der Kaskadentechnik eingesetzt werden. Dabei ist jedoch zu beachten, dass einwandfreier Verstärkerbetrieb nur gewährleistet ist, wenn die Eingangsstufe im richtigen Arbeitspunkt betrieben wird. Der dafür erforderliche Ruhestrom muss beim nichtinvertierenden Verstärker für den p-Eingang von der Signalquelle geliefert werden. Andernfalls ist ein separater Widerstand nach Masse vorzusehen.

Der auf diese Weise gegengekoppelte OPV stellt an seinem Ausgang eine Spannung zur Verfügung, deren Größe praktisch von der angeschlossenen Last unabhängig ist und bei konstanter Verstärkung von der Eingangsspannung gesteuert wird. Schaltungen dieser Art werden auch als „Spannungsgesteuerte Spannungsquellen" (Voltage-Controlled Voltage-Source, VCVS) bezeichnet.

Sonderfall

Die Dimensionierung der Grundschaltung in Abb. 3.4 mit $R_R=0$ und $R_0\rightarrow\infty$ führt zu einer vereinfachten Schaltung mit dem Verstärkungswert $v=+1$ (Einsverstärker, Spannungsfolger, Impedanzwandler). Diese Schaltung, Abb. 3.5, ist in der aktiven Filtertechnik von besonderer Bedeutung im Zusammenhang mit der Entkopplung zweier Knoten eines Netzwerks.

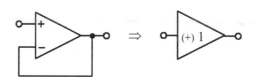

Abb. 3.5 Operationsverstärker als Spannungsfolger (Einsverstärker)

3.1.3 Der invertierende Verstärker

In der aktiven Filtertechnik werden auch Verstärker mit negativen Verstärkungswerten eingesetzt, bei denen zwischen Eingangs- und Ausgangssignal eine Phasendrehung von 180° besteht, s. Gln. (2.6) und (2.7) in Abschn. 2.1. Es muss deshalb der invertierende Eingang des OPV angesteuert werden. Da dieser Eingang auch an das Gegenkopplungsnetzwerk angeschlossen ist, erfolgt eine Überlagerung von Eingangs- und Gegenkopplungssignal, vgl. dazu auch das allgemeine Rückkopplungsmodel in Abb. 2.1.

Als Folge davon kann der resultierende Eingangswiderstand nicht mehr vernachlässigt werden. Das Schaltsymbol des – ansonsten idealisierten – invertierenden Verstärkers, Abb. 3.6, wird deshalb um den vorgeschalteten Widerstand $r_E = R_0$ erweitert.

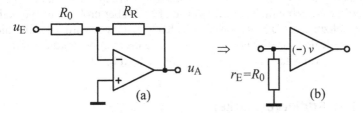

Abb. 3.6   Der OPV als invertierender Verstärker (Inverter)
(a) Schaltungsanordnung (b) Schaltsymbol

Verstärkungswert

Die Spannung am invertierenden Eingang ergibt sich aus zwei Anteilen, die mit dem Überlagerungssatz berechnet werden können. Der Ansatz für den idealisierten OPV mit geerdetem p-Eingang ($u_P = 0$), Gl. (3.6), führt dann auf die Gleichung

$$u_N = u_E \frac{R_R}{R_0 + R_R} + u_A \frac{R_0}{R_0 + R_R} = 0 = u_P,$$

aus der die Verstärkung als Quotient u_A/u_E unmittelbar angegeben werden kann:

$$v = \frac{u_A}{u_E} = -\frac{R_R}{R_0}. \tag{3.8}$$

Ein anderer Weg zu diesem Ergebnis wäre die Anwendung des allgemeinen Rückkopplungsmodells, Abb. 2.1 und Gl. (2.1), auf die Schaltung in Abb. 3.6 für den Grenzfall eines unendlich großen Verstärkungswertes.

Eingangswiderstand

Hinsichtlich des Signaleingangswiderstandes besteht ein gravierender Unterschied zur nicht-invertierenden Schaltung, bei der die Eingangsspannung an den hochohmigen p-Eingang gelegt wird, dessen Eingangswiderstand durch die Wirkung der Gegenkopplung sogar noch deutlich vergrößert wird.

Der durch den Widerstand R_0 in die Schaltung fließende Strom i_E kann durch die Überlagerung zweier Anteile ermittelt werden:

$$i_E = \frac{u_E}{R_0 + R_R} - \frac{u_A}{R_0 + R_R} = \frac{u_E}{R_0 + R_R} - \frac{u_E \cdot (-R_R/R_0)}{R_0 + R_R} = \frac{u_E}{R_0 + R_R}\left(1 + \frac{R_R}{R_0}\right),$$

$$i_E = \frac{u_E}{R_0} \qquad \Rightarrow \qquad r_E = \frac{u_E}{i_E} = R_0.$$

Der Signaleingangswiderstand der invertierenden OPV-Schaltung gleicht also dem Längswiderstand, über den das Spannungssignal eingespeist wird. Dieser üblicherweise im unteren bis mittleren $k\Omega$-Bereich liegende Eingangswiderstand darf bei der Dimensionierung des RC-Netzwerks, das den Verstärker in einer Filterschaltung umgibt, i. a. nicht vernachlässigt werden. Eine Einbeziehung von R_0 in die Filterberechnung ist in den meisten Fällen aber problemlos möglich.

Als Schaltzeichen für den invertierenden Verstärker wird deshalb hier das Symbol des idealen Verstärkers benutzt (mit negativem Verstärkungswert $v=-|v|$), dem ein Ableitwiderstand $r_E=R_0$ vorgeschaltet ist, Abb. 3.6(b).

3.1.4 Der Addierverstärker

Mehrere Eingangssignale können dadurch aufsummiert werden, dass die einzelnen Spannungen zuvor durch Längswiderstände in Ströme gewandelt werden, die dann in einem Knoten überlagert werden. Auf diese Weise lassen sich invertierende und nichtinvertierende Addierverstärker erzeugen. Der Differenzeingang erlaubt dabei auch eine vorzeichenbehaftete Addition (Subtraktion).

Addition mit Invertierung

Die Berechnung des invertierenden Addierverstärkers in Abb. 3.7(a) erfolgt durch Anwendung des Überlagerungssatzes. Für jeden der beiden Anteile an der Ausgangsspannung wird dabei die Verstärkungsformel der invertierenden OPV-Schaltung, Gl. (3.8), separat angesetzt:

$$u_{A1}\Big|_{(u_2=0)} = u_1\left(-\frac{R_R}{R_1}\right) \quad \text{und} \quad u_{A2}\Big|_{(u_1=0)} = u_2\left(-\frac{R_R}{R_2}\right).$$

Die resultierende Ausgangsspannung

$$u_A = u_{A1} + u_{A2} = u_1 v_1 + u_2 v_2 \tag{3.9a}$$

besteht dann für den Sonderfall einer Dimensionierung mit drei gleichen Widerständen aus der negativ bewerteten Summe beider Eingangsspannungen:

$$u_A\Big|_{(v_1=v_2=-1)} = -\left(u_1 + u_2\right). \tag{3.9b}$$

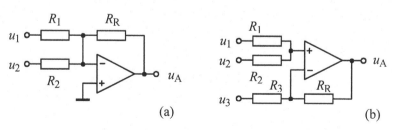

Abb. 3.7 Addition und Subtraktion von Spannungen mit Operationsverstärkern
(a) Addition (invertierend) **(b)** Kombination: Addition und Subtraktion

Addition und Differenzbildung

Bei der Schaltung in Abb. 3.7(b) erfolgt am Ausgang eine Überlagerung von drei Teilspannungen. Dabei muss auf die beiden von u_1 bzw. u_2 verursachten Anteile am p-Eingang die Verstärkungsformel des nicht-invertierenden OPV, Gl. (3.7), und auf u_3 wieder Gl. (3.8) angewendet werden.

Mit Berücksichtigung der Spannungsteilerwirkung der beiden Widerstände R_1 und R_2 folgt dann aus dem Überlagerungssatz:

$$u_A = \left(1 + \frac{R_R}{R_3}\right) \cdot \left(u_1 \frac{R_2}{R_1 + R_2} + u_2 \frac{R_1}{R_1 + R_2}\right) - u_3 \frac{R_R}{R_3}. \qquad (3.10)$$

Für den Sonderfall jeweils gleicher Widerstände ergibt sich daraus die einfache Beziehung

$$u_A = u_1 + u_2 - u_3 \quad \text{für: } R_1 = R_2 \quad \text{und} \quad R_3 = R_R.$$

3.1.5 Der invertierende Integrator

Aktivschaltungen mit dem Übertragungsverhalten eines Integrators werden z. B. für Filter in Leapfrog-Struktur (Abschn. 2.3.1) oder in Zustandsvariablentechnik (Abschn. 2.3.2) benötigt. In vielen Fällen ist es dabei sinnvoll, invertierende Integrierglieder vorzusehen, um die Vorzeichenbedingung der Gegenkopplung ohne einen zusätzlichen Inverter sicherstellen zu können.

Schaltungsprinzip

Nach dem Prinzip des invertierenden Verstärkers (Abb. 3.6) lässt sich eine Spannungsintegration dadurch realisieren, dass der Rückkopplungswiderstand R_R durch die Impedanz $1/sC$ eines Kondensators ersetzt wird. Die zugehörige Grundschaltung eines invertierenden Integrators (Umkehrintegrator) zeigt Abb. 3.8(a).

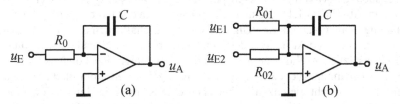

Abb. 3.8 Invertierende Integrationsschaltung (Umkehrintegrator)
(**a**) Grundschaltung   (**b**) Summierintegrator

Nach Ersatz $R_R \rightarrow 1/sC$ geht Gl. (3.8) über in die Systemfunktion des invertierenden Integrators

$$\underline{H}(s) = \frac{\underline{u}_A}{\underline{u}_E} = -\frac{1/sC}{R_0} = -\frac{1}{sR_0 C} = -\frac{1}{sT}. \qquad (3.11a)$$

Das Verstärkungssymbol $\underline{v}(s)$ für das Verhältnis $\underline{u}_A/\underline{u}_E$ wird hier ersetzt durch das Symbol $\underline{H}(s)$, weil die Schaltung in Abb. 3.8 gezielt mit einer Frequenzabhängigkeit ausgestattet wurde. Über die inverse Laplace-Transformation erhält man aus Gl. (3.11a) die Integrationsfunktion im Zeitbereich mit der Integrationszeitkonstanten $T=R_0C$:

$$u_A(t) = -\frac{1}{T} \int u_E(t) \, dt \, . \tag{3.11b}$$

Werden zwei Eingangsspannungen über die Widerstände R_{01} bzw. R_{02} an den invertierenden OPV-Eingang geführt, Abb. 3.8(b), besteht die Ausgangsspannung aus den beiden Anteilen

$$\underline{u}_A = -\left(\underline{u}_{E1} \frac{1}{sR_{01}C} + \underline{u}_{E2} \frac{1}{sR_{02}C} \right) .$$

Für den Spezialfall gleicher Zeitkonstanten mit $R_{01} = R_{02} = R_0$ ist dann

$$\frac{\underline{u}_A}{\left(\underline{u}_{E1} + \underline{u}_{E2} \right)} = -\frac{1}{sR_0C} = -\frac{1}{sT} \, . \tag{3.12a}$$

Die Schaltung in Abb. 3.8(b) bildet also das Zeitintegral über die negativ bewertete Summe von zwei Eingangsspannungen (Integrationszeitkonstante $T=R_0C$):

$$u_A(t) = -\frac{1}{T} \int \left(u_{E1}(t) + u_{E2}(t) \right) dt \, . \tag{3.12b}$$

Anwendungshinweise

Es wird darauf hingewiesen, dass die Integratorschaltungen in Abb. 3.8 für sich alleine und unter den Bedingungen eines realen Operationsverstärkers in der Praxis nicht funktionsfähig sind. Grund dafür ist das Fehlen der für einen stabilen Arbeitspunkt notwendigen Gleichspannungsgegenkopplung (s. Anwendungshinweise in Abschn. 3.1.1). Beim realen Operationsverstärker bewirkt die Offsetspannung – als Folge interner Unsymmetrien – deshalb auch ohne Eingangssignal eine kontinuierliche Aufladung des Kondensators bis zur Verstärkersättigung.

Ein zusätzlicher Widerstand R_P parallel zum Integrationskondensator C kann die Gleichspannungsverstärkung und damit die Kondensatoraufladung zwar begrenzen, verursacht gleichzeitig aber auch eine Störung der Integrationsfunktion. Über eine geeignete Dimensionierung der drei Bauelemente R_0, R_P und C ist in den meisten Fällen jedoch ein akzeptabler Kompromiss möglich. Die Gesamtschaltung wird damit zu einem gedämpften Integrator (Tiefpass ersten Grades), der in Abschn. 3.1.7 gesondert untersucht wird.

Als Element der aktiven Filtertechnik kann die Anordnung nach Abb. 3.8 aber trotzdem ohne den Zusatzwiderstand R_P eingesetzt werden, weil die Integratoren dann immer Bestandteile einer übergeordneten und den Arbeitspunkt stabilisierenden Gegenkopplungsschleife sind (s. Abb. 2.9 und Abb. 2.13).

3.1.6   Der nicht-invertierende Integrator

Für manche Anwendungen ist es günstig, nicht-invertierende Integratoren – evtl. auch in Kombination mit invertierenden Integratoren – zu verwenden. Vier unterschiedliche Schaltungsmöglichkeiten dafür werden nachfolgend vorgestellt.

Schaltung 1: Serienschaltung mit Inverter

Die einfachste Methode besteht darin, ein invertierendes Integrierglied mit einem vor- oder nachgeschalteten Inverter nach Abb. 3.6 zu betreiben. Diese Alternative ist allerdings weniger empfehlenswert, da sich – verursacht durch die nichtidealen Eigenschaften der verwendeten OPV – die Phasenfehler der beiden in Serie geschalteten Stufen addieren.

Schaltung 2: Rückführung mit Inverter

Werden bei der klassischen Integrationsanordnung (Abb. 3.8a) die Elemente R_0 und C am positiven Eingang des OPV angeschlossen, kann ein Gegenkopplungsbetrieb nur mit einer zusätzlichen Inverterstufe in der Rückkopplungsschleife sichergestellt werden, Abb. 3.9.

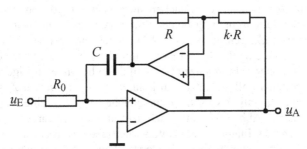

Abb. 3.9 Nicht-invertierender Integrator

Integratorfunktion

Nach Gl. (3.8) ist die Verstärkung des Inverters im Rückkopplungspfad $v=-k$. Damit führt der Ansatz $u_\mathrm{P}=u_\mathrm{N}$ für den idealisierten OPV mit geerdetem n-Eingang ($u_\mathrm{N}=0$) nach Gl. (3.6) auf die Integratorfunktion

$$\frac{u_\mathrm{A}}{u_\mathrm{E}} = -\frac{1}{sR_0C\cdot(-k)} = +\frac{1}{skR_0C} = \frac{1}{sT} \quad \text{mit} \quad T = kR_0C.$$

Dimensionierung

Um hochfrequente Eigenschwingungen – hervorgerufen durch die parasitären Phasendrehungen der realen Verstärker – zu unterdrücken, muss für das Widerstandsverhältnis $k<1$ gewählt werden. In der Schaltungspraxis bewährt haben sich Werte im Bereich $k\approx0{,}8...0{,}9$.

Es ist zu beachten, dass durch die Wahl des Faktors k auch die Integrationszeit-konstante $T=kR_0C$ bestimmt wird. Andererseits eröffnet diese Tatsache aber auch die Möglichkeit einer Feinabstimmung von T über zwei zusätzliche Widerstände, weil eine Festlegung nur durch das Produkt R_0C in vielen Fällen nicht mit der notwendigen Genauigkeit möglich ist.

Eine interessante Modifikation der Schaltung in Abb. 3.9 besteht darin, dass der invertierende Eingang des Hauptverstärkers nicht mit Massepotential sondern direkt mit dem n-Eingang des OPV in der Rückführung verbunden wird. In diesem Fall können zwei gleiche Widerstände mit $k=1$ gewählt werden.

Anwendungshinweise

Als typisches Kennzeichen dieser Integratorschaltung führen die nicht-idealen Eigenschaften beider OPV im oberen Frequenzbereich zu einer positiven (d. h. voreilenden) und mit der Frequenz zunehmenden Phasenabweichung $\Delta\varphi$ gegenüber dem Idealwert von $\varphi=-90°$. Die Anordnung in Abb. 3.9 wird deshalb auch als „Phase-Lead"-Integrator bezeichnet Eine nähere Untersuchung dieses Phasenfehlers für Frequenzen unterhalb der OPV-Transitfrequenz f_T führt zu der Abschätzung $\Delta\varphi \approx f/f_T$ (in rad).

Da die invertierende Schaltung in Abb. 3.8(a) eine ähnlich große Abweichung mit negativem Vorzeichen – d. h. nacheilend – aufweist, können sich die Phasenfehler bei einer Serienschaltung beider Stufen (wie z. B. in Leapfrog- und Zustandsvariablen-Strukturen, s. Abschn. 2.3) gegenseitig teilweise kompensieren. Die Folge davon ist eine deutliche Erweiterung des Einsatzbereiches dieser Filterschaltungen zu höheren Frequenzen hin. Um diese besonderen Eigenschaften des Phase-Lead-Prinzips voll ausnutzen zu können, ist es in diesem Zusammenhang sinnvoll, für alle Operationsverstärker den gleichen Typ zu wählen (Dual-IC).

Der Integrator in Abb. 3.9 kann – nach dem in Abb. 3.7 dargestellten Prinzip – auch als addierende Integrationsschaltung betrieben werden, wenn die zweite Signalspannung über einen weiteren Widerstand auf den p-Eingang gegeben wird.

Schaltung 3: Entdämpfung mit Negativ-Impedanzkonverter

Das Funktionsprinzip dieser Schaltung besteht darin, die dämpfende Wirkung des Widerstandes R eines einfachen RC-Tiefpasselements durch den negativen Eingangswiderstand eines nachgeschalteten Negativ-Impedanzkonverters (NIC) zu kompensieren, s. Abschn. 2.2.1.

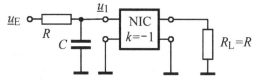

Abb. 3.10 Prinzip des NIC-Integrators

Wenn der NIC-Abschlusswiderstand zu $R_L=R$ gewählt wird, besitzt der NIC-Block die negativ-reelle Eingangsimpedanz $Z_E=-R$.

Bezogen auf den NIC-Eingang in Abb. 3.10 ergibt sich dann über die Spannungsteilerformel die Integratorfunktion

$$\frac{\underline{u}_1}{\underline{u}_E} = \frac{(1/sC)\|Z_E}{(1/sC)\|Z_E + R} = \frac{1}{1+R(sC+1/Z_E)} \xrightarrow{Z_E=-R} \frac{1}{sRC} = \frac{1}{sT}.$$

Eine Schaltung zur Umsetzung dieses Integrationsprinzips mit einem Operationsverstärker wird in Abschn. 3.1.8, Abb. 3.14, angegeben.

Schaltung 4: Differenz-Integrator (BTC-Integrator)

Abb. 3.11 zeigt den BTC-Integrator, der nur einen Operationsverstärker erfordert, dafür aber zwei eng tolerierte RC-Glieder.

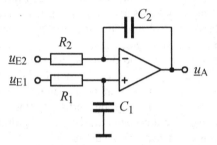

Abb. 3.11 Differenz-Integrator (BTC-Integrator)

Fall 1 ($u_{E2}=0$) Die Systemfunktion berechnet sich über den Ansatz einer nicht-invertierenden Stufe, Gl. (3.7), mit vorgeschaltetem RC-Grundglied:

$$\frac{\underline{u}_A}{\underline{u}_{E1}} = \frac{1/sC_1}{R_1+1/sC_1}\left(1+\frac{1}{sR_2C_2}\right) = \frac{1+sR_2C_2}{sR_2C_2(1+sR_1C_1)} = \xrightarrow{R_1C_1=R_2C_2=T} \frac{1}{sT}.$$

Für den Fall gleicher Zeitkonstanten $R_1C_1=R_2C_2=T$ (Balanced Time Constants, BTC) arbeitet die Schaltung in Abb. 3.11 bezüglich des Eingangssignals $\underline{u}_{E1}$ also als Integrator ohne Signalumkehrung.

Fall 2 ($u_{E2}\neq0$). Für ein weiteres Eingangssignal $\underline{u}_{E2}$, das über den Widerstand R_2 auf den n-Eingang gegeben wird, arbeitet die Schaltung als Umkehrintegrator mit gleicher Zeitkonstante T, s. Abschn. 3.1.5, Abb. 3.8(a). Die Ausgangsspannung ist somit das zeitliche Integral über die Differenz beider Eingangssignale:

$$\frac{\underline{u}_A}{\underline{u}_{E1}-\underline{u}_{E2}} = \frac{1}{sT}.$$

Der Vorteil dieser Schaltung besteht also darin, dass sie als Differenzintegrator betrieben werden kann. Die Genauigkeit, mit der die Gleichheit der beiden Zeitkonstanten praktisch realisiert werden kann, bestimmt dabei die Genauigkeit der Integration.

Vergleich der Schaltungsvarianten

Wegen der hohen Anforderungen an die Toleranz der passiven Bauelemente kommen der NIC-Integrator und der BTC-Integrator in der aktiven Filtertechnik relativ selten zum Einsatz. Der BTC-Integrator bietet dann Vorteile, wenn die Integration aufwandsgünstig mit einer Differenzbildung verknüpft werden kann. Deshalb hat der Phase-Lead-Integrator, Abb. 3.9, wegen seiner günstigen Eigenschaften – auch gerade in Kombination mit dem Umkehrintegrator, Abb. 3.8(a) – die bei weitem größte Bedeutung.

3.1.7 Der Tiefpass ersten Grades (gedämpfter Integrator)

Ein idealer Integrator reagiert auf einen Eingangssprung mit einem zeitproportionalen Anstieg des Betrages der Ausgangsspannung. Die zugehörige Systemfunktion $\underline{H}(s)$, Gl.(3.11a), hat eine Polstelle im Koordinatenursprung der s-Ebene.

Wird das Anstiegsverhalten so gedämpft, dass die Ausgangsspannung sich einem Endwert in Form einer e-Funktion asymptotisch nähert, spricht man von einem gedämpften Integrator. Der Pol der Systemfunktion verlagert sich dabei vom Koordinatenursprung zu einem Punkt auf der negativ-reellen Achse – das typische Kennzeichen für das Übertragungsverhalten eines Tiefpassfilters ersten Grades. Schaltungsmäßig wird die Spannungsbegrenzung durch einen Widerstand parallel zum Integrationskondensator erzwungen.

Invertierender Tiefpass

Durch Bedämpfung des Umkehrintegrators mit dem Widerstand R_2 ergibt sich die invertierende Grundschaltung für einen Tiefpass erster Ordnung, Abb. 3.12(a).

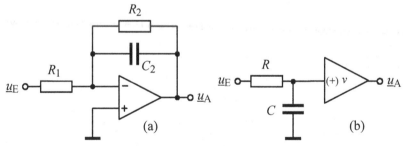

Abb. 3.12 Tiefpass ersten Grades (gedämpfter Integrator)
(a) invertierend   **(b)** nicht-invertierend

In Analogie zur Berechnung des invertierenden Verstärkers, Gl. (3.8), wird die Systemfunktion für diesen Tiefpass ermittelt:

$$\underline{H}(s) = \frac{u_A}{u_E} = -\frac{R_2 \,\|\,(1/sC_2)}{R_1} = -\frac{R_2/R_1}{1+sR_2C_2}. \qquad (3.13a)$$

Nicht-invertierender Tiefpass

Der einfachste Tiefpass ersten Grades besteht aus einem RC-Glied mit nachfolgendem Entkopplungsverstärker, vgl. Abb. 3.12(b):

$$\underline{H}(s) = \frac{\underline{u}_A}{\underline{u}_E} = \frac{1/sC}{R + 1/sC} \cdot v = \frac{v}{1 + sRC}. \tag{3.13b}$$

Beide Schaltungen werden in der Kaskadentechnik eingesetzt als Stufen ersten Grades (falls n ungerade) und als Aktivblock in Leapfrog- und Zustandsvariablen-Strukturen.

3.1.8 Der Negativ-Impedanzkonverter (NIC)

Für die in Abschn. 2.2.1 eingeführten Negativ-Impedanzkonverter (NIC) werden hier mit Abb. 3.13 zwei schaltungstechnische Realisierungen (Typ A und Typ B) angegeben. Die Quellimpedanz $\underline{Z}_Q$ ist dabei kein Bestandteil der eigentlichen Konverterschaltung, ist aber für die Stabilitätsbetrachtungen von Bedeutung.

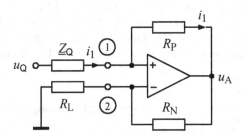

Abb. 3.13 Negativ-Impedanzkonverter (NIC) Typ A
(Typ B : Vertauschte OPV-Eingänge)

NIC-Typ A Ein Operationsverstärker wird mit zwei Rückführungen zur gleichzeitigen Mit- und Gegenkopplung versehen. Dabei bestimmt die Impedanz $\underline{Z}_Q$ der am Punkt „1" angeschlossenen Signalquelle u_Q den Grad der Mitkopplung.

NIC-Typ B Werden die beiden OPV-Eingänge miteinander vertauscht, wird die Mitkopplungsschleife zur Gegenkopplungsschleife (und umgekehrt). Auf diese Weise entsteht der Negativ-Impedanzkonverter vom Typ B mit ganz ähnlichen Eigenschaften.

Eingangswiderstand und Konversionsfaktor

Mit dem Ansatz $u_P = u_N$ für den OPV in Abb. 3.13 gilt für den durch R_P fließenden Strom i_1

$$i_1 = \frac{u_P - u_A}{R_P} \quad \text{mit} \quad u_P = u_N = u_A \frac{R_L}{R_L + R_N}.$$

Damit lässt sich der Eingangswiderstand r_E des Negativ-Impedanzkonverters am Knoten „1" angeben:

$$r_E = \frac{u_P}{i_1} = -\frac{R_P}{R_N} R_L = -k \cdot R_L \,. \tag{3.14a}$$

Der NIC-Konversionsfaktor wurde bereits in Abschn. 2.2.1 eingeführt:

$$k = -\frac{R_P}{R_N} \,. \tag{3.14b}$$

Interpretation Der Eingangswiderstand am Knoten „1" des Konverters ist das Produkt aus einem am Knoten „2" angeschlossenen (geerdeten) Lastwiderstand R_L und einem negativen Konversionsfaktor k. Wegen des negativen Vorzeichens von k können mit dem NIC jedoch weder Induktivitäten noch FDNR-Elemente aktiv nachgebildet werden. Die Ergebnisse, Gl. (3.14), sind sowohl für den Schaltungstyp A als auch für den Typ B gültig.

Stabilitätseigenschaften

Die Konverterschaltung vom Typ A ist nur dann im linearen Arbeitsbereich des OPV mit stabilem Arbeitspunkt, wenn die über R_P und $\underline{Z}_Q$ rückgekoppelte Spannung (Mitkopplung) betragsmäßig kleiner ist als die über R_N und R_L erzeugte Gegenkopplungsspannung. Es muss also die folgende Ungleichung erfüllt sein:

$$\frac{|\underline{Z}_Q|}{R_P} < \frac{R_L}{R_N},$$

(Stabilitätsbedingung für NIC, Typ A) .

$$|\underline{Z}_Q| < \frac{R_P}{R_N} R_L = |r_E|$$

Da diese Bedingung insbesondere für die Fälle $\underline{Z}_Q = 0$ und/oder $R_L \to \infty$ erfüllt ist, hat der NIC vom Typ A die Eigenschaft der Stabilität bei den Grenzfällen Eingangskurzschluss und/oder Ausgangsleerlauf.

Für den Konverter vom Typ B gilt wegen vertauschter Mit- und Gegenkopplungsschleife die Stabilitätsbedingung mit umgekehrtem Ungleichheitszeichen. Als Folge davon ist dieser Typ gekennzeichnet durch Stabilität bei Eingangsleerlauf und/oder Ausgangskurzschluss.

Anwendungen

Der negative Eingangswiderstand der NIC-Schaltung wird bevorzugt zur Entdämpfung kapazitiver Netzwerke ausgenutzt. Für die aktive Filtertechnik hat in diesem Zusammenhang die nicht-invertierende Integratorstufe aus Abschn. 3.1.6, Abb. 3.10 die größte Bedeutung. In diesem Fall wird die Quellimpedanz $\underline{Z}_Q$ für den NIC-Block durch das RC-Glied des Integrators gebildet. Da diese Impedanz mit zunehmender Frequenz immer kleiner wird, kann aus Stabilitätsgründen nur der NIC vom Typ A in einer Schaltung nach Abb. 3.14 eingesetzt werden.

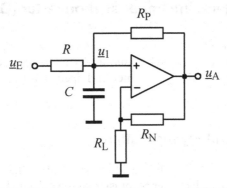

Abb. 3.14 Nicht-invertierender Integrator mit NIC (Typ A)

Für die Bedingungen $R_P=R_N$ (Konversionsfaktor $k=-1$) und $R_L=R$ wurde die Integratorfunktion

$$\underline{u}_1 = \frac{\underline{u}_E}{sRC} = \frac{\underline{u}_E}{sT}$$

bezüglich des p-Eingangs (Spannung $\underline{u}_1$) bereits in Abschn. 3.1.6 (Schaltung 3) abgeleitet. Eine direkte Anwendung dieser Schaltung in der Filtertechnik ergibt sich daraus, dass die Ausgangsspannung $\underline{u}_A$ des OPV nach der Verstärkungsformel Gl. (3.7) sich nur um den konstanten Faktor

$$\underline{u}_A / \underline{u}_1 = v = 1 + R_N / R_L = 2$$

von der Spannung $\underline{u}_1$ unterscheidet. Damit stellt der OPV an seinem niederohmigen Ausgang die gewünschte Größe $\underline{u}_A$ als zeitliches Integral über die Eingangsspannung $\underline{u}_E$ zur Verfügung (Integrationszeitkonstante $T/2$) :

$$\frac{\underline{u}_A}{\underline{u}_E} = \frac{2}{sT} = \frac{1}{sT/2} \,. \tag{3.15}$$

Stabilitätsaspekte Für die Schaltung in Abb. 3.14 hat die in Abb. 3.13 definierte Quellimpedanz den Wert

$$\underline{Z}_Q = R \left\| \frac{1}{j\omega C} \right. \quad \xrightarrow{\;\omega=0\;} \quad R \,.$$

Damit ist für die Integrator-Dimensionierung ($R_P=R_N$ und $R_L=R$) die im Absatz „Stabilitätseigenschaften" aufgeführte Stabilitätsbedingung bei $\omega=0$ nicht mehr erfüllt, weil Mit- und Gegenkopplungsfaktor bei $\omega=0$ gleich sind. Die Schaltung würde vielmehr – isoliert betrachtet – an der Stabilitätsgrenze arbeiten. Für die Filtertechnik resultieren aus dieser Tatsache jedoch keine besonderen Anwendungsbeschränkungen, da Integratoren immer als Element einer übergeordneten stabilisierenden Gegenkopplungsschleife eingesetzt werden – wie z. B. in den Strukturen von Abb. 2.9 und Abb. 2.13.

3.2   Der Allgemeine Impedanzkonverter (GIC)

Diese aus zwei Operationsverstärkern zusammengesetzte Aktivschaltung spielt
eine besondere und herausragende Rolle in der modernen aktiven Filtertechnik.
Aus diesem Grunde wird dem „Allgemeinen Impedanzkonverter" hier ein eigener
Abschnitt gewidmet.

3.2.1   Prinzip und Eigenschaften

Eine interessante Erweiterung der Funktion des Negativ-Impedanzkonverters aus
Abschn. 3.1.8 – bei gleichzeitiger Stabilisierung – ist dadurch möglich, dass beim
NIC vom Typ A der Lastwiderstand R_L durch die negative Eingangsimpedanz
$\underline{Z}_{E,B}$ eines NIC vom Typ B gebildet wird. Werden gleichzeitig auch die anderen
Schaltwiderstände durch allgemeine Impedanzen $\underline{Z}$ ersetzt, entsteht die GIC-
Grundstruktur in Abb. 3.15. Beide NIC-Schaltungen stabilisieren sich dabei ge-
genseitig, weil

• der ausgangs-leerlaufstabile Typ A durch eine negative Lastimpedanz und

• der eingangs-leerlaufstabile Typ B durch eine negative Quellimpedanz

abgeschlossen wird.

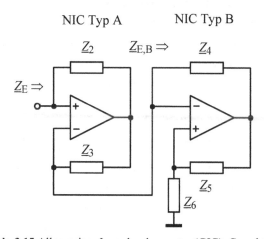

Abb. 3.15 Allgemeiner Impedanzkonverter (GIC), Grundstruktur

Wenn mindestens eine der Impedanzen $\underline{Z}_2$ bis $\underline{Z}_5$ kapazitiv gewählt wird, ergeben
sich frequenzabhängige Konversionsfaktoren $\underline{k}(j\omega)$, die äußerst leistungsfähige
aktive Filterstrukturen ermöglichen. Damit stellt diese aus zwei NIC-Stufen zusammengesetzte Schaltung eine Realisierung des in Abschn. 2.1.4 eingeführten
Allgemeinen Impedanzkonverters (Generalized Impedance Converter, GIC) dar,
wobei $\underline{Z}_6$ die Funktion der einseitig geerdeten Lastimpedanz übernimmt.

Eingangsimpedanz und Konversionsfaktor

Über die Eingangsimpedanzen der beiden NIC-Stufen lässt sich die resultierende Eingangsimpedanz $\underline{Z}_E$ des GIC-Blocks in Abb. 3.15 sofort angeben. In Analogie zu Gl. (3.14) ist

$$\underline{Z}_E = \underline{Z}_{E,A} = -\frac{\underline{Z}_2}{\underline{Z}_3}\underline{Z}_{E,B} \quad \text{mit} \quad \underline{Z}_{E,B} = -\frac{\underline{Z}_4}{\underline{Z}_5}\underline{Z}_6 \,,$$

$$\Rightarrow \qquad \underline{Z}_E = \frac{\underline{Z}_2\underline{Z}_4}{\underline{Z}_3\underline{Z}_5}\underline{Z}_6\,. \tag{3.16}$$

Die Impedanz $\underline{Z}_6$ steht hier für die Lastimpedanz $\underline{Z}_L$ aus Gl (2.12) und es ist deshalb der GIC-Konversionsfaktor

$$\underline{k}(j\omega) = \frac{\underline{Z}_E}{\underline{Z}_6} = \frac{\underline{Z}_2\underline{Z}_4}{\underline{Z}_3\underline{Z}_5}\,. \tag{3.17}$$

Durch geeignete Wahl der Elemente $\underline{Z}$ als Widerstand bzw. Kapazität sind positive und auch negative frequenzabhängige Konversionsfaktoren möglich, mit denen die Implementierung von Aktivstrukturen nach den in Abschn. 2.2 angesprochenen Entwurfsverfahren möglich wird (L-Nachbildung, FDNR-Technik).

Schaltungsmodifikation

Für die bei der Schaltungsberechnung vorausgesetzten idealisierten Verstärkereigenschaften (mit Eingangsdifferenzspannungen $u_D=0$) führen alle vier OPV-Eingänge in Abb. 3.15 die gleiche Spannung. Es stellt sich damit die Frage, ob durch Vertauschung von Eingangsanschlüssen andere Konverterstufen mit vergleichbaren oder besseren Eigenschaften möglich sind. Dabei hat sich gezeigt, dass eine besonders leistungsfähige GIC-Struktur dadurch entsteht, dass die beiden nicht-invertierenden Eingänge miteinander getauscht werden (Antoniou 1969). Diese – heute praktisch ausschließlich verwendete – Variante einer GIC-Stufe ist in Abb. 3.16. wiedergegeben.

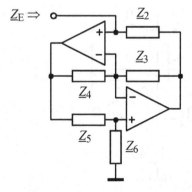

Abb. 3.16 GIC-Struktur nach Antoniou

Der Vorteil dieser Struktur im Vergleich zu anderen möglichen Varianten besteht darin, dass durch die Über-Kreuz-Verkopplung beider OPV eine deutliche Reduzierung des Einflusses der begrenzten Transitfrequenzen f_T erzielt wird. In diesem Zusammenhang ist die Verwendung von möglichst baugleichen Verstärkern (Doppel-IC mit $f_{T1}=f_{T2}$) von besonderer Bedeutung.

3.2.2 Der GIC als Zweipol zur Induktivitätsnachbildung

Gemäß Gl. (3.16) stehen fünf Elemente zur Verfügung, um eine bestimmte Zweipol-Eingangsimpedanz zu erzeugen. Dabei ist die formale Aufteilung in Lastimpedanz und Konversionsfaktor nach Gl. (2.12) bei Anwendungen des GIC als Zweipol bedeutungslos. Soll die GIC-Eingangsimpedanz $\underline{Z}_E$ induktives Verhalten besitzen, muss eine der beiden Impedanzen im Nenner von Gl. (3.16) rein kapazitiv gewählt werden, alle anderen vier Elemente werden durch Ohmwiderstände ersetzt. Wichtig ist der Hinweis auf die Einschränkung, dass auf diese Weise nur die Funktion einseitig geerdeter Induktivitäten simuliert werden kann.

Somit existieren zwei Alternativen (Typ 1 und Typ 2), mit denen Induktivitäten praktisch beliebiger Größe aktiv nachgebildet werden können. Eine theoretisch mögliche dritte Version mit drei Kondensatoren C_3, C_5 und C_6 (bzw. C_2 oder C_4) bietet keine weiteren Vorteile und hat keine praktische Bedeutung.

- Typ 1: $\underline{Z}_3 = 1/\mathrm{j}\omega C_3$ und $\underline{Z}_{2,4,5,6} = R_{2,4,5,6}$,

$$\underline{Z}_E = \mathrm{j}\omega C_3 \frac{R_2 R_4 R_6}{R_5} = \mathrm{j}\omega L \quad \Rightarrow \quad L = C_3 \frac{R_2 R_4 R_6}{R_5} \ .$$

- Typ 2: $\underline{Z}_5 = 1/\mathrm{j}\omega C_5$ und $\underline{Z}_{2,3,4,6} = R_{2,3,4,6}$,

$$\underline{Z}_E = \mathrm{j}\omega C_5 \frac{R_2 R_4 R_6}{R_3} = \mathrm{j}\omega L \quad \Rightarrow \quad L = C_5 \frac{R_2 R_4 R_6}{R_3} \ .$$

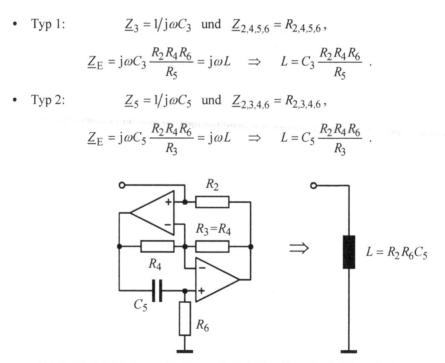

Abb. 3.17 Induktivitätsnachbildung mit GIC (Typ 2), optimale Dimensionierung

Eine genaue Analyse beider Schaltungsvarianten zeigt, dass die Frequenzabhängigkeit bzw. die endliche Transitfrequenz realer Operationsverstärker den geringsten Einfluss auf die Qualität der Induktivitätsnachbildung hat für die GIC-Schaltung vom Typ 2 mit der Dimensionierung $R_3 = R_4$.

Für diese Optimaldimensionierung (Abb. 3.17) kann der gewünschte Induktivitätswert festgelegt werden über die Beziehung

$$L = R_2 R_6 C_5 . \tag{3.18}$$

3.2.3   Der GIC als Zweipol zur FDNR-Realisierung

Zur Nachbildung der Charakteristik des in Abschn. 2.2.3 eingeführten frequenzabhängigen negativen Widerstandes (FDNR), muss die GIC-Eingangsimpedanz $\underline{Z}_E$ die mit Gl. (2.22) vorgeschriebene Funktion nachbilden:

$$Z_E = Z_D = -1/\omega^2 D^* .$$

Dimensionierung

Soll die Eingangsimpedanz die oben angegebene Form annehmen, sind zwei der drei Impedanzen im Zähler von Gl. (3.16) kapazitiv und alle anderen als Ohmwiderstände zu wählen. Damit ergeben sich drei Dimensionierungsalternativen (FDNR-Typ 1, 2 und 3):

- FDNR-Typ 1: $\underline{Z}_2 = 1/\mathrm{j}\omega C_2$, $\underline{Z}_4 = 1/\mathrm{j}\omega C_4$, $\underline{Z}_{3,5,6} = R_{3,5,6}$.

Mit Gl. (2.22) und Gl. (3.16) folgt aus dieser Zuordnung

$$Z_E = Z_D = -\frac{R_6}{\omega^2 C_2 C_4 R_3 R_5} = -\frac{1}{\omega^2 D^*} \quad \Rightarrow \quad D^* = \frac{C_2 C_4 R_3 R_5}{R_6} . \tag{3.19a}$$

Für die beiden anderen möglichen Zuordnungen lassen sich ganz ähnliche Ausdrücke angeben:

- FDNR-Typ 2: $\underline{Z}_2 = 1/\mathrm{j}\omega C_2$, $\underline{Z}_6 = 1/\mathrm{j}\omega C_6$, $\underline{Z}_{3,4,5} = R_{3,4,5}$.

$$Z_E = Z_D = -\frac{R_4}{\omega^2 C_2 C_6 R_3 R_5} = -\frac{1}{\omega^2 D^*} \quad \Rightarrow \quad D^* = \frac{C_2 C_6 R_3 R_5}{R_4} . \tag{3.19b}$$

- FDNR-Typ 3: $\underline{Z}_4 = 1/\mathrm{j}\omega C_4$ $\underline{Z}_6 = 1/\mathrm{j}\omega C_6$ $\underline{Z}_{2,3,5} = R_{2,3,5}$.

$$Z_E = Z_D = -\frac{R_2}{\omega^2 C_4 C_6 R_3 R_5} = -\frac{1}{\omega^2 D^*} \quad \Rightarrow \quad D^* = \frac{C_4 C_6 R_3 R_5}{R_2} . \tag{3.19c}$$

Die fünf Bauelemente, die den Wert von D^* festlegen, können für alle praktisch relevanten Fälle immer in den bevorzugten Größenordnungen (kΩ bzw. nF) gewählt werden.

Optimaldimensionierung Genau wie für den Fall der Induktivitätsnachbildung sind auch hier die drei aufgeführten Alternativen unterschiedlich zu bewerten, wenn die nicht-idealen Eigenschaften des OPV zugrunde gelegt werden. Entsprechende Untersuchungen haben gezeigt, dass der Einfluss einer endlichen Transitfrequenz f_T auf die Genauigkeit des FDNR-Elements am geringsten ist bei folgenden Bedingungen (Fliege 1978):

$$\text{Typ 1}: \quad f_{T1}/f_{T2} = R_6/R_5, \quad \text{Typ 2}: R_3 = R_4.$$

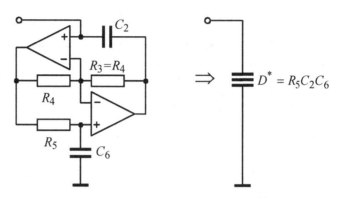

Abb. 3.18 FDNR-Typ 2 mit GIC, optimale Dimensionierung

Es ist offensichtlich, dass eine optimale Dimensionierung am einfachsten für den FDNR-Typ 2 – ohne genaue Kenntnis der Transitfrequenzen – zu erzielen ist. Für die zugehörige Schaltung in Abb. 3.18 geht Gl. (3.19b) dann über in

$$D^* = R_5 C_2 C_6. \tag{3.20}$$

Beispiel Für das Zahlenbeispiel in Abschn. 2.2.3.2, Tabelle 2.1, war

$$D^* = 2 \cdot 10^{-16} \text{ As}^2 / \text{V}.$$

Für die Wahl $C_2 = C_6 = 10^{-9}$ F ist dann gemäß Gl. (3.19b)

$$R_5 \frac{R_3}{R_4} = \frac{D^*}{C_2 C_6} = \frac{2 \cdot 10^{-16}}{10^{-18}} = 200 \ \Omega \quad \Rightarrow \quad \text{Wahl}: R_3 = R_4 = R_5 = 200 \ \Omega.$$

■

3.2.4 Der GIC als Anpassungsvierpol (Einbettungstechnik)

Im Unterschied zu Zweipolanwendungen, bei denen eine Eingangsimpedanz $\underline{Z}_E$ nachgebildet werden soll, wird der GIC hier als Übertragungsvierpol mit einer durch den Konversionsfaktor $\underline{k}(s)$ festgelegten Frequenzcharakteristik betrieben. Das Lastelement $\underline{Z}_6$ der GIC-Grundstruktur in Abb. 3.16 wird dabei durch das anzupassende RC- oder $C^*R^*D^*$-Netzwerk ersetzt (s. Abschn. 2.2.4, Abb. 2.5).

Nach Abschn. 2.2.4 sind dafür zwei Konversionsfaktoren erforderlich:

$$\underline{k}_1(s)=(s\cdot\tau_N)/K \quad \text{bzw.} \quad \underline{k}_2(s)=K/(s\cdot\tau_N).$$

Gemäß Gl. (3.17) ermöglicht der GIC-Block in Abb. 3.16 den Faktor

$$\underline{k}(s)=\frac{\underline{Z}_E}{\underline{Z}_6}=\frac{\underline{Z}_2\underline{Z}_4}{\underline{Z}_3\underline{Z}_5},$$

der die gewünschte Form von $\underline{k}_1$(s) bzw. $\underline{k}_2$(s) annimmt für die Wahl:

$$\underline{k}_1(s):\quad \underline{Z}_2=R_2,\ \underline{Z}_3=1/sC_3,\ \underline{Z}_4=R_4,\ \underline{Z}_5=R_5,$$
$$\underline{k}_2(s):\quad \underline{Z}_2=R_2,\ \underline{Z}_3=R_3,\ \underline{Z}_4=1/sC_4,\ \underline{Z}_5=R_5.$$

Die Konversionsfaktoren sind dann:

$$\underline{k}_1(s)=(s\cdot\tau_N)/K=sC_3R_2R_4/R_5$$
$$\underline{k}_2(s)=K/(s\cdot\tau_N)=R_2/sC_4R_3R_5.$$

(3.21)

3.2.5 Der GIC als kaskadierbarer Filtervierpol

Die Impedanzen $\underline{Z}_2$ bis $\underline{Z}_6$ der GIC-Struktur können auch so bestimmt werden, dass die resultierende GIC-Eingangsimpedanz $\underline{Y}_E$ in Verbindung mit zwei weiteren Impedanzen in Form eines Spannungsteilers direkt zu Filterfunktionen zweiten Grades führt. Da die Ausgangsspannung niederohmig an einem OPV-Ausgang abgenommen werden kann, entsteht so eine besonders leistungsstarke Filterstufe als Teilsystem für die Kaskadentechnik.

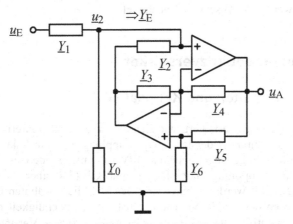

Abb. 3.19 Schaltungsprinzip der GIC-Filterstufe

Die Signalspannung $\underline{u}_2$ am Eingangsknoten des GIC-Blocks lässt sich besonders einfach über die Spannungsteilerregel in Leitwertform angeben. Die Darstellung in Abb. 3.19 enthält deshalb nur Admittanzen (Kehrwerte der Impedanzen).

Mit Ansatz der Spannungsteilerformel erhält man

$$\frac{u_2}{u_E} = \frac{Y_1}{Y_1 + Y_0 + Y_E} \quad \text{mit} \quad Y_E = \frac{Y_2 Y_4 Y_6}{Y_3 Y_5}.$$

Der Ausdruck für Y_E ergibt sich dabei direkt aus Gl. (3.16) in Leitwertform.

Weil für idealisierte Operationsverstärker die Spannung über den Differenzeingängen vernachlässigbar klein wird, kann die Spannung am p-Eingang des unteren OPV der Signalspannung u_2 in Abb. 3.19 gleichgesetzt werden. Andererseits besteht zwischen dieser Spannung $u_P = u_2$ und der am niederohmigen OPV-Ausgang angebotenen Spannung u_A die einfache Beziehung

$$\frac{u_A}{u_2} = \frac{Y_5 + Y_6}{Y_5} = 1 + \frac{Y_6}{Y_5}.$$

Deshalb ergibt sich die Gesamtübertragungsfunktion durch das Produkt

$$\frac{u_A}{u_E} = \frac{u_A}{u_2} \cdot \frac{u_2}{u_E},$$

$$\Rightarrow \quad \frac{u_A}{u_E} = \left(1 + \frac{Y_6}{Y_5}\right) \frac{Y_1}{Y_1 + Y_0 + \frac{Y_2 Y_4 Y_6}{Y_3 Y_5}} = \frac{\left(1 + \frac{Y_6}{Y_5}\right) Y_1 Y_3 Y_5}{\left(Y_1 + Y_0\right) Y_3 Y_5 + Y_2 Y_4 Y_6}. \quad (3.22)$$

Entwurf und Dimensionierung von kaskadierfähigen Filterstufen zweiten Grades auf der Grundlage von Gl. (3.22) nach dem in Abb. 3.19 dargestellten Schaltungsprinzip werden in Abschn. 4.4 behandelt.

3.3   Transimpedanzverstärker

3.3.1   Eigenschaften und Kenndaten

Im Abschn. 3.1.1 wurde erläutert, wie sich die Frequenzcharakteristik eines Operationsverstärkers durch Widerstandsgegenkopplung mit dem Faktor $k = |H_R|$ verändert. Weil die vom gegengekoppelten OPV zu realisierende Gesamtverstärkung $v(s)$ und der Rückkopplungsfaktor $|H_R|$ gemäß Gl. (3.4) aber nicht unabhängig voneinander gewählt werden können, ergeben sich die erwähnten Einschränkungen beim Betrieb des realen Verstärkerbausteins: Notwendigkeit der Frequenzkompensation, relativ geringe 3-dB-Bandbreite der offenen Verstärkung $A_U(j\omega)$, Aussteuerungsbegrenzung durch die Slew Rate.

In dieser Hinsicht stellen die etwa seit 1985 verfügbaren Operationsverstärker mit einem niederohmigen Eingang zur Strom- statt zur Spannungsrückkopplung eine deutliche Verbesserung dar.

Funktionsprinzip des Transimpedanzverstärkers

Die Eingangsstufe dieses Verstärkertyps wird durch einen Spannungsfolger gebildet (Pufferstufe mit $v=1$), der zwischen dem nicht-invertierenden und dem invertierenden Eingang liegt, vgl. dazu auch das Schaltsymbol in Abb. 3.20.

Die weiteren Erläuterungen zum Funktionsprinzip beziehen sich auf die im linken Teil von Abb. 3.20 dargestellte Schaltung. Als Folge des am invertierenden n-Eingang angeschlossenen Gegenkopplungsnetzwerks aus R_1 und R_2 überlagern sich im Ausgangsknoten des Spannungsfolgers zwei *entgegengesetzt* gerichtete Ströme – der von der Eingangsspannung $\underline{u}_E$ getriebene und aus dem Knoten herausfließende Strom sowie der von der Ausgangsspannung $\underline{u}_A$ verursachte und durch R_2 in den niederohmigen Knoten – also in den n-Eingang – hineinfließende Strom. Die Differenz $\underline{i}_D$ beider Ströme wird in der nächste Stufe von einem Stromspiegel erfasst und von der nachfolgenden Stufe an einer hochohmigen Impedanz $\underline{Z}_{TR}(s)$ – das ist die „Transimpedanz" – in eine Spannung gewandelt. Die Spannung an diesem hochohmigen Verstärkungsknoten wird dann von der als Impedanzwandler arbeitenden Ausgangsstufe als Spannung $\underline{u}_A$ niederohmig zur Verfügung gestellt.

Aufgabe der stabilisierenden Gegenkopplung ist es also, den durch den n-Eingangsknoten fließenden Differenzstrom $\underline{i}_D$ im Idealfall auf Null zu reduzieren – im Vergleich zum klassischen OPV-Prinzip, bei dem die Differenzspannung $\underline{u}_D$ zwischen den beiden Eingängen durch die Wirkung der Gegenkopplung auf einen vernachlässigbar kleinen Wert reduziert wird.

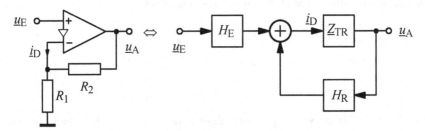

Abb. 3.20 Transimpedanzverstärker mit reeller Gegenkopplung, Schaltung und allgemeines Rückkopplungsmodell

Als äußeres Merkmal verfügen diese Verstärker also über einen hochohmigen p-Eingang und einen niederohmigen n-Eingang, in den das Gegenkopplungssignal als *Strom* eingespeist wird, was zu der Originalbezeichnung „Current-Feedback Amplifier" (CFA) geführt hat. Die in den Datenblättern und in der Fachliteratur gebräuchliche abkürzende Bezeichnung CFA wird auch hier durchgängig verwendet. Der andere gebräuchliche Name für diesen Verstärker mit Stromrückkopplung („Transimpedanzverstärker") leitet sich aus der Tatsache ab, dass das Verhältnis zwischen der Ausgangsspannung und dem steuernden Eingangsstrom $\underline{i}_D$ einer Impedanz entspricht. Dieser Transimpedanz $\underline{Z}_{TR}$ kommt damit die gleiche Rolle zu wie der offenen Verstärkung $\underline{A}_U$ beim Operationsverstärker.

Gegenkopplung, Verstärkung und Bandbreite

Die weitere Behandlung des gegengekoppelten CFA orientiert sich an dem Blockschaltbild im rechten Teil von Abb. 3.20, das dem allgemeinen Rückkopplungsmodell von Abb. 2.1 – zugeschnitten auf den hier vorliegenden Fall – entspricht. Die Übertragungscharakteristik der Gesamtanordnung lässt sich sofort angeben, wenn Gl. (2.2) aus Abschn. 2.1.1 auf dieses Rückkopplungsmodell angewendet wird. Zwecks Vergleich mit dem Operationsverstärker wird dafür die gleiche Form wie Gl. (3.4a) gewählt:

$$\underline{H}(s) = \frac{\underline{u}_A}{\underline{u}_E} = \frac{H_E \cdot \underline{Z}_{TR}(s)}{1 - H_R \cdot \underline{Z}_{TR}(s)} = \frac{H_E}{H_R} \cdot \frac{Z_{TR,0}}{1 - \underline{N}(s)/(Z_{TR,0} \cdot H_R)}. \qquad (3.23a)$$

In Analogie zur Vorgehensweise beim Operationsverstärker, Abschn. 3.1.1 und Gl. (3.1), wurde auch hier die Frequenzabhängigkeit der Transferimpedanz als Tiefpass ersten Grades angesetzt mit

$$\underline{Z}_{TR}(s) = \frac{\underline{u}_A}{\underline{i}_D} = \frac{Z_{TR,0}}{1 + s/\omega_G} = \frac{Z_{TR,0}}{\underline{N}(s)}.$$

Die Ermittlung der beiden Teilfunktionen H_E und H_R erfolgt auf der Basis der mit Gl. (2.1) gegebenen allgemeinen Definitionen. Dabei wird durch Variablenersatz $\underline{u}_1 \rightarrow \underline{i}_D$ die Tatsache berücksichtigt, dass hier – im Unterschied zum Operationsverstärker – am Eingang eine Stromdifferenz gebildet wird. Als Folge davon haben beide Funktionen die Dimension eines Leitwertes:

$$H_E = \left[\underline{i}_D / \underline{u}_E \right]_{\underline{u}_A = 0} = \frac{1}{R_1 \| R_2} = \frac{R_1 + R_2}{R_1 R_2},$$

$$H_R = \left[\underline{i}_D / \underline{u}_A \right]_{\underline{u}_E = 0} = -\frac{1}{R_2}.$$

Bei der Berechnung von H_R wurde angenommen, dass der Eingangswiderstand am invertierenden n-Eingang – der idealisierte Ausgang des internen Spannungsfolgers – vernachlässigbar klein ist und deshalb kein Strom durch R_1 fließt. Mit diesen Ausdrücken für H_E und H_R geht Gl. (3.23a) über in

$$\underline{H}(s) = \frac{\underline{u}_A}{\underline{u}_E} = \frac{R_1 + R_2}{R_1} \cdot \frac{1}{1 + \dfrac{\underline{N}(s)}{Z_{TR,0}} \cdot R_2}. \qquad (3.23b)$$

Idealisierung Bei der Dimensionierung der Gegenkopplung zwecks Festlegung des Verstärkungswertes wird – ähnlich wie beim OPV mit $A_{U0} \rightarrow \infty$ – auch beim CFA der Wert der Transimpedanz mit $\underline{Z}_{TR,0} \rightarrow \infty$ idealisiert:

$$\underline{H}(s) = \frac{\underline{u}_A}{\underline{u}_E} \xrightarrow{\ Z_{TR,0} \rightarrow \infty\ } -\frac{H_E}{H_R} = \frac{R_1 + R_2}{R_1} = 1 + \frac{R_2}{R_1}. \qquad (3.24)$$

Vergleich mit dem Operationsverstärker (OPV)

Ein Vergleich zwischen Gl. (3.5) in Abschn. 3.1.1 und Gl. (3.24) zeigt, dass bei Widerstandsgegenkopplung und unter der Annahme idealisierter Übertragungseigenschaften ($A_{U0} \to \infty$ bzw. $Z_{TR,0} \to \infty$) beide Verstärkertypen den gleichen Verstärkungswert aufweisen, der nur durch die Gegenkopplungswiderstände bestimmt wird.

Werden jedoch die frequenzabhängigen Eigenschaften beider Verstärker berücksichtigt, wird ein wesentlicher Unterschied sichtbar. Zu diesem Zweck werden Gl. (3.4b) und Gl. (3.23b) hier noch einmal einander gegenübergestellt, wobei jeweils der rechte Teil die Frequenzabhängigkeit der realen Verstärker beinhaltet:

$$
\underbrace{\frac{u_A}{u_E} = \frac{R_1 + R_2}{R_1} \cdot \frac{1}{1 + \dfrac{N(s)}{A_{U0}} \cdot \dfrac{R_1 + R_2}{R_1}}}_{\text{Operationsverstärker (OPV)}} \quad , \qquad
\underbrace{\frac{u_A}{u_E} = \frac{R_1 + R_2}{R_1} \cdot \frac{1}{1 + \dfrac{N(s)}{Z_{TR,0}} \cdot R_2}}_{\text{Transimpedanzverstärker (CFA)}} .
$$

Im Fall des OPV ergibt sich aus dem Einfluss, den beide Widerstände – und damit auch der angestrebte Verstärkungswert – auf die Frequenzabhängigkeit ausüben, die Notwendigkeit einer Modifikation der Funktion $\underline{N}(s)$ zum Einpolmodell (Frequenzkompensation, s. dazu Abschn. 3.1.1).

Diese Forderung entfällt beim CFA, da dieser Einfluss jetzt lediglich vom Rückkopplungswiderstand R_2 ausgeht. Damit kann dieser Widerstand so gewählt werden, dass Übertragungsbandbreite und Polverteilung optimal aufeinander abgestimmt sind. Die resultierende Verstärkung kann dann – unabhängig von der Wahl von R_2 – durch den Widerstand R_1 eingestellt werden. In der Praxis werden „optimale" R_2-Werte in der typischen Größenordnung von (250...2000) Ω vom IC-Hersteller angegeben. In einigen Fällen ist dieses Element auch bereits als Präzisionswiderstand auf dem IC enthalten.

Anwendungshinweise

Das Anwendungsspektrum der Transimpedanzverstärker ergibt sich direkt aus dem Vergleich mit den Beschränkungen, die für Operationsverstärker Gültigkeit haben. Die Vorteile des CFA resultieren dabei aus der Tatsache, dass der Frequenzgang nicht aus Stabilitätsgründen beschränkt werden muss. Damit entfällt der dominierende Einfluss der beim OPV notwendigen Kompensationskapazität sowohl auf die Bandbreite als auch auf die Großsignal-Anstiegsrate (Slew Rate). Es folgt eine kurze Zusammenstellung der Vor- und Nachteile des CFA.

Vorteile des CFA

- Vergleichsweise große Kleinsignalbandbreite (ca. 100 kHz) des unbeschalteten CFA bei $Z_{TR}(\omega=0) = Z_{TR,0} \approx (100...200)$ kΩ;
- Bandbreite des Verstärkers mit Gegenkopplung im mittleren MHz-Bereich;
- Bandbreite nahezu unabhängig vom Verstärkungswert (wenn R_2 konstant);
- Sehr hohe Großsignalanstiegsrate (Slew Rate) von (2000...5000) V/µs.

Die angeführten Vorteile beziehen sich auf einen Vergleich mit typischen Operationsverstärkern der Standardkategorie. Die neueste Entwicklung auf diesem Gebiet sind Verstärkerbausteine, bei denen die Vorteile des OPV (hochohmige Spannungseingänge) mit denen des CFA (sehr gute Großsignaleigenschaften) kombiniert sind.

Nachteile des CFA

- Der Gegenkopplungswiderstand R_2 darf einen bestimmten Grenzwert nicht unterschreiten (Instabilität) mit der Folge, dass Kapazitäten in der Rückführung nicht erlaubt sind;
- Invertierender Verstärkerbetrieb mit relativ großen Verstärkungswerten führt zu unzulässig kleinen Eingangswiderständen;
- Die Rausch- und Offset-Eigenschaften sind schlechter als beim Spannungs-OPV.

Der ideale Transimpedanzverstärker

Wie bei der Auslegung von OPV-Schaltungen werden auch beim CFA normalerweise vereinfachte Beziehungen mit idealisierten Randbedingungen angesetzt. So erlauben die Werte der Transimpedanz $Z_{TR,0}$ im hohen kΩ-Bereich dann bei der Schaltungsberechnung – im Vergleich zu den Schaltwiderständen – die Näherung

$$\underline{Z}_{TR} = \underline{u}_A / \underline{i}_D \to \infty \, ,$$

$$\underline{i}_D = \underline{u}_A / \underline{Z}_{TR} = 0 \quad \Rightarrow \quad \underline{i}_P = \underline{i}_N = 0 \, .$$

Da der Spannungsfolger am Eingang des CFA auch hier für die Eingangssignale die Bedingung (s. Gl. (3.6) in Abschn. 3.1.1 für den OPV)

$$\underline{u}_D = 0 \quad \Rightarrow \quad \underline{u}_P = \underline{u}_N \tag{3.25}$$

erzwingt, gilt also für den idealisierten CFA – wenn auch aus anderen Gründen als beim OPV – der gleiche Berechnungsansatz mit vernachlässigbaren Eingangsströmen und verschwindender Differenzspannung am Eingang.

Typenauswahl (Beispiele)

Verstärker mit Stromrückkopplung werden als besonders breitbandige – und damit „schnelle" – Operationsverstärker von praktisch allen Halbleiterherstellern angeboten. Es folgt eine kleine Auswahl:

Analog Devices:	AD844, AD8001, AD8012,
Intersil:	EL5166/5260/5263/5360, HA5020/5023, HFA1100/1105/1155,
Linear Technology:	LT 1223, LT 1227, LT 1228, LT 6200, LT 6556,
Maxim:	MAX 3970, MAX 4188.....90, MAX 4223.....28,
National Semiconductor:	LM 6181, LMH 6723.....25,
Texas Instruments (TI):	OPA691/695, OPA2691/2694.

Anmerkung Der oben erwähnte Typ AD844 (Analog Devices) nimmt eine Sonderstellung ein, da der Stromknoten mit der hochohmigen Übertragungsimpedanz $\underline{Z}_{TR}(s)$ herausgeführt ist. Dieser zusätzliche Anschluss kann dann extern beschaltet werden, um dem Schaltkreis ganz spezielle Eigenschaften zu verleihen. Damit wird dieser Baustein, der eigentlich vom Typ her ein CFA ist, zu einem *Current Conveyor* (siehe Abschn. 3.5) mit nachgeschaltetem Impedanzwandler.

3.3.2 Grundschaltungen

Transimpedanzverstärker sind integrierte Operationsverstärker, die mit Stromrückkopplung betrieben werden. Aus Gründen der Stabilität ist bei der Beschaltung dieser Verstärker deshalb zu beachten, dass der Widerstandswert im Rückkopplungspfad eine bestimmte typenabhängige Untergrenze nicht unterschreiten darf. Aus dieser Bedingung resultieren einige Einschränkungen beim Betrieb des CFA im Vergleich zum klassischen OPV mit Spannungsrückkopplung.

Verstärkerschaltungen

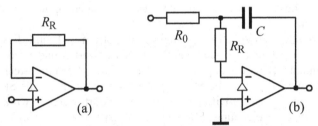

Abb. 3.21 Anwendungen des Transimpedanzverstärkers (CFA)
(**a**) Verstärker $v=1$, (**b**) Invertierender Integrator

In der Filtertechnik wird der CFA deshalb primär nur als einfache Verstärkerstufe eingesetzt – und zwar bei Anwendungen im höheren Frequenzbereich, bei denen gleichzeitig gute Großsignaleigenschaften verlangt werden. Wie beim klassischen Operationsverstärker wird der Verstärkungswert unter idealisierten Bedingungen gemäß Gl. (3.24) lediglich durch die Gegenkopplungsbeschaltung festgelegt. Das spezielle Beispiel in Abb. 3.21(a) zeigt, dass – anders als beim konventionellen OPV (Abb. 3.5) – auch bei voller Gegenkopplung ($v=1$) ein Widerstand R_R mit vorgegebenem Mindestwert zur Strombegrenzung vorzusehen ist.

Integratoren, Impedanzkonverter

Bei Integratorschaltungen besteht der Rückkopplungszweig aus einem Kondensator (Abschn. 3.1.5 bis 3.1.7), dessen kapazitiver Widerstand mit steigender Frequenz kontinuierlich abnimmt. Damit kann bei CFA-Schaltungen die Forderung nach einem Mindestwert für den Rückkopplungswiderstand im oberen Frequenzbereich nicht eingehalten werden.

Transimpedanzverstärker benötigen deshalb bei Integratoranwendungen einen Stabilisierungswiderstand R_R, s. Abb. 3.21(b), der jedoch die Funktion und den Einsatzbereich als Integrator soweit einengt, dass die erwähnten Vorteile des CFA nur teilweise oder auch gar nicht zur Wirkung kommen. Dieses gilt sinngemäß auch für GIC-Schaltungen zur Induktivitätsnachbildung oder zur FDNR-Realisierung. Aus diesem Grund beschränkt sich der Einsatz von Transimpedanz-verstärkern in der Filtertechnik auf reine Verstärkeranwendungen.

3.4   Transkonduktanzverstärker

3.4.1   Eigenschaften und Kenndaten

Im Gegensatz zum Operationsverstärker verfügt der Transkonduktanzverstärker (Operational Transconductance Amplifier, OTA) über eine hochohmige Aus-gangsstufe. Damit kann er als Stromquelle angesehen werden, die durch eine Spannung am hochohmigen Differenzeingang gesteuert wird. Das Ausgangssignal in Form einer Spannung entsteht dann an der Impedanz, durch die der Ausgangs-strom fließt. Dieses kann eine separate Last, ein Gegenkopplungsnetzwerk oder eine Kombination aus beiden Anteilen sein.

Das Verhältnis zwischen Ausgangssignal (Strom i_A) und Eingangssignal (Spannung u_D) hat hier die Dimension eines Leitwertes und wird deshalb als Transkonduktanz (Übertragungsleitwert) bezeichnet. Schaltungstechnisch kann dieser Zusammenhang über die Steigung der Steuerkennlinie – die Steilheit – der Transistoren im Eingangs-Differenzverstärker erklärt werden, woraus sich die ebenfalls übliche Bezeichnung „Steilheitsverstärker" ableitet.

Die speziellen Einsatzbereiche von OTA-Bausteinen im Vergleich zu den bei-den unter 3.1 und 3.3 besprochenen Verstärkertypen ergeben sich primär aus der Möglichkeit, die Größe dieser Steilheit durch Variation des Ruhestroms der Tran-sistoren des Differenzverstärkers beeinflussen zu können. Zu diesem Zweck ver-fügt der OTA über einen zusätzlichen Steuereingang, in den dieser Ruhestrom eingespeist wird. In der Praxis wird dieser Strom durch einen – nach Hersteller-angaben zu dimensionierenden – Widerstand zwischen Steuereingang und positiver Betriebsspannung oder Massepotential erzeugt.

In den letzten Jahren hat das OTA-Prinzip der spannungsgesteuerten Strom-quelle an Bedeutung gewonnen im Zusammenhang mit komplett integrierten analogen Filterschaltungen (OTA-C-Filter, s. Abschn. 4.7.2) sowie mit Filter-strukturen auf der Basis geschalteter Kapazitäten (SC-Filter, s. Abschn. 6.3.2).

Schaltsymbol und typische Kenndaten

Das Schaltsymbol des OTA in Abb. 3.22 orientiert sich an den überwiegend eng-lischsprachigen Applikationsunterlagen. Die gleiche Begründung gilt auch für die Bezeichnung des einzuspeisenden Ruhestrom I_{ABC} (<u>A</u>mplifier <u>B</u>ias <u>C</u>urrent) so-wie für das Symbol g_m der Übertragungssteilheit.

Wegen der besseren Übersichtlichkeit wurden die Anschlüsse für die üblicherweise symmetrische Gleichspannungsversorgung nicht mit in die Darstellung aufgenommen.

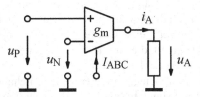

Abb. 3.22 Schaltsymbol Transkonduktanzverstärker (OTA)

Die in Tabelle 3.2 aufgelisteten typischen Kenngrößen (für den Typ LM13700/National Semiconductor) gelten für einen Steuerstrom I_{ABC}=10 μA. Dabei verändern sich die Werte für Ein- und Ausgangswiderstand umgekehrt proportional zum eingestellten Steuerstrom bzw. zur Steilheit g_m.

Tabelle 3.2 Transkonduktanzverstärker, typische Kenngrößen (Vergleich real ↔ ideal), Steuerstrom: I_{ABC}=10μA

Kenngröße	Symbol	LM 13700	ideal
Übertragungssteilheit (Transkonduktanz)	$g_m=i_A/u_D$	200 μA/V	*
Differenz-Eingangswiderstand	r_D	10^6 Ω	∞
Ausgangsimpedanz	$\underline{Z}_A$	10^7 Ω‖1 pF	∞
Großsignal-Anstiegsrate (Slew Rate)	SR	50 V/μs	*
3-dB-Bandbreite	f_G	2 MHz	*

* keine Idealisierung sinnvoll

In den englischsprachigen Datenblättern wird die Steilheit üblicherweise nicht in A/V sondern in μA/V=μS=μmho angegeben (mho→1/Ohm). Die Größe der Steilheit g_m ist mit dem Steuerstrom I_{ABC} dabei über die folgende Beziehung verknüpft:

$$g_m = \frac{I_{ABC}}{2 \cdot U_T}.$$

(3.26)

Die Temperaturspannung wird mit $U_T \approx (26...30)$ mV angesetzt. Der die Steilheit steuernde Strom kann normalerweise über 3 bis 4 Dekaden durchgestimmt werden in einem typischen Variationsbereich von

I_{ABC}=(0,1...1000) μA   mit $g_m \approx$(2...20000) μA/V .

Der ideale Transkonduktanzverstärker

Auch bei der Auslegung von OTA-Schaltungen macht man sinnvollerweise von Vereinfachungen Gebrauch. Dieses gilt im Normalfall sowohl für den Eingangs- wie für den Ausgangswiderstand (s. rechte Spalte in Tabelle 3.2). Umgekehrt ergibt sich daraus natürlich die Forderung, dass die an den OTA anzuschließenden Schaltwiderstände mindestens eine Größenordnung kleiner sein müssen als die realen Torwiderstände, damit die durch Näherungen vereinfachte Dimensionie- rung nicht unzulässig große Fehler zur Folge hat.

Im Unterschied zu den beiden anderen bisher behandelten Verstärkertypen (OPV und CFA) können die Übertragungseigenschaften aber nicht durch eine Idealisierung $g_m \to \infty$ angenähert werden. Als Folge davon gilt bei der Berechnung von OTA-Schaltungen immer der Ansatz

$$u_P \neq u_N \quad \text{mit} \quad u_P - u_N = i_A / g_m \,,$$

$$i_A = (u_P - u_N) g_m = u_D \cdot g_m \,. \tag{3.27}$$

Typenauswahl

Die Typenvielfalt ist nicht besonders groß, da der OTA vergleichsweise selten als separater IC-Baustein verwendet wird. Kommerziell verfügbar sind z. B.

Linear Technology: LT1228 (mit integriertem Impedanzwandler)

Maxim: MAX435, MAX436

National Semiconductor: LM3080 (veraltet), LM 13600, LM13700

ON Semiconductor: NE5517.

3.4.2 OTA-Schaltungstechnik

Der Transkonduktanzverstärker kann – im Unterschied zum Operations- und Transimpedanzverstärker – auch ohne äußere Gegenkopplung betrieben werden. Seine Anwendung als Aktivelement in der Filtertechnik resultiert primär aus der Eigenschaft, als extern steuerbare Stromquelle zu wirken. Dabei wird der OTA nahezu ausschließlich nur in Filterstrukturen eingesetzt, die sich aus den Verfah- ren der direkten Filtersynthese (Abschn. 2.3) ergeben.

Eine besondere Rolle spielt der OTA bei der Herstellung analoger monolithisch integrierter Filterschaltungen (OTA-C-Filter), indem er die Rolle der schlecht integrierbaren Ohmwiderstände übernimmt. Als eine weitere interessante Anwen- dung des OTA-Prinzips ist eine Serie integrierter und programmierbarer Analog- bausteine (ispPAC) der Fa. Lattice Semiconductor zu erwähnen.

In diesem Abschnitt werden die für die Filtertechnik wichtigsten Anwendungen vorgestellt, wobei der OTA entweder als Verstärkungsblock (mit oder ohne Fre- quenzabhängigkeit) betrieben wird oder zur aktiven Nachbildung passiver Bau- elemente eingesetzt wird.

OTA-Grundschaltungen

Da in der analogen Signalverarbeitung meistens mit Spannungen gearbeitet wird, muss das als Strom i_A vorliegende OTA-Ausgangssignal in eine Spannung gewandelt werden. Abb. 3.23 zeigt die beiden prinzipiellen Möglichkeiten dafür mit jeweils einem zusätzlichen Operationsverstärker. In beiden Fällen wird das Spannungssignal u_A am niederohmigen OPV-Ausgang zur Verfügung gestellt. Beide Beispielschaltungen arbeiten im nicht-invertierenden Modus; für vertauschte Polaritäten am OTA-Eingang entsteht die entsprechende invertierende Schaltung.

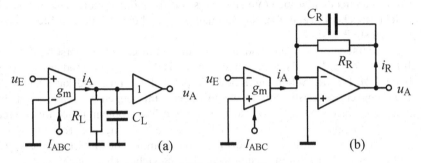

Abb. 3.23 OTA-Grundschaltungen

(a) mit OPV als Pufferverstärker   **(b)** mit OPV als Strom-Spannungswandler

Schaltung 1, Abb. 3.23(a)

Zusammen Gl. (3.27) ergibt sich die Ausgangsspannung u_A in Abb. 3.23(a) über das ohmsche Gesetz für die angeschlossene Lastimpedanz zu

$$u_A = i_A \frac{1}{1/R_L + sC_L} = \frac{u_E \cdot g_m}{1/R_L + sC_L} \quad \Rightarrow \quad \frac{u_A}{u_E} = \frac{g_m}{1/R_L + sC_L} . \quad (3.28)$$

Aus Gl. (3.28) lassen sich folgende drei Sonderfälle ableiten:

- Verstärker (C_L=0): $\quad \dfrac{u_A}{u_E} = \dfrac{g_m}{1/R_L} = g_m R_L ,$

- Integrator ($R_L \rightarrow \infty$): $\quad \dfrac{u_A}{u_E} = \dfrac{g_m}{sC_L} = \dfrac{1}{sT} \quad$ mit $\quad T = \dfrac{1}{g_m} C_L ,$

- Tiefpass (Grad n=1): $\quad \dfrac{u_A}{u_E} = \dfrac{g_m}{1/R_L + sC_L} = \dfrac{g_m R_L}{1+sR_L C_L} .$

Schaltung 2, Abb. 3.23(b)

Für den idealisierten Operationsverstärker (mit i_N=0 und u_N=0) lässt sich aus Abb. 3.23(b) ablesen:

$$i_A = -i_R \quad \text{mit} \quad i_R = u_A \left(1/R_R + sC_R \right) .$$

Der OPV setzt also den OTA-Ausgangsstrom in eine Spannung um. Die Kombination dieses Zusammenhangs mit Gl. (3.27) führt direkt zur Systemfunktion

$$\frac{u_A}{u_E} = \frac{g_m}{1/R_R + sC_R} = \frac{g_m R_R}{1 + sR_R C_R} . \tag{3.29}$$

Für die Schaltung 2 lassen sich über Gl. (3.29) die gleichen drei Sonderfälle wie für Schaltung 1 definieren (Verstärker, Integrator, Tiefpass).

Vergleich beider Schaltungen

Der Vergleich von Gl. (3.28) mit Gl. (3.29) zeigt, dass beide Schaltungen in Abb. 3.23 eine im Aufbau identische Übertragungsfunktion erzeugen können, wobei die kennzeichnenden Größen (Verstärkungswert bzw. Integrationszeitkonstante T) auf elektronischem Wege über die Steilheit g_m – und damit über den Steuerstrom I_{ABC} – einstellbar sind.

Der Unterschied zwischen beiden Anordnungen offenbart sich erst bei Berücksichtigung der bisher als ideal angesetzten OTA-Ausgangsimpedanz $\underline{Z}_A$ (vgl. Tabelle 3.2). Für die Schaltung 1 liegt $\underline{Z}_A$ parallel zur Last und kann somit die Verstärkungscharakteristik direkt beeinflussen. Im Gegensatz dazu liegt bei Schaltung 2 die Impedanz $\underline{Z}_A$ auf dem virtuellen Massepotential des invertierenden OPV-Eingangs und hat damit praktisch keine Wirkung. Bei Kombinationen von OTA und OPV wird deshalb bevorzugt von dem in Abb. 3.23(b) dargestellten Schaltungsprinzip mit Strom-Spannungswandlung Gebrauch gemacht.

Tiefpass ersten Grades

Eine im Hinblick auf monolithisch integrierte OTA-Filterbausteine besonders interessante Baugruppe ist der Tiefpass ersten Grades, bei dem – im Gegensatz zum OTA-Tiefpass in Abb. 3.23 – die Grenzfrequenz extern über den Strom I_{ABC} bzw. über die Steilheit g_m eingestellt werden kann, s. Abb. 3.24.

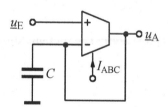

Abb. 3.24 OTA-Tiefpass ersten Grades

Da der Ausgangsstrom $\underline{i}_A$ nur durch den Kondensator C fließen kann, ist

$$\underline{u}_A = \underline{i}_A \frac{1}{sC} = \underline{u}_D g_m \frac{1}{sC} = \left(\underline{u}_E - \underline{u}_A\right) g_m \frac{1}{sC},$$

$$\underline{u}_A \left(1 + g_m \frac{1}{sC}\right) = \underline{u}_E g_m \frac{1}{sC} \quad \Rightarrow \quad \frac{\underline{u}_A}{\underline{u}_E} = \frac{1}{1 + sC/g_m} . \tag{3.30}$$

Somit repräsentiert Gl. (3.30) einen Tiefpass ersten Grades mit einer 3-dB-Grenzfrequenz, die durch den extern steuerbaren Parameter g_m bestimmt wird.

Nachbildung geerdeter Impedanzen

Bei geeigneter Beschaltung kann der OTA eingesetzt werden, um das Verhalten steuerbarer und einseitig geerdeten Impedanzen nachzubilden, siehe Abb. 3.25.

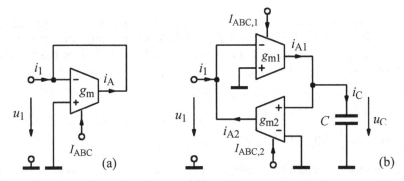

Abb. 3.25   OTA-Nachbildung geerdeter Impedanzen
(a) Widerstandsnachbildung   **(b)** Induktivitätsnachbildung

Widerstandsnachbildung   Der Eingangswiderstand der Schaltung in Abb. 3.25(a) wird über den durch den Eingangknoten fließenden Strom i_1 berechnet. Aus dem Schaltbild kann unmittelbar abgelesen werden:

$$i_1 = -i_A \quad \text{mit} \quad i_A = -u_1 \cdot g_m \quad \Rightarrow \quad r_1 = \frac{u_1}{u_1} = \frac{1}{g_m}. \tag{3.31}$$

Damit weist der OTA-Eingangsknoten in Abb. 3.25(a) also das Verhalten eines geerdeten Ohmwiderstandes auf, dessen Wert durch die Steilheit g_m bzw. durch den Strom I_{ABC} elektronisch steuerbar ist. Von dieser Technik wird bevorzugt Gebrauch gemacht bei der elektronischen Abstimmung monolithisch integrierter Filterschaltungen, bei denen alle Ohmwiderstände durch OTAs realisiert werden.

Induktivitätsnachbildung   Zusammen mit der OTA-Grundgleichung, Gl. (3.27), erhält man aus der Doppel-OTA-Schaltung in Abb. 3.25(b) die vier Beziehungen

$$i_{A1} = u_1 \cdot g_{m1}, \quad i_{A1} = i_C = u_C \cdot sC, \quad i_{A2} = u_C \cdot g_{m2}, \quad i_{A2} = -i_1,$$

aus denen die Eingangsimpedanz durch Kombination ermittelt wird:

$$r_1 = \frac{u_1}{i_1} = s \cdot \frac{C}{g_{m1} \cdot g_{m2}} \quad \Rightarrow \quad sL. \tag{3.32}$$

Mit zwei OTA's in der Anordnung nach Abb. 3.25(b) kann also das Verhalten einer geerdeten Induktivität nachgebildet werden, deren Wert über die Steilheiten g_{m1} und g_{m2} bzw. über die entsprechenden Ströme I_{ABC} in einem relativ großen Bereich verändert werden kann:

$$L = \frac{C}{g_{m1} \cdot g_{m2}}.$$

3.5   Stromkonverter (Current Conveyor)

3.5.1   Prinzip und Eigenschaften

Wie alle bisher angesprochenen Verstärkertypen verfügt auch dieses relativ neu-artige Aktivelement über zwei Eingänge (x bzw. y) und einen mit „z" bezeichne-ten Ausgang. Das Grundprinzip lässt sich formal durch die Übertragungsmatrix beschreiben. Für die Spannungen und Ströme an x, y und z gilt dann:

$$\begin{bmatrix} i_y \\ u_x \\ i_z \end{bmatrix} = \begin{bmatrix} 0 & 0 & 0 \\ 1 & 0 & 0 \\ 0 & \pm 1 & 0 \end{bmatrix} \cdot \begin{bmatrix} u_y \\ i_x \\ u_z \end{bmatrix} \quad \Rightarrow \quad i_y = 0, \quad u_x = u_y, \quad i_z = \pm\, i_x. \quad (3.33)$$

Die typischen Kennzeichen dieses Bausteins sind also der hochohmige y-Eingang (i_y=0), der niederohmige x-Eingang (Eingangsstrom i_x) und der hochohmige Stromausgang (Ausgangsstrom i_z). Dabei wird die Spannung am x-Eingang der Spannung am y-Eingang nachgeführt (u_x=u_y), wobei der Ausgangsstrom i_z – mit oder ohne Vorzeichenumkehrung – als Spiegelung des Eingangsstromes i_x er-scheint.

Eine Übertragungseinheit mit diesen Eigenschaften wird als Stromkonverter – oder auch: Current Conveyor – der zweiten Generation (CC_{II+} bzw. CC_{II-}) be-zeichnet. Beim CC der ersten Generation war auch der y-Eingang niederohmig mit i_y=i_x. Die Darstellung in Abb. 3.26 zeigt das in den meisten Fällen für den CC-Baustein benutzte einfache Schaltsymbol.

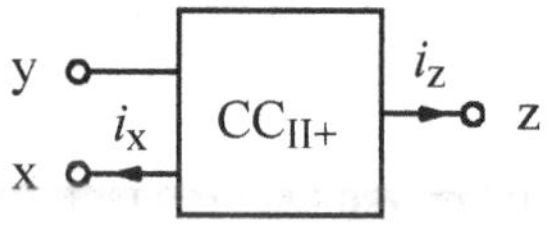

Abb. 3.26 Schaltsymbol Current Conveyor (Typ CC_{II+})

Der CC_{II-} wird gelegentlich auch als „idealer Transistor" angesehen, indem der hochohmige y-Eingang als Basisanschluss, der hochohmige z-Ausgang als Kol-lektor und der niederohmige x-Eingang als Emitteranschluss interpretiert wird. In Analogie zur konventionellen Transistortechnik spricht man in diesem Fall auch vom CC-Betrieb in Emitter-, Kollektor- oder Basis-Grundschaltung.

Seit der Vorstellung des CC-Prinzips im Jahre 1968 (Smith u. Sedra 1968) wurden auf diese Baugruppen zugeschnittene Schaltungsvorschläge zur analogen Signalverarbeitung in zahlreichen Veröffentlichungen vorgestellt. Eine Übersicht dazu ist bei (Sedra et al. 1990) zu finden. Die ersten monolithisch integrierten CC-Bausteine waren aber erst seit etwa 1990 kommerziell verfügbar. Eine breitere Anwendung des CC-Prinzips hat sich daraus bisher nicht ergeben – u. a. auch wegen der Notwendigkeit, die Ausgangssignale der im Strommodus arbeitenden CC-Bausteine in einer zusätzlichen Stufe in eine Signalspannung zu wandeln.

Vergleich mit Transimpedanzverstärker (CFA)

Ein Vergleich des CC-Prinzips mit dem Konzept des Transimpedanzverstärkers (CFA) offenbart, dass dieser in seiner Grundfunktion bis zum hochohmigen Ausgangsknoten – also ohne die Endstufe – im Prinzip einem CC_{II+} entspricht. So existiert z. B. mit dem CFA-Typ AD844 ein Baustein, dessen hochohmiger Stromausgang als Anschluss herausgeführt ist und der deshalb auch als CC_{II+} eingesetzt werden kann. Die meisten bisher veröffentlichten Vorschläge zum Einsatz des CC in Filterschaltungen basieren denn auch auf dem Typ AD844, der den erforderlichen Impedanzwandler als Endstufe bereits beinhaltet.

Typenauswahl (Beispiele)

Als integrierte Bausteine verfügbare Stromkonverter:

Analog Devices: AD844 (CC_{II+}),
Texas Instruments (Burr Brown):   OPA860 (CC_{II+}), OPA861 (CC_{II-}),
Intersil (Elantec):   EL2082 (CC_{II+}), EL4083 (CC_{II+}) .

3.5.2 Grundschaltungen

Integratoren sind typische Teilsysteme aktiver Filterstrukturen. Die Berechnung von CC-Schaltungen wird deshalb am Beispiel der beiden in Abb. 3.27 dargestellten integrierenden Schaltungen demonstriert.

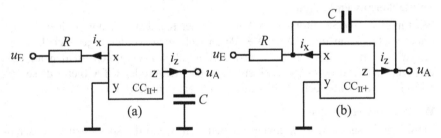

Abb. 3.27 Invertierende Integratorschaltungen mit CC_{II+}
(a) kapazitive Last (b) kapazitive Rückführung

CC-Schaltung mit kapazitiver Last

Aus der Schaltung in Abb. 3.27(a) können die Beziehungen

$$i_x = -\frac{u_E}{R} \quad \text{und} \quad u_A = i_z \frac{1}{sC} \quad \text{wegen} \quad u_x = u_y = 0$$

direkt abgelesen werden. Mit $i_z = i_x$ ergibt sich daraus unmittelbar die Integratorfunktion (invertierend)

$$\frac{u_A}{u_E} = -\frac{1}{sRC} = -\frac{1}{sT}.$$

Nicht-invertierende Integratorschaltung Wird das Eingangssignal direkt auf den hochohmigen y-Eingang gegeben und der x-Eingang gleichzeitig über den Widerstand R auf Masse gelegt, ergibt sich die Funktion eines nicht-invertierenden Integrators. Eine andere Möglichkeit besteht darin, den Typ CC_{II-} in der Schaltung nach Abb. 3.27(a) zu verwenden, der beispielsweise durch einfache Serienschaltung zweier Stromkonverter vom Typ CC_{II+} erzeugt werden kann.

CC-Schaltung mit kapazitiver Rückführung

Im Unterschied zur ersten Schaltung fließt in der Schaltung nach Abb. 3.27(b) durch den Widerstand R nun die Summe aus i_x und i_z. Da außerdem $i_x = i_z$ ist, gelten die Beziehungen

$$i_x + i_z = -\frac{u_E}{R} = 2i_z \quad \text{und} \quad u_A = i_z \frac{1}{sC} \quad \text{wegen} \quad u_x = u_y = 0 \,.$$

Daraus erhält man dann die Integratorfunktion

$$\frac{u_A}{u_E} = -\frac{1}{2sRC} = -\frac{1}{2sT} \,.$$

Zu beachten ist jedoch, dass in beiden Schaltungen die Integratoren über keinen niederohmigen Spannungsausgang verfügen. Eine Weiterverarbeitung der Spannung u_A macht deshalb eine nachgeschaltete Impedanzwandlerstufe notwendig, die beispielsweise im Baustein AD844 bereits enthalten ist.

Verstärkeranwendungen

Wird in einer der Schaltungen in Abb. 3.27 der Kondensator durch einen Widerstand ersetzt, kann der CC als Verstärker betrieben werden – je nach Einspeisungspunkt invertierend oder nicht-invertierend. Im Vergleich zu den anderen verfügbaren Verstärker-Alternativen mit OPV, CFA oder OTA bietet diese Betriebsart für die Filtertechnik allerdings keine erwähnenswerten Vorteile.

Weitere Anwendungen

Einige interessante Anwendungen ergeben sich, wenn die speziellen Eigenschaften des CC-Bausteins gezielt ausgenutzt werden, wie z. B. die Tatsache, dass der Current Conveyor als eine stromgesteuerte Stromquelle (Current-Controlled Current Source, CCCS), oder – mit Lastwiderstand und Impedanzwandlerstufe – auch als eine stromgesteuerte Spannungsquelle (Current-Controlled Voltage-Source, CCVS) angesehen und eingesetzt werden kann. Zwei Beispiele dazu enthält Abschn. 4.7.3.

4 Kaskadentechnik

4.1 Überblick

Filter höheren Grades werden nach dem Verfahren der Kaskadensynthese aus mehreren in Serie geschalteten Teilfiltern maximal zweiten Grades zusammengesetzt, deren Charakteristiken über die Poldaten normierter Referenztiefpässe zu ermitteln sind (Frequenztransformationen, Abschn. 1.5). Die Umsetzung in eine elektronische Schaltung erfordert für jede Schaltungsvariante spezielle Dimensionierungsgleichungen, die sich aus einem Koeffizientenvergleich zwischen der allgemeinen und der schaltungsspezifischen Systemfunktion ergeben.

Ausgangspunkt für diesen Vergleich ist die Normalform der allgemeinen biquadratischen Systemfunktion, Gl. (1.36) in Abschn. 1.2.3:

$$\underline{H}(s) = \frac{a_0 + a_1 s + a_2 s^2}{1 + s\,\dfrac{1}{\omega_P Q_P} + \dfrac{s^2}{\omega_P^2}}.$$

Gemäß Filterklassifikation in Abschn. 1.2.2 werden für diese Funktion fünf Sonderfälle definiert, die sich – bei gleichem Nenner – nur durch das Zählerpolynom unterscheiden und zu ganz speziellen Übertragungscharakteristiken gehören:

- Tiefpass ($a_1 = a_2 = 0$):

$$\underline{H}(s) = \frac{a_0}{1 + s\,\dfrac{1}{\omega_P Q_P} + \dfrac{s^2}{\omega_P^2}} \xrightarrow{\;s=0\;} a_0 = A_0, \qquad (4.1a)$$

- Hochpass ($a_0 = a_1 = 0$):

$$\underline{H}(s) = \frac{a_2 s^2}{1 + s\,\dfrac{1}{\omega_P Q_P} + \dfrac{s^2}{\omega_P^2}} \xrightarrow{\;s\to\infty\;} a_2 \omega_P^2 = A_\infty, \qquad (4.1b)$$

- Bandpass ($a_0 = a_2 = 0$):

$$\underline{H}(s) = \frac{a_1 s}{1 + s\,\dfrac{1}{\omega_P Q_P} + \dfrac{s^2}{\omega_P^2}} \xrightarrow{\;s=j\omega_P\;} a_1 \omega_P Q_P = A_M, \qquad (4.1c)$$

- Sperrfilter ($a_1 = 0$, $\omega_Z = \sqrt{a_0/a_2}$):

$$\underline{H}(s) = \frac{a_0 + a_2 s^2}{1 + s\dfrac{1}{\omega_P Q_P} + \dfrac{s^2}{\omega_P{}^2}} \xrightarrow{\;s = j\omega_Z\;} 0 \;. \qquad (4.1d)$$

- Allpass ($a_1 = -a_0/\omega_P Q_P$, $a_2 = a_0/\omega_P{}^2$):

$$\underline{H}(s) = a_0 \frac{1 - s\dfrac{1}{\omega_P Q_P} + \dfrac{s^2}{\omega_P{}^2}}{1 + s\dfrac{1}{\omega_P Q_P} + \dfrac{s^2}{\omega_P{}^2}} \xrightarrow{\;s = j\omega_P\;} -a_0 \;. \qquad (4.1e)$$

Die verschiedenen Strategien und Entwurfsgrundlagen zur Schaltungstechnik dieser fünf Filtertypen sind – als zusammenfassender Überblick – in Abschn. 2.1 zu finden. Im vorliegenden Kapitel werden dafür die wichtigsten Schaltungsvarianten vorgestellt und erläutert – unter Einbeziehung aktueller Neuentwicklungen auf dem Gebiet der integrierten Linearverstärker. Die Einteilung dieses Kapitels in Abschnitte orientiert sich dabei an folgender Systematik:

- Technik der frequenzabhängigen Verstärkerrückkopplung mit den Varianten
  - Einfach-Rückkopplung (mit endlicher Verstärkung v),
  - Zweifach-Gegenkopplung (mit Verstärkung $v \to \infty$),
- Filterstufen mit Impedanzkonvertern (GIC-Stufen),
- Filterstufen mit Übertragungsnullstellen,
- Biquadratische Filterstufen (Zustandsvariablen-Strukturen),
- OTA- und CC-Filterstufen.

Zur Unterstützung bei der Dimensionierung der Filterstufen existieren für viele der hier behandelten Schaltungsstrukturen PC-Entwurfsprogramme – teilweise als kostenfreie Entwicklungsversionen mit begrenzter Kapazität. Einzelheiten und Empfehlungen dazu sind in Abschn. 7.2 zusammengestellt.

4.2   Filterstufen mit Einfach-Rückkopplung

4.2.1   Allgemeine Filterstruktur

Nach Abschn. 2.1.2, Gln. (2.6) bis (2.9) und Abb. 2.1, kann ein Verstärker mit endlichem Verstärkungswert v, der mit einem geeigneten Rückkopplungsnetzwerk zweiten Grades versehen ist (Rückkopplungsfunktion $\underline{H}_R$), ein konjugiert-komplexes Polpaar erzeugen. Zusammen mit einem passenden Netzwerk für die Einkopplungsfunktion $\underline{H}_E$ können so die unterschiedlichen Filtercharakteristiken auf der Grundlage des in Abschn. 2.1.2 beschriebenen Prinzips realisiert werden.

Um den Gesamtaufwand an Bauelementen gering zu halten, ist es vorteilhaft, die beiden Funktionen $\underline{H}_E(s)$ und $\underline{H}_R(s)$ durch ein gemeinsames RC-Netzwerk zu bilden, vgl. Rückführungsmodell in Abb. 2.1(b).

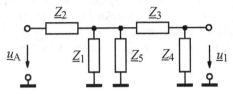

Abb. 4.1 Rückkopplungsnetzwerk

Abb. 4.1 zeigt ein dafür geeignetes einfaches Netzwerk in Abzweigstruktur, dem durch Festlegung der einzelnen Impedanzen $\underline{Z}$ (kapazitiv oder resistiv) das gewünschte Übertragungsverhalten zweiten Grades gegeben werden kann. Die Benennung der Spannungen orientiert sich am Rückkopplungsmodell, Abb. 2.1(b).

Die Signaleingangsspannung $\underline{u}_E$ muss dann an einem Knoten in das Netzwerk eingespeist werden, der bereits auf Bezugspotential (Masse) liegt, damit die Funktion $\underline{H}_R(s)$ dadurch nicht beeinflusst wird. Um die Festlegungen für die einzelnen Bauelemente dabei flexibel handhaben zu können, wird der erste Querzweig in Abb. 4.1 als Parallelschaltung zweier Impedanzen $\underline{Z}_1$ und $\underline{Z}_5$ ausgeführt und $\underline{u}_E$ dann über $\underline{Z}_1$ eingespeist.

Einschränkung Da eine über die RC-Abzweigstruktur, Abb. 4.1, erzeugte Einkopplungsfunktion $\underline{H}_E(s)=\underline{u}_1/\underline{u}_E$ keine komplexen Nullstellen besitzen kann, sind auf diese Weise nur Filterfunktionen ohne Übertragungsnullstellen – das sind die sog. Allpolfilter – zu erzeugen. Filterstufen mit Bandsperreigenschaften sowie elliptische Grundglieder (Cauer-Filter) erfordern deshalb andere Grundstrukturen, die in Abschn. 4.5 beschrieben werden.

4.2.1.1 Grundstruktur

Wird die Rückkopplung eines idealen Spannungsverstärkers mit endlichem Verstärkungswert v durch das Netzwerk von Abb. 4.1 gebildet, entsteht die Grundstruktur in Abb. 4.2. Da das rückgeführte Signal nur über einen Signalzweig eingespeist wird, spricht man auch von der Technik der *Einfach-Rückkopplung*.

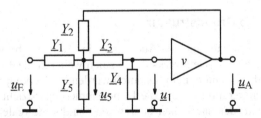

Abb. 4.2 Einfach-Rückkopplung, Grundstruktur zweiten Grades

Im Hinblick auf die Schaltungsanalyse und die Festlegung der Bauelemente ist es sinnvoll, die Impedanzen $\underline{Z}$ durch die entsprechenden Admittanzen $\underline{Y}$ zu ersetzen. Die sich ergebende Leitwertform der Übertragungsfunktion kann dann direkt in die allgemeine Polynomform mit der Frequenzvariablen s überführt werden.

Die in Abb. 4.2 dargestellte Grundstruktur wurde erstmalig im Jahre 1955 für aktive Filteranwendungen vorgeschlagen (Sallen u. Key 1955); die daraus resultierenden Filterschaltungen sind deshalb unter dem Namen Sallen-Key-Filter bekannt geworden.

Systemfunktion

Zur Berechnung der Schaltung in Abb. 4.2 wird für das aktive Element ein idealer Spannungsverstärker mit extrem großem Eingangswiderstand, vernachlässigbar kleinem Ausgangswiderstand und mit einem von der Frequenz unabhängigem Verstärkungswert v angesetzt. Über die beiden aus Abb. 4.2 ablesbaren Knotengleichungen

$$\left(\underline{u}_E - \underline{u}_5\right)\underline{Y}_1 = \left(\underline{u}_5 - \underline{u}_1\right)\underline{Y}_3 + \left(\underline{u}_5 - \underline{u}_A\right)\underline{Y}_2 + \underline{u}_5\underline{Y}_5 ,$$

$$\left(\underline{u}_5 - \underline{u}_1\right)\underline{Y}_3 = \underline{u}_1\underline{Y}_4 \quad \text{mit} \quad \underline{u}_A = \underline{u}_1 v$$

lässt sich die zugehörige allgemeine Systemfunktion angeben:

$$\underline{H}(s) = \frac{\underline{u}_A}{\underline{u}_E} = \frac{v\underline{Y}_1\underline{Y}_3}{\underline{Y}_1\underline{Y}_4 + \underline{Y}_2\underline{Y}_4 + \underline{Y}_3\underline{Y}_4 + \underline{Y}_4\underline{Y}_5 + \underline{Y}_1\underline{Y}_3 + \underline{Y}_3\underline{Y}_5 + \underline{Y}_2\underline{Y}_3\left(1 - v\right)} . \quad (4.2)$$

Verstärkereigenschaften

Das Vorzeichen der Verstärkung v bestimmt die Art der Rückkopplung und ist nach Abschn. 2.1.2, Gl. (2.6) bis (2.9), im Zusammenhang mit der Charakteristik der Rückführung festzulegen. Die sich so ergebenden Mitkopplungs- bzw. Gegenkopplungsstrukturen führen zu den zwei Basisversionen der Sallen-Key-Filter.

Es sei darauf hingewiesen, dass alle Gegenkopplungsstrukturen – als Konsequenz aus der Ansteuerung des invertierenden OPV-Eingangs – zu *invertierenden* Filterschaltungen mit einer Phasenverschiebung von 180° gegenüber den nicht-invertierenden Filtern führen.

Als Verstärkereinheiten kommen nicht-invertierende bzw. invertierende Anordnungen zum Einsatz – realisiert entweder mit klassischen Operationsverstärkern (OPV) oder auch mit Transimpedanzverstärkern (CFA).

4.2.1.2 Erweiterte Grundstruktur

Eine vorteilhafte Erweiterung der Anordnung in Abb. 4.2 besteht darin, beide Schaltungsknoten des *RC*-Netzwerks durch einen weiteren idealen Spannungsverstärker voneinander zu entkoppeln. Dadurch werden die Verknüpfungen zwischen den Bauelementen vereinfacht und die Dimensionierungsbeziehungen durchsichtiger. In Anbetracht der nach oben begrenzten Bandbreite realer Operationsverstärker kann es darüber hinaus vorteilhaft sein, die Gesamtverstärkung v auf zwei Verstärker v_1 und v_2 aufzuteilen (Abb. 4.3).

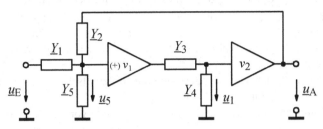

Abb. 4.3 Einfach-Rückkopplung, Grundstruktur mit Entkopplungsverstärker

Systemfunktion

Für die Version mit Entkopplungsverstärker führen die dadurch vereinfachten Knotengleichungen

$$\left(\underline{u}_E - \underline{u}_5\right)\underline{Y}_1 = \left(\underline{u}_5 - \underline{u}_A\right)\underline{Y}_2 + \underline{u}_5\underline{Y}_5 \, ,$$

$$\left(v_1\underline{u}_5 - \underline{u}_1\right)\underline{Y}_3 = \underline{u}_1\underline{Y}_4 \quad \text{mit} \quad \underline{u}_A = \underline{u}_1v_2$$

zu der Systemfunktion

$$\underline{H}(s) = \frac{\underline{u}_A}{\underline{u}_E} = \frac{v_1v_2\underline{Y}_1\underline{Y}_3}{\underline{Y}_1\underline{Y}_4 + \underline{Y}_2\underline{Y}_4 + \underline{Y}_4\underline{Y}_5 + \underline{Y}_1\underline{Y}_3 + \underline{Y}_3\underline{Y}_5 + \underline{Y}_2\underline{Y}_3\left(1 - v_1v_2\right)} . \quad (4.3)$$

Ein Vergleich mit Gl. (4.2) zeigt, daß im Nenner das Glied $\underline{Y}_3\underline{Y}_4$ fehlt und der Verstärkungswert v durch den Ausdruck v_1v_1 ersetzt worden ist. Durch Festlegung eines positiven oder negativen Vorzeichens für dieses Produkt wird die Betriebsart dieser Schaltung – Mit- bzw. Gegenkopplung – bestimmt.

4.2.1.3 Hinweise zur Dimensionierung

Ausgehend von den beiden Grundschaltungen in Abb. 4.2 und 4.3 mit einem bzw. zwei idealen Spannungsverstärkern werden in den folgenden Abschnitten unterschiedliche Möglichkeiten zur Auslegung von Tiefpass-, Hochpass- und Bandpassfiltern zweiten Grades diskutiert. Da es – jedenfalls theoretisch – eine unbeschränkte Zahl möglicher Dimensionierungen für jede Schaltungsvariante gibt, sind nachfolgend einige aus der Anwendungspraxis resultierende Randbedingungen und Vorgaben zusammengestellt.

Als günstig werden i. a. die Dimensionierungen angesehen, bei denen möglichst viele der folgenden Zielsetzungen gleichzeitig erfüllt werden können:

1. Um die Funktion des Filters in einem möglichst großen Frequenzbereich zu garantieren, sind – im Hinblick auf die Eigenschaften realer Operationsverstärker – kleine Verstärkungswerte v anzustreben.

2. Diese Verstärkungen v sollten mit minimalem Schaltungsaufwand – d. h. mit maximal zwei Elementen aus einer der gängigen Widerstandsreihen – und mit bestmöglicher Genauigkeit einstellbar sein.

3. Zu bevorzugen sind deshalb Verstärker nach Abb. 3.5 mit $v=+1$ oder nach Abb. 3.4 mit zwei gleich großen Widerständen für den Wert $v=+2$.

4. Die kennzeichnenden Filterparameter Polfrequenz ω_P, Polgüte Q_P und Grundverstärkung (A_0, A_∞ bzw. A_M) sollten möglichst unabhängig voneinander durch eine geeignete Wahl der Widerstands- und Kapazitätswerte festgelegt werden können.

5. Möglichst viele der passiven Bauelemente sollten als Standardwerte direkt aus den gängigen Normreihen wählbar sein.

6. Alle Widerstände und Kapazitäten sollten in den bevorzugten Bereichen

$$R \approx (10^2 ... 10^5)\Omega \quad \text{bzw.} \quad C \approx (0,1 ... 1000)10^{-9}\text{F}$$

liegen, um nicht in die Größenordnung der vernachlässigten Eingangs- und Ausgangsimpedanzen der Verstärkereinheiten bzw. der parasitären Schaltkapazitäten zu kommen. Das maximale Verhältnis k zweier Bauelementewerte innerhalb einer Filterstufe

$$k_{max} = (X_A / X_B)_{max}$$

wird in diesem Zusammenhang als *Komponentenspreizung* bezeichnet.

7. Im Hinblick auf die Punkte 5 und 6 sind die Verhältnisse $k=10$, 1 oder 0,1 zu bevorzugen. Aus praktischen Gründen ist es außerdem sinnvoll, bei der Formulierung der Dimensionierungsbeziehungen zunächst nur mit den Verhältniszahlen k zu arbeiten – unabhängig von dem später festzulegenden Impedanzniveau der Bauelemente.

4.2.2 Tiefpassfilter

Soll die Übertragungsfunktion Tiefpasscharakter besitzen, sind die Admittanzen in Gl. (4.2) bzw. Gl. (4.3) so zu wählen, dass die Systemfunktion die allgemeine Normalform von Gl. (4.1a) annimmt. Da der Zähler jeweils aus einer Konstanten bestehen muss, sind die beiden Elemente $\underline{Y}_1$ und $\underline{Y}_3$ immer als reelle Widerstände zu wählen.

Zusammen mit den beiden möglichen Vorzeichen für den Verstärkungswert v führen die Grundstrukturen in den Abb. 4.2 und 4.3 zu vier Schaltungen – zwei Mitkopplungs- und zwei Gegenkopplungsschaltungen, die in diesem Abschnitt näher untersucht werden.

4.2.2.1 Mitkopplungsstruktur

Die Grundstruktur in Abb. 4.2 besitzt die gewünschten Tiefpasseigenschaften, wenn die fünf Elemente wie folgt festgelegt werden:

$$\underline{Y}_1 = 1/R_1, \quad \underline{Y}_3 = 1/R_3, \quad \underline{Y}_5 = 1/R_5, \quad \underline{Y}_2 = sC_2, \quad \underline{Y}_4 = sC_4,$$

$$\underline{Y}_P = \underline{Y}_1 + \underline{Y}_5 \quad \Rightarrow \quad R_P = R_1 \| R_5. \tag{4.4}$$

Daraus ergibt sich die Tiefpassgrundschaltung in Abb. 4.4. Als aktives Element kommt ein Operationsverstärker (Abschn. 3.1.2) oder ein Transimpedanzverstärker (Abschn. 3.3.2) zum Einsatz – jeweils in der nicht-invertierenden Anordnung.

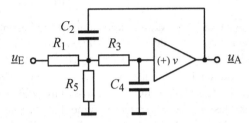

Abb. 4.4 Sallen-Key-Tiefpass, Mitkopplungsstruktur

Systemfunktion

Mit der Bauelementewahl nach Gl. (4.4) entsteht aus Gl. (4.2) nach einigen Umformungen die Normalform der zugehörigen Systemfunktion:

$$\underline{H}(s) = \frac{v(R_P/R_1)}{1+s\left[R_P C_4\left(1+R_3/R_1+R_3/R_5\right)+R_P C_2\left(1-v\right)\right]+s^2 R_P R_3 C_2 C_4}. \qquad (4.5)$$

Anmerkung Ein Tiefpass entsteht auch, wenn in Gl. 4.4 die Elemente Y_2 und Y_5 vertauscht werden (also Y_2 reell und Y_5 kapazitiv). Ein konjugiert-komplexes Polpaar mit $Q_P > 0,5$ ist dann aber nur für negative Verstärkungen v möglich. Diese Gegenkopplungsschaltung wird in Abschn. 4.2.2.3 untersucht.

Dimensionierung

Aus der Vielzahl möglicher Dimensionierungen der Schaltung in Abb. 4.4 werden zwei sinnvolle und grundsätzlich unterschiedliche Ansätze ausgewählt, um sie im Rahmen von drei Sonderfällen näher zu untersuchen:

- Festlegung günstiger Ausgangsbedingungen für die passiven Elemente mit anschließender Berechnung des zugehörigen Verstärkungswertes v (Fall 1), oder
- Vorgabe einfach zu realisierender Verstärkungswerte v mit anschließender Berechnung der Bauelemente (Fälle 2 und 3).

Fall 1 (Gleiche Bauelemente)

Die Festlegungen nach Gl.(4.4) werden wie folgt vereinfacht:

$$R_1 = R_3 = R \ , \quad C_2 = C_4 = C \ , \quad R_5 \to \infty \quad \text{mit} \quad R_P = R_1 \ .$$

Für diesen Sonderfall mit jeweils gleichen Werten für die vier Bauelemente geht die Systemfunktion, Gl. (4.5), über in

$$\underline{H}(s) = \frac{v}{1+sRC\left(3-v\right)+s^2 R^2 C^2} \ . \qquad (4.6a)$$

Der Koeffizientenvergleich zwischen Gl. (4.6) und der Tiefpass-Normalform, Gl. (4.1a), liefert den Zusammenhang zwischen den vorzugebenden Poldaten und den Bauelementen:

$$A_0 = v, \quad \omega_P = 1/RC, \quad Q_P = 1/(3-v).$$ (4.6b)

Die Polfrequenz ω_P ist also über die Zeitkonstante RC zu bestimmen. Unabhängig davon kann die Güte Q_P über den Verstärkungswert v eingestellt werden, der gleichzeitig auch den Wert der Grundverstärkung A_0 festlegt.

Anmerkung Die von der Polgüte abhängige Verstärkung $v = 3 - 1/Q_P$ unterscheidet sich für relativ große Polgüten nur wenig vom Grenzfall $v_{max} = 3$ (Stabilitätsgrenze, $Q_P \rightarrow \infty$), so dass in diesen Fällen extreme Toleranzanforderungen an die den Wert v bestimmenden Widerstände R_R und R_0 zu stellen sind (vgl. Abb. 3.4). Aus diesem Grunde beschränkt sich die Anwendung dieser vereinfachten Dimensionierung auf Filter mit Polgüten $Q_{P,max} \approx 3...4$.

Fall 2 (Vorgabe der Verstärkung v)

Im Hinblick auf die Abhängigkeit der Polgüte von dem Verstärkungswert v erscheint es sinnvoll, spezielle Dimensionierungsbeziehungen abzuleiten, die es erlauben, möglichst einfach und exakt zu realisierende Werte für v vorzugeben. In diesem Zusammenhang sei auf spezielle Verstärker-ICs hingewiesen (Fixed-Gain-Amplifier), bei denen der Operationsverstärker über zwei interne Präzisionswiderstände – Genauigkeit besser als 0,1 % – gegengekoppelt ist. Derartige Verstärker sind für sehr viele und zumeist ganzzahlige Verstärkungswerte v verfügbar.

Wie im Fall 1 erweist sich auch hier ein vereinfachter und für die Schaltungspraxis sinnvoller Ansatz mit zwei gleichen Kapazitäten und ohne das Element R_5 als durchführbar:

$$R_3 = k_R R_1, \quad C_2 = C_4 = C, \quad R_5 \rightarrow \infty \quad \text{mit} \quad R_P = R_1.$$

Damit nimmt die Systemfunktion Gl. (4.5) die folgende Form an:

$$\underline{H}(s) = \frac{v}{1 + sR_1C(2 + k_R - v) + s^2 R_1^2 C^2 k_R}.$$ (4.7a)

Der Koeffizientenvergleich mit Gl. (4.1a) liefert die Beziehungen

$$A_0 = v, \quad \omega_P = \frac{1}{R_1 C \sqrt{k_R}}, \quad Q_P = \frac{\sqrt{k_R}}{2 + k_R - v}.$$ (4.7b)

Nach Vorgabe der Polgüte Q_P und Wahl eines günstigen Verstärkungswertes v kann das erforderliche Widerstandsverhältnis k_R dann ermittelt werden:

$$k_R = v - 2 + \frac{1}{2Q_P^2}\left(1 + \sqrt{1 + 4Q_P^2(v-2)}\right).$$ (4.7c)

Die Polfrequenz ω_P wird durch das frei wählbare Widerstandsniveau und den Kapazitätswert $C_2 = C_4 = C$ eingestellt.

Sonderfall (Verstärkung $v=2$)   Besonders einfache Verhältnisse ergeben sich für $v=2$ mit zwei gleichen Gegenkopplungswiderständen $R_0=R_R$. In diesem speziellen Fall gilt

$$A_0 = 2, \quad \omega_P = \frac{1}{R_1 C \sqrt{k_R}}, \quad Q_P = \sqrt{\frac{1}{k_R}} \quad \Rightarrow \quad k_R = R_3/R_1 = 1/Q_P^2. \tag{4.8}$$

Die Polgüte Q_P wird also nur noch durch das Widerstandsverhältnis k_R bestimmt.

Fall 3 (Schaltung mit Einsverstärker)

Eine von Widerstandstoleranzen unabhängige Einstellung des Verstärkungswertes wird durch die Vorgabe $v=1$ ermöglicht, vgl. Abb. 3.5. Wird ein Transimpedanzverstärker (CFA) eingesetzt, ist dieser mit einem Widerstand R_R in der Rückkopplung nach Hersteller-Empfehlung zu beschalten, s. Abb. 3.21(a).

Mit $v=1$ und für die auch hier mögliche Vereinfachung mit $R_5 \to \infty$ bzw. $R_P \to R_1$ nimmt die Tiefpassfunktion, Gl. (4.5), die folgende Form an:

$$\underline{H}(s) = \frac{1}{1 + sC_4 \left(R_1 + R_3\right) + s^2 R_1 R_3 C_2 C_4}. \tag{4.9a}$$

Im Unterschied zu den bisher diskutierten Fällen ist jetzt eine Vereinfachung mit zwei gleichen Kapazitätswerten aber nicht mehr möglich. Mit den Verhältnissen

$$k_C = C_2/C_4 \quad \text{und} \quad k_R = R_3/R_1$$

führt der Koeffizientenvergleich mit der Normalform, Gl. (4.1a), auf

$$A_0 = 1, \quad \omega_P = \frac{1}{R_1 C_4 \sqrt{k_R k_C}}, \quad Q_P = \frac{\sqrt{k_R k_C}}{\left(1 + k_R\right)}. \tag{4.9b}$$

Wird der Ausdruck für Q_P nach k_R aufgelöst, ist das geforderte Widerstandsverhältnis als Funktion der beiden vorzugebenden Größen k_C und Q_P zu berechnen:

$$k_{R1,2} = \frac{k_C}{2Q_P^2} - 1 \pm \frac{k_C}{2Q_P^2} \sqrt{1 - \frac{4Q_P^2}{k_C}}. \tag{4.9c}$$

Für reelle Lösungen muss der Ausdruck unter der Wurzel positiv sein: $k_C \geq 4Q_P^2$. Wie eine genaue Analyse dieses Ergebnisses zeigt, gilt für die beiden möglichen Lösungen dabei immer der Zusammenhang $k_{R1}=1/k_{R2}$.

Beispiele

Für die drei oben diskutierten Dimensionierungsfälle werden die Bauelemente der Tiefpassschaltung in Abb. 4.4 ermittelt.

- Vorgaben: Tiefpass zweiten Grades mit Tschebyscheff-Verhalten, Welligkeit $w=1$ dB, Durchlassgrenze bei $f_D=10^3$ Hz.
- Poldaten: Nach Abschn. 1.4.2, Tabelle 1.2:

  $Q_P = 0{,}9565;\ \Omega_P = \omega_P/\omega_D = 1{,}05 \Rightarrow \omega_P = 1{,}05 \cdot 2\pi \cdot f_D = 6{,}597 \cdot 10^3$ rad/s.

Dimensionierung Fall 1 (gleiche Bauelemente), Gl. (4.6):

$$RC = \frac{1}{\omega_P} = \frac{1}{6,597 \cdot 10^3} = 0,1516 \cdot 10^{-3}\,s\,.$$

- Kapazitäten (Wahl): $C_2 = C_4 = C = 0,1\,\mu F$ $\Rightarrow$ $R = 1,516\,k\Omega$.
- Verstärkungswert: $v = 3 - 1/Q_P = 3 - 1/0,9565 = 1,9545$.
- Kommentar: Die Einstellung des Gütewertes bzw. des zugehörigen Verstärkungswertes v ist problematisch, da Verstärkungsabweichungen überproportional an Q_P weitergegeben werden.

Dimensionierung Fall 2 (Verstärkung v=2), Gl. (4.8):

$$k_R = \frac{1}{Q_P^2} = 1,093\,,\quad k_C = 1\ (\text{Vorgabe})\quad \Rightarrow\quad R_1 C = \frac{1}{\omega_P \sqrt{k_R}} = 145 \cdot 10^{-6}\,s\,.$$

- Kapazitäten (Wahl): $C = C_2 = C_4 = 0,1\,\mu F$,
- Widerstände: $R_1 = 145 \cdot 10^{-6}/0,1 \cdot 10^{-6} = 1,45\,k\Omega$ und $R_3 = k_R R_1 = 1,585\,k\Omega$.
- Kommentar: Sehr geringe Komponentenspreizung ($k_R \approx 1$ und $k_C = 1$) mit günstigem Verstärkungswert (zwei gleiche Widerstände für $v=2$).

Dimensionierung Fall 3 (Einsverstärker), Gl. (4.9):

$$k_C \geq 4 \cdot 0,9565^2 = 3,66\quad \Rightarrow\quad \text{Wahl: } k_C = 10\,.$$

$$k_{R1} = 1/k_{R2} = 8,8168\quad \Rightarrow\quad R_1 C_4 = \frac{1}{\omega_P \sqrt{k_{R1} k_C}} = 16,14 \cdot 10^{-6}\,s\,.$$

- Kapazitäten (Wahl): $C_2 = 0,1\,\mu F$ $\Rightarrow$ $C_4 = C_2/k_C = 0,01\,\mu F$,
- Widerstände: $R_1 = 16,14 \cdot 10^{-6}/0,01 \cdot 10^{-6} = 1,614\,k\Omega$; $R_3 = k_{R1} R_1 = 14,23\,k\Omega$.
- Kommentar: Dem Vorteil der genauen und toleranzfreien Verstärkungseinstellung mit $v=1$ steht als Nachteil die größere Komponentenspreizung gegenüber ($k_R \approx 9$ und $k_C = 10$).

■

4.2.2.2 Erweiterte Mitkopplungsstruktur

Die Erweiterung der Schaltung durch einen zusätzlichen Entkopplungsverstärker nach dem ersten Knoten, s. Abb. 4.3, führt zu einer Vereinfachung der Dimensionierungsbedingungen. Mit unveränderter Bauelementezuordnung gemäß Gl. (4.4) und der auch hier möglichen Vereinfachung mit $\underline{Y}_5 = 0$ ($R_5 \to \infty$) entsteht die Tiefpassanordnung mit zwei nicht-invertierenden Verstärkern in Abb. 4.5.

Systemfunktion und Dimensionierung

Zum Vergleich mit der Grundstruktur in Abb. 4.4 wird die erweiterte Schaltung hier nur für die in der Praxis interessante Dimensionierung untersucht, bei der das Verstärkungsprodukt $v_1 v_2$ vorgegeben werden kann, Abschn. 4.2.2.1, Fall 2.

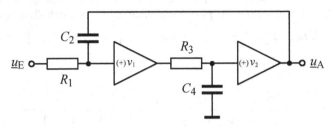

Abb. 4.5 Sallen-Key-Tiefpass, erweiterte Mitkopplungsstruktur

Mit $R_3 = k_R R_1$, $C_2 = C_4 = C$, $R_P = R_1$ $(R_5 \rightarrow \infty)$

geht die allgemeine Systemfunktion, Gl. (4.3), über in

$$\underline{H}(s) = \frac{v_1 v_2}{1 + s R_1 C \left(1 + k_R - v_1 v_2\right) + R_3 + s^2 R_1{}^2 C^2 k_R}. \tag{4.10a}$$

Nach Koeffizientenvergleich mit Gl. (4.1a) erhält man die Kenngrößen

$$A_0 = v_1 v_2, \quad \omega_P = \frac{1}{R_1 C \sqrt{k_R}}, \quad Q_P = \frac{\sqrt{k_R}}{1 + k_R - v_1 v_2}. \tag{4.10b}$$

Wird der Ausdruck für die Polgüte nach k_R aufgelöst, erhält man für das Widerstandsverhältnis

$$k_R = v_1 v_2 - 1 + \frac{1}{2 Q_P{}^2} \left(1 + \sqrt{1 + 4 Q_P{}^2 \left(v_1 v_2 - 1\right)}\right).$$

Der für die Praxis besonders interessante Spezialfall $v_1 v_2 = 1$ mit zwei Einsverstärkern führt zu den Beziehungen

$$A_0 = 1, \quad \omega_P = \frac{1}{R_1 C \sqrt{k_R}}, \quad Q_P = \sqrt{\frac{1}{k_R}} \quad \Rightarrow \quad k_R = R_3 / R_1 = 1 / Q_P{}^2. \tag{4.10c}$$

Interessanterweise haben sich hier die gleichen Zusammenhänge ergeben wie bei der Grundschaltung für den Sonderfall mit $v=2$, vgl. Gl. (4.8).

4.2.2.3 Gegenkopplungsstruktur

Nach Abschn. 2.1.1, Gl. (2.6), sind konjugiert-komplexe Pole auch mit negativen Verstärkungswerten zu erzeugen, sofern der Rückführungsvierpol Tiefpassverhalten aufweist. Im Rückkopplungsnetzwerk, Abb. 4.1, sind die Admittanzen $\underline{Y}_4$ und $\underline{Y}_5$ dafür kapazitiv zu wählen.

Systemfunktion

Als aktives Element mit negativer Verstärkung wird in der Grundschaltung, Abb. 4.2, ein als Inverter betriebener Operationsverstärker (Abschn. 3.1.3, Abb. 3.6) eingesetzt. Zu beachten ist dabei, dass – im Gegensatz zu der nicht-invertierenden Schaltung – der Verstärkereingangswiderstand $r_E = R_0$ nicht vernachlässigt werden darf und deshalb beim Element $\underline{Y}_4$ zu berücksichtigen ist. Deshalb entsteht mit

$$\underline{Y}_1 = 1/R_1, \quad \underline{Y}_2 = 1/R_2, \quad \underline{Y}_3 = 1/R_3, \quad \underline{Y}_4 = sC_4 + 1/R_0, \quad \underline{Y}_5 = sC_5$$

aus Gl. (4.2) die Systemfunktion

$$\underline{H}(s) = \frac{\dfrac{v}{R_1 R_3}}{\dfrac{1}{R_1 R_3} + \dfrac{1-v}{R_2 R_3} + \dfrac{sC_5}{R_3} + \left(sC_4 + \dfrac{1}{R_0}\right)\left(\dfrac{1}{R_1} + \dfrac{1}{R_2} + \dfrac{1}{R_3} + sC_5\right)}. \quad (4.11)$$

Die komplette Filterschaltung zeigt Abb. 4.6.

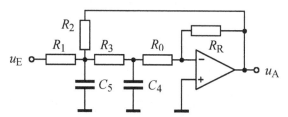

Abb. 4.6 Sallen-Key-Tiefpass, Gegenkopplungsgrundschaltung

Dimensionierung

Mit dem auch hier möglichen Ansatz jeweils gleicher Bauelemente

$$R_1 = R_2 = R_3 = R_0 = R \quad \text{und} \quad C_4 = C_5 = C$$

vereinfacht sich Gl. (4.11) zu

$$\underline{H}(s) = \frac{\dfrac{v}{5-v}}{1 + s\dfrac{5RC}{5-v} + s^2 \dfrac{R^2 C^2}{5-v}}. \quad (4.12a)$$

Durch Vergleich mit Gl. (4.1a) erhält man die Filterkenngrößen

$$A_0 = \frac{v}{5-v}, \quad \omega_P = \frac{1}{RC}\sqrt{5-v}, \quad Q_P = \frac{1}{5}(5-v), \quad v = -\frac{R_R}{R}. \quad (4.12b)$$

Die Polfrequenz ω_P kann also über das Produkt RC und die Polgüte Q_P über den Verstärkungswert v kontrolliert werden:

$$v = 5 - 25Q_P^2 \quad \text{mit } v < 0 \text{ für } Q_P > 0{,}447. \quad (4.12c)$$

Verstärkungswerte Die unten tabellierten drei Beispiele zeigen, dass mit der Schaltung nach Abb. 4.6 Gütewerte $Q_P > 0,5$ nur mit negativen OPV-Verstärkungen v zu erzielen sind. Der Betrag der Tiefpassgrundverstärkung A_0 ist – als Konsequenz aus der vereinfachten Dimensionierung – nicht mehr frei wählbar und betragsmäßig immer kleiner als eins.

$Q_P = 0,7071$	$v = -7,5$	$A_0 = -0,6$
$Q_P = 1$	$v = -20$	$A_0 = -0,8$
$Q_P = 3$	$v = -220$	$A_0 = -0,98$

Wie die Beispiele aber auch zeigen, ergeben sich im Vergleich zu den im vorigen Abschnitt besprochenen Mitkopplungsschaltungen wegen des quadratischen Zusammenhangs mit Q_P relativ große Werte für v. Als Folge davon führt die frequenzabhängige Charakteristik realer Operationsverstärker schon bei vergleichsweise kleinen Frequenzen zu deutlichen Verfälschungen der gewünschten Filterkurve. Der Anwendungsbereich dieser Schaltung beschränkt sich daher auf relativ kleine Polgüten bzw. einen relativ kleinen Frequenzbereich (s. dazu auch die SPICE-Simulation in Abschn. 4.2.2.5, Abb. 4.7, Kurve 3).

4.2.2.4 Erweiterte Gegenkopplungsstruktur

Wie bei den mitgekoppelten Strukturen können auch hier die Randbedingungen bei der Schaltungsdimensionierung durch Einfügen eines Entkopplungsverstärkers verbessert werden. Mit den gleichen Bauelementevorgaben wie bei der Grundschaltung im vorigen Abschnitt erhält man über die allgemeine Funktion, Gl. (4.3), nach einigen Umformungen die Systemfunktion

$$\underline{H}(s) = \frac{\dfrac{v_1 v_2}{4 - v_1 v_2}}{1 + s\dfrac{4RC}{4 - v_1 v_2} + s^2 \dfrac{R^2 C^2}{4 - v_1 v_2}} \,. \tag{4.13}$$

Dabei ist v_1 dem nicht-invertierenden Entkopplungsverstärker zugeordnet, und v_2 ist – analog zur Grundschaltung in Abb. 4.6 – die Verstärkung der invertierenden OPV-Stufe

$$v_2 = -|v_2| = -\frac{R_R}{R_0} \,.$$

Der aus Gl. (4.13) über Koeffizientenvergleich mit Gl. (4.1a) ablesbare Zusammenhang

$$Q_P = \frac{1}{4}\sqrt{4 - v_1 v_2} \quad \Rightarrow \quad v_1 v_2 = 4 - 16 Q_P^2$$

führt unter der Voraussetzung jeweils gleicher Verstärkungswerte $v_1 = |v_2|$ auf

$$v_1 = |v_2| = \sqrt{16 Q_P^2 - 4} = 2\sqrt{4 Q_P^2 - 1} \,. \tag{4.14}$$

In der Praxis müssen beide Verstärkungswerte natürlich nicht identisch sein; allerdings ist es – im Interesse einer optimalen Nutzung der nach oben begrenzten Bandbreite realer Verstärker – sinnvoll, beide Verstärkungen zahlenmäßig ungefähr gleich zu wählen. Die folgenden drei Beispiele zeigen, dass in diesem Fall deutlich kleinere Werte als in der Grundschaltung, Abschn. 4.2.2.3, gefordert werden.

$Q_P=0,7071$	$v_1=|v_2|=2$	$A_0=-0,5$
$Q_P=1$	$v_1=|v_2|=3,464$	$A_0=-0,75$
$Q_P=3$	$v_1=|v_2|=11,83$	$A_0=-0,97$

Die Aufteilung der Gesamtverstärkung v_1v_2 auf zwei Verstärkereinheiten führt jedoch nur zu einer partiellen Verbesserung des Übertragungsverhaltens im höheren Frequenzbereich, da sich die – pro Verstärker zwar geringeren – Phasenfehler wegen der Serienschaltung in ihrer Wirkung aber addieren (s. dazu die SPICE-Simulation in Abschn. 4.2.2.5, Abb. 4.7, Kurve 4).

4.2.2.5 Einflüsse nicht-idealer Verstärkereigenschaften

Wie in Abschn. 3.1.1 ausführlich erläutert, wird bei der Dimensionierung aktiver Filterstufen die Verstärkereinheit mit idealisierten Eigenschaften angesetzt. Dieses gilt im besonderen Maße für die Frequenzabhängigkeit der offenen Verstärkung $\underline{A}_U(j\omega)$. Oberhalb welcher Frequenzen und in welcher Form der Einfluss dieser realen Frequenzcharakteristik sich als Abweichung vom Idealverlauf der Filterfunktion bemerkbar macht, hängt sowohl vom Verstärkertyp als auch von der gewählten Filterstruktur ab. Die Reaktion des Filters auf diese nicht-idealen Einflüsse liefert damit ein geeignetes Vergleichskriterium zur Bewertung der unterschiedlichen Strukturvarianten.

In Abb. 4.7 werden die Beträge dreier Übertragungsfunktionen von Sallen-Key-Tiefpässen dem Idealverlauf gegenüber gestellt. Die Durchlassgrenze wird dabei – im Vergleich zur OPV-Transitfrequenz – mit 50 kHz absichtlich hoch gewählt, um den Einfluss der frequenzabhängigen OPV-Verstärkung deutlich erkennen zu können. Es handelt sich dabei um die Ergebnisse von SPICE-Simulationen auf der Basis realer Modelle des Operationsverstärkers vom Typ 741 (Transitfrequenz $f_T\approx1$ MHz). Alle Widerstands- und Kapazitätswerte wurden dabei als ideal und toleranzfrei angesetzt.

Vorgaben für die Simulation
- Tiefpass zweiten Grades mit Tschebyscheff-Verhalten,
- Polgüte $Q_P=1$, Durchlassgrenze bei $f_D=50$ kHz (Kurve 1, ideal),
- Strukturvarianten
  - Mitkopplungsstruktur (MK) mit $v=1$, Abb. 4.4,
  - Gegenkopplungsstruktur (GK), Abb. 4.6,
  - Erweiterte Gegenkopplungsstruktur (GK), Abschn. 4.2.2.4.

Um die Kurven besser miteinander vergleichen zu können, wurde für die Darstellung in Abb. 4.7 eine Normierung auf die teilweise unterschiedlichen Grundverstärkungen A_0 vorgenommen.

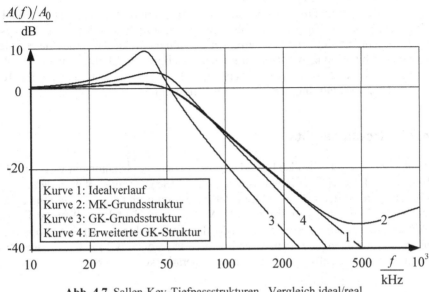

Abb. 4.7 Sallen-Key-Tiefpassstrukturen, Vergleich ideal/real

Auswertung

Die Simulationsergebnisse decken den verfälschenden Einfluss der mit steigender Frequenz abnehmenden OPV-Verstärkung bzw. der damit verknüpften Phasendrehungen auf. So ist das Übertragungsverhalten der Mitkopplungsstruktur (Kurve 2) zunächst fast identisch mit dem Idealverlauf (Kurve 1). Allerdings wird nur eine Maximaldämpfung von etwa 35 dB erreicht und oberhalb von 500 kHz kommt es sogar wieder zu einem Anstieg der Funktion.

Dieses Verhalten wird verursacht durch den zunächst vernachlässigbar kleinen Ausgangswiderstand des Verstärkers, der bei wachsender Frequenz und sinkender Schleifenverstärkung kontinuierlich bis zum OPV-Nennwert r_A ansteigt. Zusammen mit der Impedanz der Kapazität C_2 im Rückführungspfad bildet r_A dann einen Spannungsteiler mit Hochpasswirkung, an dem ein mit der Frequenz steigendes Ausgangssignal produziert wird – getrieben durch die am ersten Schaltungsknoten (s. Abb. 4.4) wirkende Signalspannung.

Die beiden Gegenkopplungsstrukturen (Kurven 3 und 4) haben in dieser Beziehung sehr viel bessere Eigenschaften, zeigen dafür aber im Bereich der Durchlassgrenze um 50 kHz deutliche Abweichungen vom Idealverlauf. So verursacht die Grundschaltung, Abb. 4.6, eine Überhöhung von fast 10 dB (ideal: 1,2 dB). Allerdings wird die kleinere Überhöhung der Zweiverstärkerschaltung (Kurve 4: ca. 4,5 dB) erkauft durch die Ausdehnung des Durchlassbereichs bis auf etwa 60 kHz.

Die Entscheidung für oder gegen eine dieser drei Schaltungsvarianten führt immer zu einem Kompromiss und hängt im Einzelfall von den jeweils dominierenden Vorgaben ab: Welligkeit im Durchlassbereich, Genauigkeit der Durchlassgrenze, minimale Dämpfung im Sperrbereich.

Bei der Bewertung der oben präsentierten Simulationsergebnisse ist zu berücksichtigen, dass die Kurven Ergebnisse einer *linearen* Wechselspannungsanalyse sind und nur die Tendenz der einzelnen Schaltungsstrukturen zu kleineren oder größeren Abweichungen aufzeigen können. Nichtlineare Effekte – wie z. B. die geringe Slew Rate einiger Verstärkertypen – können evtl. schon bei Frequenzen ab 10 kHz zu Verfälschungen der Filterfunktion führen.

4.2.3 Hochpassfilter

Analog zur Vorgehensweise beim Tiefpass können die Schaltungen von Abb. 4.2 bzw. Abb. 4.3 auch als Hochpass ausgelegt werden. Es muss aber erwähnt werden, dass aktive Hochpässe im Sinne der Definition nach Gl. (4.1b) wegen der mit steigender Frequenz abfallenden OPV-Verstärkung nicht herstellbar sind. Alle aktiven Hochpassfilter können deshalb das gewünschte Übertragungsverhalten oberhalb ihrer Durchlassgrenze nur in einem nach oben begrenzten Frequenzbereich annähern (Idealisierungsbereich des Operationsverstärkers).

4.2.3.1 Mitkopplungsstruktur

Die Admittanzen $\underline{Y}_1$ bis $\underline{Y}_5$ der allgemeinen Filterstruktur Abb. 4.2 sind so festzulegen, dass die zugehörige Systemfunktion, Gl. (4.2), die Form der allgemeinen Hochpassfunktion, Gl.(4.1b), annimmt. Dabei zeigt sich, dass auch hier – wie beim Tiefpass – das Element Y_5 entfallen kann. Das quadratische s-Glied im Zähler wird über die zwei Kapazitäten C_1 und C_3 erzeugt:

$$\underline{Y}_1 = sC_1, \quad \underline{Y}_2 = 1/R_2, \quad \underline{Y}_3 = sC_3, \quad \underline{Y}_4 = 1/R_4, \quad \underline{Y}_5 = 0. \quad (4.15)$$

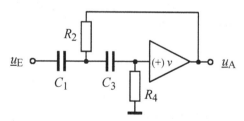

Abb. 4.8 Sallen-Key-Hochpass, Mitkopplungsstruktur

Abb. 4.8 zeigt die zugehörige Schaltung für den Sallen-Key-Hochpass, dessen Grundstruktur nach den Gesetzen der $RC \rightarrow CR$-Transformation (Abschn. 1.5.6, Abb. 1.21) auch aus dem Tiefpass in Abb. 4.4 durch formalen Austausch der Elemente R und C abgeleitet werden kann.

Systemfunktion

Wird Gl. (4.15) in Gl. (4.2) eingesetzt, entsteht die Hochpassfunktion:

$$\underline{H}(s) = \frac{s^2 v R_2 R_4 C_1 C_3}{1 + s\left[R_2 \left(C_1 + C_3 \right) + R_4 C_3 \left(1 - v \right) \right] + s^2 R_2 R_4 C_1 C_3} . \tag{4.16}$$

Werden die Verhältniszahlen $k_R = R_4/R_2$ und $k_C = C_3/C_1$ in Gl. (4.16) eingeführt, erhält man nach Vergleich mit der allgemeinen Normalform, Gl. (4.1b), die Beziehungen

$$A_\infty = v, \quad \omega_P = \frac{1}{R_2 C_1 \sqrt{k_C k_R}}, \quad Q_P = \frac{\sqrt{k_C k_R}}{1 + k_C + k_C k_R \left(1 - v \right)} . \tag{4.17}$$

Dimensionierung

Analog zum Tiefpassfall werden auch hier die drei Sonderfälle diskutiert, die zu günstigen und einfachen Dimensionierungsbeziehungen führen.

Fall 1 (Gleiche Bauelemente)

Mit der Vereinfachung $k_R = k_C = 1$ erhält man aus Gl. (4.17)

$$A_\infty = v, \quad \omega_P = 1/R_2 C_1, \quad Q_P = 1/\left(3 - v \right) . \tag{4.18}$$

Da diese Beziehungen den Tiefpassgleichungen, Gl. (4.7), entsprechen, gelten auch hier die gleichen Einschränkungen bezüglich der praktischen Grenzen für die Polgüte ($Q_{P,\max} \approx 3...4$).

Fall 2 (Vorgabe der Verstärkung $v=2$)

Für den Fall $v=2$ vereinfacht sich der Ausdruck für die Polgüte in Gl. (4.17) zu

$$Q_P = \frac{\sqrt{k_C k_R}}{1 + k_C - k_C k_R} .$$

Wird $k_C = 1$ gewählt, ergibt sich für das erforderliche Widerstandsverhältnis:

$$k_{R1,2} = 2 + \frac{1}{2 Q_P^2} \left(1 \mp \sqrt{1 + 8 Q_P^2} \right) \quad \text{für } k_C = 1 . \tag{4.19}$$

Von den beiden Lösungen der quadratischen Gleichung wird nur der kleinere Wert k_{R1} verwendet, da die Polgüte Q_P für den größeren Wert k_{R2} negativ wird.

Fall 3 (Schaltung mit Einsverstärker)

Für den Spezialfall $v=1$ erhält man aus Gl. (4.17)

$$Q_P = \frac{\sqrt{k_C k_R}}{1 + k_C} \quad \Rightarrow \quad k_R = Q_P^2 \left(2 + k_C + 1/k_C \right) . \tag{4.20}$$

Die nähere Untersuchung des Zusammenhangs zwischen der Polgüte Q_P und k_R zeigt, dass für alle k_C immer $k_R \geq 4 Q_P^2$ gilt.

Beispiele

In Anlehnung an die Beispiele zur Tiefpassdimensionierung (Abschn. 4.2.2.1) wird ein Hochpass mit gleicher Charakteristik und gleicher Durchlassgrenze für die drei behandelten Sonderfälle entworfen.

- Vorgaben: Hochpass zweiten Grades mit Tschebyscheff-Verhalten, Welligkeit $w=1$ dB, Durchlassgrenze $f_D=1000$ Hz.
- Poldaten: Die der Durchlassgrenze f_D entsprechende Hochpass-Polfrequenz kann über die tabellierten Tiefpass-Poldaten ermittelt werden, indem die Tiefpass-Hochpass-Transformation, Gl. (1.85) in Abschn. 1.5.2, auf die jeweilige Polfrequenz angewendet wird (Tiefpassvariable Ω, Hochpassvariable ω):

$$\Omega = \frac{\omega_D}{\omega} \xrightarrow[\omega=\omega_P]{\Omega=\Omega_P} \Omega_P = \frac{\omega_D}{\omega_P} \ .$$

Für den Tschebyscheff-Referenztiefpass liefert Tabelle 1.2 (Abschn. 1.4.2):

$$Q_P = 0,9565 \quad \text{und} \quad \Omega_P = 1,05 \ .$$

Damit gilt für den zu dimensionierenden Hochpass

$$\omega_P = \frac{\omega_D}{\Omega_P} = \frac{2p \cdot f_D}{\Omega_P} = \frac{2p \cdot 10^3}{1,05} = 5,984 \cdot 10^3 \text{ rad/s} \ .$$

Die Polfrequenz des Hochpassfilters liegt damit um den Faktor $\Omega_P^2=1,1025$ unter der Polfrequenz eines Tiefpassfilters mit gleicher Durchlassgrenze f_D.

Dimensionierung Fall 1 (Gleiche Bauelemente), Gl. (4.18):

$$R_2 C_1 = \frac{1}{\omega_P} = \frac{1}{5,984 \cdot 10^3} = 0,1671 \cdot 10^{-3} \text{ s} \ .$$

- Wahl: $C_1 = C_3 = 0,1 \,\mu\text{F} \implies R_2 = R_4 = 1,67 \text{ k}\Omega$.
- Verstärkungswert: $v = 3 - 1/Q_P = 3 - 1/0,9565 = 1,9545$.
- Kommentar: Problematische Einstellung des Verstärkungswertes v, s. Kommentare zur Tiefpass-Dimensionierung, Abschn. 4.2.2.1 (Beispiele).

Dimensionierung Fall 2 (Verstärkung $v=2$), Gl (4.19):

$$k_{R1} = 2 + \frac{1}{2Q_P^2}\left(1 - \sqrt{1+8Q_P^2}\right) = 0,97 \quad \text{mit} \ k_C=1.$$

- Kapazitäten (Wahl): $C_1 = C_3 = 0,1 \,\mu\text{F}$.

- Widerstände: $R_2 = \frac{1}{\omega_P C_1 \sqrt{k_C k_R}} = \frac{1}{5,984 \cdot 0,1 \cdot 10^{-3} \sqrt{0,97}} = 1,7 \text{ k}\Omega$,

$$R_4 = k_R R_2 = 1,65 \text{ k}\Omega \ .$$

Dimensionierung Fall 3 (Schaltung mit Einsverstärker), Gl. (4.20):

- Kapazitäten (Wahl): $C_1 = C_3 = 0{,}1\,\mu\text{F} \;\Rightarrow\; k_C = 1 \;\Rightarrow\; k_R = 4Q_P^2 = 3{,}66$.

- Widerstände: $R_2 = \dfrac{1}{\omega_P C_1 \sqrt{k_C k_R}} = \dfrac{1}{5{,}984 \cdot 0{,}1 \cdot 10^{-3} \sqrt{3{,}66}} = 873{,}5\,\Omega$,

$$R_4 = k_R R_2 = 3{,}2\,\text{k}\Omega.$$

■

4.2.3.2 Erweiterte Mitkopplungsstruktur

Für größere Gütewerte ist eine Verringerung der Komponentenspreizung – wie auch schon im Tiefpassfall – durch Anwendung der Zweiverstärkerschaltung in der Grundstruktur nach Abb. 4.3 möglich.

Mit der Bauelementezuordnung nach Gl. (4.15) lässt sich über Gl. (4.3) dafür die folgende Hochpassfunktion angeben:

$$\underline{H}(s) = \frac{s^2 v_1 v_2 R_2 R_4 C_1 C_3}{1 + s\left[R_2 C_1 + R_4 C_3\left(1 - v_1 v_2\right)\right] + s^2 R_2 R_4 C_1 C_3}. \tag{4.21}$$

Für den Spezialfall $v_1 v_2 = 1$ und mit den Verhältnissen $k_R = R_4/R_2$ bzw. $k_C = C_3/C_1$ ergeben sich die Poldaten

$$\omega_P = \frac{1}{R_2 C_1 \sqrt{k_R k_C}} \quad \text{und} \quad Q_P = \sqrt{k_R k_C}.$$

4.2.3.3 Gegenkopplungsstruktur

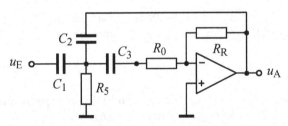

Abb. 4.9 Sallen-Key-Hochpass, Gegenkopplungsstruktur, $v = -R_R/R_0$

Nach den Gesetzmäßigkeiten der *RC-CR*-Transformation (Abschn. 1.5.6, Abb. 1.21) wird der Tiefpass in Abb. 4.6 durch Austausch der Elemente R und C in einen Hochpass überführt. Für die Grundstruktur in Abb. 4.2 gilt deshalb

$$\underline{Y}_1 = sC_1, \quad \underline{Y}_2 = sC_2, \quad \underline{Y}_3 = sC_3, \quad \underline{Y}_4 = 1/R_4 + 1/R_0, \quad \underline{Y}_5 = 1/R_5$$

Die resultierende Schaltung für den Sallen-Key-Hochpass ist in Abb. 4.9 gezeigt.

Der hier zusätzlich zu berücksichtigende Eingangswiderstand $r_E = R_0$ der invertierenden Verstärkerschaltung wirkt parallel zum Schaltwiderstand R_4, so dass R_0 alleine die Funktion von R_4 im RC-Netzwerk übernehmen kann ($R_4 \to \infty$).

Werden die Leitwerte $\underline{Y}_1$ bis $\underline{Y}_5$ in Gl. (4.2) eingesetzt, entsteht nach Umformung auf die Normalform die Systemfunktion

$$\underline{H}(s) = \frac{s^2 v R_0 R_5 C_1 C_3}{1 + s\left[R_0 C_3 + R_5 \left(C_1 + C_2 + C_3\right)\right] + s^2 R_0 R_5 C_3 \left[C_1 + C_2 \left(1-v\right)\right]}. \quad (4.22)$$

Die Filterdaten erhält man wieder durch Koeffizientenvergleich mit Gl. (4.1b):

$$\omega_P = \frac{1}{R_0 C_1 \sqrt{k_R k_{C3}\left[1 + k_{C2}\left(1-v\right)\right]}}, \quad Q_P = \frac{\sqrt{k_R k_{C3}\left[1 + k_{C2}\left(1-v\right)\right]}}{k_{C3} + k_R \left(1 + k_{C2} + k_{C3}\right)},$$

$$(4.23)$$

$$A_\infty = \frac{v}{1 + k_{C2}\left(1-v\right)} \quad \text{mit: } k_R = \frac{R_5}{R_0}, \ k_{C2} = \frac{C_2}{C_1}, \ k_{C3} = \frac{C_3}{C_1}, \ v = -\frac{R_R}{R_0}.$$

Schaltungsdimensionierung

Zwei spezielle Dimensionierungen mit günstigen Verhältnissen für die Werte der Bauelemente werden näher untersucht:

Fall 1 (Gleiche Bauelemente)

Für jeweils gleiche Bauelementewerte (also $k_R = k_{C2} = k_{C3} = 1$) vereinfacht sich Gl. (4.23) zu

$$A_\infty = \frac{v}{2-v}, \quad \omega_P = \frac{1}{R_0 C_1 \sqrt{2-v}}, \quad Q_P = \frac{1}{4}\sqrt{2-v}.$$

Die Polfrequenz kann somit über das Produkt $R_0 C_1$ und die Polgüte über die Verstärkung v eingestellt werden. Wegen des Zusammenhangs

$$v = -\frac{R_R}{R_0} = -\left(16 Q_P^2 - 2\right)$$

ergeben sich hier aber – im Vergleich zu den Mitkopplungsschaltungen (Abschn. 4.2.3.1 und 4.2.3.2) – relativ große Verstärkungswerte.

Beispiele: $Q_P = 0,7071 \to v = -6$; $Q_P = 1 \to v = -14$; $Q_P = 3 \to v = -142$.

Wegen der Frequenzeigenschaften realer Operationsverstärker beschränkt sich der Einsatz der Schaltung in Abb. 4.9 deshalb auf den Bereich kleiner bis mittlerer Polgüten.

Fall 2 (Zwei gleiche Kapazitäten)

Eine relativ einfache Dimensionierung erhält man auch für den Fall $k_R = k_{C3} = 0,1$ und $k_{C2} = 1$ mit den Dimensionierungsgleichungen

$$A_\infty = \frac{v}{2-v}, \quad \omega_P = \frac{1}{0,1 \cdot R_0 C_1 \sqrt{2-v}}, \quad Q_P = \frac{1}{4}\sqrt{2-v} \quad \Rightarrow \quad v = -\left(9,61 Q_P^2 - 2\right).$$

Die erforderlichen Verstärkungen v sind für diese Dimensionierung also etwa um den Faktor 2 geringer als im Beispiel mit drei gleichen Kapazitätswerten (Fall 1).

4.2.3.4 Erweiterte Gegenkopplungsstruktur

Etwas günstigere Dimensionierungsbedingungen ermöglicht auch hier die Zwei-verstärkeranordnung nach Abb. 4.3. Mit der gleichen Zuordnung der Bauelemente wie bei der Grundschaltung (Abb. 4.9) entsteht aus Gl. (4.3) die Systemfunktion, die hier gleich für den Spezialfall gleicher Widerstände und gleicher Kapazitäten angegeben wird:

$$\underline{H}(s) = \frac{s^2 v_1 v_2 R^2 C^2}{1 + s3RC + s^2 R^2 C^2 \left(2 - v_1 v_2\right)} \quad \text{mit} \quad R_5 = R_0 = R \quad \text{und} \quad C_1 = C_2 = C_3 = C.$$

Wie beim Tiefpass (Abschn. 4.2.2.4) ist auch hier v_1 dem nicht-invertierenden Entkopplungsverstärker zugeordnet und v_2 ist die Verstärkung der invertierenden Verstärkerstufe:

$$v_2 = -|v_2| = -\frac{R_R}{R_0}.$$

Der aus der angegebenen Hochpassfunktion durch Koeffizientenvergleich mit Gl. (4.1b) ablesbare Zusammenhang zwischen Polgüte und Verstärkungsprodukt

$$Q_P = \frac{1}{3}\sqrt{2 - v_1 v_2} \quad \Rightarrow \quad v_1 v_2 = -\left(9 Q_P^2 - 2\right)$$

führt bei gleichmäßiger Aufteilung der Verstärkung auf beide Stufen zu

$$v_1 = |v_2| = \sqrt{9 Q_P^2 - 2}.$$

Für $Q_P=3$ wäre hier beispielsweise je Stufe ein Verstärkungswert $|v|\approx8,9$ erforderlich – im Vergleich zu $|v|=142$ für die Grundschaltung ohne den Entkopplungsverstärker (Abschn. 4.2.3.3).

4.2.3.5 Einflüsse nicht-idealer Verstärkereigenschaften

Bei Hochpassfiltern definiert die Grenzfrequenz – im Gegensatz zur allgemeinen Tiefpassfunktion – den *Beginn* des Durchlassbereichs. Üblicherweise wird die Polfrequenz deshalb weit genug unterhalb der Transitfrequenz des Operationsverstärkers liegen müssen, damit das Sperr- und Übergangsverhalten des Filters durch die reale Verstärkercharakteristik nicht merklich gestört wird. Mit steigender Frequenz kommt es im Bereich der OPV-Transitfrequenz zu deutlichen Abweichungen von der angestrebten konstanten Übertragungscharakteristik – bei Mitkopplungsstrukturen mit einem stetigen Abfall und bei Gegenkopplungsstrukturen in Form einer deutlichen Betragsüberhöhung – verbunden mit entsprechenden Phasendrehungen. Ursache für diesen letztgenannten Effekt sind Signalanteile, die auf „unerwünschtem" Wege – nämlich über das Rückkopplungsnetzwerk – direkt auf den Ausgang gelangen, vgl. dazu auch die Erläuterungen in Abschn. 4.2.2.5 zum Verhalten der Sallen-Key-MK-Struktur bei hohen Frequenzen. Die Entscheidung für oder gegen eine dieser Hochpassvarianten hängt deshalb vom speziellen Anwendungsfall ab.

4.2.4 Bandpassfilter

Sollen die Funktionen nach Gl. (4.2) bzw. Gl. (4.3) Bandpassverhalten aufweisen, müssen sie im Aufbau der allgemeinen Bandpassform von Gl. (4.1c) entsprechen. Die komplexen Leitwerte $\underline{Y}$ sind deshalb so festzulegen, dass der Zähler der Funktion aus einem linearen s-Glied und der Nenner aus einem Polynom zweiten Grades besteht. Abhängig vom Vorzeichen der Verstärkung v – als Indiz für Mit- bzw. Gegenkopplung – existieren dafür mehrere Lösungen.

4.2.4.1 Mitkopplungsstruktur

Für die Grundstruktur nach Abb. 4.2 mit positiven Verstärkungswerten v ist die vorgeschriebene Bandpasscharakteristik grundsätzlich mit drei unterschiedlichen Zuordnungen für die Elemente R und C herzustellen:

- Alternative A: $\underline{Y}_1=1/R_1$, $\underline{Y}_2=1/R_2$, $\underline{Y}_3=sC_3$, $\underline{Y}_4=1/R_4$, $\underline{Y}_5=sC_5$,
- Alternative B: $\underline{Y}_1=1/R_1$, $\underline{Y}_2=1/R_2$, $\underline{Y}_3=sC_3$, $\underline{Y}_4=sC_4+1/R_4$, $\underline{Y}_5=0$,
- Alternative C: $\underline{Y}_1=sC_1$, $\underline{Y}_2=sC_2$, $\underline{Y}_3=1/R_3$, $\underline{Y}_4=sC_4$, $\underline{Y}_5=1/R_5$.

Eine nähere Untersuchung der beiden Schaltungsalternativen B und C zeigt, dass diese gegenüber der ersten Zuordnung keine Vorteile aufweisen. Die nachfolgenden Analysen beziehen sich deshalb nur auf die Alternative A. Die zugehörige Schaltung zeigt Abb. 4.10.

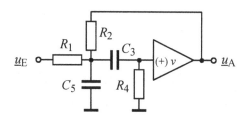

Abb. 4.10 Sallen-Key-Bandpass, Mitkopplungsstruktur

Systemfunktion

Werden die Elemente $\underline{Y}_1$ bis $\underline{Y}_5$ der Schaltungsvariante A in Gl. (4.2) eingesetzt, erhält man nach entsprechender Umformung und mit $R_P=R_1\|R_2$ die Bandpassfunktion

$$\underline{H}(s) = \frac{sv\,R_P\,R_4\,C_3/R_1}{1+s\left[R_P\left(C_3+C_5\right)+R_4C_3\left(1-v\,R_P/R_2\right)\right]+s^2\,R_4\,R_P\,C_3\,C_5}\,. \tag{4.24a}$$

Dimensionierung

Mit den Definitionen

$$R_1 = R,\ \ R_2 = R/k_{R2}\,,\ \ R_4 = k_{R4}R,\ \ C_5 = C\ \ \text{und}\ \ C_3 = k_C C$$

kann Gl. (4.24a) in folgender Form geschrieben werden:

$$\underline{H}(s) = \frac{sv\,k_{R4}k_C\,RC/(1+k_{R2})}{1+sRC\left(\dfrac{1+k_C+k_Ck_{R4}+k_Ck_{R2}k_{R4}\left(1-v\right)}{1+k_{R2}}\right)+s^2R^2C^2\dfrac{k_Ck_{R4}}{1+k_{R2}}}\,. \tag{4.24b}$$

Der Vergleich mit Gl. (4.1c) führt zu den Bandpasskenngrößen

$$\omega_P = \omega_M = \frac{1}{RC}\sqrt{\frac{1+k_{R2}}{k_Ck_{R4}}}\,, \tag{4.25a}$$

$$A_M = \frac{vk_Ck_{R4}}{1+k_C+k_Ck_{R4}+k_Ck_{R2}k_{R4}\left(1-v\right)}\,, \tag{4.25b}$$

$$Q = Q_P = \frac{\sqrt{k_Ck_{R4}\left(1+k_{R2}\right)}}{1+k_C+k_Ck_{R4}+k_Ck_{R2}k_{R4}\left(1-v\right)}\,. \tag{4.25c}$$

Analog zur Tiefpass- und Hochpassdimensionierung sollen auch hier die drei aus praktischen Erwägungen heraus interessanten Sonderfälle unterschieden werden.

Fall 1 (Gleiche Bauelemente)

Mit der Vorgabe $k_C = k_{R2} = k_{R4} = 1$ vereinfacht sich Gl. (4.25) zu

$$\omega_M = \frac{\sqrt{2}}{RC}\,,\qquad Q = \frac{\sqrt{2}}{\left(4-v\right)}\,,\qquad A_M = \frac{v}{\left(4-v\right)} = 2Q\sqrt{2}-1\,.$$

Der Nachteil dieser vereinfachten Dimensionierung besteht darin, dass der Verstärkungswert v dabei sowohl die Bandpassgüte als auch die Mittenverstärkung beeinflusst, wobei für $v=4$ die Schaltung instabil wird ($Q\to\infty$). Im Hinblick auf die begrenzte Einstellgenauigkeit des Verstärkungswertes – vor dem Hintergrund der unvermeidlichen Widerstandstoleranzen – bleibt der praktische Einsatz dieser einfachen Dimensionierungsalternative deshalb auf Werte $Q_{max} \approx 2...3$ beschränkt. Die folgenden Zahlenbeispiele verdeutlichen den Einfluss geringer Verstärkungsänderungen auf die Güte Q:

$$Q=1 \to v=2,586;\quad Q=3 \to v=3,53;\quad Q=5 \to v=3,72;\quad Q=10 \to v=3,86\,.$$

Fall 2 (Verstärkung $v=1$)

Ein besonders einfach und exakt mit OPV- oder Transimpedanzstufen zu realisierender Verstärkungswert ist $v=1$. Von den verbleibenden fünf unbekannten Größen (R, C, k_C, k_R2, k_R4), für die mit Gl. (4.25) drei Bestimmungsgleichungen zur Verfügung stehen, können somit zwei zunächst frei gewählt werden. Aus praktischen Gründen ist es sinnvoll, die kapazitiven Parameter C und k_C zu wählen und anschließend den Widerstand $R_1=R$ bzw. die Verhältniszahlen k_R2 und k_R4 über die vorzugebenden Werte für ω_M, A_M und Q zu berechnen. Für den Fall, dass die Mittenverstärkung unkritisch ist, kann auch k_R4 frei gewählt werden.

Eine genauere Analyse der Zusammenhänge von Gl. (4.25c) offenbart, dass die Widerstandsspreizung k_R2 bereits bei mittleren Gütewerten und ungünstiger Dimensionierung unzulässig große Werte annehmen kann. Diese Situation kann dadurch verbessert werden, dass das Verhältnis k_C relativ klein gewählt wird und gleichzeitig das Produkt $k_\mathrm{C}k_\mathrm{R4}=1$ ist. Die Auswertung von Gl. (4.25c) für drei Wertepaare von k_C bzw. k_R4 soll diese Aussage unterstreichen:

$$k_\mathrm{C} = k_\mathrm{R4} = 1 \qquad\qquad \rightarrow k_\mathrm{R2} = 9Q^2 - 1,$$

$$k_\mathrm{C} = 0,1 \quad \text{und} \quad k_\mathrm{R4} = 10 \quad \rightarrow k_\mathrm{R2} = 4,41Q^2 - 1,$$

$$k_\mathrm{C} = 0,01 \quad \text{und} \quad k_\mathrm{R4} = 100 \rightarrow k_\mathrm{R2} = 4,04Q^2 - 1.$$

Für den zweiten Dimensionierungsfall und eine Bandpassgüte von $Q=10$ wären also innerhalb der Filterschaltung zwei Widerstände R_1 und R_2 vorzusehen, die sich um den relativ großen Faktor $R_1/R_2=k_\mathrm{R2}=440$ unterscheiden. Die Schaltung in Abb. 4.10 mit einem Einsverstärker ($v=1$) sollte deshalb bevorzugt nur für Bandpässe mit Gütewerten $Q<5$ zur Anwendung kommen.

Fall 3 (Verstärkung $v=2$)

Die oft unzulässig große Widerstandsspreizung k_R2 für den Fall $v=1$ kann deutlich reduziert werden, wenn die Verstärkung auf den leicht zu realisierenden Wert $v=2$ erhöht wird. Werden gleichzeitig noch mit $k_\mathrm{C}=1$ zwei gleiche Kapazitäten $C_3=C_5=C$ vorgeschrieben, entstehen aus Gl. (4.25) die Beziehungen

$$\omega_\mathrm{M} = \omega_\mathrm{P} = \frac{1}{RC}\sqrt{\frac{1+k_\mathrm{R2}}{k_\mathrm{R4}}}\,, \qquad A_\mathrm{M} = \frac{2k_\mathrm{R4}}{2+k_\mathrm{R4}\left(1-k_\mathrm{R2}\right)}\,,$$

$$Q = Q_\mathrm{P} = \frac{\sqrt{k_\mathrm{R4}\left(1+k_\mathrm{R2}\right)}}{2+k_\mathrm{R4}\left(1-k_\mathrm{R2}\right)} \quad \Rightarrow \quad \frac{Q}{A_\mathrm{M}} = \frac{1}{2}\sqrt{\frac{1+k_\mathrm{R2}}{k_\mathrm{R4}}} = \frac{1}{2}\omega_\mathrm{M}RC\,.$$

Nach Vorgabe eines günstigen Wertes für $C_3=C_5=C$ sind die verbleibenden drei Parameter R, k_R2 und k_R4 dann zu berechnen über die Dimensionierungsgleichungen, die zu diesem Zweck wie folgt umgeformt werden:

$$R = \frac{2Q}{A_\mathrm{M}\omega_\mathrm{M}C}\,, \qquad k_\mathrm{R2} = 1 + \frac{2}{k_\mathrm{R4}} - \frac{2}{A_\mathrm{M}}\,, \qquad k_\mathrm{R4} = \left(1+k_\mathrm{R2}\right)\left(\frac{A_\mathrm{M}}{2Q}\right)^2.$$

Das Gleichungssystem mit den Unbekannten k_{R2} und k_{R4} führt auf eine quadratische Gleichung, deren Lösung hier anhand eines Beispiels demonstriert wird:

Beispiel Vorgaben: $A_M = 10,\ Q = 10,\ f_M = 1000\ \mathrm{Hz}$

Wahl: $k_C = 1,\ C_3 = C_5 = C = 0,1\ \mu\mathrm{F}$.

Zunächst wird der Widerstand $R = R_1$ ermittelt:

$$R = R_1 = \frac{2Q}{A_M \omega_M C} = \frac{20}{10 \cdot 2\pi \cdot 10^3 \cdot 10^{-7}} = 3,183\ \mathrm{k}\Omega.$$

Mit $\left(\dfrac{A_M}{2Q}\right)^2 = 0,25$ lauten die Gleichungen für die Widerstandsverhältnisse:

$$k_{R2} = 1 + \frac{2}{k_{R4}} - 0,2 \quad \text{und} \quad k_{R4} = 0,25\left(1 + k_{R2}\right),$$

deren Kombination zu einer quadratischen Gleichung führt mit den (positiven) Lösungen

$$k_{R2} = 2,868 \quad \rightarrow \quad R_2 = R/k_{R2} = 1,11\ \mathrm{k}\Omega,$$
$$k_{R4} = 0,967 \quad \rightarrow \quad R_4 = k_{R4}R = 3,078\ \mathrm{k}\Omega.$$

Im Vergleich hierzu hätte sich für die Einsverstärkerschaltung (Fall 2) bei einer Güte $Q=10$ und $k_{R4}=10$ eine Widerstandsspreizung $k_{R2}=440$ ergeben. ∎

4.2.4.2 Erweiterte Mitkopplungsstruktur

Für den Fall, dass die R_4C_3-Kombination in der Grundschaltung von dem davor liegenden Knoten durch einen zusätzlichen Verstärker entkoppelt wird, erhält man die Systemfunktion durch Einsetzen der Elemente $\underline{Y}_1$ bis $\underline{Y}_5$ in Gl. (4.3). Die so erzeugte Funktion unterscheidet sich von Gl. (4.24a) lediglich dadurch, dass der Verstärkungswert v durch das Produkt $v_1 v_2$ ersetzt worden ist und im Nenner der Funktion das Produkt $R_P C_3$ fehlt.

Werden dann wieder die Verhältnisse k_C, k_{R2} und k_{R4} in die Gleichung eingeführt, lassen sich die Bestimmungsgleichungen für die drei kennzeichnenden Filterkenngrößen angeben. Diese unterscheiden sich von Gl. (4.25) nur durch ein fehlendes Glied k_C im Nenner der beiden Gleichungen für A_M und Q.

Dimensionierung

Die Betrachtung von drei speziellen Dimensionierungen soll zeigen, ob der Zusatzaufwand für den zweiten Verstärker gerechtfertigt ist.

Fall 1 (Gleiche Elemente)

Die für den Fall gleicher Bauelemente bei der Grundschaltung festgestellte Beschränkung auf kleine Gütewerte ($Q_{max} \approx 2...3$) besteht weiterhin. Die erweiterte Schaltung bietet keine besonderen Vorteile.

Fall 2 (Verstärkung v_1v_2=2)

Die relativ günstigen Dimensionierungsbedingungen bei der Grundschaltung für den Fall v=2 (kleine Komponentenspreizung) werden durch den Zusatzverstärker nur unwesentlich verbessert, so dass sich auch hier der zusätzliche Aufwand nicht lohnt.

Fall 3 (Verstärkung v_1v_2=1)

Die weitere Diskussion der erweiterten Bandpass-Mitkopplungsstruktur beschränkt sich deshalb auf den schaltungstechnisch günstigen Sonderfall zweier Einsverstärker. Nach den einleitenden Bemerkungen in diesem Abschnitt zur Systemfunktion bzw. zu den Filterkenngrößen lassen sich mit v_1v_2=1 jetzt vereinfachte Beziehungen angeben:

$$\omega_M = \frac{1}{RC}\sqrt{\frac{1+k_{R2}}{k_C k_{R4}}}, \qquad A_M = \frac{v k_C k_{R4}}{1+k_C k_{R4}}, \qquad Q = \frac{\sqrt{k_C k_{R4}(1+k_{R2})}}{1+k_C k_{R4}}.$$

Wird der Ausdruck für Q nach k_{R2} aufgelöst, erhält man die Komponentenspreizung

$$k_{R2} = Q^2\left(\frac{1}{k_C k_{R4}} + k_C k_{R4} + 2\right) - 1.$$

Als besonders günstig erweist sich die Tatsache, dass für die normalerweise angestrebten Bedingungen k_C=1 und k_{R4}=1 das Widerstandsverhältnis k_{R2} sein Minimum erreicht mit

$$k_{R2,min} = 4Q^2 - 1.$$

Im Unterschied dazu hat sich für die Grundschaltung (Abschn. 4.2.4.1, Fall 2) eine vergleichbare Größenordnung für k_{R2} nur für die ungünstigeren Bedingungen k_C=0,1 und k_{R4}=10 ergeben.

4.2.4.3 Gegenkopplungsstruktur

Zusätzlich zu den im Abschn. 4.2.4.1 aufgeführten Zuordnungen der Bauelemente (Alternativen A, B, C) gibt es zwei weitere Möglichkeiten, der Grundschaltung in Abb. 4.2 eine Bandpasscharakteristik zu verleihen:

- Alternative D: $\underline{Y}_1$=1/R_1, $\underline{Y}_2$=sC_2, $\underline{Y}_3$=sC_3, $\underline{Y}_4$=1/R_4 + 1/R_0, $\underline{Y}_5$=1/R_5,
- Alternative E: $\underline{Y}_1$=sC_1, $\underline{Y}_2$=1/R_2, $\underline{Y}_3$=1/R_3, $\underline{Y}_4$= sC_4 + 1/R_0, $\underline{Y}_5$=1/R_5.

Da der Rückführungszweig in diesem Fall aber Hochpass- bzw. Tiefpassverhalten aufweist, sind komplexe Pole nur für negative Verstärkungswerte möglich, s. dazu auch Gln. (2.6) und (2.7) im Abschn. 2.1.2. Bei dem Leitwert $\underline{Y}_4$ ist deshalb bereits der endliche Eingangswiderstand r_E=R_0 einer invertierenden Operationsverstärkerschaltung berücksichtigt. Da für die Alternative D der Leitwert $\underline{Y}_4$ dann aus der Parallelschaltung zweier Ohmwiderstände besteht, kann der die Verstärkung v festlegende Widerstand R_0 die Funktion des Netzwerkelements R_4 übernehmen, so dass R_4 als separater Widerstand entfallen kann.

Ein Nachteil der Alternative E ist der kapazitive Eingangsleitwert $\underline{Y}_1$, der die Berücksichtigung eines endlichen Innenwiderstandes der Signalquelle bei der Dimensionierung komplizieren würde. Außerdem ist hier eine Schaltungsvereinfachung durch Wegfall von R_4 nicht möglich. Da dieser Bauelementesatz keine anderen Vorteile bietet, wird zur Realisierung eines Bandpassfilters in Gegenkopplungsstruktur hier nur die Zuordnung nach Alternative D weiter betrachtet.

Schaltung und Systemfunktion

Wird der Bauelementesatz nach Alternative D mit

$$\underline{Y}_4 = 1/R_4 + 1/R_0 \xrightarrow{\ R_4 \to \infty\ } \underline{Y}_4 = 1/R_0$$

in die allgemeine Funktion Gl. (4.2) eingesetzt, entsteht eine Bandpassfunktion, bei der – wie auch schon beim Tiefpass (Abschn. 4.2.2) – der Widerstand R_5 nur als Parallelschaltung mit dem Widerstand R_1 auftritt. Aus diesem Grunde wird auch hier die Vereinfachung $R_5 \to \infty$ angesetzt. Damit können die Widerstände R_4 und R_5 entfallen, und die Systemfunktion lautet:

$$\underline{H}(s) = \frac{svR_0C_3}{1 + s\left[R_1\left(C_2 + C_3\right) + R_0C_3\right] + s^2 R_0 R_1 C_2 C_3 \left(1 - v\right)} . \tag{4.26}$$

Die zugehörige Schaltungsanordnung auf der Basis von Abb. 4.2 zeigt Abb. 4.11.

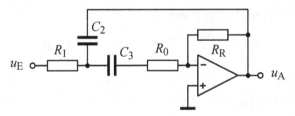

Abb. 4.11 Sallen-Key-Bandpass, Gegenkopplungsstruktur, $v = -R_R/R_0$

Dimensionierung

Mit den Festlegungen

$$R_1 = R, \quad R_0 = k_R\,R, \quad C_3 = C, \quad C_2 = k_C C$$

können aus Gl. (4.26) wieder die Bandpasskenngrößen abgeleitet werden:

$$\omega_M = \frac{1}{RC\sqrt{k_R k_C \left(1 - v\right)}} , \quad Q = \frac{\sqrt{k_R k_C \left(1 - v\right)}}{1 + k_C + k_R} ,$$

$$A_M = \frac{vk_R}{1 + k_C + k_R} \quad \text{mit:} \quad v = -\frac{R_R}{R_0} . \tag{4.27}$$

Der Ausdruck $(1 - v)$ unter beiden Wurzeln macht noch einmal deutlich, dass die Zuordnung nach Alternative D nur negative Verstärkungswerte zulässt.

Wird der Ausdruck für die Güte in Gl. (4.27) nach v aufgelöst,

$$v = -\left[Q^2 \frac{(1+k_C+k_R)^2}{k_R k_C} - 1 \right], \qquad (4.28)$$

kann man zeigen, dass die Verstärkung v sich ihrer Untergrenze $v_{min} = -(4Q^2 - 1)$ nähert, wenn beide Faktoren k_R und k_C gleich und auch gleichzeitig groß gewählt werden. Die Mittenverstärkung A_M nähert sich dabei dem theoretischen Maximum $A_{M,max} = v/2$.

Da in manchen Anwendungen hohe Werte für A_M – z. B. aus Gründen der Verstärkeraussteuerung – nicht erwünscht sind, wird oft ein Kompromiss zwischen den Werten für v und A_M durch eine geeignete Wahl der Verhältniszahlen k_C und k_R angestrebt (s. Beispiel).

Beispiel

Vorgaben: Bandpass-Mittenfrequenz f_M =1000 Hz,   Bandpassgüte Q=5.

1. Dimensionierung (k_R=k_C=10)

Im Hinblick auf einen möglichst geringen Verstärkungswert v werden beide Faktoren k relativ groß und gleich gewählt. Für k_R=k_C=10 und mit Gl. (4.27) ist dann

$$|v| = 4,41Q^2 - 1 = 109,25 \qquad \rightarrow \quad 40,77 \text{ dB}.$$

Die Mittenverstärkung beträgt damit

$$|A_M| = \frac{109,25 \cdot 10}{21} = 52,024 \quad \rightarrow \quad 34,3 \text{ dB}.$$

Mit der Wahl $C = C_3 = 10^{-8}$ F $= 10$ nF   und $C_2 = k_C C = 100$ nF berechnen sich über Gl. (4.27) die Widerstände

$$R = R_1 = \frac{1}{\omega_M C \sqrt{k_R k_C (1+|v|)}} = 151,58 \ \Omega,$$

$$R_0 = k_R R = 1,516 \text{ k}\Omega .$$

Die Verstärkung v des Inverters (Abb. 3.6) erfordert den Gegenkopplungswiderstand

$$R_R = |v| R_0 = 165,6 \text{ k}\Omega .$$

Dimensionierung 2 (k_R=0,1 und k_C=10)

Für eine Reduzierung von A_M muss k_R kleiner und/oder k_C größer festgelegt werden – mit der Konsequenz erhöhter Verstärkungswerte. Für k_R=0,1 und k_C=10 berechnen sich die Verstärkungswerte beispielsweise dann zu

$$|v| = 3080,25 \quad \text{und} \quad |A_M| = 27,75 .$$

4.2.4.4 Erweiterte Gegenkopplungsstruktur

Wenn in Abb. 4.11 nach dem ersten Schaltungsknoten – analog zur Vorgehensweise beim Tief- bzw. Hochpass – ein Entkopplungsverstärker eingefügt wird,
reduzieren sich die Anforderungen an die Verstärkung.

Eine Analyse der so erweiterten Schaltung ergibt, dass in diesem Fall für die
günstigen Verhältniszahlen $k_R=k_C=1$ mit $|v_1|=|v_2|\approx2Q$ deutlich kleinere Verstär-
kungswerte als bei der Grundschaltung, Abschn. 4.2.4.3, erforderlich sind. Dieser
scheinbare Vorteil gilt aber nur für idealisierte Eigenschaften der Operationsverstärker. Wie die Simulationsergebnisse mit realen Verstärkermodellen im folgenden Abschn. 4.2.4.5 zeigen, führt die Serienschaltung beider OPV-Stufen – trotz
günstiger Verstärkungswerte – zu vergleichsweise starken Verfälschungen. Diese
Schaltungsvariante bietet also keine Vorteile und wird deshalb hier nicht weiter
betrachtet.

4.2.4.5 Einflüsse nicht-idealer Verstärkereigenschaften

Wie bereits in Abschn. 4.2.2.5 für Tiefpässe festgestellt wurde, verursachen auch
hier die nicht-idealen OPV-Parameter – insbesondere die Frequenzabhängigkeit
der offenen Verstärkung $\underline{A}_U(j\omega)$ – bei den einzelnen Bandpass-Strukturvarianten
unterschiedliche Verfälschungen der Filterfunktion.

In Abb. 4.12 werden deshalb die Betragsfunktionen von drei realen Sallen-
Key-Schaltungen mit dem Idealverlauf des Bandpasses (Kurve 1) verglichen. Die
Mittenfrequenz wird relativ hoch gelegt (Sollfrequenz 10 kHz), damit die Ver-
stärkereinflüsse deutlich erkennbar werden. Um den Vergleich der einzelnen
Funktionen zu erleichtern, werden die Sollwerte für die Mittenverstärkungen
angepasst.

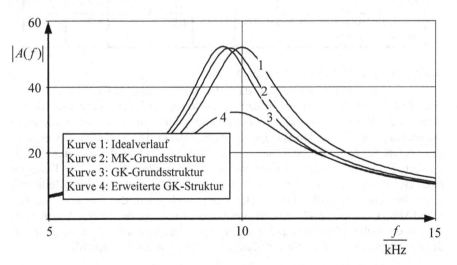

Abb. 4.12 Sallen-Key-Bandpassstrukturen, Vergleich ideal/real

Die SPICE-Simulationen – lineare Wechselspannungsanalysen ohne Berücksichtigung der Slew Rate – basieren auf realen Modellen des Operationsverstärkers vom Typ 741 (Transitfrequenz $f_T \approx 1$ MHz). Um den OPV-Einfluss eindeutig identifizieren zu können, wurden alle Widerstands- und Kapazitätswerte als ideal und toleranzfrei angesetzt. Die zahlenmäßige Auswertung in Tabelle 4.1 enthält zusätzlich die Simulationsergebnisse für eine um den Faktor 10 erhöhte Mittenfrequenz von 100 kHz (Sollwert), die nur eine Dekade unterhalb der Tansitfrequenz des berücksichtigten OPV-Modells liegt.

Vorgaben zur Simulation

- $f_M = 10$ kHz , Güte $Q = 5$ (jeweils erste Spalte, **fett**),
- $f_M = 100$ kHz , Güte $Q = 5$ (jeweils zweite Spalte, *kursiv*) .

Strukturvarianten

- Mitkopplungsstruktur (MK), Abb. 4.10, mit $v = 2$,
- Gegenkopplungsstruktur (GK), Abb. 4.11, mit $k_R = 0{,}1$ und $k_C = 10$,
- Erweiterte Gegenkopplungsstruktur (GK), Abschn. 4.2.4.4, $v_1 = |v_2| = 9{,}95$.

Tabelle 4.1 Bandpass, vergleichende SPICE-Simulationen,
Strukturen mit Einfach-Rückkopplung für zwei Dimensionierungen

	Mittenfrequenz f_M/kHz		3dB-Bandbreite B/kHz		Bandpassgüte Q	
Sollwerte	**10**	*100*	**2**	*20*	**5**	*5*
Mitkopplungsstruktur, Abb. 4.10	**9,7**	*77,3*	**1,88**	*15,4*	**5,15**	*5,02*
Gegenkopplungsstruktur, Abb. 4.11	**9,5**	*69,8*	**1,79**	*10,8*	**5,3**	*6,46*
Erweiterte Gegenkopplungsstruktur, Abschn. 4.2.4.4	**9,8**	*86,2*	**2,95**	*89*	**3,3**	*0,97*

Auswertung der Simulationsergebnisse

Die Simulationsergebnisse zeigen, dass die Mitkopplungsstruktur (Tabelle 4.1, erste Zeile) für beide Frequenzen den besten Kompromiss zwischen den Abweichungen der Polfrequenz und der Polgüte ermöglicht – d. h. im Mittel die beste Annäherung an den idealen Bandpassverlauf darstellt. Die größeren Abweichungen der GK-Struktur (zweite Zeile) zeigen sich besonders deutlich bei der Dimensionierung für die höhere Mittenfrequenz. Interessanterweise ist das Einfügen eines zusätzlichen Entkopplungsverstärkers in die GK-Schaltung (dritte Zeile) mit einer deutlichen Vergrößerung der Bandbreite verbunden. Die grafische Darstellung (Abb. 4.12, Kurve 4) bestätigt diese Tendenz. Trotz der besten Annäherung an die vorgegebene Mittenfrequenz ist diese Schaltungsvariante – im Vergleich zu den beiden anderen Sallen-Key-Strukturen – deshalb nicht zu empfehlen.

4.3 Filterstufen mit Zweifach-Gegenkopplung

4.3.1 Allgemeine Filterstruktur

In Abschn. 2.1.1 ist mit Gl. (2.2) die Systemfunktion für ein System gegeben, das aus einem Verstärker v und einem Rückkopplungsnetzwerk besteht. Unter der Voraussetzung einer ausreichend großen Schleifenverstärkung $|\underline{H}_S|$ kann diese Funktion vereinfacht werden:

$$\underline{H}(s) = \frac{\underline{H}_E(s) \cdot v}{1 - \underline{H}_R(s) \cdot v} = \frac{\underline{H}_E(s) \cdot v}{1 - \underline{H}_S(s)} \xrightarrow{|\underline{H}_S| \gg 1} - \frac{\underline{H}_E(s)}{\underline{H}_R(s)}.$$

In der Praxis kann die Voraussetzung für diese Vereinfachung mit ausreichender Genauigkeit durch einen Operationsverstärker erfüllt werden. Nach Abschn. 3.1 (Tabelle 3.1) kann die Verstärkung des OPV in einem begrenzten Frequenzbereich – in der Praxis etwa bis zu 1% seiner Transitfrequenz f_T – in den Berechnungen zur Schaltungsdimensionierung als unendlich angenommen werden:

$$v \to \left| \underline{A}_U (j\omega) \right|_{\omega \ll \omega_T} \to \infty \, .$$

Die Systemfunktion wird dann praktisch nur durch die äußere Beschaltung festgelegt und allein durch $\underline{H}_E(s)$ und $\underline{H}_R(s)$ bestimmt. Wenn für die Rückkopplungsfunktion $\underline{H}_R(s)$, die im Nenner von $\underline{H}(s)$ steht, ein RC-Netzwerk zweiten Grades mit einem konjugiert-komplexen Nullstellenpaar ausgewählt wird, erhält die Gesamtfunktion auf diese Weise ein konjugiert-komplexes *Polpaar* – als notwendige Voraussetzung für Polgüten $Q_P > 0,5$.

Das einfachste Netzwerk mit der Fähigkeit zu konjugiert-komplexen Nullstellen ist das überbrückte T-Glied (Abb. 4.13), wenn mindestens zwei der komplexen Leitwerte kapazitiv gewählt werden. Die zugehörige Systemfunktion kann der netzwerktheoretischen Fachliteratur entnommen werden:

$$\underline{H}_R(s) = \frac{\underline{u}_1}{\underline{u}_A} = \frac{\underline{Y}_3 \underline{Y}_4 + \underline{Y}_5 \left(\underline{Y}_1 + \underline{Y}_2 + \underline{Y}_3 + \underline{Y}_4 \right)}{\underline{Y}_4 \left(\underline{Y}_1 + \underline{Y}_2 + \underline{Y}_3 \right) + \underline{Y}_5 \left(\underline{Y}_1 + \underline{Y}_2 + \underline{Y}_3 + \underline{Y}_4 \right)} \, . \qquad (4.29)$$

Die Bezeichnung der Spannungen am Eingang und Ausgang mit $\underline{u}_A$ bzw. $\underline{u}_1$ erfolgt im Hinblick auf den Einsatz des Netzwerks im Rückkopplungspfad des Verstärkers (Block $\underline{H}_R$ in Abb. 2.1).

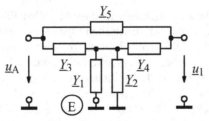

Abb. 4.13 Überbrücktes T-Glied

Wie bei den in Abschn. 4.2 behandelten Sallen-Key-Filterstufen kann auch hier das ausgewählte Netzwerk gleichzeitig die Einkopplungsfunktion $\underline{H}_E(s)$ erzeugen, wenn die Eingangsspannung $\underline{u}_E$ an einem geerdeten Schaltungsknoten (Punkt „E" in Abb. 4.13) eingespeist wird. Um bei der Zuordnung der Bauelemente dadurch keinen Freiheitsgrad zu verlieren, wird der Querzweig des Netzwerks in Abb. 4.13 als Parallelschaltung zweier Leitwerte $\underline{Y}_1$ und $\underline{Y}_2$ ausgeführt.

4.3.1.1 Grundstruktur

Mit dem Netzwerk von Abb. 4.13 im Rückkopplungszweig eines Operationsverstärkers und Einspeisung des Eingangssignals $\underline{u}_E$ am Punkt „E" entsteht die allgemeine Struktur in Abb. 4.14. Das T-Netzwerk muss dabei an den invertierenden OPV-Eingang angeschlossen werden (Gegenkopplung), um durch einen ohmschen Rückkopplungszweig einen stabilen Arbeitspunkt zu ermöglichen – mit der Konsequenz einer *invertierenden* Filterschaltung.

Da die vom Verstärkerausgang rückgekoppelte Spannung – im Gegensatz zu den Sallen-Key-Strukturen – hier in zwei Knoten des Netzwerks eingespeist wird, spricht man auch von der Technik der „Zweifach-Gegenkopplung". Besonders in den englischsprachigen Ländern ist auch eine andere Bezeichnung gebräuchlich: „Multiple-Feedback", (MFB).

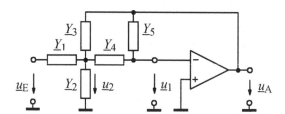

Abb. 4.14 Zweifach-Gegenkopplung, Grundstruktur

Einschränkungen

Die Grundstruktur nach Abb. 4.14 ermöglicht nur Filterfunktionen ohne endliche Nullstellen (Allpolfilter); zur Erzeugung von Übertragungsnullstellen – wie z. B. für Sperrfilter und Allpässe – existieren andere Strukturen, die in Abschn. 4.5 diskutiert werden.

Es sei außerdem darauf hingewiesen, dass bei allen Filterschaltungen in der Struktur nach Abb. 4.14 nur die klassischen Operationsverstärker mit hochohmigem Spannungseingang (OPV) zum Einsatz kommen können. Eine Anwendung der in Abschn. 3.3 beschriebenen Verstärker mit Stromrückkopplung (Transimpedanzverstärker, CFA) würde zu Instabilitäten führen, da – wie aus den folgenden Abschnitten hervorgeht – über die Leitwerte Y_3 und Y_4 oder über Y_5 stets ein rein kapazitiver Pfad zwischen OPV-Ausgang und -Eingang existiert. Damit kann die Forderung nach einem bestimmten Mindestwert für die Impedanz in der Rückkopplung eines CFA nicht eingehalten werden, s. dazu Abschn. 3.3.1.

Systemfunktion

Mit dem Ansatz für ideale Operationsverstärker, Gl. (3.6) in Abschn. 3.1,

$$\underline{u}_D = 0 \quad \Rightarrow \quad \underline{u}_P = \underline{u}_N \quad \Rightarrow \quad \underline{u}_N = \underline{u}_1 = 0$$

lassen sich aus Abb. 4.14 die beiden Knotengleichungen

$$(\underline{u}_E - \underline{u}_2)\underline{Y}_1 = (\underline{u}_2 - \underline{u}_A)\underline{Y}_3 + \underline{u}_2(\underline{Y}_2 + \underline{Y}_4)$$

und

$$\underline{u}_2\underline{Y}_4 = -\underline{u}_A\underline{Y}_5$$

ablesen, aus denen die Systemfunktion ermittelt werden kann:

$$\underline{H}(s) = \frac{\underline{u}_A}{\underline{u}_E} = -\frac{\underline{Y}_1\underline{Y}_4}{\underline{Y}_5(\underline{Y}_1 + \underline{Y}_2 + \underline{Y}_3 + \underline{Y}_4) + \underline{Y}_3\underline{Y}_4} \ . \tag{4.30}$$

Durch eine geeignete Zuordnung der Leitwerte (reell oder kapazitiv) kann Gl. (4.30) eine Tiefpass-, Hochpass- oder Bandpasscharakteristik zugewiesen werden. Das negative Vorzeichen bei Gl. (4.30) berücksichtigt den invertierenden Verstärkerbetrieb mit einer zusätzlichen Phasenverschiebung von 180°.

4.3.1.2 Erweiterte Grundstruktur

Wie bei den Sallen-Key-Schaltungen (Abschn. 4.1) führt auch hier die Entkopplung des ersten Schaltungsknotens durch einen zusätzlichen Verstärker v_1 zu einfacheren Dimensionierungsgleichungen und günstigeren Komponentenverhältnissen (Abb. 4.15).

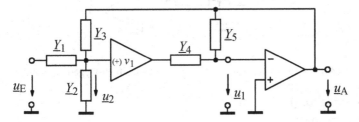

Abb. 4.15 Zweifach-Gegenkopplung, erweiterte Grundstruktur

Die aus Abb. 4.15 mit dem Ansatz $\underline{u}_1 = 0$ ablesbaren Knotengleichungen

$$(\underline{u}_E - \underline{u}_2)\underline{Y}_1 = (\underline{u}_2 - \underline{u}_A)\underline{Y}_3 + \underline{u}_2\underline{Y}_2 \quad \text{und} \quad v_1\underline{u}_2\underline{Y}_4 = -\underline{u}_A\underline{Y}_5$$

führen zu der Systemfunktion

$$\underline{H}(s) = \frac{\underline{u}_A}{\underline{u}_E} = -\frac{v_1\underline{Y}_1\underline{Y}_4}{\underline{Y}_5(\underline{Y}_1 + \underline{Y}_2 + \underline{Y}_3) + v_1\underline{Y}_3\underline{Y}_4} \ . \tag{4.31}$$

Im Vergleich zu Gl. (4.30) fehlt im Nenner von Gl. (4.31) das Produkt $\underline{Y}_4\underline{Y}_5$. Für den Entkopplungsverstärker v_1 wird normalerweise die nicht-invertierende OPV-Grundschaltung, Abb. 3.4 in Abschn. 3.1, gewählt.

4.3.2 Tiefpassfilter

Für Tiefpassverhalten muss die Systemfunktion, Gl. (4.30) bzw. Gl. (4.31), die Form von Gl. (4.1a) annehmen. Die Leitwerte $\underline{Y}$ sind demnach so festzulegen, dass der Zähler der Funktionen frequenzunabhängig ist und der Nenner die Form eines Polynoms zweiten Grades annimmt. Unter der sinnvollen Voraussetzung, dass je Leitwert $\underline{Y}$ nur ein Bauelement eingesetzt wird, ist dafür nur eine Lösung möglich:

$$\underline{Y}_1 = 1/R_1, \quad \underline{Y}_2 = sC_2, \quad \underline{Y}_3 = 1/R_3, \quad \underline{Y}_4 = 1/R_4, \quad \underline{Y}_5 = sC_5.$$

4.3.2.1 Grundstruktur

Wird dieser Bauelementesatz in Gl. (4.30) eingesetzt, ergibt sich nach Umformung auf die Normalform die Funktion für die Tiefpass-Grundstruktur mit Zweifach-Gegenkopplung, Gl. (4.32). Die zugehörige Schaltung zeigt Abb. 4.16.

$$\underline{H}(s) = -\frac{R_3/R_1}{1 + sC_5\left(R_3 + R_4 + R_3R_4/R_1\right) + s^2 R_3 R_4 C_2 C_5} . \qquad (4.32)$$

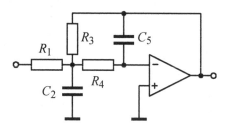

Abb. 4.16 Tiefpass, Grundstruktur mit Zweifach-Gegenkopplung

Dimensionierung

Mit den Festlegungen

$$C_5 = C, \quad C_2 = k_C C, \quad R_1 = R, \quad R_3 = k_{R3}R, \quad R_4 = k_{R4}R$$

liefert der Koeffizientenvergleich zwischen den Gln. (4.1a) und (4.32) die Beziehungen für die Tiefpassdaten:

$$A_0 = k_{R3}, \quad \omega_P = \frac{1}{RC\sqrt{k_C k_{R3} k_{R4}}}, \quad Q_P = \frac{\sqrt{k_C k_{R3} k_{R4}}}{k_{R3} + k_{R4}\left(1 + k_{R3}\right)} . \qquad (4.33)$$

Aus der Vielzahl möglicher Dimensionierungen sollen hier zwei spezielle – und aus Sicht der Schaltungspraxis sinnvolle – Ansätze näher untersucht werden:

* Wahl gleicher Widerstände,
* Wahl der Kapazitätswerte aus einer der Normreihen.

Fall 1 (Gleiche Widerstände)

Für $k_{R3}=k_{R4}=1$ vereinfacht sich Gl. (4.33) zu

$$A_0 = 1, \quad \omega_P = \frac{1}{RC\sqrt{k_C}}, \quad Q_P = \frac{\sqrt{k_C}}{3} \quad \Rightarrow \quad k_C = 9Q_P^2.$$

Die Polgüte Q_P wird also alleine durch das Kapazitätsverhältnis k_C bestimmt. Die Polfrequenz wird dann durch das Produkt RC festgelegt, wobei entweder die drei gleichen Widerstände R oder die Kapazität $C=C_5$ als Standardwert aus einer der Normreihen gewählt werden können.

Fall 2 (Standardkapazitäten)

Bei freier Wahl eines günstigen Verhältnisses k_C sowie der Grundverstärkung $A_0=k_{R3}$ wird der Parameter Q_P nach Gl. (4.33) nur noch durch k_{R4} festgelegt. Soll $C=C_5$ als Standardwert wählbar sein, kann ω_P nur über den Wert R eingestellt werden. Wird k_{R4} aus dem Gleichungssystem eliminiert, berechnet sich R über eine quadratische Gleichung mit den zwei Lösungen

$$R_{(A,B)} = \frac{1 \pm \sqrt{1 - \dfrac{4Q_P^2\left(1+k_{R3}\right)}{k_C}}}{2k_{R3}Q_P\omega_P C} = \frac{1 \pm \sqrt{D}}{2k_{R3}Q_P\omega_P C}. \tag{4.34a}$$

Für reelle Lösungen muss die Diskriminante D positiv sein:

$$D > 0 \quad \Rightarrow \quad k_C \geq 4Q_P^2\left(1+k_{R3}\right). \tag{4.34b}$$

Es kann jede der beiden Lösungen von Gl. (4.34a) gewählt werden. Für k_{R4} gibt es über Gl. (4.33) dann ebenfalls zwei Lösungen:

$$k_{R4(A,B)} = \frac{1}{R_{(A,B)}^2 C^2 k_C k_{R3}\omega_P^2} = \frac{4k_{R3}Q_P^2}{k_C\left(1\pm\sqrt{D}\right)^2}. \tag{4.34c}$$

Beispiel

- Vorgaben: Butterworth-Tiefpass mit $A_0=1$ und $f_G = 100$ Hz,
- Poldaten (Abschn. 1.4, Tabelle 1.1):

$$Q_P = 0{,}7071 \quad \text{und} \quad \Omega_P = \omega_P/\omega_G = 1 \quad \Rightarrow \quad \omega_P = 2\pi f_G = 628{,}32 \text{ rad/s}.$$

Dimensionierung nach Fall 2 (Standardkapazitäten)

Nach Gl. (4.34b): $k_C \geq 4 \quad \Rightarrow \quad$ Wahl: $k_C = 10$ und $C = 10^{-7}$ F.

Nach Gl. (4.34a): $D = 0{,}6 \quad \Rightarrow \quad R_{(A)} = 19{,}97$ kΩ und $R_{(B)} = 2{,}54$ kΩ.

Nach Gl. (4.34c): $k_{R4(A)} = 0{,}0635$ und $k_{R4(B)} = 3{,}94$.

Wegen des etwa um den Faktor 4 kleineren Verhältnisses R_4/R ist es sinnvoll, für die weitere Dimensionierung den Parameter $k_{R4(B)}=3.94$ auszuwählen.

Mit $A_0 = k_{R3} = 1$, $k_C = 10$ und $k_{R4(B)}$ bzw. $R_{(B)}$ liegen die Werte für die fünf Bauelemente fest:

$$C = C_5 = 10^{-7} \text{ F}, \quad C_2 = k_C C = 10^{-6} \text{ F}, \quad R_{(B)} = R_1 = 2,54 \text{ k}\Omega,$$

$$R_3 = k_{R3} R_{(B)} = 2,54 \text{ k}\Omega, \quad R_4 = k_{R4(B)} R = 3,94 R = 10 \text{ k}\Omega.$$

∎

4.3.2.2 Erweiterte Grundstruktur

Mit einem zusätzlicher Entkopplungsverstärker v_1 in der Anordnung nach Abb. 4.15 können – im Unterschied zur Grundschaltung – zwei gleiche Kapazitätswerte gewählt werden. Mit unveränderter Zuordnung der Elemente $\underline{Y}_1$ bis $\underline{Y}_5$ erhält man mit Gl. (4.31) dann die Funktion

$$\underline{H}(s) = \frac{\underline{u}_A}{\underline{u}_E} = -\frac{R_3/R_1}{1 + s \dfrac{R_4 C_5}{v_1}\left(1 + R_3/R_1\right) + s^2 \dfrac{R_3 R_4 C_2 C_5}{v_1}}, \tag{4.35}$$

und mit $C_5 = C$, $C_2 = k_C C$, $R_1 = R$, $R_3 = k_{R3} R$, $R_4 = k_{R4} R$

die Beziehungen für die Tiefpassgrößen:

$$A_0 = k_{R3}, \quad \omega_P = \frac{\sqrt{v_1}}{RC\sqrt{k_C k_{R3} k_{R4}}}, \quad Q_P = \frac{1}{(1 + k_{R3})}\sqrt{\frac{v_1 k_C k_{R3}}{k_{R4}}}. \tag{4.36}$$

Beispiel

Der in Abschn. 4.3.2.1 für die Grundstruktur dimensionierte Tiefpass (Butterworth-Charakteristik, $Q_P = 0,7071$, $\omega_P = 628,32$ rad/s) wird für die erweiterte Struktur entworfen mit den Vorgaben:

$$A_0 = k_{R3} = 1, \quad v_1 = 1 \quad \text{und} \quad k_C = 1.$$

Aus Gl. (4.36) folgt dafür dann

$$k_{R4} = \frac{1}{4 Q_P^{\,2}} = 0,5 \quad \text{und} \quad RC = \frac{1}{\omega_P \sqrt{k_{R4}}} = \frac{2 Q_P}{\omega_P} = 2,25 \cdot 10^{-3} \text{ s}.$$

Wahl: $C = C_2 = C_5 = 10^{-7}$ F $\Rightarrow$ $R = R_1 = R_3 = 22,51 \text{ k}\Omega$, $R_4 = 11,255 \text{ k}\Omega$.

∎

Bandpassausgang

Eine spezielle Eigenschaft der hier behandelten Tiefpassschaltung führt zu einer zusätzliche Anwendungsmöglichkeit. Durch den Entkopplungsverstärker verfügt die Schaltung nämlich über einen zweiten niederohmigen Signalausgang mit der Spannung $\underline{u}_B = \underline{u}_2 v_1$, s. Grundstruktur in Abb. 4.15.

Zwischen beiden OPV-Ausgängen liegt eine invertierende Integratorschaltung – gebildet aus der Kombination R_4C_5 und dem Ausgangsverstärker, s. dazu auch Abschn. 3.1.5, Abb. 3.8(a). Damit kann die Spannung $\underline{u}_B$ am Ausgang des Entkopplungsverstärkers direkt aus $\underline{u}_A$ bzw. aus Gl. (4.35) abgeleitet werden:

$$\underline{H}_B(s) = \frac{\underline{u}_B}{\underline{u}_E} = \frac{\underline{u}_A}{\underline{u}_E} \cdot \left(-sR_4C_5\right) = \frac{sR_3R_4C_5/R_1}{1+s\dfrac{R_4C_5}{v_1}\left(1+R_3/R_1\right)+s^2\dfrac{R_3R_4C_2C_5}{v_1}} \; .$$

Die Funktion $\underline{H}_B(s)$ entspricht im Aufbau der Bandpass-Normalform in Gl. (4.1c). Die erweiterte Schaltung stellt also gleichzeitig an beiden Ausgängen zwei unterschiedliche Filterfunktionen zur Verfügung: Bandpass und Tiefpass.

Da beide Nenner identisch sind, gelten auch die mit Gl. (4.36) angegebenen Gleichungen für die Bandpass-Poldaten $\omega_M=\omega_P$ bzw. $Q=Q_P$. Die Bandpass-Mittenverstärkung ist $A_M=v_1R_3/(R_1+R_3)$.

4.3.3 Hochpassfilter

Für eine Hochpassfunktion sind die Leitwerte $\underline{Y}$ in Gl. (4.30) bzw. Gl. (4.31) so zu wählen, dass der Nenner weiterhin ein Polynom zweiten Grades bildet und der Zähler aus einem quadratischen s-Glied besteht. Damit ist nur die folgende Kombination mit drei Kapazitäten möglich:

$$\underline{Y}_1 = sC_1, \quad \underline{Y}_2 = 1/R_2, \quad \underline{Y}_3 = sC_3, \quad \underline{Y}_4 = sC_4, \quad \underline{Y}_5 = 1/R_5 \; .$$

Die gleiche Zuordnung ergibt sich auch durch die Anwendung der $RC{\rightarrow}CR$-Transformation, Abschn. 1.5.6, auf die Tiefpasselemente in Abb. 4.16.

4.3.3.1 Grundstruktur

Mit dem oben angegebenen Bauelementesatz erhält man die Grundschaltung für den Hochpass, Abb. 4.17, und aus Gl. (4.30) die zugehörige Systemfunktion:

$$\underline{H}(s) = -\frac{s^2R_2R_5C_1C_4}{1+sR_2\left(C_1+C_3+C_4\right)+s^2R_2R_5C_3C_4} \; . \tag{4.37}$$

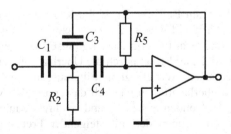

Abb. 4.17 Hochpass, Grundstruktur mit Zweifach-Gegenkopplung

Mit $C_1 = C, \quad C_3 = k_{C3}C, \quad C_4 = k_{C4}C, \quad R_2 = R, \quad R_5 = k_R R$

lassen sich durch Vergleich mit Gl. (4.1b) die Hochpassparameter angeben:

$$A_\infty = \frac{1}{k_{C3}}, \quad Q_P = \frac{\sqrt{k_R k_{C3} k_{C4}}}{1 + k_{C3} + k_{C4}}, \quad \omega_P = \frac{1}{RC\sqrt{k_R k_{C3} k_{C4}}}.$$

Für den zulässigen Sonderfall dreier gleicher Kapazitätswerte vereinfachen sich diese Beziehungen:

$$k_{C3} = k_{C4} = 1 \quad \Rightarrow \quad A_\infty = 1, \quad Q_P = \frac{\sqrt{k_R}}{3}, \quad \omega_P = \frac{1}{RC\sqrt{k_R}}.$$

4.3.3.2 Erweiterte Grundstruktur

Für die Schaltung mit Entkopplungsverstärker lautet die modifizierte System-funktion

$$\underline{H}(s) = -\frac{s^2 v_1 R_2 R_5 C_1 C_4}{1 + sR_2\left(C_1 + C_3\right) + s^2 R_2 R_5 C_3 C_4}$$

mit den zugehörigen Hochpassgrößen

$$A_\infty = \frac{1}{k_{C3}}, \quad Q_P = \frac{\sqrt{v_1 k_R k_{C3} k_{C4}}}{1 + k_{C3}}, \quad \omega_P = \frac{1}{RC\sqrt{v_1 k_R k_{C3} k_{C4}}},$$

die für den Spezialfall mit drei gleichen Kapazitätswerten übergehen in

$$k_{C3} = k_{C4} = 1 \quad \Rightarrow \quad A_\infty = 1, \quad Q_P = \frac{\sqrt{v_1 k_R}}{2}, \quad \omega_P = \frac{1}{RC\sqrt{v_1 k_R}}.$$

Mit dem Parameter v_1 hat man hier bei der Dimensionierung – zusätzlich zu k_R – einen weiteren Freiheitsgrad, mit dem die Zielwerte für Q_P und/oder ω_P einge-stellt werden können. Es ist aber fraglich, ob der zusätzliche Aufwand durch einen zweiten OPV damit gerechtfertigt werden kann.

4.3.3.3 Einflüsse nicht-idealer Verstärkereigenschaften

Wie in Abschn. 4.1.2.5 am Beispiel der Sallen-Key-Struktur erläutert, kommt es im Bereich der OPV-Transitfrequenz zu Abweichungen von der idealen Hoch-passcharakteristik – und zwar in Form einer Betragsüberhöhung.

Hervorgerufen wird dieser Effekt durch die Überlagerung zweier Signalanteile, die auf unterschiedlichen Wegen zum Filterausgang gelangen. Am OPV-Ausgangswiderstand überlagert sich nämlich das „normale" Verstärkerausgangs-signal mit den über die Kondensatoren C_1 und C_3 direkt zum Ausgang übertrage-nen Spannungsanteilen. Wegen der mit steigender Frequenz sinkenden OPV-Verstärkung sind beide Signalanteile im Bereich der Transitfrequenz etwa gleich groß und haben auch eine nahezu gleiche Phasenlage. Bei weiter wachsender Frequenz wird der Verstärkeranteil immer geringer und es überwiegt der über die Kapazitäten direkt auf den Ausgang übergekoppelte Anteil, der bis auf den Pegel des Eingangssignals ansteigt. Aus diesem Grunde werden Hochpassfilter nur selten in Zweifach-Gegenkopplungsstruktur ausgeführt.

4.3.4 Bandpassfilter

Werden die Elemente $\underline{Y}_1$ bis $\underline{Y}_5$ in Abb. 4.14 so gewählt, dass der Zähler von Gl. (4.30) aus einem s-Glied ersten Grades und der Nenner weiterhin aus einem s-Polynom zweiten Grades besteht, nimmt das Filter eine Bandpasscharakteristik an. Es hat sich herausgestellt, dass drei Zuordnungen diese Vorgabe erfüllen:

- Alternative A: $\underline{Y}_1 = 1/R_1$ $\underline{Y}_2 = sC_2$ $\underline{Y}_3 = 1/R_3$ $\underline{Y}_4 = 1/R_4$ $\underline{Y}_5 = sC_5$,
- Alternative B: $\underline{Y}_1 = sC_1$ $\underline{Y}_2 = 1/R_2$ $\underline{Y}_3 = 1/R_3$ $\underline{Y}_4 = 1/R_4$ $\underline{Y}_5 = sC_5$,
- Alternative C: $\underline{Y}_1 = sC_1$ $\underline{Y}_2 = sC_2$ $\underline{Y}_3 = 1/R_3$ $\underline{Y}_4 = 1/R_4$ $\underline{Y}_5 = sC_5$.

In der Filterpraxis mit Operationsverstärkern wird jedoch nahezu ausschließlich nur die Alternative A angewendet, da die beiden anderen Möglichkeiten keine weiteren Vorteile bieten. Nachteilig bei den Varianten B und C ist dagegen eine vergleichsweise große Spreizung k_C der Kapazitätswerte. Aus diesem Grunde wird in den folgenden Abschnitten nur die Zuordnung A weiter berücksichtigt.

Anmerkung Die Strukturalternativen B und C spielen jedoch eine gewisse Rolle beim Entwurf von elliptischen Grundgliedern, s. Abschn. 4.5.3.1, bzw. bei den Filtern auf Current-Conveyor-Basis, s. Abschn. 4.7.3.

4.3.4.1 Grundstruktur

Werden die Leitwerte gem. Alternative A in Gl. (4.30) bzw. Abb. 4.14 eingesetzt, entsteht die Bandpassfunktion, Gl. (4.38), und die Schaltung in Abb. 4.18.

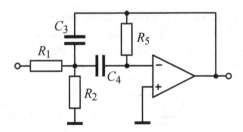

Abb. 4.18 Bandpass, Grundstruktur mit Zweifach-Gegenkopplung

$$\underline{H}(s) = -\frac{s\dfrac{R_{\mathrm{P}}R_5C_4}{R_1}}{1 + sR_{\mathrm{P}}\left(C_3 + C_4\right) + s^2 R_{\mathrm{P}} R_5 C_3 C_4} \quad \text{mit: } R_{\mathrm{P}} = R_1 \| R_2 . \qquad (4.38)$$

Mit dem Ansatz

$$R_1 = R, \quad R_2 = k_{R2}R, \quad R_5 = k_{R5}R, \quad C_4 = C, \quad C_3 = k_C C$$

werden die Formeln für die Mittenverstärkung A_M, für die Mittenfrequenz ω_M und für die Bandpassgüte Q aus Gl. (4.38) abgeleitet:

$$A_M = \frac{k_{R5}}{1+k_C}, \quad \omega_M = \frac{1}{RC}\sqrt{\frac{1+k_{R2}}{k_C k_{R2} k_{R5}}}, \quad Q = \sqrt{\frac{k_C k_{R5}(1+k_{R2})}{k_{R2}(1+k_C)^2}}. \quad (4.39a)$$

Nach Vorgabe der Zieldaten A_M, ω_M und Q und nach geeigneter Wahl der kapazitiven Größen C bzw. k_C berechnen sich die Widerstände dann aus

$$k_{R5} = A_M(1+k_C), \quad k_{R2} = \frac{k_C A_M}{Q^2(1+k_C)-k_C A_M}, \quad R = \frac{Q}{A_M \omega_M k_C C}. \quad (4.39b)$$

1. Modifikation: $R_2 \to \infty$

Vereinfachte Dimensionierungsbedingungen erhält man bei Verzicht auf den Widerstand R_2 ($k_{R2} \to \infty$). Als Konsequenz daraus sind dann aber Güte Q und Mittenverstärkung A_M voneinander abhängig. Aus Gl. (4.39a) lässt sich dafür folgender Zusammenhang ableiten:

$$A_M = Q^2(1+1/k_C).$$

Die Mittenverstärkung wächst also mit dem Quadrat der Bandpassgüte. Ein weiterer Nachteil ist das schon für mittlere Gütewerte sehr große Widerstandsverhältnis

$$k_{R5} = A_M(1+k_C) = Q^2 \frac{(1+k_C)^2}{k_C}. \quad (4.39c)$$

Besondere Bedeutung hat dieser Sonderfall aber im Zusammenhang mit der nachfolgend diskutierten 2. Modifikation der Schaltung in Abb. 4.18.

2. Modifikation: Güteanhebung durch Mitkopplung

Eine von (Deliyannis 1968) vorgeschlagene Schaltungsergänzung besteht darin, über einen weiteren Spannungsteiler einen Teil des Ausgangssignals auf den nicht-invertierenden OPV-Eingang zurückzuführen, Abb. 4.19.

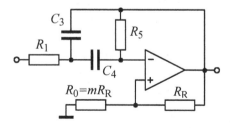

Abb. 4.19 Bandpass, Güteanhebung nach Deliyannis

Dieser Mitkopplungszweig führt – analog zum Wirkungsprinzip der Sallen-Key-Strukturen mit positiver Verstärkung v – zu einer Differenzbildung im Nenner der Systemfunktion und ermöglicht höhere Gütewerte bei kleinem Spreizungsfaktor k.

Unter der Voraussetzung gleicher Kapazitäten mit $C_3 = C_4 = C$ führt eine Neuberechnung der Schaltung auf die vereinfachte Funktion

$$\underline{H}(s) = -\frac{s(1+m)k_{R5}RC}{1+sRC(2-m\cdot k_{R5})+s^2 k_{R5}R^2C^2}$$ (4.40a)

mit den Kenngrößen

$$A_M = Q(1+m)\sqrt{k_{R5}}, \quad \omega_P = \omega_M = \frac{1}{RC\sqrt{k_{R5}}}, \quad Q_P = Q = \frac{\sqrt{k_{R5}}}{2-m\cdot k_{R5}}.$$ (4.40b)

Diese drei Gleichungen enthalten sieben Parameter, von denen sinnvollerweise die vier Größen Q, ω_M, C und k_{R5} vorgegeben werden. Die restlichen drei Unbekannten (A_M, R und m) können daraus dann bestimmt werden. Durch eine Kombination der beiden Gleichungen für Q und A_M lässt sich der Faktor m eliminieren und der Zusammenhang zwischen A_M, Q und k_{R5} wird deutlich:

$$A_M = \frac{2Q}{\sqrt{k_{R5}}}-1+Q\sqrt{k_{R5}} \quad \xrightarrow[\text{für } k_{R5}=2]{\text{Minimum}} \quad A_{M,\,min} = 2Q\sqrt{2}-1.$$ (4.40c)

Anders als bei der Grundschaltung mit $R_2 \to \infty$ (1. Modifikation) wächst hier also die Mittenverstärkung nicht mehr proportional zum Quadrat der Güte Q.

Beispiele

Vorgaben: Mittenfrequenz $f_M = 1000$ Hz, Güte $Q = 10$, Kapazitätsverhältnis $k_C = 1$.

Dimensionierung 1: Abb. 4.18, Entwurf über Gl. (4.39b) mit $A_M = 10$.

Wahl: $C = 10^{-7}$ F $\Rightarrow$ $R = R_1 = 1,59$ kΩ,

$k_{R2} = 1/19$, $k_{R5} = 20$ $\Rightarrow$ $R_2 = R/19 = 83,7$ Ω, $R_5 = 20R = 31,8$ kΩ.

Dimensionierung 2: Abb. 4.18, Entwurf über Gl. (4.39a) und (4.39c) mit $R_2 \to \infty$.

Wahl: $C = 10^{-7}$ F $\Rightarrow$ $R = R_1 = 79,58$ Ω,

$k_{R5} = 4Q^2 = 400$ $\Rightarrow$ $R_5 = 400R = 31,8$ kΩ, $A_M = k_{R5}/2 = 200$.

Dimensionierung 3: Abb. 4.19, Entwurf über Gl. (4.40) mit $k_{R5} = 1$.

Wahl: $C = 10^{-7}$ F $\Rightarrow$ $R = R_1 = 1,59$ kΩ,

$k_{R5} = 1$ $\Rightarrow$ $R_5 = R = 1,59$ kΩ,

$m = R_0/R_R = 2 - 1/Q = 1,9$ $\Rightarrow$ $A_M = Q(1+m) = 29$.

■

Auswertung

Die drei Zahlenbeispiele zeigen, dass die dritte Dimensionierung (Deliyannis-Variante, Abb. 4.19) den besten Kompromiss ermöglicht zwischen einer moderaten Mittenverstärkung A_M bei günstiger Komponentenspreizung k (hier $k_{R5}=k_C=1$ bei $m=1,9$). Besonders kritisch bei der zweiten Dimensionierung ist außerdem der relativ geringe Eingangswiderstand R_1, der wegen des großen Wertes von $k_{R5}=400$ höchstens um einen Faktor 3...4 (bei gleichzeitiger Verkleinerung von C) angehoben werden könnte.

4.3.4.2 Erweiterte Grundstruktur (Variante 1)

Die Randbedingungen bei der Dimensionierung – speziell: Komponentenspreizung und Mittenverstärkung – werden günstiger durch Einführung eines Entkopplungsverstärkers nach dem Prinzip von Abb. 4.15. Bei unveränderter Zuordnung der Leitwerte nach Alternative A

$$\underline{Y}_1 = 1/R_1, \quad \underline{Y}_2 = sC_2, \quad \underline{Y}_3 = 1/R_3, \quad \underline{Y}_4 = 1/R_4, \quad \underline{Y}_5 = sC_5$$

führt die allgemeine Systemfunktion, Gl. (4.31), auf

$$\underline{H}(s) = -\frac{sv_1 \dfrac{R_P R_5 C_4}{R_1}}{1 + sR_P C_3 + s^2 v_1 R_P R_5 C_3 C_4} \quad \text{mit: } R_P = R_1 \| R_2 \, .$$

Mit den Festlegungen

$$R_1 = R, \quad R_2 = k_{R2}R, \quad R_5 = k_{R5}R, \quad C_4 = C, \quad C_3 = k_C C$$

erhält man wieder die Bandpassgrößen

$$A_M = \frac{v_1 k_{R5}}{k_C}, \quad \omega_M = \frac{1}{RC}\sqrt{\frac{1+k_{R2}}{v_1 k_C k_{R2} k_{R5}}}, \quad Q = \sqrt{\frac{v_1 k_{R5}(1+k_{R2})}{k_C k_{R2}}} \, .$$

Nach Vorgabe dieser drei Größen und nach Wahl von v_1, C und k_C können die restlichen Bauelemente bestimmt werden:

$$k_{R5} = \frac{k_C A_M}{v_1}, \quad k_{R2} = \frac{A_M}{Q^2 - A_M}, \quad R = \frac{Q}{A_M \omega_M k_C C} \, .$$

Die Voraussetzung $Q^2 > A_M$ für positive Werte von k_{R2} ist problemlos einzuhalten.

Beispiel

Vorgaben (wie in Abschn. 4.3.4.1): $f_M = 1000$ Hz, $Q=10$, $k_C=1$, $A_M=10$.

Wahl: $v_1 = 1$ und $C = 10^{-7}$ F $\Rightarrow$ $R = R_1 = 1,5915 \, \text{k}\Omega$,

$$k_{R2} = 1/9, \quad k_{R5} = 10 \quad \Rightarrow \quad R_2 = R/9 = 176,8 \, \Omega, \quad R_5 = 10R = 15,9 \, \text{k}\Omega \, .$$

Die beiden Widerstandsverhältnisse k_R sind hier – im Vergleich zur Grundschaltung mit $k_{R2}=1/19$ und $k_{R5}=20$ – also etwa um den Faktor 2 günstiger. ∎

4.3.4.3 Erweiterte Grundstruktur (Variante 2)

Eine interessante Erweiterung der Grundstruktur – ähnlich der Modifikation durch einen Mitkopplungszweig (Abschn. 4.3.4.1, Abb. 4.19) – besteht aus einem invertierenden Zusatzverstärker, dessen Ausgang A_2 über einen Widerstand R_6 auf den n-Eingang des Hauptverstärkers zurückgeführt wird, wobei diese zweimalige Invertierung ebenfalls eine Mitkopplungseffekt erzeugt, s. Abb. 4.20.

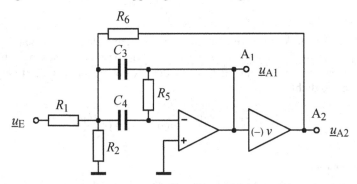

Abb. 4.20 Bandpass, Grundstruktur mit Mitkopplungsverstärker

Damit stehen an A_1 und A_2 zwei Bandpasssignale zur Verfügung, die sich im Vorzeichen und auch im Wert von A_M unterscheiden, sofern $v \neq -1$ ist. Mit der abkürzenden Schreibweise für die Parallelschaltung $R_P = R_1 \| R_2 \| R_6$ lässt sich die Systemfunktion bezüglich des Ausgangs A_1 ermitteln:

$$\underline{H}_1(s) = \frac{\underline{u}_{A1}}{\underline{u}_E} = -\frac{s\dfrac{R_P R_5 C_4}{R_1}}{1 + sR_P\left[C_3 + C_4\left(1 - |v|\dfrac{R_5}{R_6}\right)\right] + s^2 R_P R_5 C_3 C_4} \quad . \quad (4.41\text{a})$$

Für $v = 0$ und $R_6 \to \infty$ geht Gl. (4.41a) wieder in die Systemfunktion der Grundschaltung, Gl. (4.38), über. Die Funktion $\underline{H}_2(s)$ am Ausgang A_2 ist gegenüber $\underline{H}_1$ invertiert und der Zähler enthält zusätzlich den Verstärkungsfaktor $|v|$:

$$\underline{H}_2(s) = \underline{u}_{A2}/\underline{u}_E = -|v| \cdot \underline{H}_1(s) \ . \quad (4.41\text{b})$$

Dimensionierung

Es zeigt sich, dass – ohne wesentliche Einschränkung der Freiheitsgrade – folgende Vereinfachung bei der Dimensionierung zulässig ist:

$$R_1 = R_2 = R_6 = R, \quad R_P = R/3, \quad R_5 = k_R R, \quad C_3 = C_4 = C \ .$$

Damit ergeben sich über Gl. (4.41a) die Zusammenhänge

$$A_M = \frac{k_R}{2 - |v|k_R}, \quad \omega_M = \frac{1}{RC}\sqrt{\frac{3}{k_R}}, \quad Q = \frac{\sqrt{3k_R}}{2 - |v|k_R} \ .$$

Diese Beziehungen zeigen die Vorteile der Schaltungserweiterung durch den Zusatzverstärker:

1. Sowohl die drei Widerstände $R_1=R_2=R_6=R$ als auch die beiden Kapazitäten $C_3=C_4=C$ können aus den jeweiligen Normreihen gewählt werden; die Mittenfrequenz kann danach über den Parameter k_R eingestellt werden:

$$k_R = \frac{R_5}{R} = \frac{3}{R^2 C^2 \omega_M^2}.$$

2. Mit der Verstärkung v werden Güte und Mittenverstärkung – ohne Beeinflussung der Mittenfrequenz – festgelegt, wobei zwischen diesen beiden Größen ein linearer Zusammenhang besteht, der A_M-Werte ohne Übersteuerungsgefahr ermöglicht:

$$|v| = \frac{2Q - \sqrt{3k_R}}{k_R Q} \quad \text{und} \quad A_M = Q\sqrt{\frac{k_R}{3}}.$$

Zahlenbeispiel

Vorgaben: $f_M = 1000$ Hz, $Q=10$ (wie in Abschn. 4.3.4.1).

Wahl: $R = 1,8$ kΩ und $C = 10^{-7}$ F $\Rightarrow$ $k_R = 2,345$,

$R_5 = k_R R = 4,22$ kΩ und $|v| = 0,74$ mit $A_M = 8,84$.

4.3.4.4 Einflüsse nicht-idealer Verstärkereigenschaften

Um die Eigenschaften der in diesem Abschnitt vorgestellten Bandpässe mit Zweifach-Gegenkopplung hinsichtlich ihrer Empfindlichkeit auf die nicht-idealen Verstärkereigenschaften zu vergleichen, sind die Ergebnisse entsprechender SPICE-Simulationen (lineare Wechselspannungsanalysen) für fünf Schaltungsvarianten in Tabelle 4.2 zusammengestellt.

Tabelle 4.2 Bandpass, vergleichende SPICE-Simulationen, Zweifach-Gegenkopplungsstrukturen für zwei Dimensionierungen

	Mittenfrequenz f_M/kHz		3-dB-Bandbreite B/kHz		Bandpassgüte Q	
Sollwerte	**10**	*100*	**2**	*20*	**5**	*5*
Grundstruktur, Abb. 4.18	**9,55**	*70,5*	**1,79**	*10,28*	**5,3**	*6,86*
Grundstruktur mit $R_2 \to \infty$	**9,55**	*70,5*	**1,79**	*10,28*	**5,3**	*6,86*
Deliyannis-Variante, Abb. 4.19	**9,6**	*74,1*	**1,85**	*16,33*	**5,2**	*4,5*
Erweiterung, Abschn. 4.3.4.2	**9,75**	*80,9*	**1,97**	*17,8*	**4,95**	*4,5*
Erweiterung, Abb. 4.20	**9,8**	*83,18*	**1,9**	*15,16*	**5,15**	*5.4*

Grundlage der Simulationen ist ein realistisches 3-Pol-OPV-Makromodell des Typs 741 (Transitfrequenz $f_T \approx 1$ MHz). Alle Bandpässe wurden für zwei Dimensionierungen untersucht – mit jeweils unterschiedlichen Vorgaben für die Mittenfrequenz:

1. $f_M = 10$ kHz ,   Güte $Q=5$ (jeweils erste Spalte, fett),
2. $f_M = 100$ kHz,   Güte $Q=5$ (jeweils zweite Spalte, *kursiv*).

Auswertung

Die Ergebnisse beider Dimensionierungen zeigen, dass die Zweiverstärkerschaltung in Abb. 4.20 (Tabelle 4.2, letzte Zeile) eindeutig die beste Annäherung an die Vorgaben ermöglicht – also die geringste Empfindlichkeit gegenüber den nichtidealen Verstärkereinflüssen aufweist. Es muss aber betont werden, dass bei deutlich kleineren Mittenfrequenzen (etwa bis 1% der Transitfrequenz f_T) die zwei ersten Strukturvarianten aus Tabelle 4.2 vorzuziehen sind. Die Gründe dafür sind sowohl der geringere Schaltungsaufwand (nur ein Verstärker) als auch die geringere Empfindlichkeit der Bandpassdaten auf die Toleranzen der *passiven* Elemente, vgl. dazu auch die Ausführungen in Abschn. 4.8 (Zusammenfassung).

Der Vergleich mit den entsprechenden Simulationsergebnissen für die Einfach-Rückkopplungsstrukturen ergibt, dass die Sallen-Key-Gegenkopplungsstruktur (Abschn. 4.2.4.5, Tabelle 4.1, Zeile 3) ungefähr die gleichen Abweichungen aufweist wie die Zweifach-Gegenkopplungsschaltungen mit nur einem Verstärker (Tabelle 4.2, Zeilen 2 und 3). Die Sallen-Key-Mitkopplungsschaltung (Abschn. 4.2.4.5, Tabelle 4.1, Zeile 2) dagegen zeigt sowohl bei der Mittenfrequenz als auch bei der Güte eine deutlich bessere Annäherung an den Idealverlauf, ohne allerdings die Genauigkeit der Zweifach-Gegenkopplungsstruktur mit zwei Operationsverstärkern in Abb. 4.20 zu erreichen.

4.4   Filterstufen mit Impedanzkonverter

Prinzip und Anwendungsmöglichkeiten des Allgemeinen Impedanzkonverters (GIC) wurden in Abschn. 3.2 diskutiert. Als schaltungstechnische Lösung steht dafür mit der aus zwei Operationsverstärkern bestehenden Antoniou-Struktur (Abb. 3.16 in Abschn. 3.2.1) eine sehr vielseitig einsetzbare Aktivschaltung zur Verfügung.

Wird die GIC-Technik zum Aufbau kaskadierfähiger Filterstufen zweiten Grades eingesetzt, muss der GIC-Block als Vierpolschaltung mit frequenzabhängiger Eingangsimpedanz und niederohmigem OPV-Ausgang betrieben werden. Das Schaltungsprinzip dafür wurde in Abschn. 3.2.5, Abb. 3.19 vorgestellt. Die zugehörige Systemfunktion, Gl. (3.22), wird hier mit Gl. (4.42) noch einmal angegeben.

$$\frac{\underline{u}_A}{\underline{u}_E} = \frac{\left(1 + \underline{Y}_6/\underline{Y}_5\right)\underline{Y}_1\underline{Y}_3\underline{Y}_5}{\left(\underline{Y}_1 + \underline{Y}_0\right)\underline{Y}_3\underline{Y}_5 + \underline{Y}_2\underline{Y}_4\underline{Y}_6} \; . \tag{4.42}$$

Allerdings ermöglicht die Anordnung nach Abb. 3.19 nur Funktionen ohne endliche Nullstellen; Filter mit endlichen Nullstellen (Cauer-Filter, Sperrfilter, Allpass) erfordern eine Erweiterung der Struktur, die in Abschn. 4.5 angesprochen wird.

4.4.1 Tiefpass

Zur Erzeugung einer Tiefpassfunktion sind die Elemente $\underline{Y}_1$ bis $\underline{Y}_6$ in Gl. (4.42) so festzulegen, dass der Zähler aus einer Konstanten und der Nenner aus einem quadratischen Polynom in s besteht. Alle Zählerelemente $\underline{Y}_1$, $\underline{Y}_3$, $\underline{Y}_5$ und $\underline{Y}_6$ sind demzufolge als reelle Widerstände zu wählen. Für die Nennerfunktion existieren dann drei Zuordnungsalternativen :

- Alternative A: $\underline{Y}_0=0$ $\underline{Y}_2=1/R_2+sC_2$ $\underline{Y}_4=sC_4$,
- Alternative B: $\underline{Y}_0=0$ $\underline{Y}_2=sC_2$ $\underline{Y}_4=1/R_4+sC_4$,
- Alternative C: $\underline{Y}_0=sC_0$ $\underline{Y}_2=sC_2$ $\underline{Y}_4=sC_4$.

Dabei hat die Bauteilkombination C den Nachteil, dass drei Kapazitäten nötig sind, von denen eine i. a. nicht als Standardwert wählbar ist. Die beiden anderen Möglichkeiten sind gleichwertig.

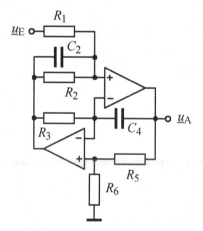

Abb. 4.21 GIC-Tiefpassstufe (Alternative A)

Die Zuordnung gemäß A führt auf die Schaltung in Abb. 4.21 und auf die Systemfunktion

$$\underline{H}(s)=\frac{\underline{u}_A}{\underline{u}_E}=\frac{1+\dfrac{R_5}{R_6}}{1+s\dfrac{R_1R_3R_5}{R_2R_6}C_4+s^2\dfrac{R_1R_3R_5}{R_6}C_2C_4} \ . \tag{4.43}$$

Für übersichtliche Entwurfsgleichungen werden wieder Faktoren k eingeführt:

$$R_1 = R, \ \ R_2 = k_{R2}R, \ \ R_3 = k_{R3}R, \ \ R_5 = R_6, \ \ C_2 = C, \ \ C_4 = k_C C \ .$$

Ein Koeffizientenvergleich zwischen Gl. (4.43) und Gl. (4.1a) führt dann auf

$$A_0 = 2, \quad \omega_P = \frac{1}{RC\sqrt{k_{R3}k_C}}, \quad Q_P = \frac{k_{R2}}{\sqrt{k_{R3}k_C}}.$$

Besonders einfache Verhältnisse ergeben sich beispielsweise für die Wahl $k_{R3}k_C=1$, wobei die Polfrequenz dann nur von dem Produkt RC und die Polgüte direkt vom Verhältnisfaktor k_{R2} abhängt.

Hinweis Genaue Analysen der Schaltung unter realen Bedingungen zeigen, dass die Empfindlichkeit der Poldaten gegenüber den passiven Toleranzen und auch gegenüber den nicht-idealen OPV-Eigenschaften am günstigsten ist für den Spezialfall (s. dazu auch Abschn. 4.4.4)

$$k_{R3} = 1 \;\Rightarrow\; R_3 = R, \qquad k_C = 1 \;\Rightarrow\; C_4 = C \quad \text{und} \quad R_5 = R_6.$$

4.4.2 Hochpass

Aus Gl. (4.42) erhält man – unter gleichzeitiger Berücksichtigung der Vorgabe $\underline{Y}_5=1/R_5=\underline{Y}_6=1/R_6$ (s. Hinweis oben für Tiefpässe) – die Hochpassfunktion mit einem s^2-Glied im Zähler für die Zuordnung

$$\underline{Y}_0 = 1/R_0, \quad \underline{Y}_1 = sC_1, \quad \underline{Y}_2 = 1/R_2, \quad \underline{Y}_3 = sC_3, \quad \underline{Y}_4 = 1/R_4.$$

Dazu gehört die Systemfunktion

$$\underline{H}(s) = \frac{s^2 \left(\dfrac{R_5 + R_6}{R_5}\right) R_2 R_4 C_1 C_3}{1 + s\,\dfrac{R_2 R_4 R_6}{R_0 R_5} C_3 + s^2\,\dfrac{R_2 R_4 R_6}{R_5} C_1 C_3}. \tag{4.44}$$

Mit $\quad R_2 = R, \quad R_0 = k_{R0}R, \quad R_4 = k_{R4}R, \quad R_5 = R_6, \quad C_1 = C, \quad C_3 = k_C C$

sind dann die Hochpasselemente zu berechnen über :

$$A_\infty = 2, \quad \omega_P = \frac{1}{RC\sqrt{k_{R4}k_C}}, \quad Q_P = \frac{k_{R0}}{\sqrt{k_{R4}k_C}}.$$

4.4.3 Bandpass

Eine Bandpassfunktion mit linearem s-Glied im Zähler entsteht aus Gl. (4.42) – wieder mit der Vorgabe $\underline{Y}_5=1/R_5=\underline{Y}_6=1/R_6$ (s. Dimensionierungshinweis in Abschn. 4.4.1) – wenn die beiden Leitwerte $\underline{Y}_0$ und $\underline{Y}_3$ kapazitiv gewählt werden:

$$\underline{Y}_0 = sC_0, \quad \underline{Y}_1 = 1/R_1, \quad \underline{Y}_2 = 1/R_2, \quad \underline{Y}_3 = sC_3, \quad \underline{Y}_4 = 1/R_4.$$

Mit den Festlegungen

$$R_1 = R, \quad R_2 = k_{R2}R, \quad R_4 = k_{R4}R, \quad R_5 = R_6 \quad \text{sowie} \quad C_0 = C_3 = C$$

nimmt die Systemfunktion für den GIC-Bandpass, Abb. 4.22, dann folgende Form an:

$$\underline{H}(s) = \frac{s k_{R2} k_{R4} 2RC}{1 + s k_{R2} k_{R4} RC + s^2 k_{R2} k_{R4} R^2 C^2} . \tag{4.45}$$

Anmerkung Die Schaltung in Abb. 4.22 kann auch aufgefasst werden als die aktive Variante eines passiven $R_1 C_0 L$-Bandpasses, bei dem die Funktion der geerdete Spule mit der Induktivität L durch eine GIC-Schaltung nachgebildet wird, vgl. Abschn. 3.2.2 (Typ 1). Die Signalspannung $\underline{u}_A{}^*$ am Ausgangsknoten der passiven Schaltung steht dann – multipliziert mit dem Faktor $(1+R_5/R_6)$ – als Ausgangsspannung $\underline{u}_A$ auch am niederohmigen OPV-Ausgang zur Verfügung.

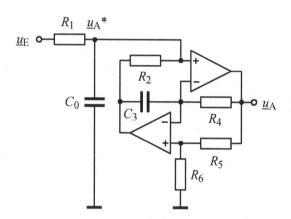

Abb. 4.22 GIC-Bandpassstufe

Auf dem Wege des Koeffizientenvergleichs zwischen Gl. (4.45) und Gl. (4.1c) erhält man die Formeln zur Festlegung der Bauelemente:

$$A_M = 2, \quad \omega_P = \omega_M = \frac{1}{RC\sqrt{k_{R2}k_{R4}}}, \quad Q_P = Q = \frac{1}{\sqrt{k_{R2}k_{R4}}} = \omega_M RC .$$

Dimensionierung

Nach Vorgabe von ω_M und Q können von den restlichen vier Parametern die Kapazitäten $C_0 = C_3 = C$ und der Widerstand R_2 aus einer der jeweiligen Normreihen frei gewählt werden. Die verbleibenden Größen werden danach berechnet über

$$R = \frac{Q}{\omega_M C}, \quad k_{R2} = \frac{R_2}{R} \quad \text{und} \quad k_{R4} = \frac{1}{k_{R2}Q^2} .$$

Da es sinnvoll ist, beide Faktoren k_R ungefähr gleich groß zu wählen (also $k_{R2} \approx k_{R4} \approx 1/Q$), sollte R_2 möglichst im Bereich R/Q festgelegt werden.

Beispiel

Vorgaben: Bandpass mit f_M=10 kHz, Bandbreite B=2 kHz, $Q=f_M/B$=5.

$$\text{Wahl}: C_0 = C_3 = C = 10^{-8} \text{ F} \quad \Rightarrow \quad R_1 = R = \frac{Q}{\omega_M C} = \frac{5}{2\pi \cdot 10^4 \cdot 10^{-9}} = 7,96 \cdot 10^3 \; \Omega \; ;$$

$$R_2 = 1,6 \cdot 10^3 \; \Omega \left(\approx \frac{R}{Q} \right) \quad \Rightarrow \quad k_{R2} = \frac{R_2}{R} = 0,2 \quad \Rightarrow \quad k_{R4} = \frac{1}{0,2 \cdot 25} = 0,2 \; ;$$

$$R_4 = k_{R4} R = 1,6 \cdot 10^3 \; \Omega \; , \quad R_5 = R_6 = 10^4 \; \Omega \; \text{(frei gewählt)}.$$

∎

4.4.4   Einfluss realer Verstärkereigenschaften

Die Einflüsse der nicht-idealen Verstärkerparameter auf die – unter idealisierten Annahmen – dimensionierten Filterschaltungen können durch Schaltungssimulationen aufgedeckt werden. Stellvertretend für alle drei in diesem Kapitel vorgestellten Filtertypen (Tief-, Hoch- und Bandpass) werden hier die Simulationsergebnisse für den GIC-Bandpass ausgewertet, da dieser wegen der – im Vergleich zu Tiefpass- und Hochpassfunktionen – normalerweise höheren Gütewerte die höchsten Anforderungen an die Selektionseigenschaften der Schaltung stellt.

Basis aller Simulationen ist das SPICE-Makromodell für den OPV-Typ 741 mit den Bandpass-Zieldaten:

1. f_M=10 kHz , Güte Q=5 (jeweils erste Spalte, **fett**),
2. f_M=100 kHz , Güte Q=5 (jeweils zweite Spalte, *kursiv*).

Zum Vergleich mit anderen Strukturvarianten enthält Tabelle 4.3 zusätzlich noch einmal die jeweils besten Ergebnisse für die Bandpässe aus Abschn. 4.2.4.1 (Einfach-Rückkopplung) und Abschn. 4.3.4.4 (Zweifach-Gegenkopplung).

Tabelle 4.3 Bandpass, vergleichende SPICE-Simulationen für drei Strukturen und jeweils zwei Dimensionierungen

	Mittenfrequenz f_M/kHz		3-dB-Bandbreite B/kHz		Bandpassgüte Q	
Sollwerte	**10**	*100*	**2**	*20*	**5**	*5*
Mitkopplungsstruktur, Abschn. 4.2.4.1, Abb. 4.10	**9,7**	*77,3*	**1,88**	*15,4*	**5,15**	*5,02*
Gegenkopplungsstruktur, Abschn. 4.3.4.3, Abb. 4.20	**9,8**	*83,18*	**1,9**	*15,16*	**5,15**	*5.4*
GIC-Struktur, Abb. 4.22	**9,8**	*83,6*	**1,95**	*17,5*	**4,99**	*4,79*

Auswertung

Eine Auswertung der Simulationsergebnisse aus Tabelle 4.3 ergibt, dass der GIC-Bandpass – im Vergleich zu den beiden anderen klassischen Strukturvarianten – die geringste Empfindlichkeit gegenüber den nicht-idealen Eigenschaften der eingesetzten Operationsverstärker aufweist. Diese Aussage gilt sinngemäß auch für den GIC-Tiefpass und den GIC-Hochpass. Es muss aber betont werden, dass sich diese günstigen Eigenschaften nur unter folgenden drei Voraussetzungen einstellen:

1. Identische Operationsverstärker mit gleichen Transitfrequenzen f_T (Dual-IC),
2. Widerstandsgleichheit $R_5=R_6$,
3. Tiefpass: $R_1C_2 \approx R_3C_4$, bzw. $R_1 \approx R_3$ für $C_2=C_4$,
   Bandpass: $R_2C_0 \approx R_4C_3$, bzw. $R_2 \approx R_4$ für $C_0=C_3$.

4.5   Filterstufen mit endlichen Nullstellen

Mit den in Abschn. 4.2 bis 4.4 zusammengestellten Schaltungen sind ausschließlich Allpolfilter zu entwerfen, deren Systemfunktionen nur Nullstellen bei $s=0$ oder $s \to \infty$ aufweisen. Deshalb erfordern Filterfunktionen mit endlichen Nullstellen – wie die Approximationen nach Tschebyscheff/invers bzw. Cauer sowie Allpässe – andere Schaltungsstrukturen. Einige dafür geeignete und erprobte Grundglieder zweiten Grades werden in diesem Abschnitt vorgestellt.

Einen wichtigen Platz nimmt dabei der auf dem Prinzip des Impedanzkonverters basierende GIC-Block ein (s. Abschn. 3.2.5, Abb. 3.19), für den in diesem Abschnitt eine Erweiterung eingeführt wird, um endliche Übertragungsnullstellen erzeugen zu können. Mit Ausnahme dieser GIC-Schaltungen beschränken sich die anderen Schaltungsvorschläge auf relativ einfache Strukturen mit nur einem Operationsverstärker. Es hat sich nämlich gezeigt, dass keine der anderen möglichen Zweiverstärkeranordnungen die Qualität und Präzision der GIC-Struktur erreicht.

Einige weitere Schaltungen mit der Fähigkeit zur Nullstellenerzeugung in Form der sog. *Universalfilter* werden in Abschn. 4.6 angesprochen.

4.5.1   Allpassfilter

4.5.1.1 Grundlagen und Anwendungen

In diesem einleitenden Teil sollen zunächst die speziellen Eigenschaften von Allpassfunktionen ersten und zweiten Grades diskutiert sowie die wichtigsten Anwendungen skizziert werden.

Die Allpassfunktion zweiten Grades

Ausgangspunkt der weiteren Überlegungen ist die allgemeine biquadratische Systemfunktion, Abschn. 1.2.1, Gl. (1.26), die hier noch einmal angegeben wird:

$$\underline{H}(s) = \frac{a_0 + a_1 s + a_2 s^2}{1 + b_1 s + b_2 s^2} = \frac{\underline{Z}(s)}{\underline{N}(s)}. \tag{4.46a}$$

Für den Sonderfall (s. Filterklassifikation in Abschn. 1.2.2)

$$a_0 = 1, \quad a_1 = -b_1, \quad a_2 = b_2 \neq 0$$

geht Gl. (4.46a) über in die Allpassfunktion zweiten Grades – hier ausgedrückt durch die Pol- bzw. Nullstellendaten:

$$\underline{H}(s) = \frac{1 - s\dfrac{1}{\omega_Z Q_Z} + \dfrac{s^2}{\omega_Z^2}}{1 + s\dfrac{1}{\omega_P Q_P} + \dfrac{s^2}{\omega_P^2}} = \frac{\underline{Z}(s)}{\underline{N}(s)} \quad \text{mit } \omega_Z = \omega_P \text{ und } Q_Z = Q_P. \tag{4.46b}$$

Mit einem negativen s-Glied im Zähler $\underline{Z}(s)$ gehört zu dieser Systemfunktion ein konjugiert komplexes Nullstellenpaar mit positivem Realteil (rechte s-Halbebene) – spiegelbildlich zur Polanordnung in der linken s-Halbebene. Für die genannten Bedingungen ($\omega_Z = \omega_P$ und $Q_Z = Q_P$) sind $\underline{Z}(s)$ und $\underline{N}(s)$ also konjugiert-komplex zueinander; der Betrag der Gesamtfunktion ist damit konstant – d. h. von der Frequenz unabhängig – und es ergibt sich lediglich eine frequenzabhängige Phasendrehung zwischen den beiden Extremwerten

$$\varphi(s{=}0) = \varphi_0 = 0 \quad \text{und} \quad \varphi(s{\to}\infty) = \varphi_\infty = -2\pi.$$

Der genaue Verlauf der Phasenfunktion – insbesondere die Steigung der Funktion bei der Polfrequenz $\omega = \omega_P$ – wird durch die Polgüte Q_P bestimmt, wobei die Phasendrehung bei der Polfrequenz den Wert $\varphi(s{=}j\omega_P) = \varphi_P = -\pi$ annimmt.

Für die Anwendung wichtiger ist jedoch die Gruppenlaufzeit $\tau_G(\omega)$, die als negative Steigung der Phasenfunktion definiert ist, s. dazu auch Abschn. 1.4.5, Gl. (1.72). Die Berechnung erfolgt analog zur Vorgehensweise bei der Laufzeitberechnung für den Tiefpass mit Thomson-Bessel-Charakteristik in Abschn. 1.4.5. Die Rechnung zeigt, dass die zum Nenner konjugiert komplexe Zählerfunktion beim Allpass jedoch eine Verdopplung der Gruppenlaufzeit bei $\omega{=}0$ verursacht:

$$\tau_{G,AP}(\omega = 0) = \tau_{G0,AP} = \frac{2}{\omega_P Q_P}.$$

Anwendungen zum Allpass

Die Laufzeiteigenschaften der Allpässe können gezielt ausgenutzt werden, um beispielsweise alle Signalanteile innerhalb eines begrenzten Frequenzbereichs gleichmäßig zu verzögern, ohne die Amplituden zu beeinflussen. Der Allpass wird dann eingesetzt als reines Verzögerungselement mit einer im jeweiligen Frequenzbereich möglichst konstanten Gruppenlaufzeit – gleichbedeutend mit einer möglichst linearen Phasenfunktion. Die Dimensionierung dieser „laufzeitgeebneten" Allpässe erfolgt deshalb auf der Grundlage der in Abschn. 1.4.5, Tabelle 1.8, angegebenen Gütewerte der Thomson-Bessel-Tiefpässe.

Bevorzugt werden Allpassfilter aber eingesetzt, um die durch Tiefpässe verursachten Schwankungen der Laufzeit zu reduzieren (Delay Equalizer). Dieses gilt besonders für Tiefpässe höherer Ordnung und/oder für den Fall, dass Thomson-Bessel-Filter wegen ihrer schlechten Selektivität nicht eingesetzt werden können.

Da durch diese zusätzliche Stufe die vom Tiefpass verursachten Gruppenlaufzeiten natürlich nicht verringert werden können, muss der in Serie zugeschaltete Allpass durch geeignete Wahl seiner Poldaten ω_P und Q_P so dimensioniert werden, dass er die Bereiche kleinerer Tiefpasslaufzeiten deutlich stärker anhebt als die Laufzeitspitzen. Dabei kann es durchaus notwendig werden, zwei oder sogar mehr unterschiedlich dimensionierte Allpässe einzusetzen.

Eine genaue Berechnung günstiger Allpassdaten zur Laufzeitebnung einer speziellen Tiefpassfunktion ist relativ kompliziert; zumeist sind mehrere Simulationsdurchgänge zur Schaltungsoptimierung der bessere Weg. Hilfreich dabei ist die Kenntnis des prinzipiellen Verlaufs der Gruppenlaufzeiten für unterschiedliche Gütewerte. Zu diesem Zweck sind in Abb. 4.23 einige typische Allpass-Laufzeitfunktionen zweiten Grades in normierter Form für fünf verschiedene Gütewerte als Funktion der Frequenz aufgetragen.

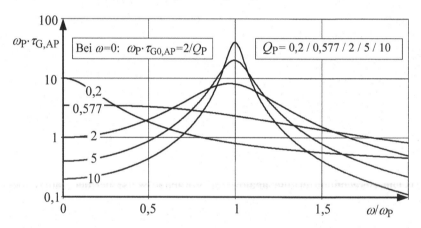

Abb. 4.23 Allpass zweiten Grades,
normierte Gruppenlaufzeiten $\omega_P \cdot \tau_{G,AP} = f(\omega/\omega_P)$

Beispiel

Das Prinzip des Laufzeitausgleichs soll an einem typischen Beispiel demonstriert werden. In Abb. 4.24 sind dazu die Laufzeitfunktionen $\tau_G(\omega)$ für einen speziellen Tiefpass (TP), für einen ausgewählten Allpass (AP) und für die Serienschaltung beider Stufen (TP+AP) dargestellt:

- Tiefpass (TP): Tschebyscheff-Charakteristik zweiten Grades,
  Welligkeit $w = 3$ dB, Polfrequenz $\omega_P = 10^3$ rad/s,
- Allpass (AP): Grad $n = 2$, Gütewerte $Q_P = Q_Z = 0{,}58$,
  Pol-/Nullstellenfrequenz $\omega_P = \omega_Z = 760$ rad/s.

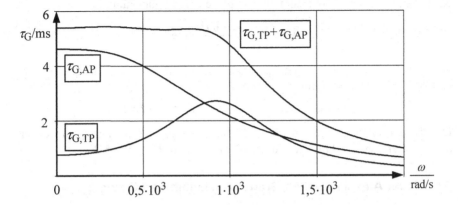

Abb. 4.24 Laufzeiten τ_G für Tschebyscheff-Tiefpass (TP), Allpass (AP) und die Kombination Tiefpass-Allpass (TP+AP)

Der Verlauf der Laufzeitfunktion für die Serienschaltung aus Tief- und Allpass bestätigt das Prinzip des Laufzeitausgleichs, indem die bis zum Bereich der Polfrequenz ansteigende Tiefpasslaufzeit durch eine kontinuierlich abfallende Allpass-Laufzeitcharakteristik mit den genannten Pol-/Nullstellendaten kompensiert wird. Das Ergebnis für die Tiefpass-Allpass-Kombination ist zwar eine größere Gruppenlaufzeit (5,5 ms), die aber innerhalb des Tiefpass-Durchlassbereichs nahezu konstant bleibt. ∎

4.5.1.2 Der Allpass ersten Grades

Eine einfache Schaltung zur Realisierung einer Allpassfunktion ersten Grades ist in Abb. 4.25 gezeigt. Die Systemfunktion ist mit den Regeln zur Berechnung invertierender bzw. nicht-invertierender OPV-Schaltungen unmittelbar durch Differenzbildung anzugeben:

$$\underline{H}(s) = \frac{2}{1+s\tau} - 1 = \frac{2-(1+s\tau)}{1+s\tau} = \frac{1-s\tau}{1+s\tau} \qquad \text{mit} \quad \tau = RC.$$

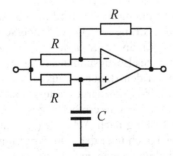

Abb. 4.25 Allpassfilter 1. Grades

Nach dem Übergang $s \rightarrow j\omega$ kann die komplexe Übertragungsfunktion

$$\underline{A}(j\omega) = \frac{\underline{Z}(s)}{\underline{N}(s)} = \frac{1 - j\omega\tau}{1 + j\omega\tau} = 1 \cdot e^{j\varphi_{AP}}$$

ausgedrückt werden durch den konstanten Betrag $A(\omega)=1$ (wegen $|\underline{Z}(s)|=|\underline{N}(s)|$) und durch die Phasenfunktion

$$\varphi_{AP} = \varphi_Z - \varphi_N = \arctan(-\omega\tau) - \arctan(\omega\tau) = -2\arctan(\omega\tau).$$

Die Phase des Allpassfilters in Abb. 4.25 durchläuft im gesamten Frequenzbereich also den Bereich von 0 bis $-\pi$ und hat bei $\omega = 1/\tau$ den Wert $\varphi = -\pi/2$.

4.5.1.3 Der Allpass zweiten Grades mit einem Verstärker

Eine besonders einfache Methode, einen Allpass zweiten Grades zu erzeugen und zu dimensionieren, ergibt sich über die Verwandtschaft zum Bandpass. Wie die folgende Rechnung zeigt kann eine Bandpassfunktion mit der Mittenverstärkung A_M durch einfache Differenzbildung mit einer konstanten Größe $K=A_M/2$ in eine Allpassfunktion überführt werden:

$$\underline{H}(s)_{AP} = \frac{A_M}{2} - \underline{H}(s)_{BP} = \frac{A_M}{2} - \frac{A_M\left(s/\omega_P Q_P\right)}{1 + \left(s/\omega_P Q_P\right) + \left(s/\omega_P\right)^2},$$

$$\underline{H}(s)_{AP} = \frac{A_M}{2} \cdot \frac{1 - \left(s/\omega_P Q_P\right) + \left(s/\omega_P\right)^2}{1 + \left(s/\omega_P Q_P\right) + \left(s/\omega_P\right)^2}.$$

(4.47)

Grundsätzlich kann nach diesem Prinzip also aus jeder Grundstufe mit Bandpass-verhalten auf dem Wege der Differenzbildung ein Allpass erzeugt werden.

Schaltung 1: Komplementärschaltung zum Bandpass
Besonders einfache Verhältnisse erhält man für den Fall $A_M=2$ und $K=A_M/2=1$. Es lässt sich nämlich zeigen, dass die Funktion

$$\underline{H}(s)_{AP} = 1 - \underline{H}(s)_{BP}$$

auch ohne Differenzbildung aus einer nicht-invertierenden Bandpassschaltung (mit $A_M=2$) erzeugt werden kann – und zwar durch Überführung in die zugehörige *komplementäre* Filteranordnung. Dabei wird der normale Bandpasseingang auf Massepotential gelegt und das Eingangssignal stattdessen in alle bisher geerdeten Elemente eingespeist. Das Prinzip der *Komplementärschaltung* besteht also praktisch nur in der Verlagerung des Bezugspunktes (Masse).
   Wird dieses Verfahren auf den Bandpass aus Abschn. 4.2.4.1 (Abb. 4.10) angewendet, entsteht der in Abb. 4.26 dargestellte Allpass (Bauteilbenennung wie im Original, Abb. 4.10). Der Verstärkerblock v aus Abb. 4.10 muss dabei durch die nicht-invertierende Schaltung nach Abb. 3.4 (Abschn. 3.1.2) dargestellt werden, um das Eingangssignal auch über den – in der Originalschaltung geerdeten – Widerstand R_0 auf die Schaltung geben zu können.

Die Allpass-Dimensionierung erfolgt dann einfach dadurch, dass der Bandpass vorher – also vor Vertauschung der Anschlüsse für Masse und Eingangssignal – für die gewünschten Poldaten und eine Mittenverstärkung $A_M=2$ ausgelegt wird. Dieses kann beispielsweise nach der in Abschn. 4.2.4.1/Dimensionierung/Fall 3 beschriebenen Prozedur erfolgen. Es ist also nicht notwendig, vorher die System-funktion für den Allpass in Abb. 4.26 aufzustellen.

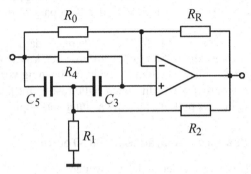

Abb. 4.26 Allpass zweiten Grades mit einem OPV (Schaltung 1)

Schaltung 2: Differenzbildung mit Bandpass

Eine aufwandsarme und erprobte Schaltung – hervorgegangen aus dem invertie-renden Bandpass mit Zweifach-Gegenkopplung (Abschn. 4.3.4.1, Abb. 4.18) – ist in Abb. 4.27 gezeigt. Für die Differenzbildung nach Gl.(4.47) ist hier kein sepa-rater Verstärker nötig, da ein Teil der Eingangsspannung dem p-Eingang des Operationsverstärkers direkt zugeführt werden kann.

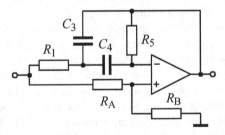

Abb. 4.27 Allpass zweiten Grades mit einem OPV (Schaltung 2)

Die etwas umständliche Berechnung der Schaltung in Abb. 4.27 erfolgt am besten durch den klassischen Ansatz für den idealen OPV mit $u_D=0$ bzw. $u_P=u_N$, wobei zur Ermittlung von u_N von der bekannten Übertragungsfunktion des überbrückten T-Gliedes Gebrauch gemacht werden kann (Gl. (4.29) in Abschn. 4.3.1). Auf diese Weise erhält man:

$$\underline{H}(s) = \frac{R_B}{R_A + R_B} \cdot \frac{1 + s\left[R_1\left(C_3 + C_4\right) - R_5 C_4 R_A / R_B\right] + s^2 R_1 R_5 C_3 C_4}{1 + s R_1\left(C_3 + C_4\right) + s^2 R_1 R_5 C_3 C_4}. \quad (4.48a)$$

Der Vergleich mit der allgemeinen Normalform, Gl. (4.46b), liefert die Abstimm-bedingung für den Allpass (Zähler konjugiert-komplex zum Nenner):

$$\frac{R_A}{R_B} = \frac{2R_1\left(C_3 + C_4\right)}{R_5 C_4}. \tag{4.48b}$$

Ein Vergleich mit der Bandpassfunktion, Gl. (4.38), zeigt, dass dieses Wider-standsverhältnis dem zweifachen Kehrwert der Bandpass-Mittenverstärkung ent-spricht.

Die Abstimmbedingung, Gl. (4.48b), lässt erkennen, dass bei dieser einfachen Schaltung der Betrag der Allpassfunktion, der durch den konstanten Vorfaktor der Systemfunktion $R_B/(R_A+R_B)$ festgelegt ist, nicht unabhängig von den Kenngrößen ω_P bzw. Q_P gewählt werden kann. In vielen Fällen ist damit jedoch keine beson-dere Einschränkung bei der praktischen Anwendung verknüpft.

4.5.1.4 Der Allpass zweiten Grades in GIC-Technik

Die einfachste Möglichkeit, einen Allpass zweiten Grades mit zwei Operations-verstärkern aufzubauen besteht in der Serienschaltung zweier Stufen ersten Gra-des. Allerdings sind auf diese Weise nur Gütewerte $Q_P<0,5$ zu erzielen, da zu jeder Stufe eine rein reelle Pol-Nullstellen-Kombination gehört.

Beliebige Allpassfunktionen zweiten Grades sind außerdem aus allen aktiven Bandpässen zu erzeugen, wenn – wie zu Beginn von Abschn. 4.5.1.3 erwähnt – ein zweiter Verstärker zur Differenzbildung mit der halben Mittenverstärkung A_M eingesetzt wird. Nach diesem Prinzip sind mehrere Schaltungsvarianten möglich, die hier aber nicht weiter diskutiert werden, da es eine besonders attraktive Zwei-verstärkerschaltung gibt, die allen anderen Strukturen hinsichtlich Genauigkeit und Einfachheit der Dimensionierung überlegen ist.

Die leistungsfähigste Allpassstufe zweiten Grades basiert auf einer symmetri-schen Erweiterung der GIC-Stufe aus Abschn. 3.2.5 (Abb. 3.19). Dabei wird das Element $\underline{Y}_6$ nicht mehr auf Massepotential gelegt, sondern – im Unterschied zu den bisher besprochenen GIC-Filtern (Abschn. 4.4) – über einen Spannungsteiler ebenfalls an die Eingangsspannung angeschlossen, siehe Abb. 4.28.

Die Berechnung erfolgt in zwei Schritten, indem die – über beide Signalwege übertragenen – Anteile an der Ausgangsspannung separat berechnet und dann überlagert werden. Beide Spannungsteilerverhältnisse werden dabei über die jeweiligen GIC-Eingangsadmittanzen ermittelt (s. Abb. 4.28):

$$\underline{Y}_{E,1} = \frac{\underline{Y}_2\underline{Y}_4\left(\underline{Y}_6 + \underline{Y}_7\right)}{\underline{Y}_3\underline{Y}_5} \quad \text{und} \quad \underline{Y}_{E,2} = \frac{\underline{Y}_3\underline{Y}_5\left(\underline{Y}_0 + \underline{Y}_1\right)}{\underline{Y}_2\underline{Y}_4}.$$

Als Ergebnis der Überlagerung erhält man nach einigen Umformungen die Sys-temfunktion für den symmetrischen GIC-Filterblock

$$\frac{u_A}{u_E} = \underline{H}(s) = \frac{\underline{Y}_1\underline{Y}_3\underline{Y}_5 + \underline{Y}_1\underline{Y}_3\underline{Y}_7 + \underline{Y}_2\underline{Y}_4\underline{Y}_6 - \underline{Y}_0\underline{Y}_3\underline{Y}_6}{\underline{Y}_1\underline{Y}_3\underline{Y}_5 + \underline{Y}_2\underline{Y}_4\underline{Y}_7 + \underline{Y}_2\underline{Y}_4\underline{Y}_6 + \underline{Y}_0\underline{Y}_3\underline{Y}_5}. \tag{4.49}$$

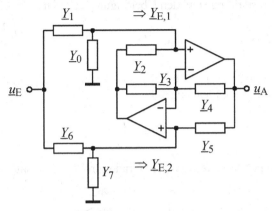

Abb. 4.28 Erweiterte GIC-Stufe

Mit der für eine schaltungsmäßige Umsetzung bevorzugten Wahl

$$\underline{Y}_7 = 0 \qquad \underline{Y}_1 = \underline{Y}_3 = sC,$$
$$\underline{Y}_2 = \underline{Y}_4 = \underline{Y}_5 = \underline{Y}_6 = 1/R \quad \text{und} \quad \underline{Y}_0 = 1/R_0$$

entsteht dann die Allpassfunktion in der Form nach Gl. (4.46b)

$$\underline{H}(s) = \frac{1 - sC\,R^2/R_0 + s^2 R^2 C^2}{1 + sC\,R^2/R_0 + s^2 R^2 C^2}$$

mit einfachen Beziehungen zur Festlegung der Pol-Nullstellendaten:

$$\omega_\mathrm{P} = \omega_\mathrm{Z} = 1/RC \quad \text{und} \quad Q_\mathrm{P} = Q_\mathrm{Z} = R_0/R\,.$$

4.5.2 Filterstufen mit Sperrcharakteristik

4.5.2.1 Grundlagen, Klassifikation

Filterstufen mit einer idealen Sperrcharakteristik bei einer bestimmten Frequenz besitzen Systemfunktionen mit „echten" Nullstellen – positioniert auf der Imaginärachse der s-Ebene. Gemäß Filterklassifikation in Abschn. 1.2.2 geht die allgemeine biquadratische Funktion, Gl. (1.26) und Gl. (4.46a), in die Systemfunktion eines Sperrfilters über, wenn das lineare s-Glied im Zähler der Funktion verschwindet, s. dazu auch Gl. (4.1d) in Abschn. 4.1.1. In der Schreibweise von Gl. (4.46b) ist dann

$$\underline{H}(s) = \frac{A_0\left(1 + \dfrac{s^2}{\omega_\mathrm{Z}{}^2}\right)}{1 + s\dfrac{1}{\omega_\mathrm{P} Q_\mathrm{P}} + \dfrac{s^2}{\omega_\mathrm{P}{}^2}}\,. \tag{4.50a}$$

Zwischen den Verstärkungen an den Übertragungsgrenzen

$$\underline{H}(s=0) = A_0 \quad \text{und} \quad \underline{H}(s \to \infty) = A_\infty = A_0 \frac{1/\omega_Z^2}{1/\omega_P^2}$$

und den beiden Parametern ω_P bzw. ω_Z lässt sich aus Gl. (4.50a) ein einfacher und anschaulicher Zusammenhang ablesen:

$$\frac{A_0}{A_\infty} = \left(\frac{\omega_Z}{\omega_P}\right)^2. \tag{4.50b}$$

Damit sind bei den Sperrfiltern zweiten Grades drei Fälle zu unterscheiden:

1. Tiefpass-Sperrfilter: $A_0 > A_\infty \quad \Rightarrow \quad \omega_P < \omega_Z,$

2. Hochpass-Sperrfilter: $A_0 < A_\infty \quad \Rightarrow \quad \omega_P > \omega_Z,$ $\qquad$ (4.50c)

3. Bandsperre: $A_0 = A_\infty \quad \Rightarrow \quad \omega_P = \omega_Z.$

Zur Illustration des Übertragungsverhaltens wird auf Abschn. 1.4.3 verwiesen, der mit Abb. 1.13 die Betragsdarstellung für ein spezielles Sperrfilter mit Tiefpass-charakteristik enthält (Tschebyscheff/invers, Filtergrade $n=2$ und $n=3$). Für die Funktion zweiten Grades ist dabei $A_S = A_\infty$ (Betrag im Sperrbereich).

4.5.2.2 Bandsperre mit einem Verstärker

Die beiden in Abschn. 4.5.1.3 angegebenen Schaltungen für einen Allpass zwei-ten Grades mit jeweils einem Operationsverstärker können darüber hinaus auch als Bandsperre dimensioniert werden.

Schaltung 1: Komplementärschaltung zum Bandpass

Durch Differenzbildung mit einer konstanten Größe $K=A_M$ wird eine Bandpass-funktion mit der Mittenverstärkung A_M in eine Sperrfilterfunktion überführt:

$$\underline{H}(s)_{AP} = A_M - \frac{A_M\left(s/\omega_P Q_P\right)}{1+\left(s/\omega_P Q_P\right)+\left(s/\omega_P\right)^2} = \frac{A_M\left[1+\left(s/\omega_P\right)^2\right]}{1+\left(s/\omega_P Q_P\right)+\left(s/\omega_P\right)^2}.$$

Diese Operation entspricht – analog zur Bildung einer Allpassfunktion in Abschn. 4.5.1.3 – der Umwandlung einer Bandpassschaltung mit $A_M=1$ in die zugehörige Komplementärschaltung. Deshalb kann die Schaltung in Abb. 4.26 auch als Band-sperre eingesetzt werden, wenn der zugehörige Bandpass, Abschn. 4.2.4.1 (Abb. 4.10), zuvor für $A_M=1$ ausgelegt worden ist.

Schaltung 2: Differenzbildung mit Bandpass

Die Schaltung, die in Abschn. 4.5.1.3 (Abb. 4.27) als Allpass dimensioniert wur-de, kann dann als Bandsperre eingesetzt werden, wenn die zugehörige System-funktion, Gl. (4.48a), auf die Form von Gl. (4.50a) gebracht wird. Dazu muss das lineare s-Glied im Zähler von Gl. (4.48a) verschwinden.

Deshalb lautet die Sperrfilter-Bedingung

$$R_1(C_3 + C_4) = R_5 C_4 \, R_A / R_B$$

mit den Pol-/Nullstellendaten

$$\omega_Z = \omega_P = \frac{1}{\sqrt{R_1 R_5 C_3 C_4}} \quad \text{und} \quad Q_P = \sqrt{\frac{R_5 C_3 C_4}{R_1(C_3 + C_4)^2}} \; .$$

Die Grundverstärkung

$$A_0 = A_\infty = R_B / (R_A + R_B) < 1$$

kann dann – unabhängig von ω_P und Q_P – mit R_A und R_B eingestellt werden.

Schaltung 3: Bandsperre mit Doppel-T-Netzwerk
Eine weitere aktive Bandsperrschaltung nutzt die Fähigkeit der RC-Doppel-T-Struktur zur Erzeugung einer Übertragungsnullstelle, s. Abb. 4.29.

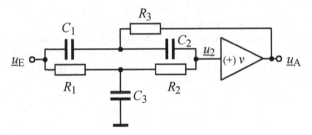

Abb. 4.29 Aktive Doppel-T-Bandsperre

Wenn zunächst nur der passive Teil der Schaltung – mit R_3 auf Nullpotential – betrachtet wird, führt die Berechnung der Funktion $\underline{u}_2/\underline{u}_E$ auf eine Funktion dritten Grades, die jedoch für den Fall

$$C_3 = C_1 + C_2 \quad \text{und} \quad R_3 = R_1 \| R_2$$

durch eine Pol-Nullstellen-Kompensation zur Funktion einer Bandsperre zweiten Grades in der Form nach Gl. (4.50a) wird. Nach Einführung der beiden Faktoren k_R und k_C kann diese Bedingung auch wie folgt formuliert werden:

$$
\begin{aligned}
C_1 &= C, \quad C_2 = C/k_C, \quad C_3 = C(1 + 1/k_C), \\
R_1 &= R, \quad R_2 = k_R R, \quad R_3 = k_R R/(1 + k_R).
\end{aligned}
\tag{4.51}
$$

Damit lautet die Systemfunktion für das passive Doppel-T-Netzwerk

$$\underline{H}_{TT} = \frac{\underline{u}_2}{\underline{u}_E} = \frac{1 + s^2 \left(\dfrac{k_R}{k_C} \right) R^2 C^2}{1 + sRC \left(1 + \dfrac{k_R}{k_C} + \dfrac{2}{k_C} \right) + s^2 \left(\dfrac{k_R}{k_C} \right) R^2 C^2} \; . \tag{4.52}$$

Eine relativ einfache Dimensionierung ergibt sich für den Fall des abgestimmten Doppel-T-Netzwerks mit gleichen Faktoren $k_R=k_C=k$. Ein Vergleich zwischen Gl. (4.50a) und Gl. (4.52) liefert dafür die Kenngrößen

$$A_0 = A_\infty = 1, \quad \omega_P = \omega_Z = \frac{1}{RC}, \quad Q_P = \frac{k}{2(1+k)}.$$

Für $k=1$ hat die Polgüte also den Wert $Q_P=0{,}25$ und geht mit wachsenden k gegen den Maximalwert $Q_{P,max}=0{,}5$. Das abgestimmte Doppel-T-Glied ist also eine passive Bandsperre zweiten Grades mit einer Selektivität, die wegen des kleinen Gütewertes für viele Anwendungen unzureichend ist.

In Analogie zu den Sallen-Key-Mitkopplungsstrukturen (Abschn. 4.2) kann die Polgüte auf Werte $Q_P>0{,}5$ angehoben werden, wenn ein Verstärker mit endlichem und positivem Verstärkungswert v über das Doppel-T-Netzwerk rückgekoppelt wird. Zu diesem Zweck wird das geerdete Element R_3 des passiven Vierpols an den Verstärkerausgang angeschlossen, s. Abb. 4.29. Die Berechnung der Schaltung erfolgt dann zweckmäßigerweise über das Rückkopplungsmodell, Gl. (2.2) in Abschn. 2.1.1, mit den beiden Teilfunktionen $\underline{H}_E$ und $\underline{H}_R$, wobei die Einkopplungsfunktion $\underline{H}_E$ identisch ist zur Doppel-T-Funktion, Gl. (4.52).

Eine genauere Untersuchung der so erzeugten Systemfunktion zeigt, dass – unter Berücksichtigung der Bedingung nach Gl. (4.51) – der einfach und genau zu erzeugende Verstärkungswert $v=1$ für den Fall $k_C=1$ möglich wird:

$$\text{Für } v = 1: \quad C_1 = C_2 = C, \quad C_3 = 2C,$$
$$R_1 = R, \quad R_2 = k_R R, \quad R_3 = k_R R/(1+k_R).$$

Damit kann die Systemfunktion der aktiven Doppel-T-Bandsperre für $v=1$ ermittelt werden:

$$\underline{H}(s) = -\frac{\underline{H}_E}{1-\underline{H}_R} = \frac{u_A}{u_E} = \frac{1+s^2 k_R R^2 C^2}{1+2sRC+s^2 k_R R^2 C^2}$$

mit
$$\omega_P = \omega_Z = \frac{1}{RC\sqrt{k_R}}, \quad Q_P = \frac{1}{2}\sqrt{k_R} \quad \text{und} \quad A_0 = A_\infty = 1.$$

4.5.2.3 Bandsperre in GIC-Technik

Es gibt mehrere Möglichkeiten, eine Bandsperrcharakteristik durch Überlagerung zweier geeigneter Funktionen unter Verwendung von zwei oder drei Operationsverstärkern zu erzeugen. Dieses kann beispielweise durch die Addition einer Tiefpass- und einer Hochpassfunktion mit jeweils gleichen Polparametern erfolgen. Eine anderes Prinzip – die Bildung der Differenz zwischen einer Konstanten K und einer Bandpassfunktion mit $K=A_M$ – wurde bereits in Abschn. 4.5.2.2 angesprochen, dort jedoch als Schaltung mit nur einem Verstärker ausgeführt.

Die praktische Bedeutung dieser Realisierungsvarianten ist jedoch zurückgegangen, weil auch bei der Bandsperre die attraktivste Lösung – wie bereits bei den

Allpässen – durch die Struktur der erweiterten GIC-Stufe gegeben ist, s. Abb. 4.28 in Abschn. 4.5.1.4.

Eine dafür geeignete und besonders einfache Bauelementekombination besteht aus fünf gleichen Widerständen und zwei gleichen Kapazitätswerten, wobei der Leitwert $\underline{Y}_1$ in Abb. 4.28 durch eine *RC*-Parallelschaltung gebildet wird:

$$\underline{Y}_1 = sC + 1/R, \quad \underline{Y}_3 = sC, \quad \underline{Y}_7 = 0,$$

$$\underline{Y}_0 = \underline{Y}_4 = \underline{Y}_5 = \underline{Y}_6 = 1/R \quad \text{und} \quad \underline{Y}_2 = 1/R_2.$$

Aus Gl. (4.49) entsteht auf diese Weise die Bandsperrfunktion

$$\underline{H}(s) = \frac{1 + s^2 R R_2 C^2}{1 + 2s R_2 C + s^2 R R_2 C^2}$$

mit den Kenngrößen

$$\omega_\mathrm{P} = \omega_\mathrm{Z} = \frac{1}{C\sqrt{RR_2}}, \quad Q_\mathrm{P} = \frac{1}{2}\sqrt{\frac{R}{R_2}} \quad \text{und} \quad A_0 = A_\infty = 1.$$

4.5.3 Elliptische Tiefpässe

Schaltungen mit der Fähigkeit, die Approximation nach Cauer umzusetzen (Abschn. 1.4.4), gehören ebenfalls zur Klasse der Sperrfilter. Die Übertragungscharakteristik dieser auch als „elliptische" Tiefpässe bezeichneten Schaltungen ermöglicht als Spezialfall – mit der Welligkeit $w=0$ dB im Durchlassbereich – auch die Approximation nach Tschebyscheff/invers. Im Gegensatz zur reinen Bandsperre unterscheiden sich beim elliptischen Tiefpass aber Polfrequenz ω_P und Nullfrequenz ω_Z – gleichbedeutend mit unterschiedlichen Werten für A_0 und A_∞, s. dazu Gl. (4.50c) sowie Abschn. 1.4 (Abb. 1.13 und 1.14).

4.5.3.1 Elliptisches Tiefpasselement mit Zweifach-Gegenkopplung

Ein für elliptische Tiefpässe und moderate Dämpfungsanforderungen gut geeignetes Grundelement 2. Grades kann – analog zum Allpass in Abb. 4.27 – aus einem Bandpass durch Differenzbildung mit einer Konstanten entwickelt werden. Der zunächst erzeugte Allpass wird bei einer bestimmten Dimensionierung zu einer Bandsperre, s. Abschn. 4.5.2.2 (Schaltung 2). Werden dann die internen Knoten des Bandsperrnetzwerks unsymmetrisch mit Widerständen belastet, entsteht eine Tiefpasscharakteristik mit $A_0 > A_\infty$ und einer Nullstelle.

Eine nach diesem Prinzip arbeitende Schaltung (Boctor 1975) benutzt dazu den Bandpass in Zweifach-Gegenkopplungsstruktur und die in Abschn. 4.3.4 angegebenen Bauteilzuordnung (Alternative B). Das elliptische Tiefpass-Grundelement nach Boctor mit dem zusätzlichen Belastungswiderstand R_6 ist in Abb. 4.30 dargestellt.

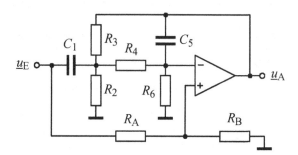

Abb. 4.30 Elliptisches Tiefpass-Grundelement nach Boctor

Eine genaue Analyse der Schaltung führt zu dem Ergebnis, dass für die Abgleich-bedingung

$$\frac{R_A}{R_B} = \frac{R_4}{R_6} + \frac{C_5}{C_1}\left(1 + \frac{R_4}{R_2 \| R_3}\right)$$

eine Systemfunktion in der Form nach Gl. (4.50a) mit einer Übertragungsnull-stelle bei $\omega = \omega_Z$ entsteht:

$$\underline{H}(s) = \frac{\underline{u}_A}{\underline{u}_E} = K \cdot \frac{R_B}{R_A + R_B} \cdot \frac{1 + s^2 \dfrac{R_3 R_4 C_1 C_5}{K}}{1 + s\left(1 + \dfrac{R_4}{R_P}\right)R_3 C_5 + s^2 R_3 R_4 C_1 C_5}$$

mit
$$K = \frac{R_3}{R_6}\left(1 + \frac{R_4 + R_6}{R_2 \| R_3}\right) = \left(\frac{\omega_Z}{\omega_P}\right)^2 = \frac{A_0}{A_\infty}.$$

Nachfolgend werden die Gleichungen zur Dimensionierung der Schaltung ange-geben – und zwar für die erlaubte Vereinfachung $R_2 = R_3 = R_4 = R$. Nach Wahl eines Widerstandes R und Vorgabe der Polparameter (ω_P, Q_P) sowie des Verhältnisses A_0/A_∞ (Tiefpassdämpfung) können die einzelnen Elemente dann ermittelt werden über die Beziehungen

$$C_5 = \frac{1}{3R\omega_P Q_P}, \quad C_1 = \frac{3Q_P}{\omega_P R}, \quad R_6 = \frac{3R}{(A_0/A_\infty) - 2}.$$

Die unterhalb von Abb. 4.30 angegebene Abgleichbedingung lässt sich für diesen Sonderfall in einer für die praktische Anwendung geeigneten Form darstellen:

$$\frac{R_A}{R_B} = \frac{(A_0/A_\infty) - 2}{3} + 3\frac{C_5}{C_1}.$$

4.5.3.2 Elliptisches Tiefpasselement in Doppel-T-Struktur

Ein Tiefpass- oder Hochpassfilter mit einer Nullstelle bei $\omega=\omega_Z$ kann auch aus der Doppel-T-Bandsperre in Abb. 4.29 abgeleitet werden. Zu diesem Zweck werden zwei Änderungen vorgenommen, die zu der Schaltung in Abb. 4.31 führen:

1. Für unterschiedliche Werte von A_0 und A_∞ wird das Doppel-T-Glied am Eingangsknoten zum Verstärker entweder mit einer Kapazität C_L (Tiefpass mit $A_0 > A_\infty$) oder mit einem Widerstand R_L (Hochpass mit $A_0 < A_\infty$) belastet.
2. Zwecks Anhebung der Polgüte wird der Kondensator C_3 nicht auf Massepotential gelegt, sondern an den Verstärkerausgang angeschlossen.

Diese Schaltung kann auch aus einer Überlagerung der Sallen-Key-Strukturen für Tiefpass und Hochpass (Abschn. 4.2, Abb. 4.4 und 4.8) entwickelt werden.

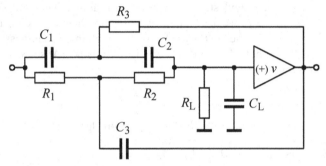

Abb. 4.31 Elliptisches Grundelement mit Doppel-T-Struktur

Die Ermittlung der Systemfunktion erfolgt zweckmäßigerweise wieder über das Rückkopplungsmodell, Gl. (2.2) in Abschn. 2.1.1. Die beiden Teilfunktionen $\underline{H}_E$ und $\underline{H}_R$ können zuvor über die jeweiligen Leitwertmatrizen aufgestellt werden.

Für das abgestimmte Doppel-T-Netzwerk – dimensioniert nach Gl. (4.51) mit gleichen Faktoren $k_R=k_C=k$ – erhält man nach längerer Rechnung und einigen Umformungen die Systemfunktionen mit Tiefpass- bzw. Hochpass-Charakteristik:

- Tiefpass: $\quad C_L = k_T C, \quad R_L \to \infty, \quad w_T^2 = 1 + k_T\left(1+k\right),$

$$\underline{H}(s) = \frac{v\left(1+s^2 R^2 C^2\right)}{1+sRC\dfrac{1+k}{k}\left(2-2v+kk_T\right)+s^2 w_T^2 R^2 C^2}. \qquad (4.53a)$$

- Hochpass: $\quad R_L = R/k_H, \quad C_L = 0, \quad w_H^2 = 1 + k_H\left(1+k\right),$

$$\underline{H}(s) = \frac{\left(v/w_H^2\right)\left(1+s^2 R^2 C^2\right)}{1+sRC\dfrac{1+k}{w_H^2 k}\left(2-2v+kk_H\right)+\dfrac{s^2 R^2 C^2}{w_H^2}}. \qquad (4.53b)$$

Zur Dimensionierung des Filters werden folgende Beziehungen herangezogen, die man aus einem Koeffizientenvergleich zwischen Gl. (4.53) und der allgemeinen Sperrcharakteristik, Gl. (4.50), ableiten kann:

- Tiefpass: $v = 1 + \dfrac{k}{2(1+k)} \left(w_\mathrm{T}^2 - 1 - \dfrac{w_\mathrm{T}}{Q_\mathrm{P}} \right),\quad \dfrac{A_0}{A_\infty} = \left(\dfrac{\omega_\mathrm{Z}}{\omega_\mathrm{P}} \right)^2 = w_\mathrm{T}^2.$ (4.54a)

- Hochpass: $v = 1 + \dfrac{k}{2(1+k)} \left(w_\mathrm{H}^2 - 1 - \dfrac{w_\mathrm{H}}{Q_\mathrm{P}} \right),\quad \dfrac{A_\infty}{A_0} = \left(\dfrac{\omega_\mathrm{P}}{\omega_\mathrm{Z}} \right)^2 = w_\mathrm{H}^2.$ (4.54b)

Der mit Gl. (4.51) eingeführte Abstimmungsfaktor $k=k_\mathrm{R}=k_\mathrm{C}$ sollte unter dem Aspekt günstiger Bauelementegrößen gewählt werden (z. B. $k=0{,}1$ oder $k=1$).

Die Größe w_T^2 in den Gln. (4.53) und (4.54) verknüpft die beiden Grenzwerte A_0 und A_∞ miteinander und steht im direkten Zusammenhang mit den Dämpfungswerten a_S und a_D aus dem Tiefpass-Toleranzschema (s. Gln. (1.38) und (1.39) in Abschn. 1.3.2), die als Entwurfsvorgabe auch in den Tiefpasstabellen für die inverse Tschebyscheff- bzw. die Cauer-Charakteristik (Abschn. 1.4, Tabellen 1.3 und 1.4) erscheinen:

- Tschebyscheff/invers: $A_0 = A_\mathrm{max},\ A_\infty = A_\mathrm{S},$

$$a_\mathrm{S} = 20 \cdot \lg \left(w_\mathrm{T} \right)^2 = 40 \cdot \lg \left(w_\mathrm{T} \right).$$

- Cauer (elliptisch): $A_0 = A_\mathrm{D},\ A_\infty = A_\mathrm{S},$

$$a_\mathrm{D} = 20 \cdot \lg \left(\dfrac{A_\mathrm{max}}{A_\mathrm{D}} \right)^2, \quad a_\mathrm{S} - a_\mathrm{D} = 20 \cdot \lg \left(w_\mathrm{T} \right)^2 = 40 \cdot \lg \left(w_\mathrm{T} \right).$$

Zahlenbeispiel

Vorgaben: Tiefpass nach Tschebyscheff/invers, Filtergrad $n=2$, Durchlass-/Sperrdämpfungen $a_\mathrm{D} = 1$ dB bzw. $a_\mathrm{S} = 40$ dB, Abstimmungsfaktor $k=1$.

Mit $Q_\mathrm{P}=0{,}7107$ (Abschn. 1.4.3, Tabelle 1.3) und $w_\mathrm{T}^2 = 10^{40/20} = 100$ ist

$$k_\mathrm{T} = \frac{w_\mathrm{T}^2 - 1}{1+k} = 49{,}5 \quad \Rightarrow \quad C_\mathrm{L} = k_\mathrm{T} C = 49{,}5 \cdot C.$$

Damit berechnet sich der erforderliche Verstärkungswert nach Gl. (4.54) zu

$$v = 1 + 0{,}25 \left(99 - 10/0{,}7107 \right) = 22{,}23$$

und ist mit einem als Nichtinverter beschalteten Verstärker (OPV oder CFA) zu verwirklichen. Unabhängig von diesen Werten kann die zur jeweiligen Durchlassgrenze ω_D gehörende Sperrfrequenz $\omega_\mathrm{Z} = \Omega_\mathrm{Z} \cdot \omega_\mathrm{D} = 1/RC$ über das Produkt RC festgelegt werden.

■

Bewertung der Schaltung

Nachteilig beim Doppel-T-Tiefpasselement ist eine durch die Differenzbildung in Gl. (4.53) verursachte hohe Empfindlichkeit der Polgüte Q_P gegenüber Änderungen von v – hervorgerufen z. B. durch Toleranzen der die Verstärkung v bestimmenden zwei Gegenkopplungswiderstände. So würde beispielsweise eine positive Abweichung dieses Widerstandsverhältnisses um 1,3 % die Verstärkung um etwa 1,2 % auf v=22,5 und die Polgüte um 8,3 % auf Q_P=0,77 anheben. Ein weiterer Nachteil besteht darin, dass über die Parameter w_T und w_H die Lastgrößen C_L bzw. R_L sowohl das Verhältnis A_0/A_∞ als auch die Güte Q_P bestimmen und folglich den Parameterabgleich komplizieren, s. Gl. (4.53).

Die im nachfolgenden Abschn. 4.5.3.3 vorgestellte Zweiverstärkerschaltung hat in dieser Beziehung deutlich bessere Eigenschaften und ist darüber hinaus einfacher zu dimensionieren.

4.5.3.3 Elliptisches Tiefpass-Grundelement in GIC-Technik

Im Abschn. 4.5.1.4 wurde mit Abb. 4.28 die erweiterte GIC-Stufe zur Erzeugung einer Allpassfunktion vorgestellt. Diese Struktur stellt bei entsprechender Wahl der Leitwerte $\underline{Y}$ auch die bevorzugte Lösung für ein elliptisches Grundglied zweiten Grades dar. Dafür werden die Elemente in Abb. 4.28 wie folgt festgelegt:

$$\underline{Y}_0 = 0, \quad \underline{Y}_2 = sC_2, \quad \underline{Y}_6 = sC_6, \quad \underline{Y}_1 = 1/R_1, \quad \underline{Y}_5 = 1/R_5, \quad \underline{Y}_3 = \underline{Y}_4 = \underline{Y}_7 = 1/R,$$

$$\text{mit } C_2 = C \text{ und } C_6 = k_C C, \quad R_1 = k_1 R, \quad R_5 = k_5 R.$$

Eingesetzt in die allgemeine Systemfunktion, Gl. (4.49), ergibt sich dann

$$\underline{H}(s) = (1+k_5)\frac{1+s^2 R^2 C^2 k_C k_1 k_5/(1+k_5)}{1+sRCk_1k_5+s^2 R^2 C^2 k_C k_1 k_5}$$

mit den Grundgrößen

$$\omega_P = \frac{1}{RC\sqrt{k_C k_1 k_5}}, \quad Q_P = \sqrt{\frac{k_C}{k_1 k_5}}, \quad \frac{A_0}{A_\infty} = \frac{\omega_Z^2}{\omega_P^2} = 1+k_5.$$

Ein Beispiel soll den Dimensionierungsvorgang verdeutlichen.

Zahlenbeispiel

Vorgaben: Cauer-A-Tiefpass, Filtergrad n=2, Welligkeit w=1 dB, Durchlass-/Sperrgrenze: ω_D=10³ rad/s, ω_S=4·10³ rad/s (a_S=30 dB).

Für $\Omega_S=\omega_S/\omega_D$=4 können die Pol-/Nullstellenparameter aus Tabelle 1.4 (Abschn. 1.4.4) abgelesen werden:

$$\Omega_P = 1,0582; \quad Q_P = 0,982; \quad \Omega_Z = 5,6118.$$

Es ist sinnvoll, zunächst die zwei Kapazitätswerte auf einen günstigen Wert festzulegen und die restlichen drei Größen (k_1, k_5, R) über die drei gegebenen Dimensionierungsgleichungen zu berechnen:

Wahl: $C_2 = C = 10^{-7}\,\text{F}, \quad C_6 = 10^{-6}\,\text{F} \quad \Rightarrow \quad k_C = C_6/C = 10 \,,$

$$k_5 = \frac{\Omega_Z^2}{\Omega_P^2} - 1 = \frac{31,492}{1,1198} - 1 = 27,123 \quad \text{und} \quad k_1 = \frac{k_C}{k_5 Q_P^2} = 0,3823 \,,$$

$$R = \frac{Q_P}{\omega_P k_C C} = \frac{0,982}{1,0582 \cdot 10^3 \cdot 10 \cdot 10^{-7}} = 928 \ \Omega \,.$$

■

4.5.3.4 Elliptische Tiefpässe in Parallelstruktur

Auf der Grundlage des in Abschn. 2.1.5 skizzierten Entwurfprinzips wird die Systemfunktion zunächst in eine Summe von Teilfunktionen überführt. Die zugehörige Schaltung besteht dann aus der Parallelschaltung einzelner Stufen ersten bzw. zweiten Grades, deren Ausgangsspannungen überlagert werden müssen.

Die Vorgehensweise wird hier erläutert am Beispiel eines Tiefpasses dritten Grades mit inverser Tschebyscheff-Charakteristik. Dazu wird die allgemeine Systemfunktion $\underline{H}(s)$ zunächst als Produkt zweier Teilfunktionen ersten bzw. zweiten Grades aufgeschrieben (siehe dazu auch Gl. (1.64), Abschn. 1.4.3):

$$\underline{H}(s) = \frac{1}{\left(1 + \dfrac{s}{\omega_G}\right)} \cdot \frac{1 + \dfrac{s^2}{\omega_Z^2}}{\left(1 + s\,\dfrac{1}{\omega_P\,Q_P} + \dfrac{s^2}{\omega_P^2}\right)}$$

Nach den Regeln der Partialbruchzerlegung wird die Funktion $\underline{H}(s)$ in eine Summe aus zwei Teilfunktionen für die zugehörige Parallelschaltung aufgespalten. Dabei bleiben die beiden jeweiligen Nennerfunktionen erhalten; der Zähler der zweiten Stufe besteht aus einem allgemeinen Polynom ersten Grades. Beide Brüche der Summenfunktion $\underline{H}_P(s)$ für die Parallelanordnung werden dann so umgeformt, dass sie den Nenner der Ausgangsfunktion $\underline{H}(s)$ besitzen (Hauptnennerbildung, Multiplikation „über Kreuz"):

$$\underline{H}_P(s) = \frac{a_{0,1}}{1 + \dfrac{s}{\omega_G}} + \frac{a_{0,2} + a_{1,2}s}{1 + s\,\dfrac{1}{\omega_P\,Q_P} + \dfrac{s^2}{\omega_P^2}} \,,$$

$$\underline{H}_P(s) = \frac{(a_{0,1}) \cdot \left(1 + s\,\dfrac{1}{\omega_P\,Q_P} + \dfrac{s^2}{\omega_P^2}\right) + (a_{0,2} + a_{1,2}s) \cdot \left(1 + \dfrac{s}{\omega_G}\right)}{\left(1 + \dfrac{s}{\omega_G}\right) \cdot \left(1 + s\,\dfrac{1}{\omega_P\,Q_P} + \dfrac{s^2}{\omega_P^2}\right)} \,.$$

Sollen beide Funktionen identisch sein, müssen – bei gleichem Nenner – auch die Zähler sich gleichen. Die noch unbekannten Größen $a_{0,1}$, $a_{0,2}$ und $a_{1,2}$ ergeben sich dann durch Koeffizientenvergleich der Zählerausdrücke von $\underline{H}(s)$ und $\underline{H}_P(s)$.

Im Hinblick auf die Umsetzung in eine Filterschaltung ist es sinnvoll, von Anfang an den Koeffizienten $a_{0,2}=0$ zu setzen. Der zweite Term der Summendarstellung von $\underline{H}_P(s)$ wird dann zu einer Bandpassfunktion. Der Filterentwurf mit inverser Tschebyscheff-Charakteristik wird damit zurückgeführt auf die – vergleichsweise einfache – Aufgabe, die Ausgangssignale eines Tiefpasses und eines Bandpasses zu überlagern.

In diesem Fall führt der Koeffizientenvergleich zwischen den Zählerfunktionen von $\underline{H}(s)$ und $\underline{H}_P(s)$ für die Variablen s^0 und s^1 zu den Faktoren

$$a_{0,1} = 1 \quad \text{und} \quad a_{1,2} = -\frac{a_{0,1}}{\omega_P Q_P} = -\frac{1}{\omega_P Q_P}.$$

Wegen des negativen Vorzeichens von $a_{1,2}$ ist also mit einem dritten Verstärker die Differenz zwischen den Ausgangsspannungen von Tiefpass und Bandpass zu bilden – beispielsweise durch Einsatz einer invertierenden Bandpassstufe. Die Filterparameter ω_G, ω_P und Q_P sind aus den normierten Daten der entsprechenden Tabellen zu bestimmen (im Beispiel: Tschebyscheff/invers, Tabelle 1.3 für $n=3$).

4.6 Biquadratische Filterstufen und Universalfilter

Ein passiver *RLC*-Vierpol zweiten Grades kann je nach Wahl der Eingangs- und Ausgangsanschlüsse als Tiefpass, Hochpass, Bandpass oder als Bandsperre betrieben werden. Wenn die Strom-Spannungsbeziehungen dieser passiven Anordnung – die sog. Zustandsgleichungen – über Verstärkerelemente nachgebildet werden, entsteht eine Aktivfilterschaltung, die mehrere dieser Filterfunktionen gleichzeitig zur Verfügung stellen kann.

Derartige Zustandsvariablenfilter besitzen darüber hinaus die Fähigkeit, als Sonderfall – evtl. unter Einsatz eines zusätzlichen Verstärkers – die allgemeine biquadratische Systemfunktion in der Form nach Gl. (1.26) zu erzeugen; sie werden deshalb auch als Biquad- oder Universalfilter bezeichnet. Die Funktionsweise von vier verbreitet angewendeten Biquad-Strukturen wird im Folgenden erläutert.

4.6.1 Grundstruktur für Zustandsvariablentechnik

Das Blockschaltbild für die Grundstruktur nach dem Prinzip der Zustandsvariablentechnik wurde bereits in Abschn. 2.3.2 entwickelt (Abb. 2.13) und wird hier – etwas vereinfacht durch Zusammenfassung der beiden Addierglieder am Eingang – mit Abb. 4.32 noch einmal angegeben. Die drei Ausgangsspannungen u_H, u_B und u_T repräsentieren die drei Ausgangsfunktionen mit Hochpass-, Bandpass- bzw. Tiefpasscharakter.

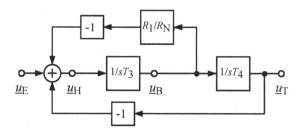

Abb. 4.32 Zustandsvariablenstruktur

Obwohl die in Abb. 4.32 dargestellten Übertragungsblöcke mit den Funktionen

$$H_1 = R_1 / R_N \, , \tag{4.55a}$$

$$\underline{H}_3(s) = R_N / sL_3 = 1/sT_3 \, , \tag{4.55b}$$

$$\underline{H}_4(s) = 1/(sR_N C_4) = 1/sT_4 \tag{4.55c}$$

aus der passiven Referenzschaltung in Abb. 2.12 mit den drei Elementen R_1, L_3 und C_4 hervorgegangen sind, ist die zugehörige Aktivschaltung sehr viel flexibler und leistungsfähiger als das passive Original.

Zusätzlich zur Verfügbarkeit der drei Filterfunktionen an separaten niederohmigen Ausgängen kann man durch Variation der Zeitkonstanten und der Vorzeichen innerhalb der Rückkopplungsschleifen zusätzliche Freiheitsgrade für die Dimensionierung gewinnen. Außerdem kann durch Überlagerung der drei Ausgangssignale auch die biquadratische Systemfunktion erzeugt werden.

Zur Umsetzung von Abb. 4.32 in eine elektronische Schaltungen werden Integratoren, Inverter und ein Addierglied benötigt. Unterschiedliche Varianten ergeben sich durch den Einsatz von invertierenden und/oder nicht-invertierenden Integratoren mit oder ohne gleichzeitige Summenbildung am Eingang.

Die Zustandsvariablentechnik findet verbreitet Anwendung in Form von monolithisch integrierten Filterbausteinen, bei denen die Polverteilung durch wenige extern anzuschließende Widerstände vom Anwender festgelegt werden kann. Typische Beispiele dafür sind die Filter-ICs UAF42 (Texas Instruments/Burr-Brown), LTC1562 (Linear Technology) und MAX274/275 (Maxim).

4.6.2   Schaltung mit invertierenden Integratoren

4.6.2.1 Strukturbild und Systemfunktionen

Die einfachste und bekannteste Form einer integrierenden OPV-Schaltung ist der invertierende Integrator (Abschn. 3.1.5, Abb. 3.8). In diesem Fall sind die beiden Funktionen $\underline{H}_3$ und $\underline{H}_4$ in Gl. (4.55) negativ, wodurch der Inverter in der oberen kurzen Rückführungsschleife von Abb. 4.32 aus Stabilitätsgründen entfallen muss (Prinzip der Gegenkopplung mit nur einer Vorzeichenumkehr).

Die elektronische Realisierung enthält dann zusätzlich zu den beiden invertierenden Integratorstufen einen Operationsverstärker zur Überlagerung des Eingangssignals mit den beiden rückgekoppelten Signalanteilen, s. Abb. 4.33.

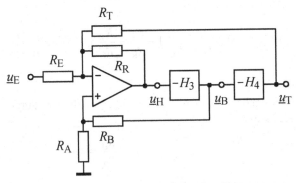

Abb. 4.33 Die KHN-Filterstruktur

Diese Filterstruktur ist unter der Bezeichnung KHN-Filter in die Fachliteratur eingegangen (Kerwin et al. 1967). Der Eingangsverstärker übernimmt dabei gleichzeitig die Funktionen der beiden Konstantglieder in den Rückkopplungsschleifen von Abb. 4.32. Aus Gründen der Übersichtlichkeit sind beide Integratorstufen nur durch ihre jeweiligen Funktionen und nicht mit ihrer kompletten Schaltung nach Abb. 3.8 dargestellt.

Systemfunktionen

Wenn die Dimensionierung des KHN-Filters in Übereinstimmung mit Gl. (4.55) erfolgt, stellt die Anordnung in Abb. 4.33 exakt die aktive Umsetzung der passiven *RLC*-Schaltung aus Abschn. 2.3.2, Abb. 2.12, dar. Um die zusätzlichen Vorteile der aktiven Variante nutzen zu können, ist es aber sinnvoll, sich vom Bezug zur passiven Originalschaltung zu lösen und die Systemfunktionen in allgemeiner Form für zunächst beliebige Widerstandswerte und Integrationszeitkonstanten aufzustellen.

Die Berechnung erfolgt am einfachsten durch Kombination der drei Ausgangssignale in Abb. 4.33. Unter Verwendung der Formeln zur Überlagerung von Signalspannungen am OPV-Eingang, Gln. (3.9) und (3.10) in Abschn. 3.1.4, ist deshalb

$$\underline{u}_{\mathrm{H}} = \underline{u}_{\mathrm{B}} \frac{R_{\mathrm{A}}}{R_{\mathrm{A}} + R_{\mathrm{B}}} \left(1 + \frac{R_{\mathrm{R}}}{R_{\mathrm{E}} \| R_{\mathrm{T}}} \right) - \underline{u}_{\mathrm{E}} \frac{R_{\mathrm{R}}}{R_{\mathrm{E}}} - \underline{u}_{\mathrm{T}} \frac{R_{\mathrm{R}}}{R_{\mathrm{T}}} \, .$$

Werden die Ausgangsspannungen beider Integratorblöcke jetzt durch $\underline{u}_{\mathrm{H}}$ ausgedrückt,

$$\underline{u}_{\mathrm{B}} = -\underline{u}_{\mathrm{H}} / s T_3 \quad \text{und} \quad \underline{u}_{\mathrm{T}} = -\underline{u}_{\mathrm{B}} / s T_4 = \underline{u}_{\mathrm{H}} / s^2 T_3 T_4 \, ,$$

sind die drei Systemfunktionen bezüglich des Hochpass-, Bandpass und Tiefpassausgangs anzugeben:

$$\underline{H}_{\mathrm{H}}(s) = -\frac{(R_{\mathrm{T}}/R_{\mathrm{E}})s^2 T_3 T_4}{\underline{N}(s)}, \quad \underline{H}_{\mathrm{B}}(s) = \frac{(R_{\mathrm{T}}/R_{\mathrm{E}})s T_4}{\underline{N}(s)}, \quad \underline{H}_{\mathrm{T}}(s) = -\frac{(R_{\mathrm{T}}/R_{\mathrm{E}})}{\underline{N}(s)} .$$

Die gemeinsame Nennerfunktion lautet

$$\underline{N}(s) = 1 + sT_4 \frac{R_{\mathrm{A}}}{R_{\mathrm{A}} + R_{\mathrm{B}}} \left(1 + \frac{R_{\mathrm{T}}}{R_{\mathrm{R}}} + \frac{R_{\mathrm{T}}}{R_{\mathrm{E}}} \right) + s^2 T_3 T_4 \frac{R_{\mathrm{T}}}{R_{\mathrm{R}}} .$$

Dimensionierung

Die Dimensionierungsbeziehungen werden übersichtlicher durch Einführung folgender Verhältnisse:

$$\frac{R_{\mathrm{T}}}{R_{\mathrm{E}}} = k_{\mathrm{E}}, \quad \frac{R_{\mathrm{T}}}{R_{\mathrm{R}}} = k_{\mathrm{R}}, \quad \frac{R_{\mathrm{B}}}{R_{\mathrm{A}}} = k_{\mathrm{B}} .$$

Über den Vergleich mit den Standardfunktionen zweiten Grades, Gl. (4.1), erhält man so die Poldaten

$$\omega_{\mathrm{P}} = \sqrt{\frac{1}{k_{\mathrm{R}} T_3 T_4}}, \quad Q_{\mathrm{P}} = \frac{1 + k_{\mathrm{B}}}{1 + k_{\mathrm{R}} + k_{\mathrm{E}}} \sqrt{\frac{T_3}{T_4}} k_{\mathrm{R}}$$

und die Grundverstärkungen für Hoch-, Band- und Tiefpass

$$|A_\infty| = \frac{k_{\mathrm{E}}}{k_{\mathrm{R}}}, \quad A_{\mathrm{M}} = \frac{k_{\mathrm{E}}(1 + k_{\mathrm{B}})}{1 + k_{\mathrm{R}} + k_{\mathrm{E}}} = k_{\mathrm{E}} Q_{\mathrm{P}} \sqrt{\frac{T_4}{k_{\mathrm{R}} T_3}}, \quad A_0 = k_{\mathrm{E}} .$$

4.6.2.2 Erweiterung zum Universalfilter

Durch Überlagerung der drei Ausgangssignale des KHN-Filters können weitere Filterfunktionen erzeugt werden. Im Hinblick auf die Allpassfunktion erweist es sich dabei als günstig, dass der Bandpassausgang ein negatives Vorzeichen besitzt.

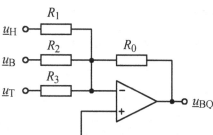

Abb. 4.34 Addierverstärker für drei Eingangssignale

Die Berechnung der Ausgangsspannung des Addierverstärkers bzw. der zugehörigen Systemfunktion erfolgt durch Anwendung von Gl. (3.9), Abschn. 3.1.4:

$$\underline{H}_{BQ}(s) = \frac{\underline{u}_{BQ}}{\underline{u}_E} = \frac{\dfrac{R_T}{R_E}\left(\dfrac{R_0}{R_3} - sT_4\dfrac{R_0}{R_2} + s^2 T_3 T_4\dfrac{R_0}{R_1}\right)}{1 + sT_4\dfrac{R_A}{R_A + R_B}\left(1 + \dfrac{R_T}{R_R} + \dfrac{R_T}{R_E}\right) + s^2 T_3 T_4\dfrac{R_T}{R_R}}. \qquad (4.56)$$

Bezogen auf die Eingangsspannung $\underline{u}_E$ realisiert der Ausgang des invertierenden Addierverstärkers in Abb. 4.34 also eine spezielle Form der biquadratischen Systemfunktion mit einem negativen s-Term im Zähler.

1. Sonderfall: Elliptisches Grundglied (Sperrfilter)

Werden nur die Hochpass- und Tiefpassanteile addiert ($R_2 \to \infty$), geht Gl. (4.56) über in eine Funktion mit einer Übertragungsnullstelle bei $\omega = \omega_Z$. Durch geeignete Widerstandsdimensionierung sind dann drei Spezialfälle möglich:

$$\frac{R_T/R_R}{R_3/R_1} = \frac{R_T R_1}{R_R R_3} = \frac{A_0}{A_\infty} \begin{cases} = 1 & \Rightarrow \quad \text{Bandsperre,} \\ > 1 & \Rightarrow \quad \text{elliptischer Tiefpass,} \\ < 1 & \Rightarrow \quad \text{elliptischer Hochpass.} \end{cases}$$

Damit kann also die Sperrdämpfung dieses elliptischen Grundgliedes – ausgedrückt durch den Quotienten A_0/A_∞ – über das Widerstandsverhältnis R_T/R_R im KHN-Filter und/oder über das Verhältnis R_3/R_1 im Addierverstärker festgelegt werden.

2. Sonderfall: Allpass

Das negative Vorzeichen beim mittleren Glied des Zählerpolynoms von Gl. (4.56) erlaubt bei passender Widerstandswahl auch die Erzeugung der Allpassfunktion, bei der Zähler und Nenner – bis auf einen konstanten Vorfaktor – konjugiert-komplex zueinander sein müssen. Aus Gl. (4.56) folgt unmittelbar, dass diese Bedingung für folgende Widerstandsverhältnisse erfüllt ist:

$$\frac{R_0}{R_3} = 1, \quad \frac{R_T}{R_R} = \frac{R_0}{R_1}, \quad \frac{R_0}{R_2} = \frac{R_A}{R_A + R_B}\left(1 + \frac{R_T}{R_R} + \frac{R_T}{R_E}\right).$$

Wird außerdem noch die Zusatzbedingung $R_T = R_R = R_E$ eingeführt, vereinfacht sich Gl. (4.56) zu der Funktion

$$\underline{H}(s) = \frac{1 - sT_4\dfrac{R_0}{R_2} + s^2 T_3 T_4}{1 + sT_4\dfrac{3R_A}{R_A + R_B} + s^2 T_3 T_4},$$

die zu einer Allpassfunktion wird für die Bedingung

$$1 + \frac{R_B}{R_A} = 3\frac{R_2}{R_0}.$$

4.6.3   Schaltung mit gedämpftem Integrator

4.6.3.1 Schaltung und Systemfunktionen

Aus dem passiven RLC-Tiefpass, Abb. 2.12, der zur KHN-Struktur in Abb. 4.33 geführt hat, kann noch eine weitere Aktivschaltung abgeleitet werden. Zu diesem Zweck werden in Abb. 2.12 die beiden in Serie liegenden Elemente R_1 und L_3 als ein Bauteil angesehen, wodurch die Beziehungen zwischen den Zustandsvariablen, Gl. (2.25), auf nur noch zwei Gleichungen reduziert werden:

$$\underline{u}_B = \left(\underline{u}_E - \underline{u}_T\right)\frac{R_N}{R_1 + sL_3}, \qquad \underline{u}_T = \underline{u}_B \frac{1}{sR_NC_4}. \tag{4.57a}$$

Wie in Abschn. 2.3.2 erläutert, repräsentiert die über den Skalierungswiderstand R_N definierte Spannung $\underline{u}_B = \underline{i}R_N$ den durch die passive Schaltung fließenden Strom. Beide Gleichungen führen direkt auf die Übertragungseinheiten

$$\underline{H}_1(s) = \frac{\underline{u}_B}{\underline{u}_E - \underline{u}_T} = \frac{R_N}{R_1 + sL_3} = \frac{R_N/R_1}{1 + sT_1} \quad \text{mit} \quad T_1 = \frac{L_3}{R_1},$$

$$\underline{H}_2(s) = \frac{\underline{u}_T}{\underline{u}_B} = \frac{1}{sT_2} \quad \text{mit} \quad T_2 = R_NC_4. \tag{4.57b}$$

Wird Gl. (4.57) nun als Anweisung zur Verknüpfung von drei Variablen aufgefasst, muss die Differenz $(\underline{u}_E - \underline{u}_T)$ an den Eingang eines Tiefpassfilters ersten Grades gelegt werden, dessen Ausgangsgröße $\underline{u}_B$ nach einmaliger Integration die Spannung $\underline{u}_T$ zur Verfügung stellt. Eine schaltungsmäßige Umsetzung dieser Vorschrift auf der Basis invertierender Schaltungen für Tiefpass und Integrator ist in Abb. 4.35 dargestellt. In diesem Fall kann die Schleife nur über einen zusätzlichen Inverter vorzeichenrichtig geschlossen werden. Die gezeigte Schaltung ist unter der Bezeichnung „Tow-Thomas-Struktur" bekannt geworden.

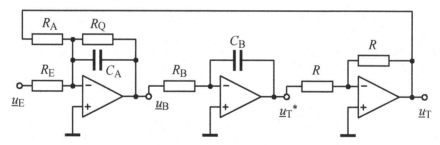

4.35 Die Tow-Thomas-Struktur

Wie schon im Zusammenhang mit dem KHN-Filter erwähnt, ist die passive RLC-Schaltung lediglich die Ausgangsbasis zur Ableitung der Aktivstruktur. Die Festlegung der Bauelemente erfolgt über die zu Abb. 4.35 gehörende Systemfunktion, da die Aktivschaltung sehr viel mehr Flexibilität bietet ist als das passive Original.

Systemfunktionen

Unter Verwendung von Abb. 3.8(b) und Gl. (3.12) führt die Kombination der zwei Eingangssignale am invertierenden OPV-Eingang in Abb. 4.35 zu der Ausgangsspannung

$$\underline{u}_B = -\left(\underline{u}_E \frac{R_Q/R_E}{1+sR_QC_A} + \underline{u}_T \frac{R_Q/R_A}{1+sR_QC_A} \right) \quad \text{mit} \quad \underline{u}_T = \underline{u}_B \frac{1}{sR_BC_B}$$

und nach einigen Umformungen zu der Normalform der invertierenden Bandpassfunktion

$$\underline{H}_B(s) = \frac{\underline{u}_B}{\underline{u}_E} = -\frac{s\dfrac{R_A R_B}{R_E}C_B}{1 + s\dfrac{R_A R_B}{R_Q}C_B + s^2 R_A R_B C_A C_B}. \qquad (4.58a)$$

Diese Spannung wird einmal integriert (Division durch $-sR_BC_B$), so dass am Ausgang des Inverters eine Tiefpassfunktion zur Verfügung steht:

$$\underline{H}_T(s) = \frac{\underline{u}_T}{\underline{u}_E} = -\frac{\dfrac{R_A}{R_E}}{1 + s\dfrac{R_A R_B}{R_Q}C_B + s^2 R_A R_B C_A C_B}. \qquad (4.58b)$$

Das Tow-Thomas-Filter besitzt also einen invertierenden Bandpassausgang, einen invertierenden Tiefpassausgang und vor dem Inverter zusätzlich einen nichtinvertierenden Tiefpassausgang $\underline{u}_T{}^*$. Allerdings ist – als Folge der Zusammenfassung von R_1 und L_3 – eine Hochpassfunktion nicht verfügbar.

Dimensionierung

Mit dem Ansatz

$$C_A = C_B = C, \quad R_A = R, \quad R_B = k_B R, \quad R_E = R/k_E, \quad R_Q = R/k_Q$$

lassen sich einfach auszuwertende Dimensionierungsbeziehungen aus Gl. (4.58b) ableiten:

$$\omega_P = \frac{1}{RC\sqrt{k_B}} \quad \text{und} \quad Q_P = \frac{1}{k_Q\sqrt{k_B}}$$

mit den Grundverstärkungen

$$A_0 = k_E \quad \text{bzw.} \quad A_M = \frac{k_E}{k_Q}.$$

Nach passender Wahl von R und C kann also die Polfrequenz über den Faktor k_B, die Polgüte über den Faktor k_Q und die Verstärkungen für Tiefpass bzw. für den Bandpass über den Faktor k_E festgelegt werden.

4.6.3.2 Erweiterung zum Universalfilter

Obwohl die Tow-Thomas-Struktur über keinen Hochpassausgang verfügt, kann auch sie zur Erzeugung der biquadratischen Funktion herangezogen werden. Zu diesem Zweck werden – in Erweiterung des in Abschn. 4.5.1.3 angewendeten Prinzips, ein quadratisches Zählerpolynom durch Differenzbildung mit einer Konstanten zu bilden – die beiden invertiert verfügbaren Ausgangsspannungen u_B und u_T zu der Eingangsspannung u_E addiert. Zur Einstellung der gewünschten Filterparameter kann der Addierverstärker die drei Eingangssignale mit unterschiedlichen Verstärkungswerten beaufschlagen.

Zur Ableitung der biquadratischen Funktion wird der Addierverstärker aus Abb. 4.34 mit den vier Widerständen R_0, R_1, R_2 und R_3 eingesetzt. An die drei Eingänge werden von oben nach unten die Signalspannungen u_E, u_B und u_T angelegt. Unter Verwendung der Berechnungsformel für den invertierenden Addierer, Abschn. 3.1.4, Gl. (3.9), erhält man dann die Funktion

$$\underline{H}_{BQ}(s) = \frac{\underline{u}_{BQ}}{\underline{u}_E} = -\left(\frac{R_0}{R_3} \underline{H}_T(s) + \frac{R_0}{R_2} \underline{H}_B(s) + \frac{R_0}{R_1} \right).$$

Werden die Funktionen $\underline{H}_T$ und $\underline{H}_B$ aus Gl. (4.58) in diese Gleichung eingesetzt und mit einem gemeinsamen Nenner zusammengefasst, entsteht die gewünschte biquadratische Funktion in der Form nach Gl. (1.26).

Zur Festlegung der fünf Koeffizienten dieser Funktion stehen in Abb. 4.34 und Abb. 4.35 insgesamt elf Bauelemente zur Verfügung, so dass sechs Elemente gewählt werden können. Eine von vielen möglichen Lösungen dafür ist die Wahl

$$C_A = C_B = C, \qquad R_2 = R_0 = R_A = R_B = R,$$
$$R_1 = R/k_1, \quad R_3 = R/k_3, \quad R_E = R/k_E, \quad R_Q = R/k_Q.$$

Für diesen Parametersatz nimmt die Funktion $\underline{H}_{BQ}$ die folgende Form an:

$$\underline{H}_{BQ}(s) = -\frac{k_1 - k_3 k_E + sRC\left(k_1 k_Q - k_E\right) + s^2 k_1 R^2 C^2}{1 + s k_Q RC + s^2 R^2 C^2} . \qquad (4.59)$$

Das Nennerpolynom liefert für die Poldaten die einfachen Zusammenhänge

$$\omega_P = 1/RC \quad \text{und} \quad Q_P = 1/k_Q .$$

Dimensionierung als Hochpass

Obwohl das Tow-Thomas-Filter in der Originalform nach Abb. 4.35 keinen Hochpassausgang besitzt, steht am Ausgang des zusätzlichen Addierverstärkers dann eine Hochpassfunktion zur Verfügung, wenn der Zähler von Gl. (4.59) nur aus einem quadratischen s-Glied besteht. Die Bedingungen dafür sind dem Zählerausdruck direkt zu entnehmen:

$$k_1 = k_3 k_E, \; k_1 = k_E/k_Q \quad \Rightarrow \quad k_3 = 1/k_Q .$$

Dimensionierung als elliptisches Hochpass-Grundglied

Für die Bedingung $k_E = k_1 k_Q$ verschwindet das lineare s-Glied im Zähler von Gl. (4.59) und es entsteht eine Funktion mit Sperrcharakteristik und den Kenngrößen

$$Q_P = \frac{k_1}{k_E} = \frac{1}{k_Q}, \quad \omega_P = \frac{1}{RC}, \quad \omega_Z = \frac{1}{RC}\sqrt{1 - \frac{k_3 k_E}{k_1}} = \frac{1}{RC}\sqrt{1 - k_3 k_Q},$$

$$\left(\frac{\omega_Z}{\omega_P}\right)^2 = \frac{A_0}{A_\infty} = 1 - k_3 k_Q = 1 - \frac{k_3}{Q_P} < 1 \quad \text{mit } k_3 < Q_P.$$

Damit ist für jede Dimensionierung innerhalb des für k_3 zugelassenen Bereichs die Verstärkung A_0 immer kleiner als A_∞. Demnach kann auf diese Weise nur ein elliptisches Grundglied mit Hochpasscharakter erzeugt werden.

Beispiel Ein Hochpass mit einer Nullstelle bei ω_Z wird entworfen für die Schaltung in Abb. 4.35 – ergänzt durch den Addierer, Abb. 4.34 – für die Vorgaben:

$$|A_\infty| = 1, \quad A_\infty / A_0 = 10, \quad Q_P = 0,9.$$

Die oben angegebenen Gleichungen liefern dafür die Widerstandsverhältnisse

$$k_1 = R/R_1 = A_\infty = 1; \quad k_E = k_Q = R_E/R = R/R_Q = 1/0,9; \quad k_3 = (1 - 0,1)Q_P = 0,81.$$

Die Nullfrequenz ω_Z ist dann über das Produkt RC festzulegen:

$$RC = \frac{\sqrt{1 - k_3 k_Q}}{\omega_Z} \quad \text{mit } R = R_A = R_B = R_2 = R_0 \quad \text{und} \quad C = C_A = C_B.$$

∎

Dimensionierung als elliptischer Tiefpass

Um elliptische Tiefpassfunktionen zu ermöglichen, muss die vom mittleren OPV in Abb. 4.35 bereitgestellte nicht-invertierte Tiefpassfunktion u_T^* an den Widerstand R_3 der Additionsstufe in Abb. 4.34 geführt werden. Als Folge davon besteht das konstante Glied im Zähler von Gl. (4.59) jetzt aus der Summe $(k_1 + k_3 k_E)$.

Analog zur Dimensionierung des elliptischen Hochpassgliedes erhält man dann aus Gl. (4.59) für die Bedingung $k_E = k_1 k_Q$ eine Tiefpassfunktion mit endlicher Nullstelle bei $\omega = \omega_Z$ mit den Kenngrößen

$$Q_P = \frac{k_1}{k_E} = \frac{1}{k_Q}, \quad \omega_P = \frac{1}{RC}, \quad \omega_Z = \frac{1}{RC}\sqrt{1 + \frac{k_3 k_E}{k_1}} = \frac{1}{RC}\sqrt{1 + k_3 k_Q},$$

$$\left(\frac{\omega_Z}{\omega_P}\right)^2 = \frac{A_0}{A_\infty} = 1 + k_3 k_Q = 1 + \frac{k_3}{Q_P} > 1.$$

Beispiel Analog zum Entwurfsbeispiel für den elliptischen Hochpass gelten folgende Vorgaben für den Tiefpass:

$$|A_0| = 1, \quad A_0 / A_\infty = 10, \quad Q_P = 0,9.$$

Über die Entwurfsgleichungen für den elliptischen Tiefpass führen diese Vorgaben zu den Bauteilverhältnissen

$$k_1 = A_\infty = 0{,}1 \; ; \quad k_Q = 1/0{,}9 \; ; \quad k_E = 0{,}1 k_Q = 1/9 \; ; \quad k_3 = \left(\frac{A_0}{A_\infty} - 1 \right) Q_P = 8{,}1 \; .$$

Die Nullfrequenz ω_Z wird wieder durch das Produkt RC eingestellt:

$$RC = \frac{\sqrt{1 + k_3 k_Q}}{\omega_Z} \quad \text{mit } R = R_A = R_B = R_2 = R_0 \quad \text{und} \quad C = C_A = C_B \; .$$

∎

Dimensionierung als Allpass

Wenn Gl. (4.59) eine Allpasscharakteristik annehmen soll, müssen die Koeffizienten im Zähler und Nenner der Funktion gliedweise gleich sein, wobei das s-Glied im Zähler negativ sein muss. Daraus resultiert die Forderung:

$$k_1 = 1, \quad k_3 = 0, \quad k_Q - k_E = -k_Q \quad \Rightarrow \quad k_E = 2k_Q \; .$$

Zur Bildung einer Allpassfunktion ist also die Summe aus der Eingangsspannung und der invertierten Spannung am Bandpassausgang zu bilden. Damit hat auch dieser Allpass invertierende Eigenschaften (mit $\varphi = -\pi$ bei $\omega = 0$). Bei Bedarf kann eine Vorzeichenumkehrung dadurch erfolgen, dass der invertierende Addierverstärker, Abb. 4.34, durch eine nicht-invertierende Addierschaltung nach dem Prinzip von Abb. 3.7(b) ersetzt wird.

4.6.3.3 Schaltungsvarianten

Im Folgenden werden vier Modifikationen zur Original-Tow-Thomas-Struktur kurz vorgestellt, die bei bestimmten Anwendungen einen anderen Kompromiss zwischen Aufwand und Leistungsfähigkeit ermöglichen.

Kombination mit nicht-invertierendem Integrator

Soll die Schaltung in einem Frequenzbereich betrieben werden, in dem die nicht-idealen Frequenzeigenschaften des Operationsverstärkers zu merklichen Abweichungen führen, können die letzten beiden Stufen in Abb. 4.35 zum nicht-invertierenden Phase-Lead-Integrator (vgl. Abschn. 3.1.6, Abb. 3.9) zusammengefasst werden. Der positive Phasenfehler dieses Integrators kann dem von der ersten Stufe verursachten negativen Phasenfehler bis zu einem gewissen Grade entgegenwirken.

Reduzierung auf zwei Operationsverstärker

Die Anzahl der Operationsverstärker kann von drei auf zwei reduziert werden, wenn die letzten beiden Stufen zum BTC-Integrator (Abschn. 3.1.6, Abb. 3.11) oder zum nicht-invertierenden NIC-Integrator (Abschn. 3.1.8, Abb. 3.14) zusammengefasst werden.

Kombination mit OTA-Baustein

Die beiden letzten Stufen in Abb. 4.35 können auch durch einen nicht-invertierenden OTA-Integrator, Abschn. 3.4.2, Abb. 3.22(a), mit nachgeschaltetem Impedanzwandler ersetzt werden. Damit wird die Zeitkonstante $T_B = R_B C_B$ in Gl. (4.58) über die OTA-Transkonduktanz g_m extern steuerbar. Da Polfrequenz und Polgüte dabei gleichsinnig verändert werden, ist beispielsweise auch eine Bandpassfunktion mit durchstimmbarer Mittenfrequenz bei konstanter Bandbreite möglich. Für diese Variante bieten sich integrierte Verstärkerbausteine an, die sowohl einen OTA-Block als auch den notwendigen Entkopplungsverstärker beinhalten (wie z. B. LT1228/Linear Technology).

Bandpassausgang mit zwei Polaritäten

Die Reihenfolge der beiden letzten Stufen der Grundschaltung in Abb. 4.35 kann ohne Beeinflussung des Gesamtverhaltens der Schaltung vertauscht werden. Durch diese Modifikation steht die Ausgangsspannung u_B der ersten Stufe zusätzlich auch als invertierte Spannung $u_B{}^*$ am Ausgang der nachfolgenden Inverterstufe zur Verfügung. Damit wird die Schaltung zu einem aktiven Bandpass mit einem invertierenden und einem nicht-invertierenden Ausgang, der z. B. auch als Baustein in den Leapfrog-Strukturen eingesetzt werden kann, s. dazu auch Abschn. 5.2.1.2.

4.6.4 Struktur mit Vorkopplung

In Abschn. 4.6.3 wurde beschrieben, wie das Tow-Thomas-Filter durch Differenzbildung zwischen Eingangs- und Ausgangsgrößen zu einem Universalfilter mit biquadratischer Systemfunktion erweitert werden kann. Der dabei eingesetzte zusätzliche Addierverstärker kann entfallen, wenn die einzelnen Funktionsblöcke der Schaltung zur vorzeichenrichtigen Überlagerung der Spannungsanteile direkt benutzt werden.

Die prinzipielle Vorgehensweise bei der Ableitung dieser neuen Schaltungsstruktur aus der Originalanordnung, Abb. 4.35, lässt sich über drei Entwicklungsschritte beschreiben:

1. Die Reihenfolge der beiden letzten Blöcke in Abb. 4.35 (Umkehrintegrator, Inverter) wird vertauscht – ohne Einfluss auf die Übertragungseigenschaften.

2. Die Differenzbildung zwischen u_E und u_B zur Erzeugung einer biquadratischen Funktion erfolgt nicht mehr in einem Zusatzverstärker, sondern durch Überlagerung von Eingangs- und invertierter Bandpassspannung an dem zweiten Aktivblock, der deshalb als invertierender Addierer beschaltet wird und an seinem Ausgang die Differenz $u_B - u_E$ zur Verfügung stellt.

3. Die dritte Stufe bildet das Integral über diese Differenz, was jedoch bezüglich des Anteils u_E nicht der Funktion der Originalschaltung entspricht, bei der nur u_B integriert wird. Deshalb wird u_E zusätzlich an den Integratoreingang geführt, um den „Fehler" durch Subtraktion wieder zu kompensieren.

Die auf diese Weise erzeugte Schaltungsanordnung (Fleischer u. Tow 1973) ist in Abb. 4.36 dargestellt. Da die Eingangsspannung gleichzeitig in alle drei OPV-Eingänge eingespeist werden kann, spricht man auch von Filterstufen mit *Vorkopplung*.

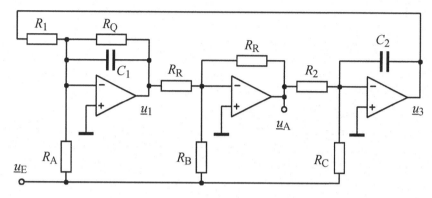

Abb. 4.36 Das Fleischer-Tow-Universalfilter

Eine auf ähnlichem Wege aus der KHN-Struktur (Abb. 4.33) abgeleitete Universalstruktur mit vier Verstärkereinheiten und Vorkopplung ist von (Saal u. Entenmann 1988) angegeben. Ein weiterer Schaltungsvorschlag mit Vorkopplungstechnik zur Erzeugung biquadratischer Funktionen ist bei (Padukone u. Ghausi 1981) zu finden.

Biquadratische Systemfunktion
Die Kombination der zu den drei Blöcken gehörenden Teilfunktionen führt auf die Gesamtsystemfunktion. Die Berechnungsgrundlagen dafür sind in Abschn. 3.1 zusammengestellt, s. Gln. (3.9), (3.12) und (3.13). Werden dabei die vereinfachten Ansätze

$$C_1 = C_2 = C, \quad R_1 = R_2 = R_R = R,$$
$$R_A = R/k_A, \quad R_B = R/k_B, \quad R_C = R/k_C, \quad R_Q = R/k_Q$$

berücksichtigt, erhält man – nach längerer Rechnung und zweckmäßigen Umformungen – für den Ausgang des mittleren invertierenden Verstärkers die biquadratische Systemfunktion, die alle klassischen Filterfunktionen als Spezialfälle enthält:

$$\underline{H}_{BQ}(s) = \frac{\underline{u}_A}{\underline{u}_E} = -\frac{k_C + sRC\left(k_B k_Q - k_A\right) + s^2 k_B R^2 C^2}{1 + sk_Q RC + s^2 R^2 C^2}. \tag{4.60}$$

Anmerkung Da die Filterstrukturen in Abb. 4.35 und 4.36 nach dem gleichen Grundprinzip arbeiten – Schleife aus Integrator mit Dämpfung (Tiefpass), Integrator und Inverter – haben die zugehörigen Funktionen in den Gln. (4.59) bzw. (4.60) auch das gleiche Nennerpolynom.

Dimensionierungen

Der Nenner von Gl. (4.60) bestimmt die Poldaten

$$\omega_P = \frac{1}{RC} \quad \text{und} \quad Q_P = \frac{1}{k_Q},$$

wohingegen der Filtertyp im Zähler festlegt wird durch die passende Wahl der Widerstandsverhältnisse k. Die Dimensionierungsbedingungen für die elementaren Filterfunktionen sind in Tabelle 4.4 zusammengestellt.

Tabelle 4.4 Fleischer-Tow-Universalfilter, Dimensionierungsbedingungen

Filtertyp	Bedingungen	Entwurfsparameter
Tiefpass	$k_A = k_B = 0$	$k_C = \lvert A_0 \rvert$
Hochpass	$k_C = 0, \quad k_Q = k_A / k_B$	$k_B = \lvert A_\infty \rvert$
Bandpass	$k_B = k_C = 0$	$k_A = k_Q A_M$
Bandsperre	$k_Q = k_A / k_B$	$k_B = k_C = \lvert A_0 \rvert = \lvert A_\infty \rvert$
Ell. Hochpass	$k_Q = k_A / k_B$	$k_B / k_C = \lvert A_\infty \rvert / \lvert A_0 \rvert$
Ell. Tiefpass	$k_Q = k_A / k_B$	$k_C = k_B = \lvert A_0 \rvert / \lvert A_\infty \rvert$
Allpass	$k_B = k_C, \quad k_A = 2k_Q$	$k_B = k_C = 1$

4.6.5 Parallelstruktur

Eine weitere Universalstruktur lässt sich aus dem klassischen Tiefpass zweiten Grades mit Zweifach-Gegenkopplung (Abb. 4.16 in Abschn. 4.3.2.1) ableiten, der hier im linken Teil von Abb. 4.37 – jedoch mit anderer Indizierung – erscheint. Für die Erweiterung zum Universalfilter wird der am Knoten K angeschlossene Kondensator C_2 der Originalschaltung ersetzt durch einen Aktivblock, der als „Kapazitäts-Vervielfacher" bezeichnet wird.

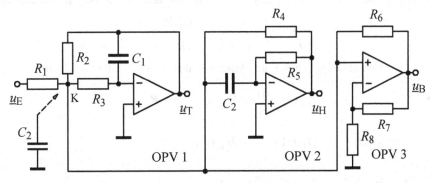

Abb. 4.37 Universalfilter in Parallelstruktur

Diese Aktivschaltung im mittleren Teil von Abb. 4.37 hat eine Eingangsimpedanz, die hier ohne Ableitung angegeben wird (Berechnung z. B. über die Stromsummenregel nach Kirchhoff):

$$\underline{Z}_{in} = R_4 \| X_C \quad \text{mit} \quad X_C = \left(\frac{1}{sC_2 \left(1 + R_5 / R_4 \right)} \right).$$

Erläuterungen zum Schaltungsprinzip

Die Verknüpfung zwischen der Spannung am Knoten K und der Ausgangsspannung $\underline{u}_T$ entspricht dem negativen Integral mit der Zeitkonstanten $R_3 C_1$. Damit liegt am Knoten K eine Spannung $\underline{u}_K = - sR_3 C_1 \cdot \underline{u}_T$. Da andererseits die Spannung $\underline{u}_T$ – bezogen auf die Eingangsspannung – eine Tiefpassfunktion darstellt, repräsentiert die Spannung $\underline{u}_K$ eine Bandpassfunktion, die von dem im rechten Teil von Abb. 4.37 dargestellten Aktivblock um den Faktor $(1 + R_7/R_8)$ verstärkt und als Ausgangsspannung $\underline{u}_B$ niederohmig angeboten wird.

Dieser Schaltungsteil mit OPV 3 wirkt jedoch nicht nur als Impedanzwandler, sondern ist als NIC/Typ A ausgeführt (vgl. dazu Abschn. 3.1.8, Abb. 3.13) und kann deshalb – bei entsprechender Dimensionierung – mit seinem negativen Eingangswiderstand den reellen Anteil R_4 der Eingangsimpedanz $\underline{Z}_{in}$ des mittleren Schaltungsteils kompensieren. Da dieser mittlere Teil an seinem niederohmigen OPV-Ausgang gleichzeitig die Spannung $\underline{u}_H = - sR_5 C_2 \cdot \underline{u}_B$ zur Verfügung stellt, besitzt die Gesamtanordnung also auch einen Hochpassausgang.

Damit stellen die drei parallel arbeitenden Schaltungsteile, die – im Gegensatz zur Zustandsvariablentechnik – keine geschlossene Schleife bilden, ebenfalls ein Universalfilter dar, dessen Ausgangssignale zwecks Erzeugung der biquadratischen Funktion wieder in einem vierten Verstärker überlagert werden können. Die zehn passiven Schaltelemente erlauben eine sehr flexible Dimensionierung. Die Systemfunktionen werden hier nur angegeben für den vereinfachten Ansatz

$$R_1 = R_2 = R_3 = R_4 = R_7 = R_8 = R,$$
$$R_5 = k_5 R, \quad R_6 = R/k_6, \quad C_2 = C, \quad C_1 = k_C C.$$

Bezüglich des Knotens K gilt dann für die Systemfunktion mit Bandpasscharakter

$$\underline{H}_K(s) = \frac{\underline{u}_K}{\underline{u}_E} = \frac{sk_C RC}{1 + sk_C RC \left(4 - k_6 \right) + s^2 k_C R^2 C^2 \left(1 + k_5 \right)}.$$

Die Funktionen bezüglich der drei Ausgänge des Universalfilters sind dann:

- Tiefpass: $\underline{H}_T(s) = \dfrac{\underline{u}_T}{\underline{u}_E} = \underline{H}_K(s) \left(-1/sk_C RC \right),$

- Hochpass: $\underline{H}_H(s) = \dfrac{\underline{u}_H}{\underline{u}_E} = \underline{H}_K(s) \left(-sk_5 RC \right),$

- Bandpass: $\underline{H}_B(s) = \dfrac{\underline{u}_B}{\underline{u}_E} = 2 \cdot \underline{H}_K(s).$

Zu allen Funktionen gehören die gleichen Poldaten, die unabhängig voneinander gewählt und eingestellt werden können:

$$\omega_P = \frac{1}{RC}\sqrt{\frac{1}{(1+k_5)k_C}}, \qquad Q_P = \frac{1}{(4-k_6)}\sqrt{\frac{(1+k_5)}{k_C}}.$$

Bei der Überlagerung zur biquadratischen Funktion – nach dem in Abschn. 4.6.2.2 für die KHN-Struktur beschriebenen Prinzip – sind die Vorzeichen der drei Funktionen zu beachten. Sofern die Bandpassfunktion ebenfalls ein negatives Vorzeichen erhalten soll, ist der Verstärker OPV 3 als NIC vom Typ B zu beschalten (Abschn. 3.1.8, Abb. 3.13).

4.7 OTA- und CC-Filterstufen

Aktives Element aller bisher behandelten Filterschaltungen war der als spannungsgesteuerte Spannungsquelle arbeitende klassische Operationsverstärker mit niederohmigem Ausgangswiderstand. Gerade innerhalb des letzten Jahrzehnts sind jedoch viele Vorschläge für Schaltungsstrukturen veröffentlicht worden, bei denen gesteuerte *Stromquellen* den bisherigen Spannungsverstärker ersetzen.

Das Funktionsprinzip dieser Aktivbausteine – Operational Transconductance Amplifier (OTA) bzw. Current Conveyor (Typ der 2. Generation, CC_{II}) – wurde bereits in Abschn. 3.4 und 3.5 am Beispiel einfacher Grundschaltungen erläutert. Die bedeutendste Eigenschaft des OTA im Hinblick auf eine Anwendung in der Filtertechnik ist dabei zweifellos die Möglichkeit der externen Steuerung seiner Verstärkungseigenschaften.

Als gemeinsames Kennzeichen von OTA und CC_{II} wird das Ausgangssignal an einem hochohmigen Ausgangswiderstand in Form eines Stromes zwecks Weiterverarbeitung zur Verfügung gestellt. Da die analoge Signalverarbeitung normalerweise aber im Spannungsmodus arbeitet, erfordert der Stromausgang eine Impedanzwandlerstufe mit niederohmigem Spannungsausgang.

In diesem Abschnitt soll an einigen typischen Beispielen gezeigt werden, wie Filterstufen zweiten Grades auf OTA- bzw. CC_{II}-Basis entworfen und dimensioniert werden können.

4.7.1 OTA-Filterstufen

Die meisten Verfahren für den Entwurf extern steuerbarer Filterstufen auf OTA-Basis gehen von den klassischen – ursprünglich für den Operationsverstärker entwickelten – Aktivstrukturen aus. Besonders vorteilhaft sind dabei die Schaltungsprinzipien, bei denen OTA-Bausteine mit integriertem Impedanzwandler eingesetzt werden können. Als Beispiel dafür wird hier eine Schaltung vorgestellt, die von der Doppel-OPV-Filterstruktur mit Einfach-Rückkopplung, Abb. 4.3 in Abschn. 4.2.1.2, ausgeht.

Werden beide Verstärkerelemente der Originalschaltung beispielsweise durch den Baustein LT1228 von Linear Technology (mit einen OTA und einem Transimpedanzverstärker/CFA als Impedanzwandler) ersetzt, entsteht das extern steuerbare OTA-Filter in Abb. 4.38.

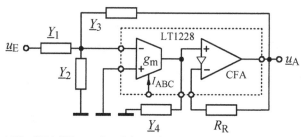

Abb. 4.38 OTA-Filterstufe mit integriertem Impedanzwandler (LT1228)

In Anlehnung an die Berechnung der OPV-Schaltung in Abschn. 4.2.1.2 erhält man – zusammen mit der OTA-Grundgleichung, Gl. (3.27) in Abschn. 3.4 – die allgemeine Systemfunktion für die Filterstufe in Abb. 4.38:

$$\underline{H}(s) = \frac{\underline{u}_A}{\underline{u}_E} = -\frac{vg_m \underline{Y}_1}{\underline{Y}_4 \left(\underline{Y}_1 + \underline{Y}_2 + \underline{Y}_3\right) + vg_m \underline{Y}_3} \quad . \tag{4.61}$$

Anmerkung Der CFA-Impedanzwandler in Abb. 4.38 ist über R_R voll gegengekoppelt – gleichbedeutend mit einem Verstärkungswert $v=1$. Das Ergebnis der Berechnung, Gl. (4.61), zeigt, dass v nur als Produkt $v \cdot g_m$ in die Formel eingeht. Damit besteht die Möglichkeit, den Variationsbereich für die Steuergröße g_m durch Wahl einer Verstärkung $v>1$ auch zu kleineren Werten hin verschieben zu können. In jedem Fall ist es aber empfehlenswert, bei der Dimensionierung das Produkt $v \cdot g_m$ so groß wie möglich zu wählen, weil die Differenzspannung am OTA-Eingang dann entsprechend klein ist. Hintergrund dieser Überlegung ist der begrenzte Aussteuerungsbereich der OTA-Eingangsstufe (Dynamik).

Dimensionierung als Tiefpass

Für die Zuordnung

$$\underline{Y}_1 = 1/R_1, \quad \underline{Y}_2 = sC_2, \quad \underline{Y}_3 = 1/R_3, \quad \underline{Y}_4 = sC_4$$

wird aus der allgemeinen Systemfunktion, Gl. (4.61), die Tiefpassfunktion

$$\underline{H}_T(s) = -\frac{R_3/R_1}{1 + sC_4 \dfrac{1}{vg_m}\left(1 + \dfrac{R_3}{R_1}\right) + s^2 R_3 \dfrac{1}{vg_m} C_2 C_4}$$

mit den Poldaten

$$\omega_P = \sqrt{\frac{vg_m}{R_3 C_2 C_4}} \quad \text{und} \quad Q_P = \frac{R_1}{R_1 + R_3}\sqrt{vg_m R_3 \frac{C_2}{C_4}} \quad .$$

Man erkennt, dass sowohl ω_P als auch Q_P in gleicher Weise durch das Produkt $v g_m$ verändert werden. Diese gemeinsame Steuerungsmöglichkeit beider Poldaten bringt beim Tiefpass aber noch keine besonderen Vorteile. Die beiden Kapazitätswerte sollten so gewählt werden, dass bei einem relativ kleinen Verhältnis C_2/C_4 das Produkt $v g_m$ möglichst groß wird, vgl. die Anmerkung oben zu den Aussteuerungsmöglichkeiten des OTA.

Dimensionierung als Bandpass

Wenn die Charakteristik der beiden Leitwerte $\underline{Y}_1$ und $\underline{Y}_2$ vertauscht wird, erhält die Schaltung in Abb. 4.38 Bandpasseigenschaften:

$$\underline{H}_B(s) = -\frac{sR_3C_1}{1+sC_4\dfrac{1}{vg_m}\left(1+\dfrac{R_3}{R_2}\right)+s^2R_3\dfrac{1}{vg_m}C_1C_4} \tag{4.62}$$

$$\text{mit: } \underline{Y}_1 = sC_1, \quad \underline{Y}_2 = 1/R_2, \quad \underline{Y}_3 = 1/R_3, \quad \underline{Y}_4 = sC_4 \;.$$

In diesem Fall kann es durchaus erwünscht sein, mit der Transkonduktanz g_m sowohl die Güte als auch die Polfrequenz gleichzeitig – also bei konstanter Bandbreite – durchstimmen zu können. Der Nenner von Gl. (4.62) führt zu den Bandpass-Kenngrößen

$$\omega_P = \omega_M = \sqrt{\frac{vg_m}{R_3C_1C_4}} \quad \text{und} \quad Q_P = Q = \frac{R_2}{R_2+R_3}\sqrt{vg_mR_3\frac{C_1}{C_4}}$$

und zu dem Zusammenhang

$$\frac{C_4}{vg_m} = \frac{1}{\omega_PQ_P}\left(\frac{R_2}{R_2+R_3}\right).$$

Da der Ausdruck in der Klammer immer kleiner als 1 ist, andererseits aber aus Gründen der Realisierbarkeit auch nicht zu klein werden sollte (beide Widerstände in der gleichen Größenordnung), gilt für eine sinnvolle Wahl der drei freien Parameter die Empfehlung:

$$\frac{C_4}{vg_m} \approx (0,1...0,9)\frac{1}{\omega_PQ_P} \;.$$

Zahlenbeispiel

- Vorgaben: $\omega_M = \omega_P = 10^4 \text{ rad/s}, \quad Q = Q_P = 10 \quad \Rightarrow \quad \dfrac{1}{\omega_PQ_P} = 10^{-5} \text{ s}.$

- Wahl: $C_4 = 10^{-9} \text{ F}, \quad g_m = 10^{-3} \text{ A/V}, \quad v{=}1 \quad \Rightarrow \quad \dfrac{C_4}{g_m} = 10^{-6} \text{ s} = 0{,}1\dfrac{1}{\omega_PQ_P},$

$$\frac{R_2}{R_2+R_3} = 0{,}1 \quad \Rightarrow \quad R_2 = 9 \text{ k}\Omega, \quad R_3 = 81 \text{ k}\Omega, \quad C_1 = 1{,}23\cdot10^{-7} \text{ F}.$$

∎

4.7.2 OTA-C-Strukturen

Ein bedeutendes Kennzeichen aller Schaltungen mit OTA-Bausteinen ist die Tatsache, dass Ohmwiderstände zur Realisierung der jeweiligen Charakteristik (Verstärkungswerte, Zeitkonstanten, Frequenzabhängigkeiten) nicht unbedingt erforderlich sind. Da der OTA eine extern steuerbare Stromquelle ist, kann er die eigentliche Aufgabe von Ohmwiderständen übernehmen – nämlich Signalspannungen in entsprechende Ströme zu wandeln.

Damit werden aktive Filterstrukturen möglich, die nur aus OTA-Baugruppen und Kondensatoren bestehen. Diese deshalb als OTA-C-Filter bezeichneten Schaltungen sind besonders geeignet für die monolithische Integration, bei der Ohmwiderstände nur sehr ungenau und mit relativ großem Flächenbedarf erzeugt werden können. Im Hinblick auf eine Anwendung als voll integrierte und extern steuerbare Filterbausteine konzentrierte sich deshalb die Entwicklung bei den OTA-C-Schaltungen auf die vielseitig verwendbaren Universalstrukturen.

Aus der Vielzahl der möglichen Schaltungsanordnungen sollen hier drei OTA-C-Universalstrukturen mit besonders geringem Bauteileaufwand beschrieben werden. Unter Berücksichtigung der Tatsache, dass OTA-Schaltungen an den Ausgangsknoten Impedanzwandler benötigen, ist das bereits beim Fleischer-Tow-Universalfilter (Abb. 4.36 in Abschn. 4.6.4) angewandte Prinzip mit unterschiedlichen Einspeisungspunkten und nur einem gemeinsamen Ausgang deshalb als besonders aufwandsarm anzusehen. Wegen der besseren Übersichtlichkeit sind die Anschlüsse zur Einspeisung des Steuerstromes I_{ABC} in den folgenden Schaltbildern nicht mit dargestellt.

4.7.2.1 Doppel-OTA-Universalfilter

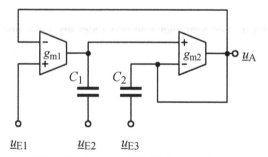

Abb. 4.38 Doppel-OTA-Universalfilter

Ähnlich wie bei der Tow-Thomas-Struktur (Abb. 4.35) führt die Zusammenschaltung eines OTA-Integrators mit einem OTA-Tiefpass ersten Grades in einer geschlossenen Schleife zu einem System zweiten Grades. Dabei ergeben sich zusätzliche Freiheitsgrade durch die Möglichkeit, auch über die beiden – in den jeweiligen Grundschaltungen geerdete – Kondensatoren jeweils eine Eingangsspannung einzuspeisen.

Die Schaltung in Abb. 4.38 enthält zwei Grundschaltungen, die bereits in Abschn. 3.4.2 behandelt worden sind:

- OTA-Integrator, s. Abb. 3.23(a) und Gl. (3.28) mit $R_L \to \infty$,
- OTA-Tiefpass, s. Abb. 3.24 und Gl. (3.30).

Aus der Kombination der beiden zugehörigen Teilsystemfunktionen, Gl. (3.28) bzw. Gl. (3.30), lassen sich für die drei möglichen Eingangsspannungen folgende Systemfunktionen des OTA-Universalfilters ermitteln:

- Tiefpass ($\underline{u}_{E2}=\underline{u}_{E3}=0$): $\underline{H}_T(s) = \dfrac{\underline{u}_A}{\underline{u}_{E1}} = \dfrac{1}{1+sT_1+s^2T_1T_2}$,

- Bandpass ($\underline{u}_{E1}=\underline{u}_{E3}=0$): $\underline{H}_B(s) = \dfrac{\underline{u}_A}{\underline{u}_{E2}} = \underline{H}_T(s) \cdot sT_1$,

- Hochpass ($\underline{u}_{E1}=\underline{u}_{E2}=0$): $\underline{H}_H(s) = \dfrac{\underline{u}_A}{\underline{u}_{E3}} = \underline{H}_T(s) \cdot s^2T_1T_2$.

Zwei weitere Filterfunktionen ergeben sich durch Überlagerung (gleichzeitige Einspeisung) der Eingangsspannung:

- Bandsperre ($\underline{u}_{E1}=\underline{u}_{E3}=\underline{u}_E$ und $\underline{u}_{E2}=0$):

$$\underline{H}_{BS}(s) = \frac{\underline{u}_A}{\underline{u}_E} = \underline{H}_T(s) + \underline{H}_H(s),$$

- Allpass ($\underline{u}_{E1}=\underline{u}_{E3}=\underline{u}_E$ und $\underline{u}_{E2}=-\underline{u}_E$):

$$\underline{H}_{AP}(s) = \frac{\underline{u}_A}{\underline{u}_E} = \underline{H}_T(s) - \underline{H}_B(s) + \underline{H}_H(s).$$

Für die Allpassfunktion muss die Eingangsspannung $\underline{u}_E$ also invertiert werden, bevor sie als $\underline{u}_{E2}$ in die Schaltung eingespeist wird. Die Zeitkonstanten T_1 und T_2 werden jeweils durch die extern einstellbaren OTA-Steilheiten bestimmt:

$$T_1 = \frac{C_1}{g_{m1}} \quad \text{und} \quad T_2 = \frac{C_2}{g_{m2}}.$$

Für alle fünf Funktionen liefert das Nennerpolynom die Poldaten

$$\omega_P = \frac{1}{\sqrt{T_1T_2}} = \sqrt{\frac{g_{m1}g_{m2}}{C_1C_2}} \quad \text{und} \quad Q_P = \sqrt{\frac{T_2}{T_1}} = \sqrt{\frac{g_{m1}C_2}{g_{m2}C_1}}.$$

Eine Auswertung dieser Beziehungen zeigt, dass die Polfrequenz der Schaltung in Abb. 4.38 durch Veränderung der Steilheitsparameter durchgestimmt werden kann. Wenn außerdem beide Steilheiten gleich sind und gemeinsam verändert werden, kann die Güte bei der ω_P-Variation konstant gehalten werden. Allerdings ist es umgekehrt nicht möglich, über die Steilheiten die Polgüte ohne Veränderung der Polfrequenz zu beeinflussen. In dieser Hinsicht bietet die nächste Struktur mit drei OTA-Bausteinen mehr Flexibilität.

4.7.2.2 Dreifach-OTA-Universalstruktur

Eine Erweiterung der Doppel-OTA-Schaltung in Abb. 4.38 erfolgt dadurch, dass die zweite Stufe (Tiefpass ersten Grades) ersetzt wird durch eine Integratorschaltung mit geerdetem Dämpfungswiderstand, s. Abb. 3.23(a) in Abschn. 3.4.2. Wenn dieser Widerstand ersetzt – d. h. aktiv realisiert – wird durch eine abstimmbare dritte OTA-Einheit nach dem Prinzip von Abb. 3.25(a), resultiert daraus die in Abb. 4.39 wiedergegebene Dreifach-OTA-Universalstruktur.

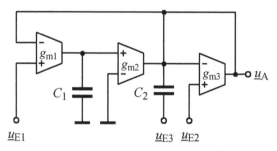

Abb. 4.39 Dreifach-OTA-Universalfilter

Die Zusammenschaltung der drei Stufen führt durch Kombination der Gln. (3.28), (3.30) und (3.31) zu den fünf Filterfunktionen:

- Tiefpass ($\underline{u}_{E2}=\underline{u}_{E3}=0$): $\underline{H}_T(s) = \dfrac{\underline{u}_A}{\underline{u}_{E1}} = \dfrac{1}{1+sT_1(g_{m3}/g_{m2})+s^2T_1T_2}$,

- Bandpass ($\underline{u}_{E1}=\underline{u}_{E3}=0$): $\underline{H}_B(s) = \dfrac{\underline{u}_A}{\underline{u}_{E2}} = \underline{H}_T(s)\cdot sT_1(g_{m3}/g_{m2})$,

- Hochpass ($\underline{u}_{E1}=\underline{u}_{E2}=0$): $\underline{H}_H(s) = \dfrac{\underline{u}_A}{\underline{u}_{E3}} = \underline{H}_T(s)\cdot s^2T_1T_2$.

- Bandsperre ($\underline{u}_{E1}=\underline{u}_{E3}=\underline{u}_E$ und $\underline{u}_{E2}=0$):

$$\underline{H}_{BS}(s) = \frac{\underline{u}_A}{\underline{u}_E} = \underline{H}_T(s)+\underline{H}_H(s) ,$$

- Allpass ($\underline{u}_{E1}=\underline{u}_{E3}=\underline{u}_E$ und $\underline{u}_{E2}=-\underline{u}_E$):

$$\underline{H}_{AP}(s) = \frac{\underline{u}_A}{\underline{u}_E} = \underline{H}_T(s)-\underline{H}_B(s)+\underline{H}_H(s) .$$

Schaltungsvariante Die Allpassfunktion kann gebildet werden entweder durch Einspeisung der zuvor invertierten Spannung $\underline{u}_E$ in den $\underline{u}_{E2}$-Eingang (s. oben), oder auch durch Einsatz eines vierten OTA-Bausteins, der mit seinem invertierenden Eingang an die gemeinsame Eingangsspannung $\underline{u}_E$ angeschlossen ist und dessen Ausgangsstrom direkt in den Ausgangsknoten des mittleren OTA eingespeist wird.

Die beiden Zeitkonstanten T_1 und T_2 sind über die Steilheiten steuerbar:

$$T_1 = \frac{C_1}{g_{m1}} \quad \text{und} \quad T_2 = \frac{C_2}{g_{m2}} .$$

Für alle verfügbaren Funktionen ergeben sich wieder die gemeinsamen Poldaten

$$\omega_P = \frac{1}{\sqrt{T_1 T_2}} = \sqrt{\frac{g_{m1} g_{m2}}{C_1 C_2}} \quad \text{und} \quad Q_P = \frac{\sqrt{g_{m1} g_{m2}}}{g_{m3}} \cdot \sqrt{\frac{T_2}{T_1}} .$$

Diese Schaltung bietet also – im Vergleich zu Abb. 4.38 – die Möglichkeit, die Polgüte Q_P unabhängig von ω_P über den Parameter g_{m3} zu kontrollieren.

4.7.2.3 Vierfach-OTA-Universalstruktur

Sollen die Filter für höhere Frequenzen ausgelegt werden, sind Schaltungen mit ausschließlich einseitig geerdeten Kondensatoren grundsätzlich vorzuziehen. Damit wird es – mindestens theoretisch – möglich, die parasitäre OTA-Ausgangskapazität in den Dimensionierungsprozess mit einzubeziehen. Außerdem wächst der verfälschende Einfluss eines endlichen Innenwiderstandes der Signalspannungsquelle mit steigender Frequenz, sofern die Einspeisung in das Filternetzwerk über einen Kondensator erfolgt – wie es teilweise bei den Schaltungen in Abb. 4.38 und 4.39 der Fall ist.

In dieser Hinsicht stellt die Vierfach-OTA-Universalstruktur in Abb. 4.40 – mit hochohmigen Eingängen, drei Ausgängen und zwei geerdeten Kondensatoren – einen sehr guten Kompromiss zwischen Aufwand und Leistungsfähigkeit dar.

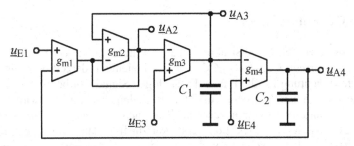

Abb. 4.40 Vierfach-OTA-C-Universalfilter

Unter Berücksichtigung der Beschaltungsmöglichkeiten für die drei Eingänge sind bei dieser Schaltung zwei Betriebsfälle zu unterscheiden.

Betriebsfall 1 (Eingangsspannung $\underline{u}_E = \underline{u}_{E1}$ mit $\underline{u}_{E3} = \underline{u}_{E4} = 0$)
Die Berechnung erfolgt über die drei Knotengleichungen

$$\left(\underline{u}_{E1} - \underline{u}_{A4}\right) g_{m1} + \left(\underline{u}_{A3} - \underline{u}_{A2}\right) g_{m2} = 0 ,$$

$$\underline{u}_{A3} s C_1 + \underline{u}_{A2} g_{m3} = 0 , \qquad \underline{u}_{A4} s C_2 + \underline{u}_{A3} g_{m4} = 0 .$$

Die Kombination dieser drei Gleichungen führt bezüglich der drei Ausgänge auf die drei klassischen Filterfunktionen zweiten Grades mit einem gemeinsamen Nennerpolynom $\underline{N}(s)$:

- Tiefpass: $\underline{H}_\text{T}(s) = \dfrac{\underline{u}_\text{A4}}{\underline{u}_\text{E1}} = \dfrac{1}{\underline{N}(s)} = \dfrac{1}{1 + sC_2 \dfrac{g_\text{m4}}{g_\text{m2}g_\text{m3}} + s^2 C_1 C_2 \dfrac{g_\text{m4}}{g_\text{m1}g_\text{m2}g_\text{m3}}}$,

- Bandpass: $\underline{H}_\text{B}(s) = \dfrac{\underline{u}_\text{A3}}{\underline{u}_\text{E1}} = -\dfrac{sC_2 / g_\text{m2}}{\underline{N}(s)}$,

- Hochpass: $\underline{H}_\text{H}(s) = \dfrac{\underline{u}_\text{A2}}{\underline{u}_\text{E1}} = \dfrac{s^2 C_1 C_2 / g_\text{m1}g_\text{m2}}{\underline{N}(s)}$.

Betriebsfall 2 (Biquad-Betrieb mit $\underline{u}_\text{E1} = \underline{u}_\text{E3} = \underline{u}_\text{E4} = \underline{u}_\text{E}$)
Wird die Eingangsspannung $\underline{u}_\text{E}$ gleichzeitig an alle drei Eingänge angeschlossen, liefert der Ausgang $\underline{u}_\text{A2}$ die biquadratische Systemfunktion

$$\underline{H}_\text{BQ}(s) = \dfrac{\underline{u}_\text{A2}}{\underline{u}_\text{E}} = \dfrac{1 + s\left(C_2 g_\text{m4} - C_1 g_\text{m3}\right) / g_\text{m2}g_\text{m3} + s^2 C_1 C_2 / g_\text{m1}g_\text{m2}}{1 + sC_2 \dfrac{g_\text{m4}}{g_\text{m2}g_\text{m3}} + s^2 C_1 C_2 \dfrac{g_\text{m4}}{g_\text{m1}g_\text{m2}g_\text{m3}}} .$$

Diese Funktion bietet die Möglichkeit, über die Steilheiten g_m3 und g_m4 das mittlere Glied im Zähler beispielsweise negativ werden zu lassen oder zu Null zu machen, um so eine Allpass- bzw. eine Bandsperrcharakteristik einzustellen.

4.7.3 CC-Filterstufen

Im Gegensatz zu den OTA-Strukturen haben Filterschaltungen mit einem Stromkonverter (Current Conveyor, CC) als Aktivelement derzeit nur eine eingeschränkte Bedeutung für die Praxis der analogen Signalverarbeitung. Als Vorteile sind die exzellenten Frequenz- und Großsignaleigenschaften sowie die relativ einfache Schaltungsstruktur anzusehen. Wie auch bei den OTA-Schaltungen ist am Ausgangsknoten ein Operationsverstärker zur Impedanzwandlung vorzusehen. Die meisten in der einschlägigen Fachliteratur dokumentierten experimentellen Untersuchungen basieren deswegen auch auf einem kommerziell verfügbaren $CC_\text{II+}$ mit integriertem Impedanzwandler (AD844).

Wie in Abschn. 3.5 erwähnt, ist diese Kombination aus CC und Pufferverstärker bezüglich des niederohmigen Ausgangs auch als Transimpedanzverstärker (CFA) anzusehen, bei dem zusätzlich die Möglichkeit besteht, am hochohmigen internen Stromknoten eine externe Last anzuschließen.

Das Prinzip des Entwurfs und der Dimensionierung von Filterschaltungen auf Current-Conveyor-Basis wird hier an zwei einfachen Beispielen beschrieben. In beiden Fällen kann als aktiver Baustein ein $CC_\text{II+}$ des Typs AD844 eingesetzt werden.

Einstufiges Current-Conveyor-Filter

Eines der zahlreichen in der Fachliteratur vorgeschlagenen Entwurfsprinzipen für ein einstufiges CC-Filter (Dostal 1995) beruht auf der Verwandtschaft zwischen dem klassischen Operationsverstärker und einer Kombination aus Current-Conveyor und Impedanzwandler. Diese Kombination stellt eine stromgesteuerte Spannungsquelle dar, die mit einem als Strom-Spannungswandler betriebenen OPV verglichen werden kann.

Zur Erläuterung der prinzipiellen Vorgehensweise wird die allgemeine OPV-Filterstruktur mit Zweifach-Gegenkopplung, Abb. 4.14 in Abschn. 4.3.1.1, betrachtet, die hier in Abb. 4.41(a) noch einmal angegeben ist.

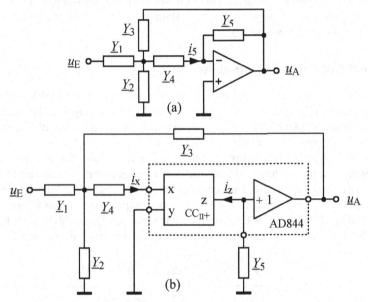

Abb. 4.41 **(a)** Zweifach-Gegenkopplungsstruktur mit OPV (Abschn. 4.3.1.1)
(b) Aus (a) abgeleitete allgemeine CC-Filterstruktur

Die Kombination aus OPV und $\underline{Y}_5$ in Abb. 4.41(a) wird jetzt als stromgesteuerte Spannungsquelle interpretiert mit der Übertragungsgleichung

$$\underline{u}_A = -\underline{i}_5/\underline{Y}_5 \; .$$

Dieser Zusammenhang zwischen einer Ausgangsspannung und einem Eingangsstrom kann auch durch einen CC_{II+} mit nachgeschaltetem Impedanzwandler realisiert werden, s. Abb. 4.41(b). Für den Ansatz $\underline{i}_5=\underline{i}_x$ und mit der CC-Gleichung $\underline{i}_z=\underline{i}_x$ ist nämlich

$$\underline{u}_A = -\underline{i}_z/\underline{Y}_5 = -\underline{i}_x/\underline{Y}_5 = -\underline{i}_5/\underline{Y}_5 \; .$$

Damit ist auch für die Schaltung in Abb. 4.41(b) die allgemeine Systemfunktion der zugehörigen OPV-Schaltung, Gl. (4.30) in Abschn. 4.3.1.1, anwendbar.

Anwendungshinweise

Zur Festlegung der Filtercharakteristik gelten deshalb im Prinzip auch die in Abschn. 4.3.2 (Tiefpass) bis Abschn. 4.3.4 (Bandpass) angegebenen Zuweisungen für die Leitwerte $\underline{Y}_1$ bis $\underline{Y}_5$. Allerdings ist dabei die in Abschn. 3.3.1 erwähnte Einschränkung für Stromrückkopplung zu beachten, wonach aus Stabilitätsgründen kein kapazitiver Pfad vom Ausgang zum niederohmigen x-Eingang existieren darf. Grund dafür ist die fehlende interne Frequenzgangkompensation des hier als Current-Conveyor eingesetzten Transimpedanzverstärkers AD844. Aus diesem Grund sind nur Schaltungen erlaubt, bei denen mindestens eines der Elemente $\underline{Y}_3$ bzw. $\underline{Y}_4$ einen Ohmwiderstand darstellt.

Deshalb ist die CC-Struktur in Abb. 4.41(b) nur anwendbar für Tiefpässe (Bauelemente gem. Abschn. 4.3.2) und Bandpässe (Bauelemente gem. Alternativen (B) und (C) in Abschn. 4.3.4).

Current-Conveyor-Universalfilter

Wenn das oben angesprochene Prinzip des Vergleichs zwischen OPV – als Strom-Spannungswandler interpretiert – und Current-Conveyor angewendet wird auf die Tow-Thomas-Struktur, Abb. 4.35 in Abschn. 4.6.3, kann daraus die Schaltung in Abb. 4.42 mit zwei CC-Bausteinen abgeleitet werden.

Für den Einsatz als Universalfilter ist jedoch – anders als bei der Original-schaltung – kein weiterer Aktivblock zur Überlagerung der einzelnen Anteile nötig. Grund dafür ist die Tatsache, dass vier der sechs Bauteile gegen Masse geschaltet sind, so das sie als weitere Einspeisungspunkte dienen können. Durch Anwendung der Conveyor-Gleichungen (Abschn. 3.5.1) auf Abb. 4.42, lässt sich dann für die Ausgangsspannung $\underline{u}_{A1}$ der folgende Ausdruck berechnen:

$$\underline{u}_{A1} = \frac{\underline{u}_{E3} - sC_2 \dfrac{R_1 R_2}{R_4} \underline{u}_{E1} + s^2 R_1 R_2 C_1 C_2 \underline{u}_{E2}}{1 + sC_2 \dfrac{R_1 R_2}{R_3} + s^2 R_1 R_2 C_1 C_2}.$$

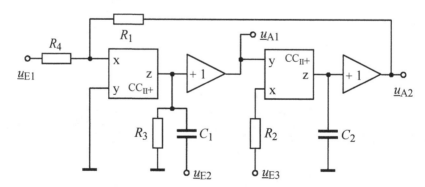

Abb. 4.42 Universalfilter mit zwei CC-Baugruppen (mit Impedanzwandler)

Die in Tabelle 4.5 zusammengestellten Kombinationsmöglichkeiten für die drei Eingangssignale ermöglichen – bezogen auf das Ausgangssignal $\underline{u}_{A1}$ – die fünf klassischen Filterfunktionen. Gleichzeitig steht mit $\underline{u}_{A2}$ eine weitere Ausgangsspannung zur Verfügung, die dem Integral über $\underline{u}_{A1}$ entspricht (Multiplikation mit $1/sR_2C_2$), wodurch eine zweite Tiefpass- bzw. Bandpassfunktion erzeugt wird (vgl. dazu die Zeilen 2 und 3 in Tabelle 4.5).

Tabelle 4.5 Dimensionierungsbedingungen für CC-Universalfilter, Abb. 4.42

Filtertyp	Systemfunktion	Bedingungen
Tiefpass (1)	$\underline{H}_{T1}(s) = \underline{u}_{A1}/\underline{u}_{E3}$	$\underline{u}_{E1} = \underline{u}_{E2} = 0$
Bandpass (1)	$\underline{H}_{B1}(s) = \underline{u}_{A1}/\underline{u}_{E1}$	$\underline{u}_{E2} = \underline{u}_{E3} = 0$
Tiefpass (2)	$\underline{H}_{T2}(s) = \underline{u}_{A2}/\underline{u}_{E1}$	
Hochpass	$\underline{H}_{H}(s) = \underline{u}_{A1}/\underline{u}_{E2}$	$\underline{u}_{E1} = \underline{u}_{E3} = 0$
Bandpass (2)	$\underline{H}_{B2}(s) = \underline{u}_{A2}/\underline{u}_{E2}$	
Bandsperre	$\underline{H}_{BS}(s) = \underline{u}_{A1}/\underline{u}_{E}$	$\underline{u}_{E2} = \underline{u}_{E3} = \underline{u}_{E}$
		$\underline{u}_{E1} = 0$
Allpass	$\underline{H}_{A}(s) = \underline{u}_{A1}/\underline{u}_{E}$	$\underline{u}_{E1} = \underline{u}_{E2} = \underline{u}_{E3} = \underline{u}_{E}$
		$R_3 = R_4$

Die Polkenngrößen für alle Filterfunktionen werden durch das gemeinsame Nennerpolynom bestimmt, wobei die Polgüte unabhängig von der Polfrequenz durch R_3 eingestellt werden kann:

$$\omega_P = \frac{1}{\sqrt{R_1 R_2 C_1 C_2}}, \qquad Q_P = R_3 \sqrt{\frac{C_1}{R_1 R_2 C_2}}.$$

Der invertierend wirkende x-Eingang des CC_{II+} ist niederohmig und wird bei der Berechnung der Übertragungsfunktionen üblicherweise idealisiert und mit Null Ohm angesetzt. Um für den realen Baustein den durch diese Vereinfachung verursachten Fehler klein zu halten, sollten die an diesem Eingang angeschlossenen Widerstände R_1, R_2 und R_4 mindestens um den Faktor 20 größer sein als der reale Eingangswiderstand $R_{in,x}$ (AD844: $R_{in,x} \approx 50\ \Omega$).

4.8 Zusammenfassung und Empfehlungen

In diesem Kapitel wurden zahlreiche Möglichkeiten zur schaltungstechnischen Realisierung aktiver Filterstufen zweiten Grades diskutiert, die nach dem Verfahren der Kaskadensynthese zu komplexen Filteranordnungen höheren Grades zusammengesetzt werden können.

Neben den mittlerweile klassischen Strukturen mit frequenzabhängiger Verstärkerrückkopplung wurden dabei auch neuartige Schaltungskonzepte und aktuelle Verstärkerentwicklungen berücksichtigt. Damit sollte dem Leser ein detaillierter Einblick in die moderne zeitkontinuierliche Analogfiltertechnik vermittelt und er darüber hinaus auch in die Lage versetzt werden, diese Kenntnisse einzubringen in die Entwicklung einer funktionsfähigen Filterschaltung für eine ganz bestimmte Anwendung mit festgelegten Spezifikationen.

Damit ist zunächst eine recht anspruchsvolle Aufgabe zu lösen: Aus einer Vielzahl von Struktur- und Schaltungsvarianten muss eine Schaltung ausgewählt werden, die den Vorgaben und Randbedingungen ausreichend gut entsprechen kann. Eine „optimale" Lösung wird man wohl nur ganz selten finden, da unterschiedliche Qualitätskriterien zumeist eine gegenläufige Tendenz aufweisen und nicht gleichzeitig erfüllbar sind. Als Beispiel für diese Aussage sei die Zweifach-Gegenkopplungsstruktur (Abschn. 4.3) erwähnt, die zwar relativ unempfindlich ist gegenüber den Toleranzabweichungen der passiven Elemente, dafür aber empfindlicher auf die Abweichungen des Operationsverstärkers vom Idealverhalten reagiert – ganz im Gegensatz zu den Filterstufen mit Einfach-Rückkopplung (Abschn. 4.2), die in dieser Hinsicht genau entgegengesetztes Verhalten zeigen.

In den meisten Fällen wird und muss das Ergebnis der Auswahl einer Filterstruktur für eine bestimmte Aufgabe ein Kompromiss sein – ein Kompromiss zwischen teilweise gegenläufigen technischen Eigenschaften und anderen anwendungsspezifischen Randbedingungen.

4.8.1   Entscheidungskriterien zur Schaltungswahl

In Übereinstimmung mit der üblichen Praxis wurden alle in den einzelnen Abschnitten dieses Kapitels angegebenen Dimensionierungsgleichungen abgeleitet unter der Annahme idealer Eigenschaften der passiven Elemente und der eingesetzten Verstärkereinheiten. Damit können alle Schaltungen die jeweiligen Filterfunktionen gleichermaßen zur Verfügung stellen und es ergeben sich daraus zunächst noch keine Leistungskriterien zur Auswahl. Die Unterschiede zwischen den einzelnen Alternativen zeigen sich erst dann, wenn ihre Leistungsfähigkeit unter *realen* Bedingungen – Einfluss von Toleranzen der passiven Elemente, nicht-ideale Verstärkereigenschaften – untersucht wird.

Moderne PC-Programme zur Schaltungsanalyse bzw. -simulation sind in diesem Zusammenhang ein ideales Werkzeug, um die Wirkung zunächst vernachlässigter Größen erfassen und bewerten zu können. Daraus können sich dann bereits Kriterien zur positiven oder auch negativen Vorauswahl eines bestimmten Schaltungsprinzips ergeben.

Als Beispiel für diese Vorgehensweise sei auf einige SPICE-Simulationen in den vorangehenden Abschnitten verwiesen, mit deren Hilfe die Einflüsse einiger nicht-idealer Verstärkerparameter auf die Filterfunktionen verschiedener Schaltungsanordnungen erfasst und in einer gemeinsamen Darstellung verglichen werden konnten.

Im konkreten Anwendungsfall werden darüber hinaus aber noch weitere Gesichtspunkte – sowohl technischer als auch wirtschaftlicher Art – zu berücksichtigen sein. In der folgenden Übersicht sind die wichtigsten der möglichen Entscheidungskriterien zusammengestellt:

- Filtertyp (mit/ohne Übertragungsnullstellen, Laufzeiteigenschaften),
- Abstimmbarkeit (extern/intern) von Verstärkung, Polfrequenz und Polgüte,
- Flexibilität bei der Dimensionierung (freie Wahl aller Filterkenngrößen),
- Frequenzbereich (Verstärkerauswahl),
- Eingesetzter Verstärkertyp (OPV, CFA, OTA, CC),
- Aussteuerungsfähigkeit (Dynamik) der Verstärkereinheiten,
- Anzahl der aktiven Verstärkereinheiten (Kostenaspekte, Stromverbrauch),
- Aktive Empfindlichkeit (auf nicht-ideale Verstärkereigenschaften),
- Anzahl und Werte der passiven Elemente (Verfügbarkeit, Spreizung),
- Passive Empfindlichkeit (auf Bauteiltoleranzen),
- Eingangs-/Ausgangsimpedanz der Schaltung (Serienschaltung von Stufen),
- Verfügbarkeit mehrerer Filterfunktionen (Universalfilter),
- Zahl der zu erstellenden Filterschaltungen (Wirtschaftlichkeit, Serie),
- Technisch-physikalische Randbedingungen (Platzbedarf, Gewicht, Leistung),
- Möglichkeit zur monolithischen Integration.

Die meisten der oben genannten Stichworte, die in ihrer Relevanz teilweise voneinander abhängen, sind selbsterklärend; nachfolgend sollen deshalb nur zu drei – für die Schaltungspraxis wichtigen – Kriterien einige zusätzliche Erläuterungen gegeben werden.

Passive Schaltelemente, Komponentenspreizung

Praktische Überlegungen führen zu der Forderung, dass alle Widerstands- und Kapazitätswerte als Standardwerte möglichst den gängigen Normreihen angehören sollten, um auf Serien- und Parallelschaltungen verzichten zu können. Alle Werte sollten darüber hinaus in den bevorzugten Bereichen

$$R \approx (10^2...10^5)\,\Omega \quad \text{bzw.} \quad C \approx (0{,}1...1000)10^{-9}\,\text{F}$$

liegen, um nicht in die Größenordnung der vernachlässigten Eingangs- und Ausgangsimpedanzen der Verstärker bzw. von Schaltkapazitäten zu kommen.

Im Zusammenhang mit diesem eingeengten Vorzugsbereich wurde in Abschn. 4.2.1.3 der Begriff der „Komponentenspreizung" eingeführt, der als das maximale Verhältnis k_{max} zweier Bauelementewerte innerhalb einer Filterstufe definiert ist. Dabei sind aus praktischen Erwägungen heraus die Verhältniszahlen $k=10$, 1 oder 0,1 zu bevorzugen. Dieses „Qualitätskriterium" wurde bereits in den vorstehenden Abschnitten gelegentlich zum Schaltungsvergleich herangezogen. So hat sich beispielsweise gezeigt, dass der Wert von k_{max} reduziert wird durch Einfügen eines Entkopplungsverstärkers zwischen zwei Knoten des frequenzbestimmenden Netzwerks.

Passive Toleranzempfindlichkeit

Ein besonders wichtiges Kriterium zur vergleichenden Bewertung von Schaltungen ergibt sich aus dem Einfluss, den die Toleranzen der passiven Bauelemente auf die idealisierte Filtercharakteristik ausüben. Es ist üblich, die dadurch verursachten Abweichungen der Polfrequenz ω_P und der Polgüte Q_P vom Sollwert durch eine Empfindlichkeitsziffer (Sensitivity, Symbol S) zu erfassen, die aus den Dimensionierungsgleichungen für ω_P bzw. Q_P zu ermitteln ist. Zu diesem Zweck muss – als Maß für die Steigung der Empfindlichkeitskurve – der Differentialquotient der Funktion ermittelt werden, die den Zusammenhang zwischen Ziel- und Einflussgröße beschreibt. Die Größe S bestimmt, ob eine bestimmte Toleranzabweichung sich als Fehler über- oder unterproportional auswirkt..

Beispiel

Die Definition der Empfindlichkeitsziffer der Polgüte Q_P gegenüber Änderungen bzw. Toleranzen eines Widerstandes R lautet:

$$S_R^{Q_P} = \frac{R}{Q_P} \cdot \frac{\mathrm{d}Q_P}{\mathrm{d}R} \quad \xrightarrow{\text{Übergang d}\to\Delta} \quad \frac{\Delta Q_P}{Q_P} = S_R^{Q_P} \cdot \frac{\Delta R}{R}.$$

Die Empfindlichkeit S legt also den Faktor fest, mit dem die relativen Änderungen des Elements R an die Polgüte Q_P weitergegeben werden.

Als konkretes Beispiel wird die Güteformel, Gl. (4.9b), aus Abschn. 4.2.2.1 untersucht:

$$Q_P = \frac{\sqrt{k_R k_C}}{(1 + k_R)} \quad \xrightarrow[k_C = C_2/C_4]{k_R = R_3/R_1} \quad Q_P = \sqrt{\frac{C_2 R_1 R_3}{C_4 (R_1 + R_3)^2}}.$$

Mit der oben angegebenen Definition von S erhält man nach einigen Umformungen die Empfindlichkeitsziffer

$$S_{R_1}^{Q_P} = \frac{R_1}{Q_P} \cdot \frac{\mathrm{d}Q_P}{\mathrm{d}R_1} = \frac{R_3 - R_1}{2(R_1 + R_3)} \quad \xrightarrow{R_1 = R_3} \quad S_{R_1}^{Q_P} = 0.$$

Bei der Berechnung von S kann Q_P auch direkt als Funktion der Variablen k_R und k_C angesetzt werden. In diesem Fall beinhaltet die Empfindlichkeit S dann den Einfluss des Widerstandsverhältnisses $k_R = R_3/R_1$ auf die Polgüte:

$$S_{k_R}^{Q_P} = \frac{k_R}{Q_P} \frac{\mathrm{d}Q_P}{\mathrm{d}k_R} = \frac{1 - k_R}{2(1 + k_R)} \quad \xrightarrow{k_R = 1} \quad S_{k_R}^{Q_P} = 0.$$

■

Das Beispiel zeigt, dass aus Empfindlichkeitsberechnungen u. a. auch interessante Dimensionierungshinweise hervorgehen können, um so günstige S-Werte zu ermöglichen. So wäre im vorliegenden Beispiel eine Dimensionierung mit $k_R = 1$ ($R_1 = R_3$) besonders empfehlenswert, da die Empfindlichkeit der Polgüte auf Toleranzen von k_R dann minimal wäre. Als günstig bis akzeptabel werden i. a. die Werte $S \leq 1$ angesehen.

Aktive Empfindlichkeit

Wie oben ausgeführt, sind die Widerstände und Kondensatoren innerhalb der Filterschaltung so zu wählen, dass die vereinfachte Berechnung mit Idealisierung der Eingangs- und Ausgangsimpedanzen der Verstärker nur vernachlässigbare Fehler zur Folge hat. Als dominierende Fehlerquelle des Verstärkers verbleibt dann – neben der endlichen Großsignalanstiegszeit – seine nicht-ideale und mit wachsender Frequenz abnehmende Verstärkungscharakteristik, s. Abschn. 3.1.

Werden diese Verstärkungsfehler – vereinfachend – als Toleranzabweichung vom angestrebten Idealwert interpretiert, kann man die oben gegebene Definition der Empfindlichkeit auch auf das aktive Element ausdehnen und zum Schaltungsvergleich heranziehen. In der Praxis wird davon jedoch relativ selten Gebrauch gemacht, da der Toleranzeinfluss der Widerstände, die den Verstärkungswert einstellen, normalerweise deutlich größer ist.

Viel kritischer dagegen sind die mit abnehmender Verstärkung verknüpften Phasendrehungen, die den Einsatzbereich der Filterschaltungen zu hohen Frequenzen hin begrenzen. Die dadurch verursachten Polverschiebungen hängen in ihrer Größe sowohl vom verwendeten Verstärkertyp als auch von der jeweiligen Filterstruktur ab und liefern damit ein geeignetes Kriterium zur qualitativen Bewertung unterschiedlicher Schaltungen. Die zahlenmäßige Auswertung dieser Abweichungen von der gewünschten Filterfunktion ist jedoch relativ umständlich, da neben einem realen Verstärkermodell (Verstärkung, Transitfrequenz) auch die nominellen Poldaten selber sowie die Schaltungsstruktur mit eventuellen Dimensionierungsvarianten zu berücksichtigen ist. Für einige ausgewählte Filterstrukturen zweiten Grades liegen die Ergebnisse derartiger Untersuchungen in Form von Tabellen und grafischen Darstellungen vor (Sedra u. Espinoza 1975; Mitra u. Aatre 1977).

Die Bedeutung dieser Analysen liegt darin, dass damit – nach Wahl eines Verstärkertyps für eine bestimmte Schaltung und nach Vorgabe der zulässigen Abweichungen – indirekt die Einsatzgrenzen der Filterschaltung bestimmt werden können. Die rechnerische Ermittlung dieser Grenzen verliert aber zunehmend an Bedeutung, da die modernen Methoden der Schaltungssimulation mit realistischen Verstärkermodellen viel genauere Informationen über die Abweichungen der Filterfunktion vom Idealverlauf liefern können. In diesem Zusammenhang sei auf die Auswertung entsprechender Simulationsläufe in Abschn. 4.2.2.5 (Abb. 4.7), 4.2.4.5 (Abb. 4.12) und 4.4.4 (Tabellen 4.2 und 4.3) hingewiesen.

Abschätzung zur Verstärkerauswahl (Faustregel)

Viel wichtiger in der Praxis ist i. a. aber die umgekehrte Fragestellung: Welcher Verstärker ist für bestimmte Filteranwendungen geeignet ? Hier kann – als eine Art „Faustregel" – die Auswertung von zwei Ungleichungen eine grobe Information über die Mindestanforderungen an das Bandbreiten-Verstärkungsprodukt (Transitfrequenz f_T) des auszuwählenden Verstärkerbausteins liefern:

1. Transitfrequenz: $f_T > 20 \cdot Q_P \cdot f_P$ (f_P, Q_P: Poldaten der Filterstufe).

2. Verstärkung: $|A_0(f_P)| > 100 \cdot A_{max}$ (A_{max} : max. Filterverstärkung).

Diese Abschätzungen sind anwendbar auf Tief- und Bandpassfilterstufen zweiten Grades mit einem Operationsverstärker, wobei beide Ungleichungen eingehalten werden sollten.

Zusätzlich zu diesen – aus der linearen Kleinsignalanalyse des OPV resultierenden – Empfehlungen ist bei der Verstärkerauswahl unbedingt aber auch die durch nichtlineare Effekte bestimmte Großsignalbandbreite B_{SR} zu berücksichtigen, die in vielen Fällen die eigentliche Einsatzgrenze bestimmt. Der Zusammenhang zwischen der (unverzerrten) Ausgangsamplitude, der gewünschten Maximalfrequenz f_{max} und der sich daraus ergebenden notwendigen Großsignalanstiegsrate (Slew Rate, SR) kann direkt aus Abschn. 3.1, Gl. (3.5), abgeleitet werden:

$$SR \geq 2\pi \cdot \hat{u}_{A,max} \cdot f_{max} \cdot r \ .$$

In der Praxis kann in den meisten Fällen für f_{max} die Polfrequenz eingesetzt werden. Der Sicherheitsfaktor r sorgt für eine gewisse Reserve bei der Systemauslegung und wird erfahrungsgemäß im Bereich $r=1,5...2$ gewählt.

Beispiel Für den Aufbau eines Bandpasses mit der Mittenfrequenz $f_M=10$ kHz, einer Bandbreite $B=1$ kHz (Güte $Q=10$) und einer Mittenverstärkung $A_M=10$ mit der zugehörigen Ausgangsamplitude von 5 V führen die Ungleichungen zu den Verstärkeranforderungen

1. $f_T > 20 \cdot 10 \cdot 10^4 = 2 \cdot 10^6$ Hz $\Rightarrow$ $f_T > 2$ MHz.

2. $A_0 (f_P) > 100 \cdot A_{max} = 1000 \ (\hat{=} 60$ dB$)$ $\Rightarrow$ $f_T > 10^3 \cdot f_P = 10$ MHz.

3. $SR \geq 2\pi \cdot 5 \cdot 10^4 \cdot 2 = 628 \cdot 10^3$ V/s $\Rightarrow$ $SR \geq 0,6$ V/µs (Reserve $r=2$).

Damit sollte der auszuwählende Verstärker über eine Transitfrequenz von mindestens 10 MHz – bei einer Großsignalanstiegsrate von mindestens 0,6 V/µs – verfügen. Die Simulationsergebnisse für diesen Bandpass und einen OPV mit einer zu kleinen Transitfrequenz ($f_T=1$ MHz) in Abschn. 4.2.4.5 (Tabelle 4.1 und Abb. 4.12) und Abschn. 4.3.4.4 (Tabelle 4.2) zeigen dann auch deutlich die vom Verstärker verursachten Fehler in der Übertragungsfunktion. ∎

An dieser Stelle sei erwähnt, dass es zwar möglich ist, den Verschiebungen der Polparameter Q_P und ω_P durch eine angepasste „Vorverzerrung" – das ist eine fiktive Dimensionierung für entgegengesetzt verschobene Werte – entgegenzuwirken. Die praktische Bedeutung dieses Verfahrens, welches rechnerisch recht anspruchsvoll ist und eine genaue Kenntnis der Frequenzcharakteristik des OPV voraussetzt, ist allerdings relativ gering.

In diesem Zusammenhang erfolgt der Hinweis auf die im Abschn. 7.3 beschriebene neuartige Methode der PC-gestützten „Polabstimmung", bei der das Schaltungsanalyseprogramm „PSpice" eingesetzt wird, um die durch passive Einflüsse (Toleranzen) und Verstärker-Idealisierungen verursachten Abweichungen zu reduzieren. Dieses Verfahren kann damit die Genauigkeit der schaltungsmäßigen Realisierung erhöhen und die Einsatzgrenzen der aktiven Schaltung zu höheren Frequenzen hin verschieben.

4.8.2   Vergleichende Übersicht

Ausgehend von den in Abschn. 4.8.1 zusammengestellten Kriterien sollen spezielle Eigenschaften der in diesem Kapitel behandelten Filterstrukturen zweiten Grades in einem zusammenfassenden Überblick hier noch einmal angesprochen werden – zur Unterstützung bei der Auswahl der „optimalen" Schaltung.

In den meisten Fällen wird der erste Schritt bei der Entscheidungsfindung bestimmt durch Frequenz- bzw. Selektivitätsforderungen an das Filter sowie andere operationelle und technologische Randbedingungen. Dabei ist dann zu entscheiden, welcher der folgenden Gruppen das zu entwerfende Filter angehören soll:

- Allpolfilter (Funktionen ohne Übertragungsnullstellen),
- Filterstufen mit endlichen Nullstellen,
- Biquadratische Stufen (Universalfilter),
- OTA-Filter (extern steuerbar, integrationsfreundlich).

Im Folgenden werden einige für die Kaskadentechnik besonders typische Schaltungen aus den ersten beiden dieser vier Klassen noch einmal ausführlich kommentiert. Dabei enthält die gewählte Reihenfolge durchaus auch eine gewisse Bewertung im Sinne der im Abschn. 4.8.1 aufgelisteten Kriterien. Der Leser darf dabei aber auf keinen Fall der jeweils an erster Stelle genannten Struktur bzw. Schaltung automatisch für jede Anwendung den Vorzug geben. So kann im konkreten Einzelfall durchaus eine der anderen möglichen Alternativen den besseren Kompromiss darstellen – abhängig von den jeweiligen Anforderungen und Randbedingungen.

Eine Sonderstellung nehmen die letzten beiden der oben erwähnten vier Gruppen ein. Der Einsatz der biquadratischen Strukturen beschränkt sich normalerweise auf die Anwendungen, bei denen ihre besonderen Fähigkeiten – Anwendung als Universalfilter – gefragt sind. Hervorzuheben in diesem Zusammenhang ist die Fleischer-Tow-Struktur, Abschn. 4.6.4 (Abb. 4.36), sowie das CC-Universalfilter (Abschn. 4.7.3, Abb. 4.42). Beide Filteranordnungen können alle klassischen Filterfunktionen ohne einen zusätzlichen Addierverstärker durch entsprechende Dimensionierung zur Verfügung stellen.

Die Filterschaltungen auf OTA-Basis sind in den Fällen besonders interessant, bei denen die Polparameter elektronisch steuerbar sein sollen. Andere Anwendungen liegen im Sub-Audiobereich bei Frequenzen $f<1$ Hz. Eine ganz besondere Rolle spielen die OTA-Strukturen bei der monolithischen Integration kompletter Filterschaltungen (OTA-C-Filter, Abschn. 4.7.2).

4.8.2.1 Allpolfilter

Zur Klasse der Allpolfilter werden hier die in den Abschnitten 4.2, 4.3 und 4.4 behandelten Filterstufen zweiten Grades gezählt. Die folgenden Ausführungen beziehen sich auf den vergleichsweise kritischen Fall einer Bandpassanordnung mit guter Selektivität (Güte $Q>10$); sie sind in der Tendenz aber auch auf Tief- und Hochpässe mit kleineren Polgüten anwendbar.

Filterstufen mit Impedanzkonverter (Abschn. 4.4)

Unter der Voraussetzung, dass die in Abschn. 4.4 gegebenen Dimensionierungs-hinweise berücksichtigt werden, verfügen die GIC-Filterstufen zweiten Grades über relativ geringe passive Empfindlichkeitsziffern. Bei Gleichheit der beiden OPV-Einheiten gilt dieses besonders auch für die aktiven Empfindlichkeiten, s. dazu auch Tabelle 4.3, Abschn. 4.4.4. Die Berechnung der sieben passiven Bau-elemente ist einfach und führt zu einer vorteilhaft geringen Komponentensprei-zung, so dass eine Festlegung der Werte im eingeengten Vorzugsbereich ohne Probleme immer möglich ist. In GIC-Stufen können jedoch keine Verstärker mit Stromrückkopplung (CFA) eingesetzt werden, da mindestens ein Rückkopplungs-pfad immer rein kapazitiv ist.

Strukturen mit Einfach-Rückkopplung (Abschn. 4.2)

Die mitgekoppelten Sallen-Key-Stufen benötigen nur geringe positive Verstär-kungswerte und haben vergleichsweise kleine aktive Empfindlichkeiten. Aller-dings sind die den Verstärkungswert bestimmenden Schaltwiderstände verant-wortlich für teilweise extrem große passive Empfindlichkeitsziffern. Aus diesem Grunde wird zumeist der Entwurf mit dem Verstärkungswert $v=1$ favorisiert – mit dem Nachteil einer größeren Komponentenspreizung, die proportional ist zum Quadrat der Polgüte Q_P. Diese Einsverstärker-Struktur eignet sich folglich nur für kleinere Gütewerte ($Q_P<5$). Eine Verbesserung dieser Situation ist durch eine Verstärkungserhöhung auf $v=2$ möglich – allerdings um den Preis einer großen Empfindlichkeit der Polgüte auf die Toleranzen der beiden verstärkungsbestim-menden Widerstände.

Sallen-Key-Filterstufen in Gegenkopplungsstruktur benötigen deutlich höhere Verstärkungswerte v (proportional zum Quadrat von Q) – eingestellt durch zwei Widerstände, die sich in ihrem Wert um mindestens zwei Größenordnungen un-terscheiden. Die Empfindlichkeit auf die reale Frequenzcharakteristik des Ver-stärkers ist entsprechend größer und der Frequenzbereich, in dem diese Schaltun-gen zufriedenstellend arbeiten, entsprechend kleiner.

Struktur mit Zweifach-Gegenkopplung (Abschn. 4.3)

Allgemein gilt, dass Gegenkopplungsstrukturen geringe passive Empfindlichkei-ten aufweisen – mit dem Nachteil einer relativ großen Komponentenspreizung für größere Gütewerte (proportional zum Quadrat von Q). Diese Situation kann aller-dings durch zusätzlichen Schaltungsaufwand – Einfügen eines Entkopplungsver-stärkers – etwas verbessert werden. Als Alternative dazu kann auch ein zusätzli-cher Mitkopplungszweig (Deliyannis-Variante, Abschn. 4.3.4.1, Abb. 4.19) die Widerstandsspreizung reduzieren, wodurch jedoch gleichzeitig die passive Emp-findlichkeitseigenschaften verschlechtert werden. Die Empfindlichkeiten auf die mit steigender Frequenz abnehmende OPV-Verstärkung (aktive Empfindlichkeit) ist in jedem Fall relativ groß. Besonders nachteilig macht sich dieser Effekt be-merkbar bei Bandpässen mit Gütewerten $Q>5$ wegen der mit Q quadratisch an-steigenden Mittenverstärkung und den daraus resultierenden erhöhten Anforde-rungen an das Großsignalverhalten der Verstärker (Slew Rate).

4.8.2.2 Filterstufen mit endlichen Nullstellen

Einige in der Praxis erprobte Schaltungsstrukturen mit der Fähigkeit zu Nullstellen in der komplexen s-Ebene wurden in Abschn. 4.5 vorgestellt. Dazu gehören die Allpässe mit komplexen Nullstellen und positivem Realteil sowie die Filter mit Sperreigenschaften und Nullstellen auf der imaginären Achse der s-Ebene (inverse Tschebyscheff- und Cauer-Approximation, Sperrfilter) .

Erweiterte GIC-Stufe (Abb. 4.28)

Der durch einen zweiten Eingang erweiterten GIC-Schaltung, Abschn. 4.5.1.4 (Abb. 4.28), kann – je nach äußerer Beschaltung – sowohl eine Allpass- als auch eine Sperrfiltercharakteristik zugewiesen werden. Wie bereits bei den Allpolfiltern (Abschn. 4.8.2.1) stellt auch hier das GIC-Prinzip die bevorzugte Lösung dar. Der Nachteil des erhöhten Schaltungsaufwandes mit zwei Operationsverstärkern (Dual-IC) wird kompensiert durch die günstigen passiven und aktiven Empfindlichkeitswerte. Die Komponentenspreizung ist ebenfalls vergleichsweise gering und die Dimensionierung einfach und durchsichtig:

Allpass: Zwei gleiche Kapazitäten und vier gleiche Widerstände,
Bandsperre: Zwei gleiche Kapazitäten und fünf gleiche Widerstände,
Ellipt.Grundglied: Drei gleiche Widerstände, Kapazitäten günstig wählbar.

Elliptischer Tiefpass nach Boctor (Abb. 4.30)

Dieses elliptische Grundelement benötigt nur einen Operationsverstärker. Die aktive Empfindlichkeit ist ähnlich günstig wie bei der erweiterten GIC-Stufe, dagegen sind aufgrund der Differenzbildung am Verstärker die passiven Empfindlichkeiten vergleichsweise groß. Die Ergebnisse einer vergleichenden SPICE-Simulation in Abb. 4.43 zeigen die maximalen Abweichungen des Amplitudengangs vom Nominalverlauf für eine Toleranz aller Bauteile von 5%.

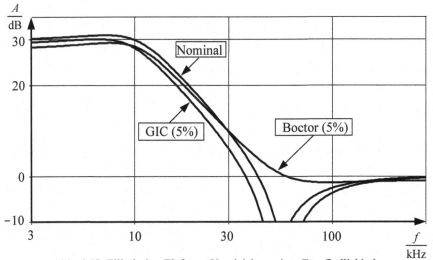

Abb. 4.43 Elliptischer Tiefpass, Vergleich passiver Empfindlichkeiten

Parallelstrukturen (Abschn. 4.5.3.4)

Trotz des erhöhten Schaltungsaufwandes mit einem dritten Verstärker zur Überlagerung der beiden Teilfunktionen kann diese Technik zur Nullstellenerzeugung in einigen Fällen durchaus empfohlen werden. Der Hauptvorteil besteht in der Möglichkeit des einfachen Nullstellenabgleichs, da die Poldaten beider Stufen unabhängig voneinander einstellbar sind. Die passiven und aktiven Empfindlichkeiten werden bestimmt durch die gewählten Strukturen beider Teilschaltungen.

Allpass mit einem Verstärker (Abb. 4.26 und Abb. 4.27)

Soll ein Allpass mit nur einem Verstärker realisiert werden, kann die Schaltung in Abb. 4.26 (Schaltung 1) oder Abb. 4.27 (Schaltung 2) gewählt werden. Beide Strukturen arbeiten nach dem Prinzip der Differenzbildung mit einer Bandpassfunktion, wobei die Dimensionierung über die Bandpasskenndaten erfolgt. Die passiven Empfindlichkeiten werden dadurch größer, die relativ hohe aktive Empfindlichkeit resultiert aus der Bandpassstruktur (s. Abschn. 4.8.2.1). Bei der Schaltung 2 kann die Grundverstärkung nicht unabhängig von den anderen Kenndaten festgelegt werden.

Schaltungen mit Doppel-T-Netzwerk (Abb. 4.29 und Abb. 4.31)

Die nach dem Doppel-T-Prinzip erzeugten Funktionen mit einer Nullstelle (Bandsperre oder elliptische Charakteristik) erfordern eine exakte Abstimmung beider T-Glieder und reagieren extrem empfindlich auf passive Bauteiltoleranzen. Diese Eigenschaft lässt sich auch mit ihrer Verwandtschaft zu den Sallen-Key-Strukturen erklären.

Für eine elliptische Grundstufe ist die Boctor-Struktur, Abb. 4.30, deshalb zu bevorzugen. Sofern zwei Verstärker zur Verfügung stehen, sollte die erweiterte GIC-Struktur, Abb. 4.28, gewählt werden.

5 Direkte Filtersynthese

Im Gegensatz zur Kaskadentechnik, bei der eine Filterfunktion höheren Grades in faktorisierter Form vorliegen muss, um sie über Teilstufen maximal zweiten Grades in eine Schaltung umsetzen zu können, basieren die Entwurfsmethoden der direkten Synthese

- auf der induktivitätsfreien Nachbildung einer passiven und dimensionierten RLC-Bezugsschaltung n-ten Grades mittels aktiver Komponentensimulation, bzw.
- auf Mehrfachkopplungen zwischen Funktionsblöcken ersten oder zweiten Grades, wobei die Kopplungsfaktoren durch Koeffizientenvergleich mit der Systemfunktion n-ten Grades ermittelt werden.

Nachdem in Abschn. 2.2 und 2.3 für beide Syntheseverfahren die Entwurfsprinzipien mit ihren einzelnen Varianten bereits dargestellt worden sind, beschäftigt sich dieses Kapitel anhand von Beispielen mit dem Entwurf, der Dimensionierung und den Eigenschaften dieser Filterstrukturen.

5.1 Aktive Komponentennachbildung

5.1.1 Tiefpassfilter

Passive Tiefpassfilter mit optimalen Empfindlichkeitseigenschaften bestehen nach Abschn. 1.5.6 aus einer zwischen zwei gleich großen Ohmwiderständen eingebetteten LC-Abzweigstruktur, wobei nur geerdete Kondensatoren auftreten. Die Dimensionierung erfolgt zweckmäßigerweise über entsprechende PC-Programme (s. Abschn. 7.2) oder über Tiefpasskataloge, in denen für die unterschiedlichen Approximationen die jeweiligen Werte der Bauelemente in normierter Form tabelliert sind (Saal u. Entenmann 1988; Williams u. Taylor 2006).

Die Umsetzung in eine induktivitätsfreie elektronische Schaltung erfolgt dann nach der FDNR-Methode. Dabei werden durch Anwendung einer speziellen Impedanztransformation (Bruton-Transformation) zunächst alle Widerstände in Kapazitäten C^*, alle Induktivitäten in Widerstände R^* und alle Kapazitäten in einseitig geerdete FDNR-Elemente D^* überführt, s. dazu Abschn. 2.2.3. Zur Erzeugung der FDNR-Charakteristik wird als aktives Element der allgemeine Impedanzkonverter (GIC) eingesetzt, s. Abschn. 3.2.3.

Zwei durchgerechnete Beispiele sollen den Filterentwurf in FDNR-Technik verdeutlichen.

Beispiel 1: Tiefpass zweiten Grades

In Abschn. 2.2.3 wurde der passive *RLC*-Tiefpass in Abb. 5.1(a) mittels Bruton-Transformation in eine $C^*R^*D^*$-Struktur überführt, s. Abb. 2.4 und Tabelle 2.1. Die zugehörige Beschaltung und Dimensionierung eines GIC-Blocks als FDNR für dieses Beispiel wurde in Abschn. 3.2.3, Abb. 3.18, berechnet.

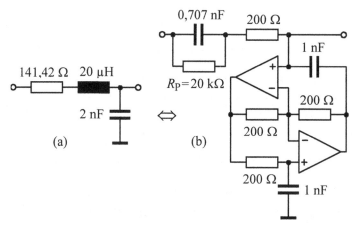

Abb. 5.1 Äquivalenz zwischen passivem Tiefpass und FDNR-Tiefpass
(a) passive Referenzschaltung (b) aktive FDNR-Realisierung

Die resultierende Gesamtschaltung mit den Werten aus Tabelle 2.1

$$C^* = 0,707 \text{ nF}, \quad R^* = 200 \text{ } \Omega \quad \text{und} \quad D^* = 2 \cdot 10^{-16} \text{ As}^2/\text{V}$$

und den GIC-Elementen nach Abb. 3.18

$$C_2 = C_6 = 1 \text{ nF} \quad \text{und} \quad R_3 = R_4 = R_5 = 200 \text{ } \Omega$$

ist in Abb. 5.1(b) wiedergegeben. Der Zusatzwiderstand $R_P = 20$ kΩ stellt die Tiefpassfunktion bei $\omega = 0$ sicher (Nichtanwendbarkeit der Bruton-Transformation bei $\omega = 0$, s. dazu Abschn. 2.2.3). In der vorliegenden Schaltung hat R_P außerdem auch die Aufgabe, den Ruhestrom für den nicht-invertierenden Eingang des oberen OPV sicherzustellen, da kein Gleichstrompfad zu einem der beiden OPV-Ausgänge existiert.

■

Beispiel 2: Cauer-Tiefpass vierten Grades

Ein beidseitig mit zwei Widerständen $R_E = R_A$ abgeschlossener elliptischer Tiefpass soll in FDNR-Technik mit folgender Spezifikation entworfen werden:

- Abschlusswiderstände $R_E = R_A = 600 \text{ } \Omega$,
- Welligkeit im Durchlassbereich: $a_{D,max} = 0,1 \text{ dB}$,
- Durchlass-/Sperrgrenze $f_D = 1 \text{ kHz}, f_S = 2 \text{ kHz}$,
- Mindestsperrdämpfung $a_S = 30 \text{ dB}$.

Dem Katalog normierter Tiefpasselemente (Saal u. Entenmann 1988) ist zu entnehmen, dass ein Cauer-Tiefpass vierten Grades (Code: C0415c) mit einer Welligkeit $a_D=0,099$ dB bei einer Sperrgrenze $\Omega_S=\omega_S/\omega_D=1,988$ eine Sperrdämpfung von $a_S \geq 35,7$ dB gewährleistet. Der Schaltungsentwurf erfolgt deshalb auf der Grundlage der für diesen Referenztiefpass, Abb. 5.2(a), angegebenen normierten Zahlenwerte:

$$l_1 = 0,7713 \ ; \quad l_2 = 0,1826 \ ; \quad l_3 = 1,332 \ ; \quad c_2 = 1,1717 \ ; \quad c_4 = 0,932 \ .$$

Anmerkung Diese passive normierte RLC-Abzweigstruktur gehört zu einem Tiefpass mit Cauer-C-Verhalten, s. Abschn. 1.4.4, und weist deshalb auch nur eine Übertragungsnullstelle auf – erzeugt durch den l_2-c_2-Serienschwingkreis. Im Gegensatz dazu gehören zu den in Abschn. 1.4.4, Tabelle 1.4, tabellierten Cauer-A-Tiefpassdaten vierten Grades, der primär in der Kaskadentechnik eingesetzt wird, zwei Übertragungsnullstellen im Sperrbereich.

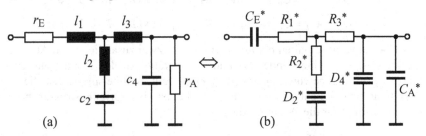

Abb. 5.2 Elliptischer Tiefpass vierten Grades
(a) passive Referenzschaltung   **(b)** aktive FDNR-Realisierung

Die weitere Vorgehensweise besteht aus der Denormierung (Schritt 1) mit anschließender Umsetzung in eine FDNR-Aktivschaltung (Schritt 2).

Schritt 1: Denormierung

Das Impedanzniveau der passiven Schaltung wird durch eine Denormierung nach Abschn. 1.5.6, Gl. (1.93), ermittelt und führt auf den Bezugswiderstand

$$R_B = R_E/r_E = R_A/r_A = 600 \ \Omega$$

und die beiden anderen Bezugsparameter

$$L_B = R_B/\omega_D = 95,5 \cdot 10^{-3} \ \text{H} \quad \text{und} \quad C_B = 1/\omega_D R_B = 0,265 \cdot 10^{-6} \ \text{F} \ .$$

Die anschließende Denormierung mit

$$L = l \cdot L_B \quad \text{und} \quad C = c \cdot C_B$$

führt dann auf die Bauelemente für den passiven Bezugstiefpass in der Struktur nach Abb. 5.2(a), der die Vorgaben des Beispiels erfüllt:

$$\begin{aligned} &L_1 = 73,66 \ \text{mH}, \quad L_2 = 17,44 \ \text{mH}, \quad L_3 = 127,2 \ \text{mH}, \\ &C_2 = 0,31 \ \mu\text{F}, \quad C_4 = 0,25 \ \mu\text{F}, \quad R_E = R_A = 600 \ \Omega \ . \end{aligned} \tag{5.1}$$

Schritt 2: FDNR-Entwurf

Über die Anwendung der Bruton-Transformation (Abschn. 2.2.3, Gl. (2.20) und Tabelle 2.1) mit den frei gewählten Parametern

$$\tau_N = 1 \text{ s (Normierungskonstante)} \quad \text{und} \quad K = 10^4 \text{ (Skalierungsfaktor)}$$

werden die Elemente der aktiven $C^* R^* D^*$-Struktur berechnet:

$$R_1^* = 736,6 \ \Omega \ , \quad R_2^* = 174,4 \ \Omega \ , \quad R_3^* = 1,27 \ \text{k}\Omega \ ,$$

$$D_2^* = 31 \cdot 10^{-12} \ \text{As}^2/\text{V}, \quad D_4^* = 25 \cdot 10^{-12} \ \text{As}^2/\text{V}, \quad C_E^* = C_A^* = 166,66 \ \text{nF}.$$

Die elektronische Implementierung der beiden FDNR-Elemente erfolgt dann durch den GIC-Schaltungstyp 2 (vgl. Abschn. 3.2.3, Abb. 3.18) mit den über Gl. (3.20) zu berechnenden Werten:

$$D_2^*: \quad C_2 = C_6 = 0,1 \ \mu\text{F}, \quad R_3 = R_4 = 1 \ \text{k}\Omega \ , \quad R_5 = 3,1 \ \text{k}\Omega \ ,$$

$$D_4^*: \quad C_2 = C_6 = 0,1 \ \mu\text{F}, \quad R_3 = R_4 = 1 \ \text{k}\Omega \ , \quad R_5 = 2,5 \ \text{k}\Omega \ .$$

Das Übertragungsverhalten bei $\omega = 0$ wird durch zwei zusätzliche – in Abb. 5.2(b) nicht gezeigte – Widerstände R_{PE} und R_{PA} parallel zu den Kondensatoren C_E^* bzw. C_A^* auf den gewünschten Wert A_0 eingestellt. Soll beispielsweise die aktive Schaltung den gleichen Betrag A_0 wie die passive Originalstruktur besitzen ($A_0 = 0,5$), muss für die Widerstände gelten:

$$\frac{R_{PA}}{\left(R_{PA} + R_{PE} + R_2^* + R_2^* \right)} = 0,5 \quad \Rightarrow \quad R_{PA} = R_{PE} + R_1^* + R_3^* \ .$$

Eine zweite Bedingung zur Festlegung der Parallelwiderstände ergibt sich aus der Forderung, dass beide Widerstände die durch die anderen Elemente bestimmte Durchlassgrenze nur unwesentlich beeinflussen dürfen. In Analogie zu den Überlegungen in Abschn. 2.2.3, Gl. (2.21), wird deshalb verlangt:

$$R_{PE}, R_{PA} \gg R_1^* + R_3^* = 2 \ \text{k}\Omega \ ,$$

$$R_{PE} \gg \frac{1}{\omega_D C_E^*} = 955 \ \Omega \ , \quad R_{PA} \gg \frac{1}{\omega_D C_A^*} = 955 \ \Omega \ .$$

Diese Anforderungen können mit ausreichender Genauigkeit erfüllt werden für die Wahl

$$R_{PE} = 20 \ \text{k}\Omega \quad \text{und} \quad R_{PA} = (50 + 0,7366 + 1,27) = 22 \ \text{k}\Omega \ .$$

Eine SPICE-Simulation der Aktivschaltung in Abb. 5.2(b) mit den gewählten Elementen auf der Grundlage der FDNR-Schaltung nach Abb. 3.18 bestätigt die Dimensionierung, s. Filterkurve in Abb. 5.3. Der Anstieg der Betragsfunktion im Bereich um 20 kHz resultiert aus den realen Verstärkungseigenschaften des verwendeten OPV-Modells (μA741, Transitfrequenz $f_T \approx 1$ MHz).

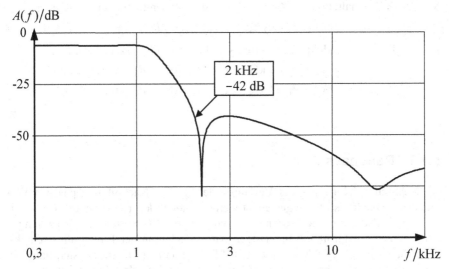

Abb. 5.3 Betragsfunktion, Cauer-Tiefpass 4. Grades in FDNR-Technik
(Simulation mit „PSpice")

5.1.2 Hochpassfilter

Die Dimensionierung passiver Hochpässe erfolgt zweckmäßigerweise über einen passiven Bezugstiefpass mit anschließender Anwendung der Tiefpass-Hochpass-Transformation auf jedes der Bauelemente, vgl. Abschn. 1.5.6, Tabelle 1.12.

Nach dem Verfahren der aktiven L-Nachbildung, Abschn. 2.2.2, kann der Hochpass danach als spulenfreie Aktivschaltung aufgebaut werden. Mit dem GIC-Block und der äußeren Beschaltung nach Abschn. 3.2.2, Abb. 3.17, steht dafür eine leistungsstarke elektronische Schaltung zur Verfügung.

Beispiel

Es soll ein elliptischer Hochpass vierten Grades durch Anwendung der Tiefpass-Hochpass-Transformation auf den in Abschn. 5.1.1 mit Abb. 5.2(a) und Gl. (5.1) festgelegten Bezugstiefpass entworfen werden. Nachdem jedes Tiefpasselement nach den in Tabelle 1.12 angegebenen Gesetzmäßigkeiten dieser Transformation unterzogen worden ist, entsteht der passive RLC-Hochpass mit den Elementen

$$C_{HP} = 1/\omega_D{}^2 L_{TP} \quad \Rightarrow \quad C_1 = 0{,}344 \ \mu F, \quad C_2 = 1{,}45 \ \mu F, \quad C_3 = 0{,}2 \ \mu F,$$

$$L_{HP} = 1/\omega_D{}^2 C_{TP} \quad \Rightarrow \quad L_2 = 81{,}175 \ mH, \quad L_4 = 102{,}5 \ mH,$$

$$R_E = R_A = 600 \ \Omega.$$

Die Schaltung des passiven Hochpassfilters erhält man direkt aus Abb. 5.2(a), indem die normierten Elemente l_1, l_2, l_3 durch Kondensatoren mit den Kapazitäten C_1, C_2, C_3 sowie die beiden normierten Kapazitätswerte c_2 und c_4 durch die Induktivitäten L_2 bzw. L_4 ersetzt werden.

Mit der GIC-Schaltung nach Abb. 3.17 und dem Zusammenhang, Gl. (3.18),

$$L = R_2 R_6 C_5 \quad \text{für} \quad R_3 = R_4$$

können die beiden Induktivitätswerte L_2 und L_4 wie folgt erzeugt werden:

L_2: $R_2 = R_3 = R_4 = 1\,\text{k}\Omega$, $C_5 = 0{,}1\,\mu\text{F}$, $R_6 = 811{,}75\,\Omega$,

L_4: $R_2 = R_3 = R_4 = 1\,\text{k}\Omega$, $C_5 = 0{,}1\,\mu\text{F}$, $R_6 = 1025\,\Omega$.

■

5.1.3 Bandpassfilter

Nach Abschn. 2.2.4 kann das Verfahren der aktiven Nachbildung passiver Elemente auf Bandpassfilter angewendet werden, indem der induktive Teil der passiven Originalstruktur – angeordnet zwischen zwei GIC-Stufen zur Anpassung – der Bruton-Transformation unterzogen wird (Verfahren der Einbettungstechnik). Die Dimensionierung der so erzeugten FDNR-Elemente orientiert sich dabei an der Vorgehensweise beim Tiefpass (Abschn. 5.1.1). Das Verfahren wird an einem einfachen Beispiel demonstriert.

Beispiel: Bandpass sechsten Grades

Es wird ein Bandpass in Einbettungstechnik entworfen für folgende Vorgaben:
* Charakteristik: maximal flach (Butterworth),
* Mittenkreisfrequenz: $\omega_M = 10^4$ rad/s,
* Bandpassgüte $Q = Q_P = 10$ (Bandbreite $\Delta\omega = 10^3$ rad/s),
* Sperrdämpfung: $a_S \geq 35$ dB,
* Obere Sperrgrenze: $\omega_S = 1{,}25 \cdot 10^4$ rad/s,
* Abschlusswiderstände: $R_E = R_A = 1\,\text{k}\Omega$.

Schritt 1: Bezugstiefpass

Über die Tiefpass-Bandpass-Transformation, Gl. (1.88), werden zunächst die Anforderungen an den zugehörigen Butterworth-Bezugstiefpass formuliert:
* Sperrgrenze: $\Omega_S = 10(1{,}25 - 1/1{,}25) = 4{,}5$;
* Sperrdämpfung: $a_S \geq 35$ dB;
* Mindestfiltergrad: $n \geq 2{,}68$ (nach Gl. (1.53), Abschn. 1.4.1);
* Filtergrad (gewählt): $n = 3$.

Mit den für diesen Tiefpass tabellierten Daten (Saal u. Entenmann 1988) erhält man durch Denormierung mit Gl. (1.93), Abschn. 1.5.6, den Butterworth-Tiefpass dritten Grades in Abb. 5.4(a) mit den Komponenten

$$R_E = R_B r_E, \quad R_A = R_B r_A, \quad L_1 = L_B l_1, \quad L_3 = L_B l_3, \quad C_2 = C_B c_2$$

$$\text{mit} \quad L_B = R_B / \omega_D, \quad C_B = 1/R_B \omega_D, \tag{5.2}$$

$$\text{und} \quad r_E = r_A = 1, \quad l_1 = l_3 = 1, \quad c_2 = 2.$$

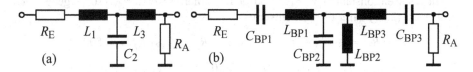

Abb. 5.4 Tiefpass-Bandpass-Transformation: **(a)** Tiefpass, $n=3$ **(b)** Bandpass, $n=6$

Schritt 2: Tiefpass-Bandpass-Transformation

Durch Transformation der Bauelemente, Abschn. 1.5.6 (Tabelle 1.13), geht der Bezugstiefpass in Abb. 5.4(a) über in den sechspolige Bandpass in Abb. 5.4(b). Die Bandpasselemente lassen sich dann errechnen, indem die Tiefpassgrößen aus Gl. (5.2) in die Transformationsgleichungen aus Tabelle 1.13 eingesetzt werden.

Mit einem frei gewählten Bezugswiderstand $R_B=1$ kΩ und mit den Vorgaben $\omega_M=10^4$ rad/s bzw. $Q=10$ erhält man die Elemente für den passiven Bandpass:

$$L_{BP1} = L_{BP3} = \frac{l_{1,3}R_B Q}{\omega_M} = 1 \text{ H}, \qquad L_{BP2} = \frac{R_B}{c_2 \omega_M Q} = 5 \text{ mH},$$

$$C_{BP1} = C_{BP3} = \frac{1}{l_{1,3}R_B Q \omega_M} = 10 \text{ nF}, \quad C_{BP2} = \frac{c_2 Q}{R_B \omega_M} = 2 \text{ μF},$$

$$R_E = R_A = 1 \text{ kΩ}.$$

Schritt 3: Umsetzung in die Aktivschaltung (FDNR-Einbettungstechnik)

Nach dem in Abschn. 2.2.4 beschriebenen Verfahren der Einbettungstechnik kann der oben dimensionierte passive Bandpass, Abb. 5.4(b), unter Verwendung zweier GIC-Anpassungsstufen und einer FDNR-Stufe in eine spulenfreie Schaltung umgesetzt werden, s. Abb. 5.5. Dabei entstehen die vier Elemente $R_1{}^*$, $R_2{}^*$, $R_3{}^*$ und $D_2{}^*$ durch Anwendung der Bruton-Transformation (Abschn. 2.2.3, Gl. (2.20) und Tabelle 2.1) auf den inneren Teil von Abb. 5.4(b).

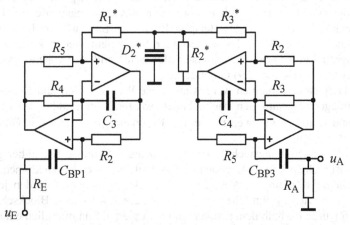

Abb. 5.5 FDNR-Bandpass in Einbettungstechnik

Mit der Zeitkonstanten $\tau_N = 1$ s und dem Skalierungsfaktor $K = 10^5$ ergeben sich über Gl. (2.20) dafür die Zahlenwerte

$$R_1^* = R_3^* = L_{BP1,3}\, K/\tau_N = 100 \text{ k}\Omega\,, \quad R_2^* = L_{BP2}\, K/\tau_N = 500\ \Omega\,,$$

$$D_2^* = C_{BP2}\, \tau_N / K = 20 \cdot 10^{-12}\ \text{As}^2/\text{V}.$$

Der in Abb. 5.5 nur mit seinem Schaltsymbol dargestellte FDNR-Block D_2^* wird als GIC-Schaltung nach Abb. 3.18 realisiert. Dafür können beispielsweise folgende Werte gewählt werden:

$$C_2 = C_6 = 0{,}1\ \mu\text{F}\,, \quad R_3 = R_4 = 1\ \text{k}\Omega\,, \quad R_5 = 2\ \text{k}\Omega\,.$$

Gemäß Abschn. 3.2.4 bestehen die beiden Anpassungsglieder aus jeweils einer GIC-Stufe, s. Abb. 3.16, mit den Konversionsfaktoren nach Gl. (3.21)

$$\underline{k}_1(s) = s\frac{\tau_N}{K} = s \cdot 10^{-5} \quad \text{und} \quad \underline{k}_2(s) = \frac{1}{s}\frac{K}{\tau_N} = \frac{1}{s} \cdot 10^5\,.$$

Die Umsetzung dieser Faktoren mit der GIC-Schaltung nach Abb. 3.16 ist möglich über Gl. (3.17) mit den Elementen

$$\underline{k}_1(s)\text{:}\quad R_2 = R_4 = R_5 = 1\ \text{k}\Omega \quad \text{und} \quad C_3 = 0{,}01\ \mu\text{F},$$

$$\underline{k}_2(s)\text{:}\quad R_2 = R_3 = R_5 = 1\ \text{k}\Omega \quad \text{und} \quad C_4 = 0{,}01\ \mu\text{F}.$$

5.2 Filterstrukturen mit Mehrfachkopplungen

5.2.1 Die Leapfrog-Struktur

Passive Referenzfilter können in eine aktive Schaltung überführt werden durch Nachbildung ihrer Strom-Spannungsbeziehungen. Das Ergebnis ist eine Anordnung, die wegen der typischen Form der Rückführungspfade als Leapfrog-Struktur bezeichnet wird. Als Beispiel für dieses Entwurfsverfahren wurde im einführenden Abschn. 2.3.1 eine aus vier Schaltelementen bestehende passive Abzweigschaltung (Abb. 2.8) in das Blockschaltbild der zugehörigen aktiven Leapfrog-Struktur (Abb. 2.9) umgesetzt.

Bei Tiefpassanordnungen werden auf diese Weise Spulen und Kondensatoren durch Integratorschaltungen nachgebildet, während bei Bandpässen die Spulen und Kondensatoren paarweise in einen Resonator (Bandpass mit Güte $Q \to \infty$) überführt werden.

Um bei der schaltungstechnischen Umsetzung die vom Aufwand her günstigen Funktionsblöcke mit invertierenden Eigenschaften verwenden zu können, wird die Vorzeicheninvertierung in Abb. 2.9 vom Rückkopplungspfad in den jeweiligen Aktivblock verlegt. Beim Übergang von Abb. 2.9 auf das neue Blockschaltbild in Abb. 5.6 wurde deshalb dem zweiten und dem vierten Summierglied ein negatives Vorzeichen zugewiesen (Strukturvariante A).

Es ist leicht zu überprüfen, dass die Rückführungsschleifen auch dann vorzeichen-richtig geschlossen werden, wenn stattdessen die erste bzw. dritte Summe negativ bewertet wird (Strukturvariante B). Generell gilt bei derartigen Umwandlungen die Regel, dass die Summe der negativen Vorzeichen innerhalb jeder geschlossenen Schleife immer ungerade sein muss (Prinzip der Gegenkopplung).

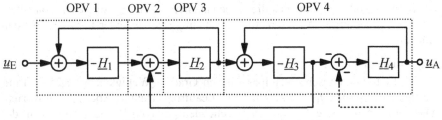

Abb. 5.6 Leapfrog-Struktur (Variante A)

Im Vorgriff auf das Zahlenbeispiel in Abschn. 5.2.1.1 sind in Abb. 5.6 die Zuordnungen zwischen den einzelnen Funktionseinheiten – Übertragungsblöcke $\underline{H}_i(s)$ bzw. Additionsstellen – und den jeweils dafür eingesetzten Operationsverstärkern gekennzeichnet.

5.2.1.1 Leapfrog-Tiefpassfilter

Der Entwurf eines Tiefpassfilters in Leapfrog-Technik wird hier demonstriert als Fortführung des in Abschn. 2.3.1.2 begonnenen Beispiels (passiver Bezugstiefpass dritten Grades, Abb. 2.10). Die dafür ermittelten drei Teilfunktionen

$$\underline{H}_1(s) = R_N/(R_E + sL_1), \quad \underline{H}_2(s) = 1/sR_N C_2, \quad \underline{H}_{3,4}(s) = R_N/(R_A + sL_3)$$

sind dazu in der Anordnung nach Abb. 5.6 miteinander zu kombinieren. Auf diese Weise entsteht die Schaltung in Abb. 5.7 mit einem Umkehrintegrator, zwei aktiven Tiefpässen ersten Grades und einem invertierenden Addierer. Wie zuvor in Abschn. 2.3.1 erläutert, ist der Block $\underline{H}_{3,4}$ aus der Zusammenlegung der beiden Funktionen $\underline{H}_3$ und $\underline{H}_4$ entstanden.

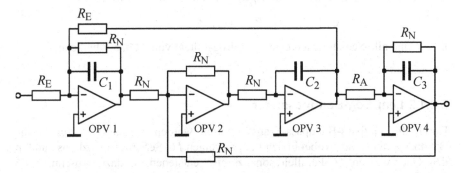

Abb. 5.7 Leapfrog-Tiefpass dritten Grades, Strukturvariante A

Bei der Umsetzung der einzelnen Funktionsblöcke in Aktivschaltungen wurden zwei Verstärker dadurch eingespart, dass die beiden nicht-invertierend wirkenden Addierglieder mit der jeweils nachfolgenden Verstärkereinheit zusammengefasst werden konnten. Auf diese Weise sind – wie durch die Verstärkerzuordnung in Abb. 5.6 angedeutet – nur vier Operationsverstärker für den Leapfrog-Tiefpass dritten Grades erforderlich. Der Widerstand R_N stellt dabei eine frei wählbare Skalierungsgröße dar, mit der die Impedanzniveaus des passiven Originalfilters bzw. der zugehörigen Aktivschaltung unabhängig voneinander festgelegt werden können.

Zahlenbeispiel

Es wird ein Tschebyscheff-Tiefpass dritten Grades (Welligkeit $w = 1{,}25$ dB) mit der Durchlassgrenze $f_D = 10$ kHz für ein Leapfrog-Struktur, Abb. 5.7, entworfen. Die normierten Elemente einer entsprechenden passiven Bezugsschaltung in der spulenreichen Struktur nach Abschn. 2.3.1.2, Abb. 2.10, werden über Tabellen (Tiefpass-Code C0350) oder über PC-Programm (Abschn. 7.2) ermittelt:

$$r_E = r_A = 1 \qquad l_1 = l_3 = l = 2{,}2064 \qquad c_2 = 0{,}94875.$$

Eine Denormierung gemäß Tiefpass-Tiefpass-Transformation, Gl. (1.93), mit dem frei gewählten Bezugswiderstand $R_B = 10$ kΩ liefert die Elemente der passiven RLC-Schaltung:

$$R_E = R_A = 10 \text{ k}\Omega, \qquad L_1 = L_3 = 0{,}3508 \text{ H}, \qquad C_2 = 1{,}51 \text{ nF}.$$

Da die Zeitkonstanten der beiden oben angegebenen induktiven Funktionen $\underline{H}_1$ bzw. $\underline{H}_{3,4}$ in der Schaltung kapazitiv erzeugt werden, können die jeweiligen Kapazitätswerte durch folgende Äquivalenzen berechnet werden:

$$\underline{H}_1(s) = \frac{R_N}{R_E + sL_1} = \frac{1}{R_E/R_N + sL_1/R_N} \quad \Leftrightarrow \quad \frac{1}{R_E/R_N + sR_NC_1} ,$$

$$\underline{H}_{3,4}(s) = \frac{R_N}{R_A + sL_3} = \frac{1}{R_A/R_N + sL_3/R_N} \quad \Leftrightarrow \quad \frac{1}{R_A/R_N + sR_NC_3} .$$

Ein Vergleich der induktiven und kapazitiven Zeitkonstanten liefert dann

$$C_1 = C_3 = L_1 / R_N^2 = L_3 / R_N^2 = 3{,}508 \text{ nF}.$$

Damit sind alle Schaltelemente des Leapfrog-Filters von Abb. 5.7 berechnet.   ∎

5.2.1.2 Leapfrog-Bandpassfilter

Durch die Tiefpass-Bandpass-Transformation werden Tiefpässe in zugehörige Bandpässe überführt, wobei in den Längszweigen LC-Serienresonanzkreise und in den Querzweigen LC-Parallelresonanzkreise entstehen, s. dazu Abschn. 1.5.6 (Tabelle 1.13) und Abschn. 2.3.1 (Abb. 2.11).

Im Rahmen der Einführung in die Leapfrog-Synthese (Abschn. 2.3.1) wurde am Beispiel eines sechspoligen Bandpasses gezeigt, dass die einzelnen Teilfunktionen $\underline{H}_i(s)$ der Leapfrog-Struktur zu aktiven Bandpassgliedern zweiten Grades bzw. zu Resonatoren (Bandpass mit $Q{\to}\infty$) gehören. Alle Stufen haben dabei die gleiche Mittenfrequenz und sind in der Form nach Abb. 5.6 oder – sofern nicht-invertierende Stufen ausgewählt werden – in der Originalstruktur nach Abb. 2.9 (Abschn. 2.3.1) zu kombinieren.

Für die Schaltungstechnik der Resonatoren sind alle aktiven Bandpassglieder geeignet, bei denen eine Dimensionierung für unendlich große Gütewerte möglich ist. Für die Stufen endlicher Güte am Eingang und/oder am Ausgang der Leapfrog-Struktur kann grundsätzlich jede der in Kap. 4 vorgestellten Bandpass-schaltungen eingesetzt werden.

Im Interesse einer ökonomischen Nutzung der Operationsverstärker sollten die aktiven Bandpasselemente auch unter dem Aspekt der Fähigkeit zur Überlagerung zweier Eingangssignale ausgewählt werden, um dadurch die Zahl der separaten Additionsstellen reduzieren zu können. Im Folgenden werden zwei in dieser Hinsicht interessante Lösungen vorgestellt.

Resonatorschaltung 1: Modifizierter Deliyannis-Bandpass

Die Fähigkeit zur Signalüberlagerung bei beliebig großen Gütewerten besitzt ein modifizierter Deliyannis-Bandpass (Abschn. 4.3.4.1, Abb. 4.19), bei dem der erste Längswiderstand R_1 zwecks Einspeisung einer zweiten Spannung in zwei Teilwiderstände R_{11} und R_{12} aufgeteilt worden ist, s. Abb. 5.8. Die Spannungsteilung über einen dritten Widerstand R_{13} dient dazu, die Verstärkungen für beide Signale sowohl unabhängig voneinander als auch unabhängig von dem vorgegebenen Gütewert Q wählen zu können.

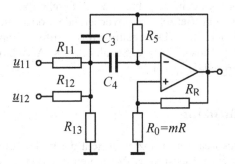

Abb. 5.8 Modifizierter Deliyannis-Bandpass mit zwei Eingängen

Unter der Voraussetzung, dass die Parallelschaltung dieser drei Widerstände dem Wert des Widerstandes R_1 aus der Originalschaltung entspricht, wird die Rückkopplungsfunktion $\underline{H}_R$ und damit auch der Nenner $\underline{N}(s)$ der ursprünglichen Systemfunktion, Gl. (4.40a), durch diese Aufteilung nicht beeinflusst. Deshalb bleiben auch die Beziehungen zur Festlegung von Mittenfrequenz und der Güte nach Gl. (4.40b) erhalten.

Die Systemfunktion für den so modifizierten Bandpass lässt sich deshalb aus Gl. (4.40a) durch einfache Multiplikation mit dem durch die Eingangsteilung verursachten Amplitudenfaktor k_{1i} ableiten:

$$\underline{H}_{1i}(s) = -k_{1i}\,\frac{s\,(1+m)\,R_5 C_4}{\underline{N}(s)}\qquad\text{für } R_{11}\,\|R_{12}\,\|R_{13} = R_1\,.$$

Diese Funktion ist mit $i{=}1$ und $i{=}2$ für jede der beiden Eingangsspannungen $\underline{u}_{11}$ bzw. $\underline{u}_{12}$ gültig. Die Vorfaktoren k_{11} bzw. k_{12} bestimmen die Größe der Mittenverstärkung und können durch Wahl der drei Widerstände R_{11}, R_{12} und R_{13} festgelegt werden:

$$R_{11} = R_1/k_{11}\,,\quad R_{12} = R_1/k_{12}\,,\quad R_{13} = R_1/(1-k_{11}-k_{12})\,.$$

Die Wahl der beiden Faktoren k_{11} und k_{12} unterliegt dabei der Einschränkung

$$0 < k_{11} + k_{12} \le 1\,.$$

Für den Fall, dass die Schaltung als Resonator arbeiten soll, führt die Dimensionierungsgleichung, Gl. (4.40b), mit $Q_P\!\to\!\infty$ auf die Bedingung

$$2 - m\cdot k_{R5} = 0 \quad\Rightarrow\quad m = R_0/R_R = 2/k_{R5} = 2\,R_1/R_5\,.$$

Resonatorschaltung 2: Modifizierter Tow-Thomas-Bandpass
Eine zweite Schaltung, die sich in der Praxis der Leapfrog-Synthese bewährt hat, ist die Tow-Thomas-Struktur, Abschn. 4.6.3 (Abb. 4.35), bei der die Polgüte Q_P über den Widerstand R_Q auf beliebig große Werte einstellbar ist. Über einen zweiten Vorwiderstand kann außerdem eine weitere Signalspannung in den invertierenden Eingang eingespeist werden. Für die hier diskutierte Anwendung besonders interessant ist eine in Abschn. 4.6.3.3 beschriebene Modifikation der Schaltung, durch die ein Betrieb im invertierenden oder nicht-invertierenden Bandpassmodus möglich wird. Der relativ große Aufwand an Verstärkern begrenzt allerdings den Einsatz dieser Schaltung als Aktivblock in Leapfrog-Bandpässen auf Filtergrade $n_{\max}\approx 4...6$.

5.2.2 Die FLF-Struktur

Eine Modifikation des Leapfrog-Prinzips besteht darin, dass die Rückkopplungsschleifen nicht mehr im „Bocksprung"-Verfahren nur den jeweils benachbarten Block umgehen, sondern alle auf den Eingang zurückgeführt werden. Auf diese Weise entsteht die als „Follow-the-Leader-Feedback (FLF)" bezeichnete Struktur, s. dazu Abschn. 2.3.3 und Abb. 2.14.

Als Konsequenz aus dieser Modifikation sind jetzt andere Gegenkopplungsfaktoren F_i erforderlich. Außerdem geht der direkte Zusammenhang zwischen den Teilfunktionen $\underline{H}_i$ und den passiven Elementen der Bezugsschaltung verloren, so dass die Berechnung auf die zugehörige allgemeine Systemfunktion, Gl. (2.30) in Abschn. 2.3.3, zurückgreifen muss.

Das Prinzip des FLF-Schaltungsentwurfs für den relativ einfach zu behandelnden Sonderfall mit jeweils identischen Aktiveinheiten (Primary-Resonator-Block, PRB-Prinzip) wurde bereits in Abschn. 2.3.3 am Beispiel eines Tiefpasses dritten Grades beschrieben. Als weiteres Beispiel wird im folgenden Abschn. 5.2.2.1 ein PRB-Bandpass entworfen. Ausgangspunkt dafür ist die allgemeinen FLF-Struktur, Abb. 2.14 – hier in Abb. 5.9 noch einmal dargestellt für den PRB-Spezialfall mit $F_1=0$ und jeweils gleichen Vorwärts-Übertragungseinheiten $\underline{H}_P$.

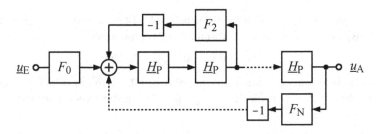

Abb. 5.9   Primary-Resonator-Block-Prinzip (PRB)

5.2.2.1 Beispiel: Bandpass in PRB-Technik

Die Vorgehensweise bei der Berechnung der Filterelemente für eine PRB-Struktur nach Abb. 5.9 wird hier demonstriert am Beispiel eines vierpoligen Bandpasses.

Vorgaben

Der zu entwerfende Bandpass hat die Spezifikation

*   Charakteristik nach Tschebyscheff (Welligkeit $w=1$ dB),
*   Mittenfrequenz $f_M=10$ kHz,
*   Filtergrad $n=4$
*   3-dB-Bandbreite $B=2$ kHz (Güte $Q=5$),
*   Mittenverstärkung $A_M=10$.

Die beiden zweipoligen Bandpasselemente $\underline{H}_{B,P}$ werden aus Tiefpassgliedern ersten Grades über die Tiefpass-Bandpass-Transformation abgeleitet. Deshalb ist zunächst der Bezugstiefpass zweiten Grades $\underline{H}_T(s)$ mit der vorgegebenen Charakteristik für die PRB-Struktur zu berechnen.

Anmerkung   Wo Verwechslungen zwischen Tiefpass- und Bandpassparametern möglich sind, werden letztere durch ein zusätzliches „T" im Index gekennzeichnet. Kenngrößen der PRB-Einzelstufe $\underline{H}_P$ erhalten zusätzlich den Index „P".

Systemfunktion für Bezugstiefpass

Da nach Tabelle 1.11 (Abschn. 1.5.3) die Tiefpassvariable $\Omega_T=\omega/\omega_{D,T}$ bei der Tiefpass-Bandpass-Transformation für den Fall $\Omega_T=1$ in die Grenzfrequenz ω_G vom Bandpass übergeht, kann die Bezugstiefpass-Durchlassgrenze $\omega_{D,T}$ über die Abbildungsvorschrift, Gl. (1.89b) in Abschn. 1.5.3, mit $\Omega_T=1$ berechnet werden.

Deshalb ist

$$\omega_{D,T} = \omega_G = \frac{\omega_M}{2Q} + \omega_M \sqrt{\left(\frac{1}{2Q}\right)^2 + 1} = 69{,}43 \cdot 10^3 \text{ rad/s} \Rightarrow f_{D,T} = 11{,}05 \text{ kHz}.$$

Die Grundverstärkungen beider Filter werden durch die Transformation nicht verändert:

$$A_{0,T} = A_M = 10.$$

Die Poldaten für den Tiefpass mit Tschebyscheff-Charakteristik zweiten Grades ($w = 1$ dB) werden Tabelle 1.2 (Abschn. 1.4.2) entnommen:

$$\Omega_P = 1{,}05 \quad \text{und} \quad Q_P = 0{,}9565.$$

Eingesetzt in die allgemeine Tiefpassfunktion, Gl. (1.46) in Abschn. 1.3.4, entsteht die Systemfunktion für den zweipoligen Bezugstiefpass – normiert auf seine Durchlassgrenze $\omega_{D,T}$:

$$\underline{H}_T(s) = \frac{A_{0,T}}{1 + 0{,}996 \cdot S + 0{,}907 \cdot S^2} = \frac{10}{1 + 0{,}996 \dfrac{s}{\omega_{D,T}} + 0{,}907 \left(\dfrac{s}{\omega_{D,T}}\right)^2}. \quad (5.3)$$

Anmerkung Der Vergleich zwischen Gl. (5.3) und der allgemeinen Form nach Gl. (1.45) führt direkt zu den Koeffizienten d_1 und d_2, die in einigen Tiefpasstabellen auch explizit in Form des Nennerpolynoms angegeben sind:

$$d_1 = 0{,}996 \quad \text{und} \quad d_2 = 1/\Omega_P^2 = 0{,}907 \quad \text{mit} \quad d_2/d_1^2 = Q_P^2.$$

PRB-Tiefpassdaten

Der Tiefpass zweiten Grades in PRB-Technik enthält zwei identische Tiefpassglieder ersten Grades

$$\underline{H}_{T,P}(s) = \frac{A_{0,P}}{1 + s/\omega_{G,P}}.$$

Wird die in Abschn. 2.3.3 mit Gl. (2.30) für FLF-Strukturen angegebene allgemeine Systemfunktion für den hier vorliegenden PRB-Sonderfall mit

$$F_1 = 0 \quad \text{und} \quad \underline{H}_1 = \underline{H}_2 = \underline{H}_{T,P}$$

angesetzt, erhält man nach einigen Umformungen für den PRB-Tiefpass zweiten Grades die Funktion

$$\underline{H}_T(s) = -\frac{F_0 \cdot \underline{H}_{T,P}^2}{1 + F_2 \cdot \underline{H}_{T,P}^2} = -\frac{F_0 \dfrac{A_{0,P}^2}{1 + F_2 A_{0,P}^2}}{1 + \dfrac{1}{1 + F_2 A_{0,P}^2}\left(\dfrac{2s}{\omega_{G,P}} + \dfrac{s^2}{\omega_{G,P}^2}\right)}. \quad (5.4)$$

Werden die einzelnen Glieder der vorgegebenen Funktion, Gl. (5.3), mit der zur PRB-Struktur gehörenden Form, Gl. (5.4), verglichen, entsteht eine Bestimmungsgleichung für die Tiefpassgrenzfrequenz

$$\omega_{G,P} = \omega_{D,T}\left(d_1/2d_2\right) = 0{,}549\omega_{D,T} = 38{,}12\cdot10^3 \text{ rad/s}$$

und ein System von zwei weiteren Gleichungen zur Bestimmung der drei Unbekannten F_0, F_2 und $A_{0,P}$:

$$1 + F_2 A_{0,P}^{\;2} = 4d_2/d_1^{\;2} = 4Q_P^{\;2} = 3{,}66 , \qquad (5.5a)$$

$$F_0 \cdot A_{0,P}^{\;2} = A_{0,P}\left(1 + F_2 A_{0,P}^{\;2}\right) = 3{,}66\cdot A_{0,T} = 36{,}6 . \qquad (5.5b)$$

Da eine der drei Unbekannten in Gl. (5.5) gewählt werden kann, sind mehrere Lösungen möglich. Drei besonders interessante Dimensionierungen sind z. B.

$$\begin{array}{lll} A_{0,P}=1 & F_0=36{,}6 & F_2=2{,}66 \\ A_{0,P}=6{,}05 & F_0=1 & F_2=0{,}0727 \\ A_{0,P}=1{,}63 & F_0=13{,}7 & F_2=1. \end{array}$$

Die Umsetzung der Tiefpassfunktion, Gl. (5.3), führt also zu einer PRB-Struktur mit den Faktoren F_0 und F_2 sowie zu zwei identischen Tiefpasselementen ersten Grades

$$\underline{H}_{T,P}(s) = \frac{A_{0,P}}{1+s/\omega_{G,P}} \quad \text{mit } \omega_{G,P} = 38{,}12\cdot10^3 \text{ rad/s}.$$

PRB-Bandpassdaten

Um den in der Aufgabenstellung geforderten PRB-Bandpass zu dimensionieren, muss die Systemfunktion $\underline{H}_{T,P}(s)$ der beiden PRB-Tiefpassglieder der inversen Tiefpass-Bandpass-Transformation unterzogen werden. Zu diesem Zweck wird zunächst die Normierung aus Gl. (5.3) wieder eingeführt:

$$\underline{H}_{T,P}(s) = \frac{A_{0,P}}{1+s/\omega_{G,P}} \xrightarrow{\ s=S\omega_{D,T}\ } \underline{H}_{T,P}(S) = \frac{A_{0,P}}{1+S\omega_{D,T}/\omega_{G,P}}.$$

Über die Transformationsbeziehung, Gl. (1.88), entsteht daraus eine Bandpassfunktion zweiten Grades:

$$\underline{H}_{B,P}(s) = \frac{A_{M,P}}{1+Q\left(\dfrac{s}{\omega_M}+\dfrac{\omega_M}{s}\right)\dfrac{\omega_{D,T}}{\omega_{G,P}}} \quad \text{mit } A_{M,P} = A_{0,P}. \qquad (5.6)$$

Ein Vergleich zwischen Gl. (5.6) und der Allgemeinform der Bandpassfunktion aus Abschn. 1.5.3, Gl. (1.87a), führt zum Gütewert der beiden Bandpassstufen

$$Q_{P1} = Q_{P2} = Q_P = Q\cdot\frac{\omega_{D,T}}{\omega_{G,P}} = 5\cdot\frac{69{,}43\cdot10^3}{38{,}12\cdot10^3} = 9{,}107 .$$

Damit besteht der vierpolige PRB-Bandpass aus zwei identischen Bandpässen zweiten Grades, die mit zwei konstanten Übertragungsfaktoren F_0 und F_2 in der Form nach Abb. 5.9 miteinander verkoppelt sind. Die Kenngrößen beider Bandpässe sind:

- Mittenfrequenz f_M=10 kHz,
- Gütewert Q_P=9,107,
- Mittenverstärkung $A_{M,P}$=$A_{0,P}$.

Die Grundverstärkung $A_{M,P}$ für jede Bandpassstufe ist über Gl. (5.5) mit den Rückkopplungsfaktoren verknüpft und ist gemeinsam mit F_0 und F_2 festzulegen. Detaillierte Untersuchungen zur Dynamik dieser Struktur haben ergeben, dass sich eine gleichmäßige Aussteuerung beider Stufen einstellt für den Verstärkungswert

$$A_{0,P} = A_{M,P} \approx \sqrt{1+\frac{Q_P}{Q}} \xrightarrow{\text{Beispiel}} A_{0,P} = A_{M,P} \approx \sqrt{1+\frac{9,107}{5}} \approx 1,68 \,.$$

Die Auswertung von Gl. (5.5) hat zu drei bevorzugten Dimensionierungen geführt, von denen die dritte Kombination mit $A_{0,P}$=1,63 (sowie F_0=13,7 und F_2=1) mit guter Genauigkeit diesem optimalen Verstärkungswert entspricht.

PRB-Schaltung

Eine einfache Umsetzung der PRB-Struktur in eine elektronische Schaltung mit drei Operationsverstärkern ist in Abb. 5.10 angegeben. Da als erste Stufe ein invertierender Addierverstärker eingesetzt wird, erhält auch F_0 – und damit die gesamte Funktion – eine negatives Vorzeichen. Dieser Verstärker kann entfallen, sofern die erste Bandpassstufe die Überlagerung der rückgekoppelten Anteile mit der Eingangsspannung übernehmen kann (wie z. B. beim modifizierten Bandpass nach Deliyannis, Abb. 5.8).

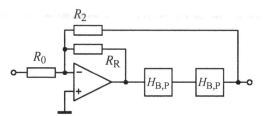

Abb. 5.10 Vierpoliger Bandpass in PRB-Technik

Für die beiden identischen Bandpassglieder kann im Prinzip jede kaskadierfähige Schaltung aus Kap. 4 eingesetzt werden. Wenn ein Bandpass ausgewählt wird, bei dem Mittenverstärkung und Güte nicht unabhängig voneinander festgelegt werden können, muss in Gl. (5.5) der entsprechende Wert für $A_{M,P}$=$A_{0,P}$ eingesetzt werden, um die Zahlenwerte für die Faktoren F_0 und F_2 zu ermitteln.

■

5.2.2.2 Einfluss von Parametertoleranzen

Der im vorstehenden Beispiel berechnete PRB-Bandpass besteht aus der Serien-schaltung zweier identischer Bandpassglieder mit gemeinsamer Gegenkopplung über den Faktor F_2, s. Strukturbild in Abb. 5.9. Es erscheint deshalb sinnvoll, diese Schaltung zu vergleichen mit einem Bandpass, der nach dem Kaskadenprin-zip aus der Serienschaltung zweier Bandpässe ohne gemeinsamen Gegenkopp-lungszweig besteht – stattdessen aber mit gegeneinander versetzter Mittenfre-quenz. In beiden Fällen wird für jede Stufe ein Bandpass nach dem in Abschn. 4.3.4 behandelten Prinzip der Zweifach-Gegenkopplung angesetzt (Abb. 4.18).

Vergleich zwischen PRB- und Kaskadentechnik

Abschn. 1.5.3.4 enthält ein durchgerechnetes Beispiel zu einem vierpoligen Bandpass – entworfen über die Tiefpass-Bandpass-Transformation als Serien-schaltung zweier Bandpassstufen (Kaskadentechnik). In Anlehnung an die dort beschriebene Vorgehensweise werden über den Referenztiefpass zweiten Grades (s. Beispiel in Abschn. 5.2.2.1) die Poldaten für die beiden zugehörigen Bandpäs-se ermittelt:

- Kaskadentechnik/Stufe 1: f_{M1}=9,144 kHz, Q_{P1}=9,146,
- Kaskadentechnik/Stufe 2: f_{M2}=10,94 kHz, Q_{P2}=9,146.

Für ideale Operationsverstärker und ohne Toleranzeinflüsse erzeugen beide Schaltungen – in PRB- bzw. Kaskadentechnik – die gleiche Durchlasskurve. Um die unterschiedliche Wirkung von Parametertoleranzen auf die Filterfunktion zu erkennen, werden in Abb. 5.11 für beide Schaltungsprinzipien die maximalen Abweichungen (nach „oben" und nach „unten") vom Idealverlauf – das ist die mittlere Kurve zwischen den Kurven 3 und 4 – dargestellt für den Fall, dass alle Widerstände der Bandpässe an den Grenzen ihres mit ±5 % angesetzten Toleranz-bereichs liegen (SPICE-Simulation mit „Worst-Case"-Analyse).

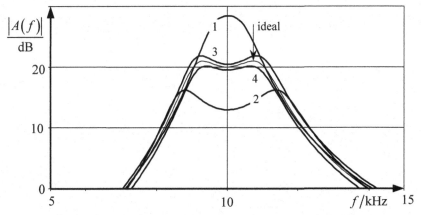

Abb. 5.11 Maximale Toleranzabweichungen (SPICE-Simulation) für
Kaskadentechnik (Kurven 1 und 2) und PRB-Technik (Kurven 3 und 4),
Mittlere Kurve: Idealverlauf für vierpoligen Tschebyscheff-Bandpass.

Auswertung der Toleranzanalysen

Die Grafik zeigt deutlich die Überlegenheit der PRB-Struktur mit maximalen Abweichungen in der Größenordnung von etwa 1 dB nach oben und nach unten – im Gegensatz zur klassischen Kaskadentechnik, bei der die Widerstandstoleranzen im ungünstigsten Fall Abweichungen von etwa 8 dB verursachen würden. Erkauft werden diese Vorteile durch eine zusätzliche Verstärkereinheit zur Überlagerung der mit F_0 bzw. F_2 bewerteten Signalanteile sowie durch einen komplizierteren Entwurfsprozess. Ursache für diese guten Eigenschaften von PRB-Strukturen ist ihre Verwandtschaft mit den Leapfrog-Anordnungen, die als Aktivrealisierungen passiver RLC-Referenzfilter anzusehen sind, deren exzellente Toleranzeigenschaften erhalten bleiben.

6 Aktive Filter in SC-Technik

Elektrische Filter spielen in allen Bereichen der modernen Signalverarbeitung eine herausragende Rolle. In den letzten 20 bis 30 Jahren konzentrierte sich der Entwicklungsaufwand auf diesem Gebiet primär darauf, komplette Filterschaltungen höherer Ordnung auch als monolithisch integrierte Kompaktbausteine herstellen zu können. Die Versuche einer vollständigen Integration aktiver *RC*-Schaltungen scheiterten jedoch am Platzbedarf der Widerstände und Kondensatoren sowie an den fertigungsbedingten Toleranzen in der Größenordnung von 20 %.

Im Zuge der Entwicklung der MOS-Technologie eröffnete sich etwa ab 1970 die Möglichkeit, ein schon länger bekanntes Schaltungsprinzip zu nutzen, bei dem die Eigenschaften eines Widerstandes durch einen periodisch auf- bzw. umgeladenen Kondensator nachgebildet werden. Dabei hat sich herausgestellt, dass – im Gegensatz zur aktiven *RC*-Technik mit frequenzbestimmendem *Produkt* aus Widerstand und Kapazität – alle Zeitkonstanten nur von der Umschaltfrequenz (Taktfrequenz f_T) der Kondensatoren sowie von internen Kapazitätsverhältnissen abhängen. Damit kann man sich auf Kondensatoren mit kleinen Kapazitätswerten beschränken, die paarweise angeordnet sind und deren *Verhältnisse* in MOS-Technik mit Fertigungstoleranzen unterhalb von 0,1 % garantiert werden können.

Die nach diesem Prinzip arbeitenden Schaltungen – bestehend aus Analogschaltern, Kondensatoren und Verstärkern – werden von der Halbleiterindustrie in großer Vielfalt als komplett integrierte Schalter-Kondensator-Filter (Switched-Capacitor-Filter, SC-Filter) angeboten.

Einen zusammenfassenden Überblick über die historische Entwicklung sowie die wichtigsten Entwurfsverfahren der SC-Technik vermitteln (Temes 1981) und (Unbehauen u. Cichocki 1989); die wichtigsten Originalveröffentlichungen zum Prinzip und Aufbau von SC-Filtern sind in einem Nachdruck zusammengefasst (Moschytz 1984).

Da die Signaländerungen innerhalb eines SC-Netzwerks – jedenfalls unter idealisierten Bedingungen – nicht zeitkontinuierlich, sondern nur zu den Umschaltzeitpunkten erfolgen, muss das Übertragungsverhalten mit den Gesetzmäßigkeiten der *zeitdiskreten* Signalverarbeitung beschrieben werden. Im Gegensatz zu den in dieser Hinsicht verwandten Digitalfiltern, handelt es sich bei den SC-Filtern jedoch um analoge und zeitvariante Netzwerke, deren Signalamplituden jeden beliebigen Wert innerhalb des Aussteuerungsbereiches annehmen können.

Diese – auch als „abtastanalog" bezeichnete – Art der Signalverarbeitung wird also durch die Kombination „amplitudenkontinuierlich und zeitdiskret" gekennzeichnet. Das SC-Prinzip kommt heute praktisch ausnahmslos nur in Form monolithisch integrierter Funktionsgruppen zur Anwendung.

Aus diesem Grund sollen hier – im Unterschied zu den aktiven *RC*-Filtern – nicht die unterschiedlichen Schaltungsstrukturen im Vordergrund stehen. Dieses Kapitel ist vielmehr als Einführung in das Prinzip und die Arbeitsweise von geschalteten Kapazitäten gedacht und soll dem besseren Verständnis für die Funktionsweise dieser abtastanalogen Anordnungen dienen – als Voraussetzung für ihre erfolgreiche Anwendung sowie für die richtige Beurteilung ihrer Einsatzgrenzen.

Nach einer kurzen Einführung in die Mathematik der zeitdiskreten Signalverarbeitung (Abschn. 6.1) werden die wichtigsten SC-Grundelemente in Abschn. 6.2 vorgestellt. Der dritte Abschnitt widmet sich dem SC-Filterentwurf sowie praktischen Aspekten beim Betrieb dieser getakteten Systeme. Abschließend wird in Abschn. 6.4 ein einfaches Verfahren beschrieben, mit dem die speziellen Eigenschaften der SC-Schaltungen im Frequenzbereich nachgebildet und mit einem Simulationsprogramm über AC-Analysen erfasst und dargestellt werden können.

6.1   Einführung in die zeitdiskrete Signalverarbeitung

In zeitdiskret arbeitenden Systemen erscheinen die Signale nicht mehr als zeitlich kontinuierliche Funktion (z. B. als veränderliche elektrische Spannung), sondern als eine Folge einzelner Werte. Liegen diese Werte in digitaler Form vor, können sie mit Baugruppen der Digitaltechnik weiter verarbeitet werden (Digitalfilter, Signalprozessoren). Wird die Wertefolge jedoch durch eine physikalische Größe repräsentiert – z. B. als Folge von Spannungswerten, erfolgt die Verarbeitung in „abtastanalogen" Systemen.

In beiden Fällen macht der systematische Entwurf zur Umsetzung einer bestimmten Verarbeitungsvorschrift (Filterfunktion) Gebrauch von den mathematischen Methoden der zeitdiskreten Signalverarbeitung, deren Grundlagen – soweit für die SC-Technik relevant – hier kurz zusammengestellt werden. Ausführliche Darstellungen dazu sind der umfangreichen Spezialliteratur zum Thema „Digitale Signalverarbeitung" zu entnehmen (Schüßler 1994; Ohm u. Lüke 2005).

6.1.1   Systemfunktion und z-Transformation

6.1.1.1 Die zeitdiskrete Übertragungsfunktion

Eine als zeitkontinuierliche Funktion vorliegende physikalische Signalgröße kann durch regelmäßige Entnahme von Proben – d. h. Abtastung mit der Abtastrate f_A – in eine Wertefolge $x_{(n)}$ überführt werden, die alle Informationen des Funktionsverlaufs beinhaltet, sofern die Abtastrate höher ist als die durch das Abtasttheorem vorgegebene Untergrenze.

Wird diese Folge beim Durchlaufen eines mit der Taktrate f_T betriebenen zeitdiskreten Systems S_Z, Abb. 6.1, in eine andere Folge $y_{(n)}$ überführt, können die signalverändernden Eigenschaften des Systems durch seine Übertragungsfunktion ausgedrückt werden.

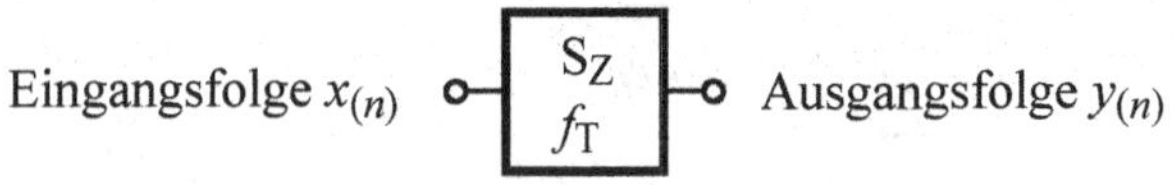

$$\text{Eingangsfolge } x_{(n)} \quad \circ\!\!-\!\!\boxed{\begin{array}{c} S_Z \\ f_T \end{array}}\!\!-\!\!\circ \quad \text{Ausgangsfolge } y_{(n)}$$

Abb. 6.1 Zeitdiskret arbeitendes System S_Z, Taktrate f_T

In formaler Übereinstimmung mit den Vereinbarungen für den zeitkontinuierlichen Fall (s. Gl. (1.14) in Abschn. 1.1.2) ist auch hier die Übertragungsfunktion definiert als Quotient aus den zu den beiden Folgen $y_{(n)}$ und $x_{(n)}$ gehörenden Spektralfunktionen

$$\underline{A}(j\omega) = \frac{\underline{Y}(j\omega)}{\underline{X}(j\omega)} . \tag{6.1}$$

Die beiden Spektralfunktionen $\underline{Y}(j\omega)$ und $\underline{X}(j\omega)$ sind mit den zugehörigen Wertefolgen $y_{(n)}$ bzw. $x_{(n)}$ über eine spezielle – für zeitdiskrete Signale anwendbare – Form der Fourier-Transformation verknüpft.

6.1.1.2 Die Fourier-Transformation zeitdiskreter Signale (FTD)

Für Abtastsysteme, die mit der Abtastrate $f_A = 1/T_A$ betrieben werden, und bei denen die einzelnen Werte

$$x(t = nT_A) = x_{(n)} \quad \text{bzw.} \quad y(t = nT_A) = y_{(n)}$$

um das Abtastintervall T_A zeitlich versetzt sind, ergibt sich der formale Zusammenhang mit einem zeitkontinuierlichen Vergleichssystem durch den Übergang

- von der Zeitvariablen t zu den Abtastzeitpunkten nT_A,
- von den Funktionen $x(t)$ und $y(t)$ zu den Folgen $x_{(n)}$ bzw. $y_{(n)}$, sowie
- von der zeitkontinuierlichen Fourier-Transformation (Integral, Symbol $\mathfrak{F}$) zur Fourier-Transformation für diskrete Signale (FTD, Symbol $\mathfrak{F}_D$):

$$\mathfrak{F}\{x(t)\} = \underline{X}(j\omega) = \int_{-\infty}^{+\infty} x(t)e^{-j\omega t}\,dt \quad \longrightarrow \quad \mathfrak{F}_D\{x_{(n)}\} = \underline{X}(j\omega) = \sum_{-\infty}^{+\infty} x_{(n)}e^{-j\omega nT_A} .$$

Der Übergang vom Integral auf die Summe ist hier aufgeschrieben für die Eingangsfunktion $x(t)$; für die Aushangsgröße $y(t)$ bzw. die Ausgangsfolge $y_{(n)}$ mit der zugehörigen Spektralfunktion gelten die entsprechenden Beziehungen.

Eine wichtige Eigenschaft der FTD besteht darin, dass der Faktor unter dem Summenzeichen

$$e^{j\omega nT_A} = \exp(j\omega nT_A) = \exp(j2\pi n\omega/\omega_A)$$

eine Periodizität der Spektralfunktionen verursacht. Damit wird aus der Übertragungsfunktion, Gl. (6.1), ebenfalls eine *periodische* Funktion – als typisches Kennzeichen aller Abtastsysteme.

Diese Übertragungsfunktion, Gl. (6.2), hat die Periode $\omega_A = 2\pi f_A = 2\pi/T_A$.

$$\underline{A}(j\omega) = \frac{\sum\limits_{-\infty}^{+\infty} y_{(n)} e^{-j\omega n T_A}}{\sum\limits_{-\infty}^{+\infty} x_{(n)} e^{-j\omega n T_A}} = \frac{\underline{Y}(e^{j\omega T_A})}{\underline{X}(e^{j\omega T_A})} = \underline{A}(e^{j\omega T_A}) \,. \tag{6.2}$$

Das Hauptintervall dieser periodischen Funktion gleicht der Übertragungsfunktion des zugehörigen zeitkontinuierlichen Systems, sofern diese oberhalb einer Bandgrenze $\omega_{max} = 2\pi f_{max}$ verschwindet und die Forderungen des Abtasttheorems mit einer ausreichend großen Abtastrate $f_A \geq 2 f_{max}$ eingehalten werden. Andernfalls kommt es durch Überlappungen der Teilspektren im Bereich um $\omega_A/2$ zu Verfälschungen der Filtercharakteristik.

6.1.1.3 Die z-Transformation

In der zeitdiskreten Übertragungsfunktion, Gl. (6.2), tritt die Variable ω ausschließlich im Exponenten der e-Funktion auf. Aus diesem Grund wird mit

$$z = e^{j\omega T_A}$$

eine neue Variable definiert, wodurch Gl. (6.2) in die zeitdiskrete Systemfunktion $H(z)$ übergeht. Da in realen und kausalen Systemen keine Abtastwerte bei Zeiten vorliegen können, wird die untere Summationsgrenze gleichzeitig bei $n=0$ festgelegt:

$$H(z) = \frac{\sum\limits_{0}^{+\infty} y_{(n)} z^{-n}}{\sum\limits_{0}^{+\infty} x_{(n)} z^{-n}} = \frac{Y(z)}{X(z)} \,. \tag{6.3}$$

In formaler Übereinstimmung mit der Definition der Systemfunktion $\underline{H}(s)$ einer zeitkontinuierlichen Übertragungseinheit bezeichnet man die beiden Funktionen $X(z)$ und $Y(z)$ als die „z-transformierten" Eingangs- bzw. Ausgangsfolgen, deren Quotient zu der zeitdiskreten Systemfunktion $H(z)$ führt. Damit gilt allgemein

$$\mathfrak{Z}\{f_{(n)}\} = \sum\limits_{0}^{+\infty} f_{(n)} z^{-n} = F(z) \tag{6.4}$$

und man bezeichnet die Funktion $F(z)$ als die z-Transformierte der Folge $f_{(n)}$ mit dem Transformationssymbol $\mathfrak{Z}$.

Indem die z-Transformation das Bindeglied darstellt zwischen Zeit- und Frequenzbereich hat sie für zeitdiskrete Anwendungen die gleiche Bedeutung wie die Laplace-Transformation für zeitkontinuierliche Systeme. Damit lassen sich auch die Eigenschaften beider Transformationsvorschriften in ganz ähnlicher Weise als sog. „Grundkorrespondenzen" formulieren (Ohm u. Lüke 2005).

In der SC-Technik kommt dem Zusammenhang zwischen zwei zeitlich gegeneinander verzögerten Folgen eine ganz besondere Bedeutung zu. Die zugehörige Eigenschaft der z-Transformation wird deshalb hier separat formuliert.

Verschiebungssatz der z-Transformation

Eine Wertefolge

$$f\left(nT_A\right) = f_{(n)}$$

habe die z-Transformierte

$$\mathfrak{Z}\{f_{(n)}\} = F(z) \, .$$

Dann gehört zu der um a Abtastperioden verzögerten Folge

$$f\left(nT_A - aT_A\right) = f_{(n-a)}$$

die Transformierte

$$\mathfrak{Z}\{f_{(n-a)}\} = \mathfrak{Z}\{f_{(n)}\}z^{-a} = F(z) \cdot z^{-a} \, .$$

Sonderfall Besteht die Eigenschaft eines zeitdiskreten Übertragungsblocks darin, eine Folge lediglich um ein Abtastintervall T_A zu verzögern ($a=1$), lautet die zugehörige Systemfunktion

$$H(z) = \frac{Y(z)}{X(z)} = \frac{\mathfrak{Z}\{f_{(n-1)}\}}{\mathfrak{Z}\{f_{(n)}\}} = z^{-1} \, . \tag{6.5}$$

6.1.1.4 Zeitdiskrete Realisierung

Das Ziel der elektronischen Filtersynthese ist es, für ein vorgegebenes Übertragungsverhalten eine entsprechende Schaltung zu entwerfen und zu dimensionieren. Diese Anforderungen werden zumeist über das Amplituden-Toleranzschema (Abschn. 1.3.2) oder direkt als Übertragungsfunktion $\underline{A}(j\omega)$ formuliert.

Soll das Filter als ein zeitdiskret mit der Abtastrate f_A arbeitendes System ausgelegt werden, muss die Wunschfunktion $\underline{A}(j\omega)$ wegen der Periodizität im Frequenzbereich in dem Hauptintervall

$$0 \le \omega \le \omega_A/2$$

durch eine gebrochen-rationale Systemfunktion $H(z)$ angenähert werden. Da sich bei dem der z-Transformation entsprechenden Ersatz der Variablen

$$z = e^{j\omega T_A} \quad \Rightarrow \quad j\omega = \left(1/T_A\right)\ln z \tag{6.6}$$

mit der ln-Funktion jedoch eine transzendente – und schaltungsmäßig deshalb nicht realisierbare – Funktion ergibt, muss Gl. (6.6) in geeigneter Weise approximiert werden. Dafür werden im nächsten Abschnitt drei Näherungsverfahren diskutiert, die in der Praxis der SC-Schaltungstechnik angewendet werden – in vielen Fällen auch in Kombination miteinander.

6.1.2   Transformation der Frequenzvariablen

In diesem Abschnitt werden drei Näherungsverfahren für den mit Gl. (6.6) angegebenen Zusammenhang zwischen den beiden Variablen ω und z beschrieben, die zu gebrochen-rationalen Funktionen führen und damit in elektronische Schaltungen umzusetzen sind. Formal entspricht die Annäherung der Vorschrift nach Gl. (6.6) durch eine rationale Funktion dabei der Näherung des Differentialquotienten durch einen Differenzenquotienten, wodurch die Differentialgleichung eines zeitkontinuierlichen Systems in die *Differenzengleichung* der entsprechenden zeitdiskret arbeitenden Anordnung übergeht.

6.1.2.1 Näherung „Euler-Rückwärts"

Über die Entwicklung der Funktion $e^{-j\omega T_A}$ in eine Potenzreihe,

$$z^{-1} = e^{-j\omega T_A} = 1 + \left(-j\omega T_A\right) + \frac{\left(-j\omega T_A\right)^2}{2!} + \frac{\left(-j\omega T_A\right)^3}{3!} + ...,$$

und Abbruch dieser Reihe nach dem zweiten Glied erhält man die Näherung

$$z^{-1} \approx 1 - j\omega T_A \quad (\text{für } \omega \ll f_A = 1/T_A). \tag{6.7a}$$

Der Übergang von $\underline{A}(j\omega)$ nach $H(z)$ erfolgt deshalb durch den Variablenersatz

$$j\omega \longrightarrow \frac{1 - z^{-1}}{T_A} = \frac{z-1}{zT_A}. \tag{6.7b}$$

(Anmerkung: Abschn. 6.1.2.4 enthält ein praktisches Beispiel zur Anwendung dieser Näherung. In dem Zusammenhang werden Erklärungen zur Benennung dieses Näherungsverfahrens gegeben.)

6.1.2.2 Näherung „Euler-Vorwärts"

Wenn die Potenzreihe für die Exponentialfunktion

$$z = e^{j\omega T_A} = 1 + j\omega T_A + \frac{\left(j\omega T_A\right)^2}{2!} + \frac{\left(j\omega T_A\right)^3}{3!} + ...$$

nach dem zweiten Glied abgebrochen wird, gilt für ausreichend kleine Werte der Abtastperiode T_A die Näherung

$$z \approx 1 + j\omega T_A \quad (\text{für } \omega \ll f_A = 1/T_A) \tag{6.8a}$$

mit dem Variablenersatz

$$j\omega \longrightarrow \frac{1 - z^{-1}}{z^{-1}T_A} = \frac{z-1}{T_A}. \tag{6.8b}$$

6.1.2.3 Bilineare Näherung

Diese auch als *bilineare Transformation* bezeichnete Beziehung zwischen beiden Variablen entsteht aus der Reihendarstellung

$$\ln z = 2\left(\frac{z-1}{z+1} + \frac{1}{3}\left(\frac{z-1}{z+1}\right)^3 + \frac{1}{5}\left(\frac{z-1}{z+1}\right)^5 + \dots\right).$$

Wenn nur das erste Glied berücksichtigt wird, ist also mit $e^{j\omega T_A} = z$

$$j\omega T_A = \ln z \approx 2\frac{(z-1)}{(z+1)} \quad \text{für } |z-1| \ll 1 \quad \Rightarrow \quad \omega \ll f_A = \frac{1}{T_A}. \quad (6.9a)$$

Damit erhält man die Systemfunktion $H(z)$ über die bilineare Näherung aus der kontinuierlichen Übertragungsfunktion durch den Variablenersatz

$$j\omega \quad \longrightarrow \quad \frac{2}{T_A}\frac{(z-1)}{(z+1)}. \quad (6.9b)$$

6.1.2.4 Approximation des Integrators

Es soll die Übertragungsfunktion einer integrierenden Schaltung (Integrations-Zeitkonstante τ) zeitdiskret über die diskutierten Verfahren angenähert und die Qualität bzw. die Eigenschaften der Näherung beurteilt werden.

ER-Integrator (Euler-Rückwärts-Approximation)

Mit der Substitution nach Gl. (6.7b) entsteht aus der Übertragungsfunktion des Integrators die zugehörige Systemfunktion $H(z)$:

$$\underline{A}(j\omega) = \frac{1}{j\omega\tau} \quad \xrightarrow{\text{Gl. (6.7b)}} \quad \frac{T_A}{\tau}\frac{1}{\left(1-z^{-1}\right)} = \frac{U_A(z)}{U_E(z)} = H(z). \quad (6.10)$$

Damit kann die Ausgangsspannung des ER-Integrators im z-Bereich angegeben werden:

$$U_A(z) = z^{-1}U_A(z) + \frac{T_A}{\tau}U_E(z). \quad (6.11a)$$

Unter Anwendung des Verschiebungssatzes, Gl. (6.5), wird diese Gleichung in den Zeitbereich rücktransformiert:

$$u_{A(n)} = u_{A(n-1)} + \frac{T_A}{\tau}u_{E(n)}. \quad (6.11b)$$

Gl. (6.11b) stellt eine Rekursionsformel dar, mit der die Folge der Ausgangsspannungswerte $u_{A(n)}$ aus der Summe zweier Spannungswerte ermittelt werden kann, von denen der erste Anteil der jeweils vorhergehende Wert $u_{A(n-1)}$ ist.

Der zweite Anteil in der Summe entspricht der Euler-Näherung für das bestimmte Integral über die Funktion $u_E(t)$ zwischen zwei um die Zeit T_A auseinanderliegenden Zeitpunkten und gleicht der Rechteckapproximation über die *Rückwärtsdifferenz*. Diese Eigenschaft gibt der Näherung, Gl. (6.7), ihren Namen.

Um den durch diese Approximation verursachten Fehler zu erfassen, wird die Funktion $H(z)$, Gl. (6.10), durch die Rücksubstitution

$$z^{-1} = e^{-j \varpi T_A} = \cos \varpi T_A - j \sin \varpi T_A$$

der umgekehrten z-Transformation unterzogen:

$$H(z) = \frac{T_A}{\tau} \frac{1}{1 - z^{-1}} \quad \Rightarrow \quad \underline{A}(e^{j \varpi T_A}) = \frac{T_A}{\tau} \frac{1}{(1 - \cos \varpi T_A) + j \cdot \sin \varpi T_A}. \quad (6.12)$$

Interpretation Die angewendete Rücksubstitution entspricht – im Gegensatz zu der mit Gl. (6.7) angesetzten Näherung („Hinsubstitution") – der *exakten z*-Transformation. Damit sind beide Frequenzvariablen nicht mehr identisch; zur Unterscheidung erhält die zum periodischen Spektrum der abtastanalogen Signale gehörende Variable deshalb das neue Symbol ϖ.

Für Frequenzen $\varpi \ll 1/T_A$ kann der Realteil des Nenners vernachlässigt werden; im verbleibenden Imaginärteil wird die Sinusfunktion durch das Argument ersetzt. Anschließend fällt die Abtastzeit T_A durch Kürzung heraus und die Annäherung an die integrierende Originalfunktion, Gl. (6.10), wird für ausreichend kleine Frequenzen offensichtlich:

$$\underline{A}(e^{j \varpi T_A}) \approx \frac{1}{j \varpi \tau} \quad \text{für} \quad \varpi \ll f_A = \frac{1}{T_A}.$$

Mit steigender Frequenz weicht Gl. (6.12) zunehmend von der idealen Integratorfunktion ab, wobei der ansteigende Realteil zu *positiven* Phasenfehlern führt.

EV-Integrator (Euler-Vorwärts-Approximation)

Die Substitution $j\omega \rightarrow f(z)$ gemäß Gl. (6.8b) führt zur Systemfunktion des EV-Integrators

$$\underline{A}(j\omega) = \frac{1}{j\omega\tau} \xrightarrow{\text{Gl. (6.8b)}} \frac{T_A}{\tau} \frac{1}{(z-1)} = \frac{U_A(z)}{U_E(z)} = H(z) \quad (6.13)$$

und damit zu der Ausgangsgröße

$$(z-1)U_A(z) = \frac{T_A}{\tau} U_E(z) \quad \Rightarrow \quad U_A(z) = z^{-1} U_A(z) + z^{-1} \frac{T_A}{\tau} U_E(z). \quad (6.14a)$$

Mit dem Verschiebungssatz, Gl. (6.5), ist dann im Zeitbereich:

$$u_{A(n)} = u_{A(n-1)} + \frac{T_A}{\tau} u_{E(n-1)}. \quad (6.14b)$$

In Analogie zu den Ausführungen beim ER-Integrator kann man zeigen, dass Gl. (6.14b) der Euler-Rechteckapproximation des bestimmten Integrals über die *Vorwärtsdifferenz* zwischen zwei Abtastpunkten entspricht.

Wird mit der zum periodischen Spektrum gehörenden Frequenzvariablen ϖ die Rücksubstitution

$$z = e^{j\varpi T_A} = \cos\varpi T_A + j\sin\varpi T_A$$

auf die EV-Systemfunktion, Gl. (6.13), angewendet, kann auch hier der durch die Näherung entstandene Fehler beurteilt werden. Es gilt deshalb

$$H(z) = \frac{T_A}{\tau}\frac{1}{z-1} \quad \Rightarrow \quad \underline{A}(e^{j\varpi T_A}) = \frac{T_A}{\tau}\frac{1}{(\cos\varpi T_A -1)+ j\cdot\sin\varpi T_A}, \quad (6.15)$$

und es ist für ausreichend kleine Frequenzen

$$\underline{A}(e^{j\varpi T_A}) \approx \frac{1}{j\varpi\tau} \quad \text{für} \quad \varpi \ll f_A = \frac{1}{T_A}.$$

Im Gegensatz zum ER-Integrator verursacht der negative Realteil im Nenner von Gl. (6.15) einen mit steigender Frequenz *negativen* Phasenfehler.

Bilinear-Integrator (Bilineare Näherung)

Mit dem bilinearen Variablenersatz $j\omega \to f(z)$ nach Gl. (6.9) ergibt sich

$$\underline{A}(j\omega) = \frac{1}{j\omega\tau} \quad \xrightarrow{\text{Gl. (6.9b)}} \quad \frac{T_A}{2\tau}\frac{(z+1)}{(z-1)} = \frac{U_A(z)}{U_E(z)} = H(z). \quad (6.16)$$

Analog zur Vorgehensweise bei den Euler-Näherungen erhält man durch Rücktransformation von Gl. (6.16) die Differenzengleichung

$$u_{A(n)} = u_{A(n-1)} + \frac{T_A}{2\tau}\left(u_{E(n)} + u_{E(n-1)}\right). \quad (6.17)$$

Der Aufbau von Gl. (6.17) entspricht dem Trapezverfahren zur näherungsweisen Ermittlung eines bestimmten Integrals.

Die Eigenschaften der bilinearen Näherung werden deutlich, wenn in der Systemfunktion, Gl. (6.16), die Variable z wieder durch die e-Funktion mit der zugehörigen Variablen ϖ ersetzt wird:

$$H(z) = \frac{T_A}{2\tau}\frac{(z+1)}{(z-1)} \quad \xrightarrow{z=e^{j\varpi T_A}} \quad \underline{A}(e^{j\varpi T_A}) = \frac{T_A}{2\tau}\frac{\left(e^{j\varpi T_A}+1\right)}{\left(e^{j\varpi T_A}-1\right)}. \quad (6.18)$$

Die rechte Seite von Gl. (6.18) kann durch Anwendung trigonometrischer Umformungen auf eine Form gebracht werden, die den direkten Vergleich mit der Originalfunktion $\underline{A}(j\omega)$ ermöglicht:

$$\underline{A}(e^{j\varpi T_A}) = \frac{T_A}{2\tau}\frac{1}{j\cdot\tan(\varpi T_A/2)} \quad \Leftrightarrow \quad \frac{1}{j\omega\tau} = \underline{A}(j\omega). \quad (6.19)$$

Im Unterschied zu den beiden Euler-Näherungen, bei denen die Sinus- und Kosi-nus-Funktionen in Gl. (6.12) bzw. Gl. (6.15) den Wertebereich des Nenners be-schränken und dadurch – bei wachsender Frequenz – deutliche Abweichungen verursachen, kann der Nenner der Näherungsfunktion in Gl. (6.19) durch die Tangens-Funktion jeden beliebigen positiven Wert annehmen. Wegen dieser Ge-meinsamkeit mit der Originalfunktion ermöglicht die bilineare Näherung eine amplitudengetreue zeitdiskrete Nachbildung des Integrators – allerdings verknüpft mit einer Verzerrung der Frequenzachse.

Nach Bildung der Umkehrfunktion kann dieser Zusammenhang aus Gl. (6.19) direkt abgelesen werden:

$$\varpi = \frac{2}{T_A} \arctan\left(\frac{\omega T_A}{2}\right).$$

Die Frequenzachse des zeitkontinuierlichen Bezugssystems wird also mit der Charakteristik einer arctan-Funktion komprimiert, wobei die Funktion $H(z)$ bei der Frequenz $\omega=\omega_A/2$ den Wert annimmt, dem die Originalfunktion $\underline{A}(\mathrm{j}\omega)$ für $\omega \to \infty$ zustrebt. Diese Eigenschaft der bilinearen Transformationsvorschrift gilt ganz allgemein und nicht nur für das hier untersuchte Beispiel eines Integrators.

Da Bandpass- und Tiefpassfunktionen für $f \to \infty$ gegen den Wert Null gehen, haben über die bilineare Transformation entworfene abtastanaloge Tief- und Bandpassfilter eine echte Nullstelle bei der halben Abtastfrequenz $f=f_A/2$ mit dem Vorteil, dass in der periodischen Fortsetzung des Spektrums keine Überschnei-dungen auftreten.

LDI-Integrator

Aus der Kombination des EV- mit dem ER-Integrator kann eine neue Approxi-mationsvorschrift mit interessanten Eigenschaften abgeleitet werden. Das Produkt aus den Systemfunktionen beider Euler-Integratoren , Gl. (6.10) und Gl.(6.13),

$$H(z)_{ER} \cdot H(z)_{EV} = \frac{T_A{}^2}{\tau^2} \cdot \frac{1}{\left(1-z^{-1}\right)(z-1)} = \frac{T_A{}^2}{\tau^2} \cdot \frac{z}{(z-1)^2} = \left(\frac{T_A}{\tau} \cdot \frac{z^{1/2}}{(z-1)}\right)^2$$

kann nämlich gedeutet werden als eine fiktive Serienschaltung zweier gleicher Elemente mit der Systemfunktion

$$H(z) = \frac{T_A}{\tau} \cdot \frac{z^{1/2}}{(z-1)} = \frac{T_A}{\tau} \cdot \frac{1}{\left(z^{-1/2} - z^{1/2}\right)}. \tag{6.20}$$

Um die speziellen Eigenschaften dieser Funktion zu erkennen, erfolgt zunächst die Rücksubstitution der e-Funktion mit der zum periodischen Spektrum gehören-den Variablen ϖ :

$$H(z) = \frac{T_A}{\tau} \frac{1}{\left(z^{-1/2} - z^{1/2}\right)} \xrightarrow{z=\mathrm{e}^{\mathrm{j}\varpi T_A}} \underline{A}(\mathrm{e}^{\mathrm{j}\varpi T_A}) = \frac{T_A}{\tau} \frac{1}{\left(\mathrm{e}^{-\mathrm{j}\varpi T_A/2} - \mathrm{e}^{\mathrm{j}\varpi T_A/2}\right)}.$$

Nach Anwendung der Euler-Formel für komplexe Zahlen entsteht ein Ausdruck, der den direkten Vergleich mit der Originalfunktion $\underline{A}(\mathrm{j}\omega)$ ermöglicht:

$$\underline{A}(\mathrm{e}^{\mathrm{j}\varpi T_\mathrm{A}}) = \frac{T_\mathrm{A}}{\tau}\,\frac{1}{\left(\mathrm{e}^{-\mathrm{j}\varpi T_\mathrm{A}/2} - \mathrm{e}^{\mathrm{j}\varpi T_\mathrm{A}/2}\right)} = \frac{T_\mathrm{A}}{2\tau}\cdot\frac{1}{\mathrm{j}\sin\left(\varpi T_\mathrm{A}/2\right)} \quad\Leftrightarrow\quad \frac{1}{\mathrm{j}\omega\tau} = \underline{A}(\mathrm{j}\omega).$$

Der Vergleich zeigt, dass auch der LDI-Integrator sich dem idealen kontinuierlichen Integrator annähert, sofern die Sinusfunktion durch ihr Argument ersetzt werden kann für ϖ-Werte, die ausreichend klein sind im Vergleich zur zweifachen Abtastrate f_A.

Wichtiger für die Anwendung ist aber die Tatsache, dass der Nenner der LDI-Übertragungsfunktion keinen Realteil aufweist und somit auch keinen Verlustwinkel erzeugt. Im Gegensatz zu jeder der beiden Euler-Näherungen kann also im vorliegenden Fall die Funktion des idealen Integrators bezüglich einer konstanten Phasendrehung $\varphi = -90°$ fehlerfrei nachgebildet werden. Die Funktion entspricht deshalb einem „verlustlosen zeitdiskreten Integrator" (Lossless Discrete Integrator, LDI) – kurz: LDI-Integrator (Bruton 1975).

Der Betrag dagegen weicht mit ansteigender Frequenz – verursacht durch die Sinusfunktion im Nenner – zunehmend von der Integratorfunktion ab. Ähnlich wie bei der bilinearen Näherung lässt sich dieser Fehler auch hier als nichtlineare Neuskalierung der Frequenzachse deuten:

$$\varpi = \frac{2}{T_\mathrm{A}}\arcsin\left(\frac{\omega T_\mathrm{A}}{2}\right).$$

Durch diesen Zusammenhang kommt es also zu einer Dehnung der Frequenzachse mit der Charakteristik einer arcsin-Funktion.

Als Ergebnis dieser Überlegungen ist festzuhalten, dass bei der Serienschaltung des ER- und des EV-Integrators die jeweiligen positiven bzw. negativen Phasenfehler sich kompensieren, wobei das Verhalten zweier verlustloser Integratoren (LDI) nachgebildet wird. Diese günstige Eigenschaft einer Kombination aus ER- und EV-Integrator wird gezielt ausgenutzt bei SC-Schaltungen in Leapfrog-Struktur (Abschn. 5.2.1.1, Abb. 5.6), indem ein invertierender ER-Integrator mit einem nicht-invertierenden EV-Integrator in einer Schleife zusammengeschaltet wird.

6.2 SC-Grundelemente

Mit den in Abschn. 6.1 behandelten Näherungsbeziehungen können relativ einfache Signalverarbeitungsoperationen direkt in eine abtastanalog arbeitende Schaltung umgesetzt werden. Wegen ihrer herausragenden Bedeutung für die Synthese von SC-Strukturen werden in diesem Abschnitt ausschließlich die Grundglieder mit integrierenden Eigenschaften angesprochen. Die generelle Vorgehensweise dabei kann durch folgende fünf Schritte beschrieben werden:

1. Vorgabe einer kontinuierlichen Übertragungsfunktion $\underline{A}(\mathrm{j}\omega)$,
2. Ersatz der Variablen $\mathrm{j}\omega \rightarrow f(z)$ zur Erzeugung der Systemfunktion $H(z)$,
3. Auflösen der Funktion $H(z)=U_\mathrm{A}(z)/U_\mathrm{E}(z)$ nach $U_\mathrm{A}(z)$ und Umformung bzw. Erweiterung mit dem Ziel, z^{-1}-Elemente zu erzeugen (Verzögerungen um T_A),
4. Rücktransformation der Gleichung für $U_\mathrm{A}(z)$ in den Zeitbereich (mit Anwendung des Verschiebungssatzes),
5. Die so erzeugte Differenzengleichung für $u_{\mathrm{A}(n)}$ wird als Realisierungsvorschrift angesehen und in eine Schaltung umgesetzt.

Im Folgenden wird diese Vorgehensweise demonstriert am Beispiel eines invertierenden OPV-Integrators, der in SC-Technik entworfen wird.

6.2.1 Der invertierende EV-Integrator

Ausgangspunkt der SC-Schaltungssynthese ist der invertierende Integrator aus Abschn. 3.1.5, Abb. 3.8. Analog zur Vorgehensweise bei den Berechnungen der SC-Integratoren in Abschn. 6.1.2.4 und in Übereinstimmung mit den oben aufgelisteten fünf Entwurfsschritten wird die abtastanaloge Zeitfunktion für die Ausgangsspannung in Form einer Differenzengleichung ermittelt:

$$\underline{A}(\mathrm{j}\omega) = -\frac{1}{\mathrm{j}\omega\tau} \xrightarrow{\text{Gl. (6.8b)}} -\frac{T_\mathrm{A}}{\tau}\frac{1}{(z-1)} = \frac{U_\mathrm{A}(z)}{U_\mathrm{E}(z)} = H(z),$$

$$U_\mathrm{A}(z) = z^{-1}U_\mathrm{A}(z) - z^{-1}\frac{T_\mathrm{A}}{\tau}U_\mathrm{E}(z),$$

$$u_{\mathrm{A}(n)} = u_{\mathrm{A}(n-1)} - \frac{T_\mathrm{A}}{\tau}u_{\mathrm{E}(n-1)}. \qquad (6.21)$$

Man beachte die Vorzeichen in Gl. (6.21) für die invertierende Integration im Vergleich zu Gl. (6.14b).

Diese Differenzengleichung bildet die Realisierungsvorschrift für den invertierenden und abtastanalog arbeitenden EV-Integrator. Damit wird zum Zeitpunkt $t=nT_\mathrm{A}$ die Bildung der Differenz zwischen dem zum vorherigen Abtastzeitpunkt $(n-1)T_\mathrm{A}$ ermittelten Wert für die Ausgangsspannung und der – mit dem Faktor T_A/τ bewerteten – Eingangsspannung verlangt (Integrationszeitkonstante τ). Zu diesem Zweck werden also analoge Spannungsspeicher benötigt, die durch Kondensatoren gebildet werden, wobei die Verzögerung um jeweils ein Abtastintervall durch periodisch betätigte Signalschalter erfolgt.

Unter der Voraussetzung eines idealen Operationsverstärkers kann die in Abb. 6.2 gezeigte Schaltungsanordnung die Rechenanweisung nach Gl. (6.21) erfüllen. Der Kondensator C_E lädt sich in der ersten halben Taktperiode (Phase ϕ) auf den Momentanwert der Eingangsspannung $u_\mathrm{E}(t=nT_\mathrm{A})=u_\mathrm{E}(n)$ auf und wird in der nachfolgenden Phase wieder entladen, da der Gegenkopplungspfad den invertierenden OPV-Eingang auf Massepotential zieht.

Die Ladung Q_E des Kondensators C_E ist dabei auf den Ausgangskondensator C_A übergegangen und addiert sich mit der vom vorhergehenden Vorgang gespeicherten Ladung $Q_{A(n-1)}$.

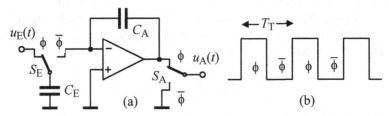

Abb. 6.2 Invertierender SC-Integrator in EV-Struktur: **(a)** Schaltung, **(b)** Taktschema

Nach dem Prinzip von der Erhaltung der Ladung bei unterschiedlichen Kapazitätswerten und wegen der invertierenden Verstärkereigenschaften wird die zugehörige Spannungsänderung am OPV-Ausgang mit negativem Vorzeichen wirksam – multipliziert mit dem Verhältnis C_E/C_A. Dabei verursachen die Schalter S_E und S_A für die in Abb. 6.2 dargestellten Taktphasen zusammen eine Verzögerung um eine ganze Taktperiode, so dass die Ausgangsspannung sich zusammensetzt aus zwei Anteilen:

$$u_{A(n)} = u_{A(n-1)} - \frac{C_E}{C_A} u_{A(n-1)} \, . \tag{6.22}$$

Diese Beziehung setzt einen fehlerfreien Übergang der Ladungen von C_E nach C_A voraus – und damit einen Operationsverstärker mit sehr großer Verstärkung ($u_D \rightarrow 0$) und hohem Differenzeingangswiderstand ($r_D \rightarrow \infty$). Beide Forderungen können in MOS-Technik ausreichend gut umgesetzt werden.

Die Spannungsgleichung Gl. (6.22) erfüllt die Vorschrift für den abtastanalogen Integrator, Gl. (6.21), für die Dimensionierung

$$\frac{C_E}{C_A} = \frac{T_A}{\tau} \, . \tag{6.23a}$$

Wenn der EV-Integrator, Abb. 6.2(a), mit einem zeitkontinuierlichen *RC*-Umkehrintegrator (Abschn. 3.1.5, Abb. 3.8) verglichen wird, der die gleiche Zeitkonstante $\tau = R_E C_A$ aufweist, wird das SC-Prinzip deutlich:

$$R_E C_A = \tau = T_A \frac{C_A}{C_E} \quad \Rightarrow \quad R_E = \frac{T_A}{C_E} = \frac{1}{f_A C_E} \, . \tag{6.23b}$$

Damit kann die Schalter-Kondensator-Kombination aus S_E und C_E die Funktion eines Widerstandes R_E übernehmen. Der mit der Taktrate $f_T = 1/T_T$ aktivierte Signalschalter S_E entnimmt der Eingangsspannung einmal pro Taktperiode eine Probe; beim EV-Integrator ist deshalb

Abtastrate $f_A \equiv$ Taktrate f_T , $\qquad\qquad$ (6.23c)
Abtastintervall $T_A \equiv$ Taktperiode T_T .

Als Erkenntnis aus Gl. (6.23) ist festzuhalten, dass – im Gegensatz zur aktiven *RC*-Technik, bei der die Zeitkonstanten über *RC*-Produkte bestimmt werden – die Zeitkonstanten in SC-Schaltungen durch die Umschaltfrequenz der Kondensatoren (Taktrate f_T) und interne *Kapazitätsverhältnisse* festgelegt werden.

So kann nach Gl. (6.23b) die Integrationszeitkonstante τ durch Variation der Abtastperiode T_A bzw. der Taktrate $f_T = f_A$ über einen relativ großen Bereich durchgestimmt werden:

$$\tau = T_A \frac{C_A}{C_E} = \frac{C_A}{C_E f_A} = \frac{C_A}{C_E f_T}.$$

Schaltungspraxis

Der Schalter S_A am OPV-Ausgang in Abb. 6.2(a) ist zur exakten Umsetzung der Realisierungsvorschrift erforderlich, da in Gl. (6.22) die Spannung $u_{A(n)}$ nur jeweils einmal pro Abtastintervall definiert ist. Die Synchronisation mit S_E muss dabei sicherstellen, dass der Wert $u_{A(n)}$ erst dann am Ausgang ansteht, wenn die Überlagerung beider Anteile (Ladungsaddition in C_A) abgeschlossen ist. Grund dafür sind die durch den endlichen Durchgangswiderstand der MOSFET-Schalter verursachten Umladungszeiten.

In der Praxis kann die Funktion des Schalters S_A entweder durch den Eingangsschalter einer folgenden Stufe übernommen werden, oder der Schalter S_A entfällt ganz und die Ausgangsspannung wird direkt am Verstärkerausgang abgenommen. Für den Fall ausreichend kleiner Ladezeiten im Vergleich zur Abtastperiode T_A wird der dadurch verursachte Fehler vernachlässigbar klein und die Spannung u_A hat einen nahezu treppenförmigen Verlauf.

In diesem Fall arbeitet die Schaltung nicht mehr zeitdiskret, da die Ausgangsspannung zu jedem Zeitpunkt einen definierten Wert hat. Diese – durchaus als vorteilhaft einzustufende – Eigenschaft vereinfacht in vielen Fällen die normalerweise notwendige Nachfilterung (Glättung, Dämpfung der Taktanteile).

Demonstrationsbeispiel (Simulation)

Ein Beispiel demonstriert die Funktionsweise des EV-Integrators nach Abb. 6.2:

- Eingangssignal u_E: Frequenz $f_E = 50$ kHz, Amplitude $u_{E,max} = 1$ V,
- Integrationskonstante $\tau = 1/(2\pi \cdot 50000) = 3{,}183$ μs → Übertragungsfaktor: 1,
- Taktperiode T_T = Abtastperiode = $T_A = 1$ μs → Taktrate $f_T = 10^6$ s^{-1},
- Kapazitätsverhältnis $C_A/C_E = \tau/T_A = 3{,}183$ mit $C_E = 10$ pF und $C_A = 31{,}83$ pF,
- Durchgangswiderstand der Schalter: $R_{ON} = 10$ kΩ.

Die Taktrate ist – bezogen auf die Signalfrequenz f_E – absichtlich unrealistisch niedrig gewählt, um die einzelnen Abtast- und Ladevorgänge sichtbar zu machen (20 Abtastvorgänge pro Signalperiode). In der Praxis wird meistens mit einem Verhältnis $f_T/f_E = 100$ als Untergrenze gearbeitet. Mit der gleichen Begründung ist der Durchgangswiderstand beider Schalter mit 10 kΩ relativ hoch angesetzt (entsprechend einer Ladezeitkonstante $\tau_E = R_{ON} C_E = 0{,}1$ μs). Das Ergebnis einer Transienten-Analyse mit dem Programm „PSpice" ist in Abb. 6.3 wiedergegeben.

Dargestellt ist der Verlauf der Eingangsspannung $u_E(t)$ sowie der Spannung $u_A(t)$ direkt am Verstärkerausgang. Die einzelnen Aufladungsvorgänge sind deutlich sichtbar. Die Ausgangsspannung des invertierend arbeitenden Integrators entspricht im zeitlichen Mittel dem erwarteten Verlauf mit einem Verstärkungswert $v=1$ und einer Phasenverschiebung gegenüber der Eingangsspannung von $+90°$.

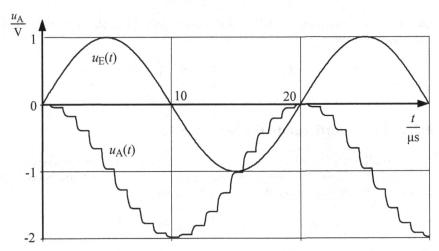

Abb. 6.3   EV-Integrator (invertierend), Verlauf von Eingangs- und Ausgangsspannung, Frequenz f=50 kHz, τ=3,185 µs, T_T=T_A=1 µs

6.2.2   Der invertierende ER-Integrator

In gleicher Weise wie in Abschn. 6.2.1 und in Anlehnung an Abschn. 6.1.2.4 (nicht-invertierender ER-Integrator) kann die Spannungsgleichung für die invertierende ER-Integratorschaltung abgeleitet werden:

$$u_{A(n)} = u_{A(n-1)} - \frac{T_A}{\tau} u_{E(n)} \,.$$ (6.24)

Man beachte die Vorzeichenänderung im Vergleich zu Gl. (6.11b). Diese Vorschrift zur Bildung der Ausgangsspannung aus der abgetasteten Eingangsspannung kann mit der Schaltung in Abb. 6.4 umgesetzt werden.

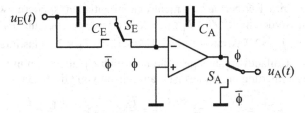

Abb. 6.4 Invertierender SC-Integrator in ER-Struktur

Für das Taktschema gilt die Darstellung in Abb. 6.2(b). Wie beim EV-Integrator wird das Kapazitätsverhältnis auch beim ER-Integrator durch Gl. (6.23a) vorgegeben,

$$\frac{C_E}{C_A} = \frac{T_A}{\tau},$$

und auch der Zusammenhang mit dem analogen $R_E C_A$-Integrator wird hergestellt durch die Beziehung

$$R_E C_A = \tau = T_A \frac{C_A}{C_E} = T_T \frac{C_A}{C_E} \quad \Rightarrow \quad R_E = \frac{T_T}{C_E} = \frac{1}{f_T C_E}.$$

6.2.3 Der invertierende Bilinear-Integrator

Wenn die bilineare Transformation, Gl. (6.9), zur Approximation des klassischen invertierenden Integrators verwendet wird, entsteht über $H(z)$ mit anschließender Rücktransformation in den Zeitbereich die Anweisung

$$u_{A(n)} = u_{A(n-1)} - \frac{T_A}{2\tau}\left(u_{E(n)} + u_{E(n-1)}\right). \tag{6.25}$$

Diese Gleichung unterscheidet sich – wie auch im Fall beider Euler-Näherungen – nur dadurch von der nicht-invertierenden Integration, Gl. (6.17), dass der zweite Anteil mit negativem Vorzeichen zu berücksichtigen ist. Die schaltungsmäßige Umsetzung erfolgt mit der Schalter-Kondensator-Anordnung in Abb. 6.5.

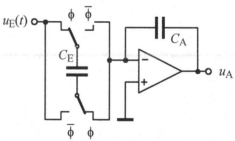

Abb. 6.5 Invertierender Bilinear-Integrator

Der Eingangskondensator C_E wird hier – im Unterschied zu beiden Euler-Näherungen – pro Taktperiode T_T nicht einmal entladen, sondern zweimal umgeladen. Damit werden in der Zeit T_T zwei Abtastwerte erzeugt, und es ist jetzt

Abtastrate $f_A \equiv 2 \cdot$ Taktrate $f_T \quad \Rightarrow \quad$ Taktperiode $T_T \equiv 2 \cdot$ Abtastintervall T_A.

Aufgrund des Umladevorgangs geht die Kapazität C_E außerdem mit dem Faktor 2 in die Dimensionierung ein und es ist – ausgehend von Gl. (6.23a) – deshalb

$$\frac{2C_E}{C_A} = \frac{T_A}{\tau} \quad \Rightarrow \quad \frac{C_E}{C_A} = \frac{T_A}{2\tau} \quad \Rightarrow \quad \frac{C_E}{C_A} = \frac{T_T}{4\tau}. \tag{6.26a}$$

Ein Vergleich von Abb. 6.5 mit der zeitkontinuierlichen Originalschaltung des Integrators (Abb. 3.8) mit gleicher Zeitkonstante $\tau = R_E C_A$ führt deshalb auf die Äquivalenz

$$R_E C_A = \tau = T_T \frac{C_A}{4 C_E} \quad \Rightarrow \quad R_E = \frac{1}{4 f_T C_E}. \qquad (6.26b)$$

Die bilineare SC-Nachbildung des Integrationswiderstandes R_E erfordert also zwei Umschalter am Eingang, dafür entfällt der Ausgangsschalter. Die Taktfrequenz kann dabei aber – im Vergleich zu beiden Euler-Approximationen – bei ansonsten gleichen Randbedingungen um den Faktor 4 reduziert werden.

6.2.4 Der Differenz-Integrator

Als Beispiel dafür, dass die SC-Technik auch Schaltungen ermöglicht, die attraktiver und vom Aufwand her günstiger sind als das zeitkontinuierliche Original, zeigt Abb. 6.6 einen SC-Differenz-Integrator, der als eine Erweiterung der EV-Schaltung in Abb. 6.2 angesehen werden kann. Die Differenz zwischen den zwei Eingangsspannungen wird direkt beim Aufladen des Eingangskondensators gebildet. Die Weiterverarbeitung erfolgt dann wie in Abschn. 6.2.1 beschrieben, wobei die Spannung u_E durch die Differenz $(u_{E1} - u_{E2})$ zu ersetzen ist.

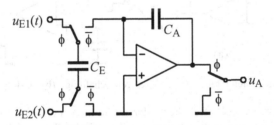

Abb. 6.6 Differenz-Integrator

Die SC-Differenzstruktur in Abb. 6.6 ist eine äußerst leistungsfähige und vielseitig einsetzbare Schaltung, die auch als EV-Integrator (nicht-invertierend) oder als ER-Integrator (invertierend) betrieben werden kann. Im Hinblick auf eine Anwendung in Doppel-Integratorstufen (Abschn. 4.6) oder Leapfrog-Strukturen (Abschn. 5.2.1) sind diese Eigenschaften besonders interessant.

Betrieb als nicht-invertierender EV-Integrator

Wenn in Abb. 6.6 der obere Eingang auf Massepotential gelegt wird ($u_{E1} = 0$) und $u_E = u_{E2}$ ist, werden die invertierenden OPV-Eigenschaften nach erfolgter Aufladung von C_E vorzeichenmäßig durch Umpolung des Kondensators kompensiert. Die Schaltung arbeitet dann wie die SC-Anordnung in Abb. 6.2 – mit vorheriger Spannungsumpolung. In der SC-Technik ist auf diese Weise eine Vorzeichenumkehr möglich, wozu in der *RC*-Technik ein zweiter Verstärker erforderlich wäre.

Betrieb als invertierender ER-Integrator

Die gleiche Schaltung mit $u_{E1}=0$ (Massepotential) und $u_E=u_{E2}$ kann auch als invertierende ER-Integrationsstufe betrieben werden, wenn der obere Signalschalter mit vertauschten Taktphasen angesteuert wird. In diesem Fall gleicht die Betriebsart dem in Abb. 6.4 dargestellten Prinzip.

6.2.5 Der Tiefpass ersten Grades

Als letztes SC-Grundelement wird der Tiefpass ersten Grades betrachtet. Der Übergang von der kontinuierlichen RC-Schaltung, Abb. 6.7(a), auf die entsprechende SC-Anordnung erfolgt dadurch, dass beide Widerstände R_E und R_D nach einem der Näherungsverfahren durch je eine geschaltete Kapazität ersetzt werden.

Bei der SC-Schaltung in Abb. 6.7(b) wurden beide Widerstände über die Approximation nach Euler-Vorwärts in eine SC-Schaltung überführt. Die zugehörigen Kapazitätswerte für C_E und C_D werden über die Umrechnungsformel Gl. (6.23b) berechnet.

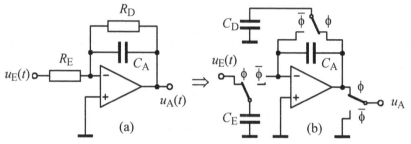

Abb. 6.7 Tiefpass ersten Grades: **(a)** RC-Referenzschaltung, **(b)** SC-Realisierung (EV)

Die Phasenlage des oberen Schalters, der zusammen mit der Kapazität C_D den Grad der Dämpfung bestimmt, ist relativ unkritisch; bei Vertauschung der beiden Phasen verringert sich lediglich die Grundverstärkung um den Faktor $(1-C_D/C_A)$.

6.3   Entwurf und Betrieb von SC-Filtern

6.3.1 Entwurfsverfahren

In diesem Abschnitt wird ein kurzer Überblick gegeben über die wichtigsten Entwurfsverfahren für SC-Filterstrukturen. Detaillierte Informationen – theoretische und vergleichende Analysen, Störeinflüsse, Schaltungsvarianten, technologische Aspekte – können der Spezialliteratur zu diesem Themenkomplex und zahlreichen Originalarbeiten entnommen werden (Lüder 1978; Brodersen et al. 1979; Gregorian et al. 1983; Moschytz 1984; Gregorian u. Temes 1986; Unbehauen u. Cichocki 1989).

6.3.1.1 SC-Filterstufen zweiten Grades

Der Entwurf von Stufen zweiten Grades erfolgt über dimensionierte aktive *RC*-Referenzfilter, indem entweder jeder Widerstand oder ganze Funktionsblöcke – wie z. B. Integratoren – durch eine SC-Schaltung ersetzt werden. Dabei lässt sich die in Abschn. 6.2 am Beispiel von Integratoren praktizierte Vorgehensweise auch auf andere Aktivschaltungen übertragen.

Die zeitdiskrete Systemfunktion *H*(z) wird für dieses Entwurfsverfahren nicht benötigt. Die Berechnung der SC-Elemente erfolgt – je nach gewählter Approximation – über die mit Gl. (6.23b) bzw. Gl. (6.26b) gegebenen Äquivalenzen zwischen Ohmwiderstand und SC-Kombination.

Jeder Umschalter wird durch Feldeffekttransistoren in NMOS- oder CMOS-Technologie gebildet, die von komplementären Taktsignalen wechselseitig niederohmig bzw. hochohmig geschaltet werden. Die prinzipielle Anordnung dafür mit dem zugehörigen Taktschema zeigt Abb. 6.8. Für das Widerstandsverhältnis „aus/ein" kann in MOS-Technik ein Wert bis etwa 10^6 erzielt werden, womit die Funktion eines Schalters i. a. ausreichend gut angenähert werden kann.

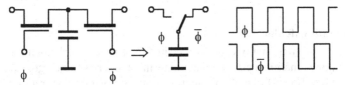

Abb. 6.8 MOSFET-Umschalter und Taktschema

Für eine korrekte Arbeitsweise jeder SC-Kombination mit zyklischer Auf- und Entladung des Kondensators dürfen die beiden Phasen des Taktsignals sich nicht überlappen (z. B. durch den Einfluss von Laufzeiten). Deshalb wird in der Praxis oft mit einem Tastverhältnis gearbeitet, das etwas kleiner ist als 1:1.

Als Ergebnis der Untersuchung unterschiedlicher SC-Filterkonzepte hat sich gezeigt, dass Strukturen auf der Basis von Integratorschaltungen – besonders auch unter dem Aspekt der Herstellung als IC-Baustein – besser geeignet und vielseitiger einsetzbar sind als die „klassischen" Schaltungsprinzipien mit Einfach-Rückkopplung (Abschn. 4.2) oder Zweifach-Gegenkopplung (Abschn. 4.3).

Deshalb stellen die biquadratischen Filterschaltungen aus Abschn. 4.6 die bevorzugte Lösung auch für die SC-Technik dar. In diesem Fall erfolgt der Entwurf dann nicht durch einen – formal möglichen – Widerstandsersatz, sondern blockweise über Integratoren, die als invertierende, nicht-invertierende, differenzbildende oder gedämpfte SC-Grundelemente zur Verfügung stehen, s. Abschn. 6.2.

Besondere Vorteile für die MOS-Integrationstechnik hat die SC-Konfiguration von Abb. 6.6, die als nicht-invertierender EV-Integrator und – bei modifizierter Taktansteuerung – auch als invertierender ER-Integrator betrieben werden kann (s. Abschn. 6.2.4). Vergleichende Untersuchungen mit anderen möglichen Schalterkonfigurationen haben außerdem gezeigt, dass die in MOS-Technik unvermeidlichen parasitären Streukapazitäten innerhalb des Filterbausteins bei dieser Anordnung aus zwei Umschaltern (d. h. vier MOSFET-Schalter) den geringsten

Störeinfluss auf die Filterfunktion ausüben (Gregorian u. Nicholson 1979; Martin u. Sedra 1979). Deshalb spielt auch die bilineare Nachbildung des Widerstandes, Abb. 6.5, trotz der besseren Approximationseigenschaften in der SC-Technik nur eine untergeordnete Rolle.

Einschränkung

Beim Ersetzen der Widerstände durch geschaltete Kapazitäten ist zu beachten, dass die zur Euler-Approximation gehörenden SC-Kombinationen (Abb. 6.2 bzw. Abb. 6.4) nur zwischen zwei Knoten eingesetzt werden dürfen, die definierte Auf- und Entladungsvorgänge erlauben (Masse, Spannungs- oder Stromquelle). Diese Bedingung ist bei den meisten Filterstrukturen (Ausnahme: GIC-Stufen, Abschn. 4.4) mit guter Genauigkeit erfüllt, sofern die Knoten zusammenfallen mit

• Signaleingang (niederohmig) bzw. Masse, oder

• invertierender OPV-Eingang (virtuelles Massepotential), oder

• OPV- bzw. OTA-Ausgang.

Diese Einschränkung entfällt jedoch für die bilineare SC-Kombination, Abb. 6.5, mit periodischen Umladungen des Kondensators in einem stets geschlossenen Stromkreis.

Approximationsfehler

Bei der Überführung analoger *RC*-Filter in SC-Strukturen erlauben die angesprochenen Approximationsverfahren nur eine mehr oder weniger gute Annäherung an die Zielfunktion. Durch Wahl einer ausreichend großen Taktrate im Vergleich zur Polfrequenz können diese Fehler aber meistens in der Größenordnung anderer Störeinflüsse (Toleranzen, Rauschen, Taktübersprechen, Temperaturabhängigkeiten) gehalten werden. In der Praxis arbeitet man deshalb mit einem Verhältnis zwischen Takt- und Polfrequenz im Bereich von 50 bis 200.

Für Filteranwendungen im höheren Frequenzbereich muss eventuell mit einem kleineren Takt-zu-Polfrequenz-Verhältnis gearbeitet werden. In diesem Fall wäre es grundsätzlich möglich, den daraus resultierenden Approximationsfehlern durch eine entsprechende Polverschiebung des zugehörigen *RC*-Filters – vor Überführung in die SC-Struktur – entgegenzuwirken. Diese Vorverzerrung des analogen Referenzfilters ist jedoch mit relativ hohem Rechenaufwand verknüpft und außerdem abhängig sowohl von der Struktur des *RC*-Filters als auch vom angewendeten Approximationsverfahren, so dass keine allgemein gültige Formel zur Berechnung oder Abschätzung der Polverschiebung angegeben werden kann.

6.3.1.2 Filter höheren Grades

Für den Entwurf von Filterschaltungen höheren Grades ($n>2$) wurden in Kap. 2 drei grundsätzliche Realisierungsprinzipien diskutiert (Kaskadentechnik, Technik der Mehrfachkopplung, aktive Nachbildung passiver Elemente). Für die SC-Technik von Bedeutung sind primär die Kaskadentechnik und die Mehrfachkopplungstechnik, weil dafür die meisten der als IC-Baustein verfügbaren SC-Filterstufen eingesetzt werden können.

Kaskadentechnik

Viele der als monolithisch integrierte Bausteine angebotenen SC-Universalfilter stellen die biquadratische Übertragungsfunktion – und damit auch jede der elementaren Filterfunktionen zweiten Grades – zur Verfügung, wobei eine Serienschaltung nach dem Prinzip der Kaskadensynthese zu höhergradigen Filtern möglich ist. Die Steuerung der Polkenngrößen erfolgt normalerweise über die extern kontrollierbare Taktrate.

Allerdings erfordern die üblicherweise unterschiedlichen Polfrequenzen auch unterschiedliche Taktraten. Um trotzdem mit einem gemeinsamen Taktgenerator arbeiten zu können, verfügen einige SC-Filterbausteine über die zusätzliche Möglichkeit einer stufenlosen Einstellung der Filterparameter mit externen Widerständen („R-programmierbar").

Mehrfachkopplungstechnik

Besonders geeignet für die SC-Technik sind die Strukturen mit Mehrfachkopplungen (Abschn. 5.2), da die SC-Integratoren aus Abschn. 6.2 zur Anwendung kommen können. Besonders einfache und günstige Lösungen ergeben sich über die Leapfrog-Konfiguration, indem ein ER- und ein EV-Integrator nach dem LDI-Prinzip (s. Abschn. 6.1.2.4) in jeweils einer Schleife kombiniert werden, wobei wegen geringer Streukapazitäten die SC–Anordnung von Abb. 6.6 bevorzugt wird (Allstot et al. 1978; Brodersen et al. 1979).

Als Beispiel dafür ist in Abb. 6.8 ein Leapfrog-Element einer höhergradigen Filterschaltung dargestellt – bestehend aus der Serienschaltung einer nicht-invertierenden EV- und einer invertierenden ER-Integratorstufe mit einem gemeinsamen äußeren Gegenkopplungszweig (s. Leapfrog-Strukturen in Abschn. 5.2.1, Abb. 5.6 und Abb. 5.7).

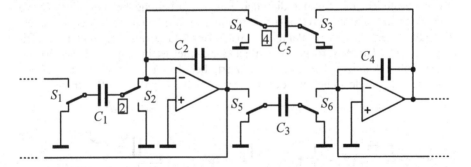

Abb. 6.8 Leapfrog-Element (nicht-invertierender EV- und invertierender ER-Integrator)

Aus den im Bild dargestellten Schalterpositionen geht hervor, dass die Kondensatoren C_1 und C_5 ihre Ladungen gleichzeitig an den Speicherkondensator C_2 übergeben. Eine Vereinfachung der Schaltung ist deshalb dadurch möglich, dass die im Bild gekennzeichneten Knoten „2" und „4" zusammengelegt und die beiden Schalter S_2 und S_4 zu einem einzigen Schalter zusammengefasst werden.

Eine andere Entwurfsmöglichkeit für SC-Filter höheren Grades bietet die PRB-Technik (Abschn. 2.3.3 und Abschn. 5.2.2, Abb. 5.9), bei der die jeweils gleichen Filterstufen zweiten Grades eine gemeinsame Taktversorgung erhalten können. Eine Besonderheit dieses Filterprinzips besteht darin, dass integrierte – also durch einen externen Takt abstimmbare – SC-Bausteine in eine zeitkontinuierlich arbeitende Schaltungsstruktur (Widerstandsgegenkopplung, Addierverstärker) eingebettet werden können (vgl. dazu Abschn. 5.2.2, Abb. 5.10).

Aktive Komponentennachbildung

Grundsätzlich kann die SC-Technik auch innerhalb eines GIC-Blocks eingesetzt werden mit dem Ziel einer aktiven Nachbildung von Induktivitäten oder zur Erzeugung von FDNR-Elementen (Abschn. 3.2 und 5.1). In diesem Fall muss jeder Widerstand durch eine Schalter-Kondensator-Kombination ersetzt werden.

Unter Berücksichtigung der in Abschn. 6.3.1.1 genannten Einschränkung bei der Anwendung der Euler-Approximationen kommt dafür allerdings nur die bilineare Widerstandsnachbildung (Abb. 6.5) in Frage – mit dem gravierenden Nachteil einer relativ großen Empfindlichkeit auf Streu- und Fremdkapazitäten. Diese Technik hat deshalb keine große praktische Bedeutung.

6.3.1.3 Entwurf von SC-Filtern in Digitalfilterstruktur

Ausgangspunkt und Grundlage der bisher diskutierten Entwurfsverfahren für SC-Filter sind aktive *RC*-Anordnungen. Dabei wird entweder die Funktion von Widerständen des aktiven Referenzfilters durch geschaltete Kapazitäten nachgebildet oder es werden ganze Baugruppen – vorzugsweise Integratorschaltungen – durch entsprechend ausgelegte aktive SC-Anordnungen ersetzt.

Grundsätzlich ist es aber auch möglich, das SC-Prinzip auf Schaltungsstrukturen anzuwenden, die aus der digitalen Signalverarbeitung bekannt sind. Dabei handelt es sich um rekursive oder nicht-rekursive Anordnungen, bei denen unterschiedlich verzögerte Signalanteile – nach Bewertung mit bestimmten Koeffizienten – überlagert werden. Als einfaches Beispiel ist in Abb. 6.13 das Prinzip eines nicht-rekursiven FIR-Filters skizziert, bei dem die um eine Taktperiode verzögerten Anteile addiert werden mit Berücksichtigung der Koeffizienten

$$a_0 = -C_0/C_R, \quad a_1 = -C_1/C_R, \quad a_2 = -C_2/C_R, \quad a_n = -C_n/C_R \ .$$

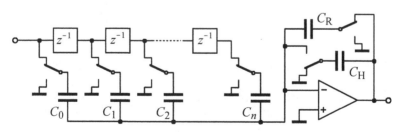

Abb. 6.13 FIR-Filter in SC-Technik

Eine von mehreren Schaltungsmöglichkeiten zur Signalverzögerung um eine Taktperiode (Funktion z^{-1}) zeigt Abb. 6.14.

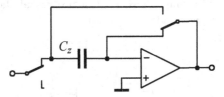

Abb. 6.14 Verzögerungselement z^{-1} in SC-Technik

Aus dem Beispiel wird deutlich, dass Digitalfilter-Strukturen in SC-Technik sehr viel mehr Schaltungsaufwand erfordern – Schalter, Kondensatoren und vor allem Verstärker – als die aus *RC*-Aktivfiltern abgeleiteten SC-Anordnungen. Ein weiteres Problem ist die hohe Koeffizientenempfindlichkeit auf Streukapazitäten. Diese Strukturen spielen in der abtastanalogen Filtertechnik deshalb nur eine untergeordnete Rolle. Eine Anwendung erscheint nur dann als gerechtfertigt, wenn spezielle Eigenschaften dieser Realisierungen – wie z. B. der lineare Phasengang des FIR-Filters – gefragt sind.

6.3.2 Verstärkertechnik

Abgesehen von einigen Sonderfällen (wie z. B. Filter im Subaudiobereich mit Polfrequenzen kleiner als 0,1 Hz) kommt das SC-Prinzip in der Filtertechnik heute nur in Form von monolithisch integrierten Schaltungen zur Anwendung. Vor dem Hintergrund systembedingter Anforderungen und operationeller Randbedingungen – Stichwort: mobile Kommunikation – resultieren daraus technische Vorgaben mit besonderen Konsequenzen für die Verstärkereinheiten, wie z. B.

- extrem hoher Eingangswiderstand (Verhinderung parasitärer Kondensatorentladungen),
- ausreichend großer Verstärkungswert (virtuelle Masse am n-Eingang),
- große Bandbreite bei ausreichender Stabilität (hohe Taktraten für hohe Arbeitsfrequenzen),
- ausreichende Großsignalanstiegsrate (Slew Rate),
- geringer Leistungsverbrauch und Niedrigspannungsbetrieb (mobiler Einsatz).

Als Ergebnis zahlreicher experimenteller Untersuchungen an unterschiedlichen Verstärkerkonfigurationen hat sich gezeigt, dass die CMOS-Technologie den bestmöglichen Kompromiss zur Erfüllung dieser Vorgaben darstellt – gerade auch im Hinblick auf einen möglichst geringen Schalter-Durchgangswiderstand. Als weitere Erkenntnis hat sich dabei außerdem herausgestellt, dass es – unter den Aspekten Schaltungsaufwand, Leistungsverbrauch und Bandbreite – sinnvoll ist, nur mit ein- oder zweistufigen CMOS-Verstärkerstufen in Kaskode-Architektur zu arbeiten, wobei die kapazitiven Lasten dann über einen *hohen* Ausgangswiderstand angesteuert werden (Gray u. Meyer 1982; Gregorian u. Temes 1986).

Im Gegensatz – oder richtiger: in Ergänzung – des ursprünglichen SC-Prinzips mit Operationsverstärkern als Aktivelemente für Integratorschaltungen stellt die spannungsgesteuerte Stromquelle (OTA-Prinzip) deshalb heute für die integrierte SC-Technologie die bevorzugte Lösung dar.

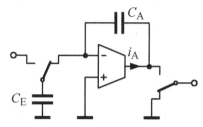

Abb. 6.9 EV-Integrator mit spannungsgesteuerter Stromquelle

Als Prinzipbeispiel ist in Abb. 6.9 die EV-Integratorschaltung aus Abb. 6.2 wiederholt, wobei lediglich der OPV durch eine OTA-Einheit ersetzt worden ist. Die Schalterstellungen gehören zu der Taktphase, bei der die Ladung von C_E auf C_A übertragen wird. Wenn z. B. der Kondensator C_E eine negative Spannungsprobe gespeichert hat, wird der Kondensator C_A durch den positiven Ausgangsstrom i_A so nachgeladen, dass am OTA-Ausgang ein positiver Spannungssprung auftritt. Dabei wird der Kondensator C_E von dem durch beide Kondensatoren fließenden Strom gleichzeitig entladen. Dieser Vorgang wird beendet, wenn die Spannung über C_E und damit auch der Ausgangsstrom Null ist, wobei die Ladung von C_E auf C_A übergegangen ist.

Damit gilt auch für die OTA-Schaltung in Abb. 6.9 die ursprünglich für den EV-Integrator mit Operationsverstärker (Abb. 6.2) abgeleitete Differenzengleichung (Gl. 6.22)

$$u_{A(n)} = u_{A(n-1)} - \frac{C_E}{C_A} u_{A(n-1)} \cdot$$

Bei diesen Überlegungen wurde vereinfachend angenommen, dass der CMOS-OTA als ideale Stromquelle arbeitet. In der Praxis wird – verursacht durch einen endlichen Ausgangswiderstand der CMOS-Verstärkerstufe (100...500 kΩ) – ein kleiner Reststrom fließen und eine Restspannung (Offsetspannung) am Eingang auf dem Kondensator C_E verbleiben. Diese Restspannung kann aber bei ausreichend großer Verstärkung – das ist hier das Produkt aus OTA-Steilheit und OTA-Ausgangswiderstand – vernachlässigbar klein gehalten werden.

6.3.3 Betrieb von integrierten SC-Filterbausteinen

Integrierte Filterbausteine sind getaktete Systeme, die für frequenzselektive Aufgaben in einer analogen Umgebung eingesetzt werden. Bei ihrem praktischen Einsatz sind deshalb – im Vergleich zu den analogen *RC*-Filtern – einige Besonderheiten zu berücksichtigen, die in diesem Abschnitt erläutert werden sollen.

Begrenzung der Taktrate

SC-Filter sind abtastanalog arbeitende Schaltungen, die zu regelmäßigen Zeit-punkten dem Eingangssignal eine Probe entnehmen und diese zwecks Weiterver-arbeitung speichern. Die auf derartige Systeme anzuwendende Mathematik der zeitdiskreten Signalverarbeitung verlangt, dass sich das Eingangssignal während der Dauer des Abtastvorgangs nicht verändert. Aus diesem Grund wird beispiels-weise beim AD-Wandler ein „Abtast-Halteglied" vorgeschaltet. Da SC-Filter i. a. aber sowieso nur bei Frequenzen betrieben werden, die viel kleiner sind als die Taktrate, mit der die Schalter betätigt werden (übliche Praxis: Faktor 50...200), kann die Schalter-Kondensator-Kombination am Eingang die Funktion des Ab-tastens mit guter Genauigkeit übernehmen.

Eine Obergrenze wird der Taktrate entweder durch die begrenzte Großsignal-anstiegsrate der Operationsverstärker und/oder durch die endliche Aufladungszeit der Kondensatoren gesetzt – verursacht vom endlichen Durchgangswiderstand der MOSFET-Schalter. Die von den Herstellern angegebenen maximal zulässigen Taktraten liegen etwa im Bereich zwischen 1 und 5 MHz.

Unabhängig von den Vorgaben durch das Abtasttheorem wird die Taktrate nach unten begrenzt durch parasitäre Entladungserscheinungen (Leckströme), sofern die Haltezeiten $T_T/2$ zu groß werden – mit der Folge, dass Verfälschungen der Übertragungseigenschaften auftreten.

Bandbegrenzung am Eingang

Jedes SC-Filter unterliegt als abtastanaloges System dem Abtasttheorem, nach dem die Rekonstruktion eines Signalverlaufs aus den entnommenen und verar-beiteten Proben nur dann fehlerfrei möglich ist, wenn das Eingangsspektrum bei f_{max} bandbegrenzt ist und die Abtastrate f_A mindestens doppelt so groß ist wie f_{max}. Andernfalls kommt es – symmetrisch zur Frequenz $f_A/2$ – zu Überschnei-dungen der periodischen Spektralanteile mit daraus resultierenden Signalverfäl-schungen (Aliasing-Effekte) . Die vollständige Unterdrückung der Spektralanteile oberhalb einer Grenze f_{max} würde jedoch eine ideale Filterfunktion voraussetzen und ist deshalb nicht zu erreichen. In der Praxis muss deshalb ein bestimmter Fehler – z. B. unterhalb des Rauschpegels – zugelassen werden.

Wird beispielsweise ein SC-Tiefpass mit der Abtastrate $f_A = 100 \cdot 10^3$ s^{-1} betrie-ben, verursacht ein im Eingangssignal enthaltener Frequenzanteil bei $f_i = 60$ kHz ein im Originalspektrum nicht vorhandenen Anteil gleicher Größe bei der Spiegel-frequenz $f_i^* = 100 - 60 = 40$ kHz. Liegt die Filterdurchlassgrenze bei $f_D = 1$ kHz, so fällt dieser durch Unterabtastung erzeugte Anteil in den Filtersperrbereich und wird – wahrscheinlich (je nach Filtergrad) – ausreichend gut gedämpft.

Dagegen würde eine Frequenz von $f_k = 95$ kHz im Eingangssignal einen Anteil bei $f_k^* = 5$ kHz im Spektrum des abgetasteten Signals erzeugen, der noch im Über-gangsbereich des Filters liegt und nur wenig bedämpft wird. In diesem Fall müsste der Anteil von 95 kHz durch ein analoges Vorfilter (Anti-Aliasing-Filter) ausrei-chend gut unterdrückt werden. In den meisten Fällen ist dafür ein RC-Tiefpass ersten oder maximal zweiten Grades ausreichend – im erwähnten Beispiel mit einer Grenzfrequenz von etwa 3–6 kHz.

In diesem Zusammenhang sei erwähnt, dass ein SC-Tiefpass selber als Anti-Aliasing-Filter höherer Ordnung vor einem AD-Wandler eingesetzt werden kann. Für das analoge Vorfilter vor dem SC-Tiefpass ist dann ein deutlich geringerer Filtergrad ausreichend. Unter rein praktischen Aspekten – Volumen, Leistungsverbrauch, Flexibilität – ist diese „schrittweise" Bandbegrenzung aber nur dann sinnvoll, wenn für das SC-Filter ein integrierter Baustein eingesetzt wird.

Nachfilterung

Obwohl SC-Filter mit den mathematischen Methoden der zeitdiskreten Signalverarbeitung berechnet werden, ermöglichen die als Ladungsspeicher wirkenden Kondensatoren zu jedem Zeitpunkt definierte Spannungszustände. Dabei ändern die Kondensatoren aber ihre Ladung mit jeder Taktphase nahezu sprungförmig und verursachen so den typischen treppenförmigen Verlauf der Ausgangsspannung, s. Abb. 6.3. Damit kann das abtastanalog arbeitende SC-Filter angesehen werden als eine Kombination

„Zeitdiskretes System mit Abtast-Halte-Schaltung (A-H)".

Der Zusammenhang zwischen der Systemfunktion $H(z)$ und dem tatsächlichen Übertragungsverhalten der Schaltung wird deshalb durch eine multiplikative Verknüpfung mit der Funktion der Abtast-Halte-Einheit $\underline{H}_{AH}$ hergestellt:

$$\underline{H}_{AH}(s) = \frac{1 - e^{-sT_A}}{sT_A} \quad \xrightarrow{s \to j\omega} \quad \underline{A}_{AH}(j\omega) = \frac{\sin\left(\dfrac{\omega T_A}{2}\right)}{\dfrac{\omega T_A}{2}} e^{-\frac{j\omega T_A}{2}}.$$

(Die Herleitung dieser Funktion erfolgt im Zusammenhang mit der Definition eines linearen A-H-Simulationsmodells in Abschn. 6.4.1.2).

Die Übertragungsfunktion $\underline{A}_{AH}$ mit einer $\sin x/x$-Charakteristik verursacht im Hauptintervall des Spektrums eine zusätzliche Dämpfung, deren Einfluss auf den Durchlass- und Übergangsbereich von Tiefpass- und Bandpassfunktionen bis zu einer Frequenz $f \approx f_A/20$ praktisch vernachlässigbar ist (Fehler max. 1%).

Außerdem erzeugt die Funktion $\underline{A}_{AH}$ bei der Frequenz $f = f_A$ eine Nullstelle, welche – zusammen mit der abnehmenden $\sin x/x$-Charakteristik – zu einer Bedämpfung der periodischen Spektralanteile führt. Dieser durchaus erwünschte Effekt – die Tiefpasswirkung der Abtast-Halte-Einheit – macht eine zusätzliche Nachfilterung zur Glättung der Ausgangsspannung in vielen Fällen überflüssig.

Frequenzgangkorrektur nach SC-Filterung

Für den Fall, dass – bei relativ niedrigem Takt-zu-Polfrequenz-Verhältnis – die Abtast-Halte-Funktion $\underline{A}_{AH}$ mit ihrer $\sin x/x$-Charakteristik die gewünschte Filterkurve im Durchlassbereich zu stark verzerrt, kann eine nachgeschaltete Stufe zur Frequenzgangkorrektur vorgesehen werden. Im einfachsten Fall wird als analoges Nachfilter ein Tiefpass eingesetzt, dessen Amplitudenüberhöhung den Abfall der $\sin x/x$-Funktion teilweise kompensieren kann. Es hat sich herausgestellt, dass dazu – als Kompromiss zwischen Aufwand und Ergebnis – eine Tschebyscheff-Charakteristik zweiten Grades ausreichend ist.

Es kann dafür z. B. eine einfache Sallen-Key-Struktur gewählt werden mit den Kenngrößen

- Grundverstärkung $A_0 = 1$,
- Polgüte $Q_P \approx 2{,}05$ (Amplitudenüberhöhung etwa 6,5 dB),
- Polfrequenz $f_P = 0{,}75 \cdot f_A$ (mit Abtastrate $f_A = 1/T_A$).

Soll die Korrektur dagegen im abtastanalogen Bereich erfolgen, kann ein spezielles SC-Netzwerk ersten oder zweiten Grades nachgeschaltet werden. Vorschläge dazu sind in der Fachliteratur zu finden (Taylor u. Haigh 1987; Sharma et al. 1988).

Integrierte Filterbausteine

Integrierte Filterbausteine in SC-Technik werden in großer Vielfalt von den Halbleiterherstellern angeboten. Dabei handelt es sich entweder um Universalstrukturen zweiten Grades, bei denen der Anwender den Filtertyp auswählen kann, oder um Tief-, Band- oder (seltener) Hochpässe höheren Grades bis maximal $n = 8$. Der nutzbare Frequenzbereich erstreckt sich etwa bis 150 kHz mit maximalen Taktraten bis zu einigen MHz.

Zwecks Auswahl der Konfiguration (Filtertyp) bzw. der Übertragungscharakteristik (Polgüten, Grenz- bzw. Mittenfrequenzen) gibt es unterschiedliche Möglichkeiten der „Programmierung", die teilweise auch miteinander kombiniert werde können – z. B. um die gleiche Filterfunktion bei zwei unterschiedlichen Taktraten zu erhalten.

Bei den Universalfiltern kann der Anwender oft auch zwei oder drei unterschiedlichen Betriebsarten anwählen, um beispielsweise die Dynamik der Schaltung für die jeweilige Anwendung optimal auszunutzen, oder die Konfiguration dem ausgewählten Verhältnis von Pol- zu Taktfrequenz anzupassen. Dabei werden die einzelnen Funktionseinheiten – Integratoren mit/ohne Dämpfung, Verstärker – über extern anzuschließende Widerstände zusammengeschaltet.

Die Grenz- bzw. Mittenfrequenzen werden durch den Systemtakt festgelegt, und/oder können durch Gleichspannungspegel (TTL, CMOS) an speziellen Auswahl-Pins in diskreten Stufen vorgegeben werden („pin-programmierbar"). Auf die gleiche Weise kann bei Bandpässen auch die Selektivität bzw. die Bandbreite gewählt werden. Die Taktfrequenz wird meistens intern erzeugt und durch extern anzuschließende Kondensatoren bestimmt, kann aber auch durch einen externen Taktgenerator ersetzt werden.

Für praktisch alle SC-Filterbausteine existieren Dimensionierungshilfen in Form von Tabellen, speziellen Applikationsunterlagen oder auch Entwurfsprogrammen. Die entsprechenden Hinweise dazu findet man auf den Datenblättern bzw. auf den Internet-Seiten der jeweiligen Hersteller:

- Linear Technology Corporation (www.linear.com),
- Maxim Integrated Products (maxim-ic.com),
- National Semiconductor Corporation (national.com),
- Texas Instruments Incorporated (ti.com).

6.4   Simulation von SC-Filtern im Frequenzbereich

6.4.1   Zeitkontinuierliche Modelle der SC-Kombinationen

Die Eigenschaften frequenzselektiver Filter werden anschaulich beschrieben durch die grafische Darstellung der Übertragungsfunktion in Abhängigkeit von der Frequenz – getrennt nach Betrag und Phase (Bode-Diagramm). Die Berechnung dieser Funktionen erfolgt nach den Gesetzmäßigkeiten der linearen Wechselspannungsanalyse (AC-Analyse), wobei PC-Programme zur Schaltungssimulation heute zu einem unverzichtbaren Werkzeug geworden sind.

Durch ihre zeitvarianten Eigenschaften sind die SC-Netzwerke einer direkten Analyse in der Frequenzebene jedoch nicht zugänglich. Um trotzdem auch für SC-Filter die Leistungsfähigkeit moderner Simulationsprogramme nutzen zu können, kann jede Schalter-Kondensator-Kombination innerhalb der Schaltung durch eine spezielle zeitkontinuierliche Ersatzstruktur ersetzt werden. Auf diese Weise ist es möglich, die speziellen Frequenzeigenschaften des abtastanalogen Netzwerks – also die Periodizität der Übertragungsfunktion – korrekt nachzubilden.

Die Ableitung dieser Ersatzstrukturen ist ein relativ umständlicher Prozess, da jede mögliche Kombination aus Schaltern und Kondensator – s. dazu Abb. 6.2, 6.4, 6.5 und 6.6 – zu einer anderen Ersatzschaltung führt. Deshalb soll der Weg zur Ableitung dieser Strukturen im Folgenden nur kurz skizziert werden.

Die jeweilige Schalter-Kondensator-Kombination wird mit zwei Taktphasen betrieben, die sich gegenseitig nicht überlappen dürfen. Zunächst wird diese zeitvariante SC-Einheit in jeder der beiden Taktphasen separat betrachtet. Auf diese Weise erhält man zwei zeitkontinuierliche Teilschaltungen mit jeweils einem Eingangs- und einem Ausgangstor. Der Zusammenhang zwischen beiden Teilschaltungen wird dadurch hergestellt, dass der Zustand zu Beginn jeder Taktphase durch die jeweils vorhergehende Taktphase eindeutig vorgegeben ist. Da es beim Wechsel der Taktphasen zu Ladungsverschiebungen kommt, werden zur Systembeschreibung die Ladungsgleichungen in jedem Knoten aufgestellt (Satz von der Erhaltung der Ladung). Die Lösung dieses Gleichungssystems erfolgt dann durch Transformation in den z-Bereich.

Um die Ergebnisse einem handelsüblichen Simulationsprogramm zugänglich zu machen, müssen die Ladungsverschiebungen als Stromgleichungen interpretiert werden. Bei diesem Schritt wird mit folgenden Analogien gearbeitet:

$$Q \triangleq I$$
$$C \cdot U \triangleq U/R_{SC} \tag{6.27}$$
$$C \triangleq 1/R_{SC} = G_{SC}.$$

Dadurch werden alle Knotengleichungen für Ladungen zu Stromknotengleichungen, wenn gleichzeitig die Werte der Kapazitäten als reelle Leitwerte interpretiert werden. Zum Zweck der Simulation ist also jeder Kondensator der SC-Schaltung durch einen Widerstand zu ersetzen, dessen Wert – bei Berücksichtigung einer passenden Skalierungsgröße τ_{SC} – dem Kehrwert der Kapazität entspricht.

Damit wäre jede einzelne beider Teilschaltungen für sich bereits einer linearen Wechselspannungsanalyse zugänglich; zur Nachbildung der Gesamtschaltung ist es aber notwendig, beide Teile in geeigneter Weise miteinander zu kombinieren. Da die Teilschaltungen aber nur zu Zeitpunkten definiert sind, die sich um eine halbe Taktperiode unterscheiden, müssen bei ihrer Verbindung Verzögerungselemente eingeführt werden, die den Zeitpunkt der Wirksamkeit der Widerstände R_{SC} festlegen. Die mathematische Formulierung dieser Verzögerung erfolgt im z-Bereich unter Beachtung des Verschiebungssatzes, s. Gl. (6.5) in Abschn. 6.1.1.3.

6.4.1.1 Der Storistor

Die Kombination zwischen Verzögerungseinheit und Widerstand R_{SC} führt zur Definition eines neuen künstlichen Bauteils, das als *Storistor* (Storage Resistor) bezeichnet wird. Der durch den Storistor fließende Strom ist proportional zu einer verzögernd wirkenden Spannungsdifferenz und ist damit ein Element „mit Gedächtnis". Die rechnerische Behandlung der Ladungsgleichungen führt in diesem Zusammenhang auch auf negative Storistoren, die mit positiven Widerständen R_{SC} kombiniert werden, um bei Kondensatorentladungen die Bedingung $I=0$ (wegen $\Delta Q=0$) für eine Hälfte der Periode gewährleisten zu können.

Die genaue Anordnung dieser Ersatzelemente ergibt sich aus dem System der Knotengleichungen im z-Bereich – unter Berücksichtigung der Äquivalenz nach Gl. (6.27). Die Herleitung aller für die Praxis relevanten Ersatzschaltungen ist der SC-Spezialliteratur zu entnehmen (Ghausi u. Laker 1981); eine Zusammenstellung der am häufigsten benutzten zeikontinuierlichen SC-Ersatzschaltungen enthalten die Tabellen 6.1 und 6.2.

Simulationsmodell für den Storistor

Für Simulationszwecke kann die Funktion des Storistors nachgebildet werden durch einen Widerstand und eine Verzögerungseinheit, die als Modell einer verlustlosen Leitung mit wählbarer Laufzeit (Time Delay, T_D) in den Simulationsprogrammen verfügbar ist (Nelin 1983). Dieses gilt auch für negative Storistoren, da bei der AC-Analyse auch negative Widerstandswerte akzeptiert werden.

Das richtungsabhängige Schaltsymbol im z-Bereich und die zugehörige Ersatzschaltung mit dem Leitungsmodell aus „PSpice" – für den Fall einer Verzögerung um $T_A/2$ – zeigt Abb. 6.10. Damit die Leitung als reine Verzögerungseinheit ohne Reflexionen arbeitet, müssen Wellenwiderstand und Abschlusswiderstand R_L gleich gewählt werden ($R_L=Z_0$); der Leitungsausgang ist dann von dem Widerstandselement R_{SC} zu entkoppeln. Soll das Storistor-Modell als reine Verzögerungseinheit dienen, ist $R_{SC}=0$ zu setzen.

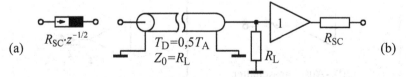

(a) $R_{SC}\cdot z^{-1/2}$ $T_D=0{,}5T_A$ $Z_0=R_L$ 1 R_L R_{SC} (b)

Abb. 6.10   Storistor: **(a)** Schaltsymbol, **(b)** Simulationsmodell in „PSpice"

Tabelle 6.1   Äquivalenzen zwischen geschalteten Elementen und Ersatzschaltungen im z-Bereich (mit Verwendung des verzögernden Bauteils „Storistor")

Bedingung: Abtastung (Aktualisierung) einmal pro Taktperiode $T_A = T_T$

Zeitdiskrete Schaltung	Modell im z-Bereich $R_{SC} = \tau_{SC}/C$
SC-Widerstand (EV)	$R_{SC} \cdot z^{-1/2}$
SC-Widerstand (EV) mit Invertierung	$-R_{SC} \cdot z^{-1/2}$
SC-Widerstand (EV) mit Differenz	$R_{SC} \cdot z^{-1/2}$ $-R_{SC} \cdot z^{-1/2}$
SC-Widerstand (ER)	R_{SC}
Kondensator (ungeschaltet) im Rückkopplungspfad	R_{SC} $-R_{SC} \cdot z^{-1}$
OPV-Ausgangsschalter	$z^{-1/2}, \; R_{SC} = 0$

Anmerkungen zum Gebrauch der Tabelle 6.1

1. Die jeweiligen Äquivalenzen haben nur Gültigkeit, wenn die nachzubildende zeitdiskret arbeitende SC-Kombination an Knoten mit eingeprägter Spannung angeschlossen ist (Signalquelle, invertierender Verstärkereingang, Verstärkerausgang, Masse), s. Abschn. 6.3.1.1.

2. Für den Fall, dass die Widerstandsnachbildungen (linke Spalte, Zeilen 1 bis 4) im Rückkopplungspfad eines Verstärkers liegen, dessen Ausgangsspannung nur einmal pro Taktperiode aktualisiert wird ($T_A = T_T$), erhält jedes Ersatzelement in der rechten Spalte einen zusätzlichen Verzögerungsfaktor $z^{-1/2}$.

Tabelle 6.2   Äquivalenzen zwischen geschalteten Elementen und Ersatzschaltungen im z-Bereich (mit Verwendung des verzögernden Bauteils „Storistor")

Bedingung: Abtastung (Aktualisierung) zweimal pro Taktperiode $T_A = 0{,}5 \cdot T_T$

Zeitdiskrete Schaltung	Modell in der z-Ebene $R_{SC} = \tau_{SC}/C$
SC-Widerstand (Bilinear)	R_{SC} $R_{SC} \cdot z^{-1/2}$
Kapazität	R_{SC} $-R_{SC} \cdot z^{-1/2}$

6.4.1.2 Die Abtast-Halte-Funktion

In praktischen Anwendungen der SC-Technik werden die Kondensatorspannungen einmal oder zweimal pro Taktperiode durch neue Abtastwerte aktualisiert (Euler-Approximation bzw. bilineare Näherung) und zwischen den einzelnen Abtastungen konstant gehalten. Damit handelt es sich grundsätzlich um ein zeitkontinuierliches System.

Da die mathematische Behandlung der SC-Schaltungen aber von den Methoden der zeitdiskreten Systemtheorie Gebrauch macht, wird der Zusammenhang zwischen dieser Theorie und der zeitkontinuierlichen Realität durch den fiktiven Ansatz eines Abtast-Halte-Gliedes (A-H) am Ausgang des SC-Filters hergestellt.

Deshalb muss auch bei der Simulation von SC-Ersatzschaltungen, die aus der zeitdiskreten Systembetrachtung hervorgegangen sind, das Ausgangssignal mit der Übertragungsfunktion der A-H-Einheit multipliziert werden.

Eine mathematisch korrekte Herleitung der Systemfunktion für den Abtast-Halte-Effekt macht Gebrauch von der Ausblendeigenschaft der Dirac-Pulsfolge (Abtastvorgang) mit anschließender Anwendung der Laplace-Transformation. Dem theoretisch interessierten Leser wird dafür die einschlägige Fachliteratur empfohlen. (Meyer 2002; Ohm u. Lüke 2005).

Die hier präsentierte einfache und anschauliche Methode zur Ermittlung der Systemfunktion macht Gebrauch von einem Blockschaltbild, Abb. 6.11, welches die beiden Funktionen „Probenentnahme/Abtastung" und „Speichern/Halten" offensichtlich repräsentieren kann. Dabei muss angenommen werden, dass die Eingangsspannung während der Abtastung sich nicht merklich ändert.

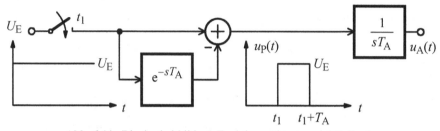

Abb. 6.11 Blockschaltbild zur Funktion „Abtasten und Halten"

Um die klassischen Methoden der zeitkontinuierlichen Systemtheorie anwenden zu können, wird das Schließen und Öffnen des Schalters für Zeiten $t > t_1$ durch das Verzögerungsglied e^{-sT_A} repräsentiert, so dass als Spannungsprobe die im Bild gezeigte Funktion $u_P(t)$ mit dem Maximalwert U_E entsteht. Da diese Probe für die Zeitdauer T_A zur Verfügung steht, steigt die Ausgangsspannung $u_A(t)$ der nachgeschalteten Integratorstufe mit der Integrationszeitkonstanten T_A kontinuierlich an bis auf den Wert $u_{A,max} = U_E$. Damit speichert der Integrator diese Probe bis zur nächsten Aktualisierung, die um die Zeit T_A versetzt erfolgt.

Die Systemfunktion ist aus der Serienschaltung in Abb. 6.11 direkt abzulesen:

$$\underline{H}_{AH}(s) = \left(1 - e^{-sT_A}\right)\frac{1}{sT_A} .$$
(6.28a)

Wenn nach dem Übergang $s \to j\omega$ der Bruch mit dem Ausdruck $e^{j\omega T_A/2}$ erweitert wird, führt die Anwendung der Euler-Formel für komplexe Zahlen auf die Übertragungsfunktion für den Abtast-Halte-Kreis

$$\underline{A}_{AH}(j\omega) = \frac{\sin\left(\dfrac{\omega T_A}{2}\right)}{\dfrac{\omega T_A}{2}} \cdot e^{-\dfrac{j\omega T_A}{2}} .$$
(6.28b)

Zur Umsetzung des Blockschaltbildes, Abb. 6.11, in eine Schaltung, die von einem der verbreiteten Simulationsprogramme analysiert werden kann, gibt es mehrere Möglichkeiten. Eine einfache Variante mit einer Integratorschaltung ist in Abb. 6.12 wiedergegeben. Durch die Signalverzögerung des Storistors um eine Abtastperiode T_A wird das Eingangssignal nach dieser Zeit „abgeschaltet" – wegen $R_P \rightarrow \infty$ für die Parallelschaltung von zwei gleich großen Widerständen mit unterschiedlichem Vorzeichen – und anschließend bis zur nächsten Aktualisierung gespeichert.

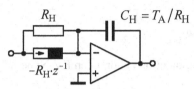

Abb. 6.12 Simulationsmodell der Abtast-Halte-Stufe (A-H) im z-Bereich

Mit $z^{-1} = e^{-j\omega T_A}$ ist die Systemfunktion direkt aus der Schaltung ablesbar:

$$\underline{H}_{AH}(s) = -\frac{\dfrac{1}{sC_H}}{R_P} = -\frac{\dfrac{1}{R_P}}{sC_H} = -\frac{\dfrac{1}{R_H}\left(1 - e^{-sT_A}\right)}{sC_H} \xrightarrow{C_H = T_A/R_H} -\frac{1 - e^{-sT_A}}{sT_A}.$$

6.4.1.3 Ein Simulationsmodell für den invertierenden Integrator

Als Beispiel für den Gebrauch der in den Tabellen 6.1 bzw. 6.2 angegebenen Ersatzschaltungen und zum Nachweis ihrer Gültigkeit für die angewendete Approximation wird das für eine lineare AC-Analyse geeignete Modell der invertierenden Intergatorschaltung abgeleitet und analysiert, s. Abb. 6.13.

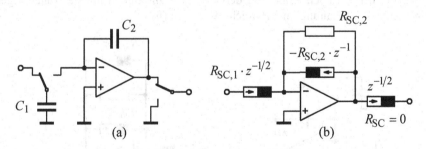

Abb. 6.13 Umkehrintegrator: **(a)** SC-Schaltung (EV), **(b)** Modell im z-Bereich

Ausgangspunkt ist der invertierende SC-Integrator in EV-Struktur aus Abb. 6.2, der hier mit Abb. 6.13(a) noch einmal gezeigt ist. Der formale Ersatz der Elemente der SC-Schaltung durch die Storistor-Ersatzschaltungen aus Tabelle 6.1

(Zeilen 1, 5 und 6) führt unmittelbar auf das zeitkontinuierliche Modell in Abb. 6.13(b).

Zum Nachweis der Äquivalenz beider Schaltungen wird zunächst die Systemfunktion im z-Bereich aufgestellt – wegen der Parallelschaltung im Rückkopplungszweig sinnvollerweise über die Leitwerte – mit anschließender Rücksubstitution in die Kapazitätsebene der zugehörigen SC-Schaltung:

$$\underline{H}(z) = -\frac{\frac{1}{R_{SC,1}}z^{-1/2}}{\frac{1}{R_{SC,2}}-\frac{1}{R_{SC,2}}z^{-1}}\cdot z^{-1/2} \xrightarrow{R_{SC}=\frac{\tau_{SC}}{C}} -\frac{C_1 z^{-1}}{C_2\left(1-z^{-1}\right)}.$$

Mit der zur SC-Kombination gehörenden EV-Näherung, Gl. (6.8),

$$z^{-1}=\frac{1}{1+j\omega T_A}$$

und mit Gl. (6.23b) für den Zusammenhang zwischen geschaltetem Kondensator und äquivalentem Widerstand entsteht dann – wie erwartet – die Übertragungsfunktion des zeitkontinuierlich arbeitenden RC-Integrators aus Abschn. 3.1.5:

$$\underline{A}(j\omega) = -\frac{C_1}{j\omega T_A C_2} \xrightarrow{C=\frac{1}{f_A R}=\frac{T_A}{R}} -\frac{1}{j\omega R_1 C_2}.$$

6.4.2   Simulationsbeispiel: SC-Tiefpass ersten Grades

Als Beispiel für die Simulation abtastanaloger SC-Filter im Frequenzbereich wird der SC-Tiefpass ersten Grades nach der EV-Approximation aus Abb. 6.7(b) hier mit Abb. 6.14(a) noch einmal wiedergegeben – zusammen mit der zugehörigen linearen Ersatzschaltung im z-Bereich, Abb. 6.14 (b).

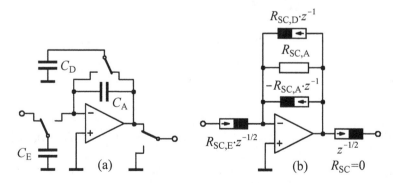

Abb. 6.14 Tiefpass, $n=1$: **(a)** SC-Struktur (EV), **(b)** Ersatzstruktur im z-Bereich

Die Kapazität C_A wird durch eine Kombination aus Storistor und negativem Widerstand und die beiden nach dem EV-Prinzip geschalteten Kondensatoren C_E und C_D werden durch jeweils einen Storistor (mit unterschiedlichen Verzögerungen) nachgebildet, vgl. Tabelle 6.1 mit Anmerkung 2.

Für alle Ersatzwiderstände gilt dabei der Zusammenhang

$$R_{SC,i} = \frac{\tau_{SC}}{C_i}. \qquad \text{(Gl. 6.29)}$$

Die Zeitkonstante τ_{SC} ist dabei eine reine Skalierungsgröße, die unter praktischen Gesichtspunkten gewählt wird.

Abtast-Halte-Funktion

Da die Ausgangsspannung der SC-Stufe theoretisch erst am Ende jeder Aufladung von C_A zur Verfügung steht, enthält die SC-Schaltung in Abb. 6.14(a) einen entsprechend getakteten Ausgangsschalter. In der Praxis nimmt man das Ausgangssignal direkt am Verstärkerausgang ab – mit dem Vorteil, dass der nun treppenförmige Spannungsverlauf zeitkontinuierlich ist und dem Ausgang einer Abtast-Halte-Schaltung entspricht, s. dazu Abb. 6.3. Soll bei der Simulation diese Ausgangsspannung dargestellt werden, ist bei der Simulationsanordnung in Abb. 6.14(b) das Verzögerungselement am Ausgang durch das zeitkontinuierliche Modell dieser Abtast-Halte-Stufe (Abb. 6.12) zu ersetzen.

Dimensionierung

Der Tiefpass wird für die Grenzfrequenz f_G=1 kHz und eine Grundverstärkung von A_0=−1 ausgelegt. Der Systemtakt wird vorgegeben mit f_T=50 kHz (Euler-Vorwärts-Näherung: T_T=T_A=20 µs).

- Schritt 1: RC-Referenztiefpass, Bild 6.7(a) und Gl. (3.13a)

  Wahl: $R_E = 10\ k\Omega \implies R_D = 10\ k\Omega \implies C_A = \dfrac{1}{2\pi \cdot 10^3 R_D} = 15,9\ nF$.

- Schritt 2: SC-Filter mit EV-Nachbildung, Gl. (6.23b)

  $C_E = \dfrac{1}{f_A R_E} = 2\ nF, \quad C_D = \dfrac{1}{f_A R_D} = 2\ nF, \quad C_A = 15,9\ nF$.

- Schritt 3: SC-Filter im z-Bereich (Storistor-Struktur), Gl. (6.29)

  Wahl: $\tau_{SC} = 10^{-5}\ s$, und damit

  $R_{SC,E} = \dfrac{\tau_{SC}}{C_E} = 5\ k\Omega, \quad R_{SC,D} = \dfrac{\tau_{SC}}{C_D} = 5\ k\Omega, \quad R_{SC,A} = \dfrac{\tau_{SC}}{C_A} = 628,3\ \Omega$.

- Schritt 4: Storistor-Nachbildung durch Verzögerungsleitungen (Abb. 6.10)

  Die Leitungselemente werden ausgelegt für die Verzögerungszeiten

  $T_{D(E)} = T_A/2 = 10\ µs \quad \text{bzw.} \quad T_{D(A)} = T_{D(D)} = T_A = 20\ µs$.

- Schritt 5: Dimensionierung Abtast-Halte-Glied (Abb. 6.12)

  Wahl: $R_H = 10\ k\Omega, \quad C_H = T_A/R_H = 2\ nF \quad \text{mit} \quad T_T = T_A = 20\ µs$.

Simulation der zeitkontinuierlichen Nachbildung des SC-Filters

Für die zeitkontinuierliche Tiefpass-Anordnung in Abb. 6.14(b) mit dem Storistormodell aus Abb. 6.10 kann eine lineare AC-Analyse durchgeführt werden. Die Darstellung der mit dem Simulationsprogramm „PSpice/Probe" ermittelten Betragsfunktionen – mit und ohne Abtast-Halte-Glied (A-H), Abb. 6.12 – zeigt Abb. 6.15. Zusätzlich eingetragen ist der Verlauf der sinx/x-Funktion, Gl. (6.28b), der A-H-Stufe.

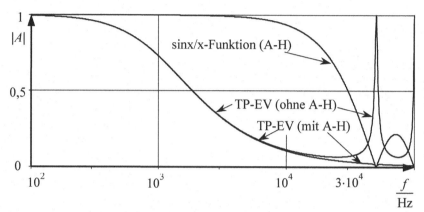

Abb. 6.15 Betragsfunktion für EV-Tiefpass mit und ohne Abtast-Halte-Funktion

Der Tiefpass-Funktionsverlauf ohne A-H-Einfluss – mit periodischer Wiederholung bei Vielfachen von 50 kHz – beweist die Korrektheit der Modellierung von SC-Schaltungen durch zeitkontinuierliche Verzögerungselemente (Storistoren). Wird diese Funktion mit der sinx/x-Charakteristik der Abtast-Halte-Schaltung multipliziert, repräsentiert die neue Kurve einen Tiefpass mit einer Nullstelle bei der Taktrate f_T. Im weiteren Verlauf der Funktion werden die periodischen Anteile deutlich gedämpft, so dass dieser SC-Tiefpass für viele Anwendungen als eine ausreichend gute Annäherung an die analoge RC-Schaltung angesehen werden kann. Die Grenzfrequenz – ohne Toleranzen und für idealen Operationsverstärker – liegt etwa bei f_G=1,07 kHz (Dimensionierung für 1 kHz).

Vergleich der unterschiedlichen Näherungsverfahren

Bei dem RC-Tiefpass ersten Grades, Abb. 6.7(a), können die beiden Widerstände auch durch die SC-Kombination nach Euler-Rückwärts (ER), Abb. 6.4, bzw. durch die bilineare SC-Kombination, Abb. 6.5, ersetzt werden. Um beide Varianten mit der Tiefpass-EV-Näherung zu vergleichen, werden die jeweiligen SC-Strukturen ebenfalls in eine zeitkontinuierliche Ersatzschaltung überführt. Die zugehörigen Storistor-Kombinationen können den Tabellen 6.1 bzw. 6.2 entnommen werden.

Die Ergebnisse der AC-Analysen sind in Abb. 6.16 wiedergegeben. Für Vergleichszwecke ist als vierte Kurve außerdem die Übertragungsfunktion für den zugehörigen analogen RC-Tiefpass eingetragen.

Das Ziel dieser zusätzlichen Simulationen ist, die grundsätzlichen Unterschiede zwischen den verschiedenen Methoden deutlich zu machen, mit denen aktive *RC*-Filter in SC-Netzwerke umgesetzt werden können. Deshalb wurde – anders als in Abb. 6.15 – der für die Filterwirkung wichtige Einfluss des Abtast-Halte-Effektes absichtlich nicht berücksichtigt.

Besonders in der vergrößerten Darstellung in Abb. 6.16(b) werden die Abweichungen im Bereich der Taktrate f_T=50 kHz gegenüber dem Idealverlauf der analogen *RC*-Schaltung sichtbar. Der Funktionsverlauf für beide Schaltungen mit SC-Kombinationen nach Euler hat bei f_T eine Unendlichkeitsstelle, während die Bilinear-Nachbildung (TP-BL) bei dieser Frequenz eine Nullstelle aufweist.

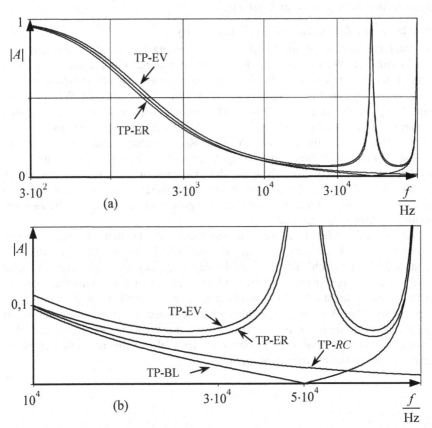

Abb. 6.16 Tiefpass ersten Grades, Vergleich von drei SC-Approximationen (EV, ER, BL) mit *RC*-Tiefpass: **(a)** Übersichtsdarstellung, **(b)** Ausschnittsvergrößerung

Dem Verlauf der Tiefpassfunktionen im Durchlass- und Übergangsbereich bis etwa 10 kHz kann man außerdem entnehmen, dass die EV-Näherung oberhalb und die ER-Näherung unterhalb der idealen *RC*-Filterkurve verläuft. Damit bestätigt sich die in Abschn. 6.1.2.4 aus den zugehörigen Formeln abgeleitete Aussage, dass bei zwei- und mehrstufigen Filtern eine geeignete Kombination aus EV- und ER-Elementen – z.B. als EV- und ER-Integratoren in Leapfrog-Strukturen – zu besonders günstigen Eigenschaften führen kann (LDI-Prinzip).

Bei der Bewertung der Tiefpassfunktionen für beide Euler-Näherungen im Vergleich zur bilinearen Approximation ist zu berücksichtigen, dass die deutlich zunehmenden Abweichungen oberhalb von 10 kHz durch den bei der Simulation nicht berücksichtigte Abtast-Halte-Effekt – mit einer Nullstelle bei f_T=50 kHz – drastisch reduziert werden, s. dazu auch Abb. 6.15. Dazu kommt als Nachteil der bilinearen Realisierung der erhöhte Aufwand an Schaltern und die größere Empfindlichkeit der SC-Kombinationen gegenüber parasitären Kapazitätseffekten (Einzelheiten dazu in Abschn. 6.3.1.1).

Simulation im Zeitbereich (Transienten-Analyse)

Der Storistor und seine auf einem Leitungselement basierende Ersatzschaltung dient dazu, Schalter-Kondensator-Kombinationen durch ein zeitkontinuierliches Modell zu ersetzen, um auch für die abtastanalog arbeitenden SC-Schaltungen die frequenzabhängigen Eigenschaften auf dem Wege einer linearen Wechselspannungsanalyse (AC-Analyse) mit einem PC-Simulationsprogramm korrekt erfassen zu können. Der Storistor ist also das „AC-Modell" einer SC-Kombination.

Trotzdem können diese aus Storistoren, Kondensatoren und Verstärkern zusammengesetzten Schaltungsanordnungen natürlich auch im Zeitbereich analysiert werden. Die Transienten-Analyse für den Tiefpass in Abb. 6.14(b) mit einem sinusförmigen Eingangssignal führt auf eine „saubere" Sinusspannung am Ausgang mit einer Amplitude, die genau dem zugehörigen Wert aus der Betragsdarstellung in Abb. 6.15 entspricht.

Die Ergebnisse derartiger Simulationsläufe im Zeitbereich sind also nur von untergeordneter Bedeutung, da gerade die speziellen Eigenarten von SC-Schaltungen – nämlich die Auf- und Umladungen der Kondensatoren mit dem SC-typischen treppenartigen Verlauf (Abb. 6.3) – von der zeitkontinuierlichen Ersatzschaltung nicht erfasst werden können. Für eine realistische Bewertung der Signalformen am Ausgang sowie für eine zugehörige Spektralanalyse durch das Simulationsprogramm – z. B. zur Abschätzung der Wirkung eines nachgeschalteten Glättungsfilters – ist die Nachbildung der realen Schaltung mit periodisch getakteten Signalschaltern unumgänglich.

7 Rechnergestützter Filterentwurf

7.1 Allgemeines

Rechnergestützte Methoden sind sowohl bei der Synthese als auch bei der Analyse technischer Systeme zu einem unverzichtbaren Hilfsmittel geworden. Auch für den Filterentwurf werden zahlreiche Programmpakete angeboten, die auf moderne Arbeitsplatzrechner zugeschnitten sind und mit deren Hilfe die klassischen Dimensionierungsgleichungen ausgewertet und in Schaltungsvorschläge umgesetzt werden können. Auf diese Weise werden die einzelnen Schritte beim Entwurf einer Filterschaltung unterstützt und beschleunigt.

Vor der Entscheidung für oder gegen den Einsatz eines dieser Softwarepakete zur Filtersynthese ist zu beachten, dass die verschiedenen Programme große Unterschiede hinsichtlich des Funktionsumfangs aufweisen. Das betrifft sowohl die unterschiedlichen Filtertypen und Standard-Approximationen als auch die Wahlmöglichkeiten bei der Schaltungsstruktur. Weitere Unterschiede gibt es beim maximal erlaubten Filtergrad und bei der Form, mit der die Anforderungen an das Filter zu formulieren sind – entweder über Dämpfungswerte (Toleranzschema) oder über die Vorgabe des Filtergrades zusammen mit der kennzeichnenden Durchlassgrenze. In beiden Fällen ist daran anschließend die gewünschte Charakteristik (Approximation) aus den jeweils angebotenen Varianten auszuwählen.

Unter dem Aspekt einer direkten Umsetzung der vom Programm vorgeschlagenen Dimensionierung ist es außerdem wichtig, ob das Impedanzniveau wählbar ist und ob die angegeben Bauteilwerte „theoretisch-exakt" – und deshalb problematisch in der Realisierung – oder bereits einer der Normreihen entnommen sind.

7.2 PC-Programme zum Filterentwurf

7.2.1 Systematische Übersicht

Die folgende Zusammenstellung gibt einen stichwortartigen Überblick über Fähigkeiten, Einschränkungen und Besonderheiten von neun Entwurfsprogrammen, die als kostenfreie – und deshalb in ihrer Kapazität teilweise begrenzte – Versionen über das Internet bezogen werden können. Dabei stellt die gewählte alphabetische Reihenfolge keinerlei Bewertung dar. Als Ausgangsbasis für die Verfahren der Komponentennachbildung (Abschn. 2.2) enthält die Übersicht auch ein Programm für ausschließlich passive *RLC*-Filter in klassischer Abzweigstruktur.

AADE Filter Design (Version 4.3)

- Hersteller: Almost All Digital Electronics,
  Internet: www.aade.com;
- Programmart: Freeware, nur für passive Strukturen;
- Filtertypen: Tiefpass, Hochpass, Bandpass, Bandsperre;
- Approximationen: Butterworth, Bessel, Tschebyscheff, Cauer, Gauss,
  Legendre, Spezialfunktionen (Laufzeitwelligkeiten);
- Max. Filtergrad: $n=16$;
- Vorgaben Tiefpass: Toleranzschema, oder: Grad n, Durchlassgrenze ω_D;
- Vorgaben Bandpass: Toleranzschema, oder: n, Bandbreite, Mittenfrequenz;
- Strukturen aktiv: Nein;
- Strukturen passiv: Wahlweise spulenarm oder spulenreich,
  für Nullstellen: wahlweise Serien- od. Parallelkreise;
- Berechnung R u. C: Widerstände und Kapazitäten mit Idealwerten;
- Vorgaben: Eingangs- und Abschlusswiderstände;
- Kurven-Darstellung: Bode-Diagramm (Betrag, Phase) und Gruppenlaufzeit,
  Sprungantwort, Impedanzfunktionen;
- Besonderheiten: Endliche Gütewerte für Spulen möglich.

AktivFilter (Version 2.3)

- Hersteller: SoftwareDidaktik,
  Internet: www.softwaredidaktik.de;
- Programmart: Demo-Version mit stark begrenztem Leistungsumfang,
  Student-Edition (49 €) mit vollem Leistungsumfang
  (bis $n=30$ und ca. 200 OPV-Modellen);
- Filtertypen: Tiefpass, Hochpass (Student-Edition: auch Bandpass);
- Approximationen: Butterworth, Thomson-Bessel, Tschebyscheff,
  oder: Pole wählbar;
- Max. Filtergrad: Demo-Version $n=2$ (1 Polpaar), Student-Edition $n=30$;
- Vorgaben Tiefpass: Grad n, Verstärkung, Durchlassgrenze ω_D;
- Vorgaben Bandpass: Demo-Version: Nur Tief- und Hochpass;
- Strukturen aktiv: Zweifach-Gegenkopplung, Sallen-Key-Strukturen;
- Strukturen passiv: Nein;
- Berechnung R u. C: R: Reihe E12/24/48/96, C: ideal oder E12-Reihe;
- Vorgaben: Widerstandsniveau;
- Kurven-Darstellung: Bode-Diagramme: (a) ideal, (b) real (mit OPV-Einfluss),
  (c) optimiert für gewählten OPV-Typ;
- Besonderheiten: Dimensionierung berücksichtigt realen OPV-Frequenzgang
  (Zweipolmodell, für Demo-Version nur µA741, LF411);
  direkte Schnittstelle zum Simulator „PSpice".

Filter Free 2007 (Version 5.1.6)

- Hersteller: NuhertzTechnologies,
                         Internet: www.filter-solutions.com;
- Programmart: Kostenfreie Version mit begrenztem Leistungsumfang
                         (max. möglichen Filtergrad);
- Filtertypen: Tiefpass, Hochpass, Bandpass, Bandsperre, Allpass;
- Approximationen: Butterworth, Bessel, Tschebyscheff, Tscheb./invers,
                         Gauss, Cauer, Legendre, raised-cosinus;
- Max. Filtergrad: Tiefpass: $n=3$, Bandpass: $n=6$ (drei Polpaare);
- Vorgaben Tiefpass: (a) Toleranzschema oder
                         (b) Grad n,Durchlassgrenze ω_D;
- Vorgaben Bandpass: (a) Toleranzschema oder
                         (b) Grad n, Bandbreite, Mittenfrequenz ω_0;
- Strukturen aktiv: Zweifach-Gegenkopplung, Sallen-Key ($v=1$),
                         Integratorfilter (Tow-Thomas), GIC-Biquad,
                         GIC-FDNR, Parallelstrukturen, Leapfrog;
- Strukturen passiv: Ja, wahlweise spulenreich oder spulenarm;
- Berechnung R u. C: Idealwerte;
- Vorgaben: Widerstandsniveau;
- Kurven-Darstellung: Bode-Diagramm (Betrag, Phase) und Gruppenlaufzeit,
                         Pol-/Nullstellen-Verteilung, Sprungantwort;
- Besonderheiten: Entwurf auch von SC-Filterstrukturen möglich.

Filterlab (Version 2.0)

- Hersteller: Microchip Technology Inc.,
                         Internet: www.microchip.com;
- Programmart: Kostenfreie Software mit begrenzten Wahlmöglichkeiten;
- Filtertypen: Tiefpass, Hochpass, Bandpass;
- Approximationen: Butterworth, Thomson-Bessel, Tschebyscheff,
- Max. Filtergrad: $n=8$ (4 Polpaare);
- Vorgaben Tiefpass: (a) Toleranzschema oder
                         (b) Grad n, Verstärkung, Durchlassgrenze ω_D;
- Vorgaben Bandpass: (a) Toleranzschema oder
                         (b) Grad n, Bandbreite, Mittenfrequenz ω_0;
- Strukturen aktiv: Zweifach-Gegenkopplung, Sallen-Key ($v=1$);
- Strukturen passiv: Nein;
- Berechnung R u. C: R: ideal, oder Toleranz 1%; C: ideal oder wählbar;
- Vorgaben: Kapazitätswerte;
- Kurven-Darstellung: Bode-Diagramm (Betrag, Phase) und Gruppenlaufzeit;
- Besonderheiten: SPICE-Interface, Anti-Aliasing-Wizard als Funktion von
                         Abtastrate, Auflösung und Signal-zu-Rauschverhältnis.

FilterPro (Version 2.0)

- Hersteller: Texas Instruments Inc., Internet: www.ti.com;
- Programmart: Kostenfreie Software mit begrenzten Wahlmöglichkeiten;
- Filtertypen: Tiefpass, Hochpass, Bandpass, Bandsperre;
- Approximationen: Butterworth, Thomson-Bessel, Tschebyscheff, Gauss,
  Spezialfunktion mit Laufzeitwelligkeit (0,5 und 0,05 dB);
- Max. Filtergrad: $n=10$ (5 Polpaare);
- Vorgaben Tiefpass: Grundverstärkung, Durchlassgrenze ω_D und Grad n;
- Vorgaben Bandpass: Grundverstärkung, Mittenfrequenz $\omega_0 = \omega_P$ und Q_P;
- Strukturen aktiv: Zweifach-Gegenkopplung, Sallen-Key ($v=1$);
- Strukturen passiv: Nein;
- Berechnung R u. C: Ideal, oder aus Reihe $\rightarrow R$: E12/24/48/96/192,
  C: E6/12/24;
- Vorgaben: Kapazitätswerte, Widerstandsniveau;
- Kurven-Darstellung: Bode-Diagramm (Betrag, Phase) und Laufzeit;
- Besonderheiten: Bode-Diagramme auch für reale Bauteilwerte,
  Einblendung passiver Empfindlichkeiten,
  beliebige Poldaten anstatt Standard-Approximationen
  wählbar („custom design").

Filter Wiz Pro (Version 4.05)

- Hersteller: Schematica Software, Internet: www.schematica.com;
- Programmart: Demo-Version (ohne Angabe von Widerstandswerten);
- Filtertypen: Tiefpass, Hochpass, Bandpass, Bandsperre, Allpass;
- Approximationen: Butterworth, Thomson-Bessel,Tschebyscheff,
  Tscheb./invers, Cauer und einige Spezialfunktionen;
- Max. Filtergrad: $n=20$ (10 Polpaare);
- Vorgaben Tiefpass: (a) Toleranzschema oder
  (b) Grad n, Verstärkung, Durchlassgrenze ω_D;
- Vorgaben Bandpass: (a) Toleranzschema oder
  (b) Grad n, Bandbreite, Mittenfrequenz ω_0;
- Strukturen aktiv: Zweifach-Gegenkopplung, Sallen-Key, GIC-Biquad
  und 12 weitere Strukturen (mit bis zu 3 OPV);
- Strukturen passiv: Nein;
- Berechnung R u. C: Nur Kapazitäten (keine Widerstände in Demo-Version);
- Vorgaben: Widerstandsniveau, Kapazitätswerte;
- Kurven-Darstellung: Bode-Diagramm (Betrag, Phase) und Gruppenlaufzeit,
  Pol-/Nullstellen-Verteilung, Sprungantwort;
- Besonderheiten: Viele Zusatzfunktionen zur Optimierung
  (Empfindlichkeiten, Bauteilspreizung, Abstimmung).

Micro-Cap Evaluation (Version 9.0)

- Hersteller: Spectrum Software,
                      Internet: spectrum-soft.com;
- Programmart: Programm zur Schaltungsanalyse (Demo-Version) mit
                      Filter-Modul (Begrenzung beim Filtergrad);
- Filtertypen: Tiefpass, Hochpass, Bandpass, Bandsperre, Allpass;
- Approximationen: Butterworth, Thomson-Bessel, Tschebyscheff,
                      Tschebyscheff/invers, Cauer (elliptisch);
- Max. Filtergrad: Tiefpass: $n=3$, Bandpass: $n=6$ (drei Polpaare);
- Vorgaben Tiefpass: (a) Toleranzschema oder
                      (b) Grad n, Verstärkung, Durchlassgrenze ω_D;
- Vorgaben Bandpass: (a) Toleranzschema oder
                      (b) Grad n, Bandbreite (Güte), Mittenfrequenz ω_0;
- Strukturen aktiv: Sallen-Key-Strukturen, Zweifach-Gegenkopplung,
                      Integratorfilter (KHN, Tow-Thomas);
- Strukturen passiv: Wahlweise spulenreich oder spulenarm;
- Berechnung R u. C: R und C ideal, wahlweise auch mit Toleranzvorgaben,
                      Bauteilwerte auch als Parallelkombination berechnet;
- Vorgaben: Widerstandsniveau;
- Kurven-Darstellung: Bode-Diagramm (Betrag, Phase) und Gruppenlaufzeit;
- Besonderheiten: Keine zweipolige Bandpassstufe möglich.

Multisim Education (Version 7.0)

- Hersteller: Interactive Image Technologies Inc.,
                      Internet: www.electronicsworkbench.com;
- Programmart: Programm zur Schaltungsanalyse (Demo-Version) mit
                      Filter-Modul (begrenzte Wahlmöglichkeiten);
- Filtertypen: Tiefpass, Hochpass, Bandpass, Bandsperre;
- Approximationen: Butterworth, Tschebyscheff;
- Max. Filtergrad: $n=10$ (5 Polpaare);
- Vorgaben Tiefpass: Toleranzschema;
- Vorgaben Bandpass: Toleranzschema;
- Strukturen aktiv: Sallen-Key-Struktur ($v=1$);
- Strukturen passiv: Ja;
- Berechnung R u. C: Idealwerte für R und C;
- Vorgaben: Widerstandsniveau;
- Kurven-Darstellung: Nach Durchführung der Schaltungssimulation;
- Besonderheiten: Schaltung wird direkt als Simulationsdatei erzeugt.

SuperSpice (Version 2.2)

- Hersteller: AnaSoft Ltd., Internet: www.anasoft.co.uk;
- Programmart: Programm zur Schaltungsanalyse (Demo-Version mit nur
                           wenigen Beschränkungen) und mit separatem
                           Filter-Modul (begrenzte Wahlmöglichkeiten);
- Filtertypen: Tiefpass, Hochpass;
- Approximationen: Butterworth, Thomson-Bessel, Tschebyscheff, Gauss;
- Max. Filtergrad: $n=10$ (5 Polpaare);
- Vorgaben Tiefpass: Grad n, Durchlassgrenze ω_D;
- Vorgaben Bandpass: entfällt
- Strukturen aktiv: Sallen-Key-Strukturen;
- Strukturen passiv: Wahlweise spulenreich oder spulenarm;
- Berechnung R u. C: Idealwerte für Widerstände und Kapazitäten;
- Vorgaben: Widerstandsniveau;
- Kurven-Darstellung: Nach Durchführung der Schaltungssimulation;
- Besonderheiten: Schaltung wird direkt als Simulationsdatei erzeugt,
                           sehr flexible Vorgabe bei passiven Strukturen.   ∎

Zum Schluss dieser Übersicht soll noch auf zwei Spezialprogramme hingewiesen
werden, die speziell zur Unterstützung bei der Beschaltung und beim Betrieb von
integrierten Filterbausteinen angeboten werden:
- **FilterCAD** (für alle *RC*- und *SC*-Bausteine der Fa. LTC);
  Hersteller: Linear Technology, Internet: Linear.com .
- **Maxim Filter Design Software** (für MAX 274);
  Hersteller: Maxim Integrated Products, Internet: Maxim-IC.com .

Beide Programme sind also nicht für den allgemeinen Filterentwurf geeignet; sie
haben aber – im Gegensatz zu den zuvor erwähnten neun Entwurfsprogrammen –
den Vorteil, dass sie für die wichtigsten Filtertypen und Approximationen die Pol-
und Nullstellendaten ausgeben und so die gedruckten Filterkataloge oftmals über-
flüssig machen.
- Eingabe:
  - Filtertypen: Tiefpass, Hochpass, Bandpass, Bandsperre;
  - Approximationen: Butterworth, Thomson-Bessel, Tschebyscheff, Cauer-A;
  - Toleranzschema: Dämpfungsanforderungen, Grenz- und Sperrfrequenzen;
- Ausgabe:
  - Pol-/Nullstellen: Polfrequenz f_P, Polgüte Q_P, Nullfrequenz f_Z (Cauer-A).
  - Filtergrad: maximal bis $n=15$;

Mit diesen Pol- bzw. Nullstellendaten können die einzelnen Filterstufen dann über
die zugehörigen Dimensionierungsgleichungen oder über ein Programm mit der
Möglichkeit der freien Polstellenwahl – wie „FilterPro" oder „AktivFilter" – entworfen werden.

7.2.2 Beispiel zum PC-gestützten Filterentwurf

Der Entwurf einer Aktivfilterschaltung hat das Ziel, für eine fest umrissene Anwendung eine vorgegebene Übertragungsvorschrift in analoger Technik mit aktiven Komponenten zu verwirklichen. Dieses ist eine anspruchsvolle und komplexe Aufgabe, bei der unterschiedliche Entwurfsstrategien und Strukturvarianten verglichen und bewertet werden müssen. Ob und in welchem Umfang eines der erwähnten Filterentwurfsprogramme dabei zur Unterstützung herangezogen werden kann, ist abhängig von den jeweiligen speziellen Anforderungen und vielerlei Randbedingungen technischer, funktioneller und auch wirtschaftlicher Art (Schaltungsaufwand).

Das folgende Beispiel zeigt, wie die Fähigkeiten einiger Filterprogramme aus Abschn. 7.2.1 bei Entwurf eines Tiefpasses gezielt eingesetzt – und eventuell auch miteinander kombiniert – werden können.

Vorgaben zum Beispiel

Es soll ein Tiefpass mit einer Grundverstärkung von 0 dB entworfen werden, der bis zur Durchlassgrenze f_D nur eine geringe Welligkeit von maximal 0,25 dB (ca. 2,8 %) und bei der Frequenz $2f_D$ eine Dämpfung von mindestens 40 dB aufweist:

* $f_D = 10$ kHz mit $w = 0,25$ dB und $a_D = 0,25$ dB (Obergrenzen),
* $f_S = 20$ kHz mit $a_S = 40$ dB,
* $A_0 = 0$ dB.

Ermittlung des Filtergrades für unterschiedliche Approximationen

Der kleinste Filtergrad zur Erfüllung der Vorgaben kann entweder durch Auswertung von Gl. (1.53), (1.57) bzw. (1.65) aus Abschn. 1.4 oder über ein Programm mit der Möglichkeit zur Eingabe der Dämpfungswerte (Toleranzschema) ermittelt werden. Das Programm „Filter Wiz Pro" beispielsweise zeigt nach Eingabe der Zahlenwerte für f_D, f_S, w, a_D und a_S für alle implementierten Approximationen gleichzeitig den Mindestfiltergrad an:

Butterworth: $n=9$, Tschebyscheff: $n=6$, Tschebyscheff/invers: $n=6$, Cauer (elliptisch): $n=4$, alle anderen Spezialapproximationen: $n=6...9$.

Schaltung 1: Aktiver zweistufiger Cauer-Tiefpass 4. Grades

Um den Aufwand an Filterstufen bzw. Verstärkern gering zu halten, wird zunächst die elliptische Approximation vierten Grades ausgewählt mit dem Ziel, eine Reihenschaltung aus zwei Stufen jeweils zweiten Grades in Kaskadentechnik zu entwerfen, wobei nur zwei Operationsverstärker erforderlich wären.

Die Unterstützung durch eines der in Abschn. 7.2.1 empfohlenen Entwurfsprogramme ist dafür jedoch nicht möglich, da gerade die drei Programme, bei denen eine elliptische Charakteristik verfügbar ist, den maximalen Filtergrad auf $n=3$ begrenzen („Filter Free", „Micro-Cap"), bzw. keine Widerstandswerte ausgeben („Filter Wiz Pro").

Als Alternative dazu kann auch jede Einzelstufe zweiten Grades separat dimensioniert werden. Da die Dämpfungsanforderungen aber nur für das Gesamtfilter vorliegen, muss der Entwurf auf „klassische" Weise über die Pol- und Nullstellendaten jeder Stufe erfolgen. Das Programm „FilterCAD" liefert für die Cauer-A-Näherung mit zwei Nullstellen dafür die Zahlenwerte (nicht normiert):

Stufe 1: $f_{P1} = 7{,}272$ kHz ; $Q_{P1} = 0{,}6767$; $f_Z = 49{,}22$ kHz ;

Stufe 2: $f_{P2} = 10{,}722$ kHz ; $Q_{P2} = 2{,}9898$; $f_Z = 21{,}432$ kHz .

Die Daten für einen Cauer-B-Tiefpass (mit nur einer Nullstelle) – normiert auf die Durchlassgrenze ω_D – erhält man z. B. aus Tabellen (Herpy u. Berka 1984):

Stufe 1: $\Omega_{P1} = 0{,}8517$; $Q_{P1} = 0{,}5981$;

Stufe 2: $\Omega_{P2} = 1{,}1108$; $Q_{P2} = 2{,}4622$; $\Omega_Z = 2{,}2623$.

Diese Daten gelten für eine Durchlassdämpfung $a_D=0{,}2$ dB (zulässig: 0,25 dB). Damit kann die Systemfunktion für die zweite Stufe in der Form nach Abschn. 1.4.3, Gl. (1.64), aufgestellt und z. B. mit einer der Schaltungen aus Abschn. 4.5.3 realisiert sowie über die zugehörigen Entwurfsgleichungen dimensioniert werden. Für den Entwurf der ersten Tiefpassstufe kann das Programm „AktivFilter" oder „FilterPro" eingesetzt werden, die beide die Spezifikation einer Stufe zweiten Grades durch Vorgabe von Polgüte und normierter Polfrequenz erlauben.

Schaltung 2: Aktiver Cauer-Tiefpass 4. Grades in FDNR-Technik

Ein anderer Weg der schaltungstechnischen Umsetzung besteht darin, einen passiven und dimensionierten Referenztiefpass durch die Bruton-Transformation in ein aktives FDNR-Filter zu überführen. Eine passive *RLC*-Struktur vierten Grades mit elliptischer Charakteristik (Cauer-B) und den geforderten Dämpfungseigenschaften kann über das Programm „AAde Filter Design" berechnet werden. Nach Eingabe der geltenden Anforderungen – Dämpfungswerte mit den zugehörigen Frequenzen – wird die in Abb. 7.1. dargestellte Schaltung ausgegeben.

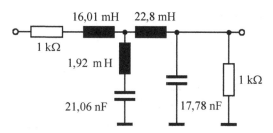

Abb. 7.1 Cauer-Tiefpass vierten Grades

Nach Anwendung der Bruton-Transformation (Abschn. 2.2.3.1) gehen beide Kapazitäten in FDNR-Elemente über. Die aktive Realisierung kann nach dem in Abschn. 2.2.3 beschriebenen Prinzip erfolgen und erfordert insgesamt vier Operationsverstärker. Allerdings ermöglicht die Schaltung in Abb. 7.1 nur die Grundverstärkung $A_0=0{,}5$.

Schaltung 3: Tschebyscheff-Tiefpass 6. Grades in Kaskadentechnik

Da das Cauer-Filter vierten Grades in FDNR-Technik vier Verstärker erfordert, kann ein Tschebyscheff-Tiefpass sechsten Grades, der die Selektivitätsanforderungen erfüllt und in dreistufiger Kaskadenstruktur nur drei Operationsverstärker benötigt, eine durchaus attraktive Lösung darstellen.

Der Entwurf dieses Filters wäre grundsätzlich möglich mit den Programmen „FilterPro", „Filterlab", „Multisim Education" oder „SuperSpice". Allerdings bieten die beiden letztgenannten Programme als Aktivschaltung nur das Sallen-Key-Prinzip an. Die beiden anderen Programme dagegen ermöglichen zusätzlich auch den Filterentwurf in Zweifach-Gegenkopplungsstruktur mit deutlich geringeren Empfindlichkeiten gegenüber den passiven Toleranzen. Nach Eingabe der Filterparameter (Filtergrad, Durchlassgrenze, Welligkeit) wird die dimensionierte Schaltung ausgegeben. Dabei ist „FilterPro" etwas flexibler bezüglich der Bauteilspezifikation (ideal oder aus Normreihen). Als wichtige Zusatzinformation nennt „FilterPro" außerdem auch für jede dimensionierte Stufe den Mindestwert für die Transitfrequenz (GBP: Gain-Bandwidth-Product) des einzusetzenden Verstärkers.

7.2.3   Zusammenfassung, Einschränkungen und Bewertung

Wie das Beispiel gezeigt hat, kann es sinnvoll sein, beim Entwurf einer Filterschaltung eines der frei verfügbaren PC-Programme zur Unterstützung heranzuziehen. Trotzdem ist es unerlässlich, als Nutzer der Programme mit den Grundlagen der Filtertheorie und Filtertechnik vertraut zu sein, um eine Approximation, den Filtergrad und schließlich eine Schaltungsstruktur auswählen zu können.

So kann ein Tiefpass 6. Grades – wie das Beispiel gezeigt hat – je nach Approximation und Realisierungsprinzip weniger Verstärkereinheiten erfordern als ein Tiefpass 4. Grades. Dieser Gesichtspunkt des Schaltungsaufwandes ist natürlich nur zu beurteilen vor dem Hintergrund der anderen Eigenschaften des realen Schaltungsaufbaus, wie z. B. Wertebereich der Bauteile (Spreizung), Abstimmbarkeit, passive und aktive Empfindlichkeiten.

Vor einer unkritischen Übernahme der von den Programmen vorgeschlagenen Lösungen muss deshalb gewarnt werden. Um für eine bestimmte Anwendung das „optimale" Filter hinsichtlich Selektivität und Schaltungsaufwand zu finden, sind oft zusätzliche Randbedingungen oder Einschränkungen in den Auswahlprozess mit einzubeziehen, die vom Programm nicht berücksichtigt werden können. So wird die Entscheidung für oder gegen eine bestimmte Realisierungsvariante z. B. auch davon abhängen, in welcher Technologie (diskret, Platine, IC) das Filter bzw. wie viele Exemplare davon hergestellt werden sollen. Im Hinblick auf mobile Anwendungen kann außerdem der Aspekt des Leistungsverbrauchs oder der Spannungsversorgung (einfach/symmetrisch) ein wichtiges Kriterium bei der Wahl der Schaltung und des Verstärkertyps sein.

Eine besonders gravierende Einschränkung beim programmgestützten Filterentwurf ist die Tatsache, dass die Programme nur eine mehr oder weniger kleine Auswahl an Filtertypen, Syntheseverfahren und Schaltungsstrukturen anbieten.

So wird die leistungsfähigste Filterschaltung der Kaskadentechnik – die GIC-Stufe – nur von zwei der aufgeführten Programme berücksichtigt. Bei den anderen Produkten hat der Anwender meistens nur die Wahl zwischen den beiden „Standardschaltungen": Struktur mit Zweifach-Gegenkopplung oder Sallen-Key-Topologie. Die schaltungsmäßig etwas anspruchsvolleren Approximationsverfahren mit endlichen Nullstellen (Tschebyscheff/invers und Cauer) sowie Schaltungen für Verzögerungselemente und Allpässe werden nur bei „Filter Free", „Fil Wiz Pro" und „Micro-Cap" zur Verfügung gestellt.

Mit einer Ausnahme („FilterFree") erfolgt der Filterentwurf durch die Softwarepakete – auch bei den kommerziell angebotenen Vollversionen – ausschließlich nach dem Prinzip der Kaskadensynthese. Gerade bei erhöhten Anforderungen an Selektivität, Stabilität und Genauigkeit haben aber die Verfahren nach dem Prinzip der „Direkten Filtersynthese" (Kap. 5) deutliche Vorteile. In diesem Zusammenhang kommt den Programmen mit der Fähigkeit, auch rein passive *RLC*-Strukturen – als Ausgangsbasis für die Verfahren mit Komponentennachbildung – entwerfen und berechnen zu können, auch für die aktive Filtertechnik eine ganz besondere Bedeutung zu.

In jedem Fall ist es empfehlenswert, zu den spezifizierten Dämpfungsanforderungen (Toleranzschema) den erforderlichen Filtergrad für jede Art der Approximation von einem geeigneten Programm (wie z. B. „Filter Wiz Pro") berechnen zu lassen. In manchen Fällen bietet es sich – in Anlehnung an die im Beispiel praktizierte Vorgehensweise (Abschn. 7.2.2, Schaltung 1) – auch an, für jede Stufe die Poldaten separat zu ermitteln (Tabellen oder Programm), um diese dann von einem dafür geeigneten Entwurfsprogramm in Form von einzelnen Teilschaltungen zweiten Grades berechnen zu lassen.

Von den in Abschn. 7.2.2 aufgeführten Programmen erlauben nur „AktivFilter" und „FilterPro" die Vorgabe beliebiger Pole (mit Beschränkung auf Zweifach-Gegenkopplungs- und Sallen-Key-Schaltung) – bei „AktivFilter" mit der Besonderheit, dass in die Berechnung der Bauteilwerte die reale Frequenzabhängigkeit eines auszuwählenden Operationsverstärkers einbezogen wird. Die Filterkurve wird dann für beide Fälle – d. h. mit und ohne Bauteilanpassung – dargestellt.

In diesem Zusammenhang muss aber betont werden, dass dieser Optimierungsprozess nur das Kleinsignalverhalten des Verstärkers berücksichtigt. Ob die Schaltung im oberen Frequenzbereich – und nur dieser ist für diese Prozedur interessant – überhaupt noch eingesetzt werden kann, hängt primär von den Großsignaleigenschaften (Slew Rate, *SR*) des OPV ab, s. Abschn. 3.1.1.

Beispielsweise muss für eine Ausgangsamplitude von 5 Volt bei f=100 kHz für *SR* gefordert werden:

$$SR \geq 2\pi \cdot \hat{u}_{max} \cdot 100 \text{ kHz} = 628 \cdot 5 \cdot 10^3 \text{ V/s} \approx 3 \text{ V/}\mu\text{s} .$$

Diese einschränkende Bemerkung gilt natürlich unabhängig vom Entwurfsverfahren für alle Filterschaltungen. Sie ist deshalb auch zusätzlich zu beachten im Zusammenhang mit Angaben zum Mindestwert der Transitfrequenz des OPV, die als „Gain-Bandwidth-Product" (GBP) von einigen Programmen ausgegeben werden („FilterPro" und „Fil Wiz Pro").

In Tabelle 7.1 sind die wesentlichen Eigenschaften der acht hier berücksichtigten Programmversionen zum Entwurf aktiver Filter noch einmal zusammengestellt.

Tabelle 7.1 Vergleich von acht PC-Filterentwurfsprogrammen für aktive Filter

	Aktiv Filter	Filter Free	Filter Lab	Filter Pro	Fil-Wiz	Micro Cap	Multi Sim	Super Spice
Filtertypen	TP,HP	TP, HP BP, BS AP	TP HP BP	TP,HP BP, BS	TP,HP BP,BS AP	TP,HP BP,BS AP	TP,HP BP,BS	TP,HP
Approximationen	BU BE TB	BU BE TB TBi ELL	BU BE TB	BU BE TB	BU BE TB TBi ELL	BU BE TB TBi ELL	BU TB	BU BE TB
max. Filtergrad	2	3	8	10	20	3	10	10
Vorgaben als Toleranzschema	nein	ja	ja	nein	ja	ja	ja	nein
Vorgaben als Grad u. Durchlassgrenze	ja	ja	ja	ja	ja	ja	nein	ja
Strukturvarianten (aktiv)	2	8	2	2	14	5	1	2
Abzweigstrukturen (passiv)	nein	ja	nein	nein	nein	ja	ja	ja

(BU: Butterworth, BE: Thomson-Bessel, TB(i): Tschebyscheff (invers), ELL: Cauer)

7.3 PC-gestützte Filteroptimierung

7.3.1 Problemstellung

Bei der Dimensionierung aktiver Filterschaltungen werden die Verstärker praktisch ausnahmslos mit idealisierten Eigenschaften angesetzt. Als Folge dieser Vereinfachungen wird die Übertragungscharakteristik des Filters mehr oder weniger vom Idealverlauf abweichen. Die wichtigsten Fehlerquellen sind die vernachlässigten Ein- und Ausgangsimpedanzen des Verstärkers sowie die Frequenzabhängigkeit des Verstärkungswertes. Aus diesem Grunde kann beispielsweise ein Universalverstärker vom Typ 741 (Transitfrequenz $f_T \approx 1$ MHz) nur in einem auf wenige kHz begrenzten Frequenzbereich eingesetzt werden. Als „Faustregel" gilt dabei: Polfrequenz $f_P \approx f_T/100$. Weitere Verfälschungen werden verursacht durch die passiven Bauteile, deren berechnete Nennwerte nur selten den Standardreihen direkt zu entnehmen sind und zudem toleranzbehaftet sind.

Deshalb muss die Filterwirkung der realen Schaltung (Durchlass- und Dämpfungseigenschaften, Grenzfrequenz) – unabhängig davon, ob Entwurf und Dimensionierung „von Hand" oder mittels PC-Programm erfolgte – anschließend überprüft werden. In diesem Zusammenhang stellen Programme zur Simulation von elektronischen Schaltungen ein nahezu ideales Werkzeug dar. So wurde das weit verbreitete Programmpaket „PSpice/Probe" eingesetzt, um bei den in Kap. 4 behandelten Filterstufen den Einfluss der nicht-idealen Verstärkereigenschaften deutlich zu machen. Aus derartigen Analysen können wertvolle Informationen sowohl über die Einsatzgrenzen der Verstärker als auch über die Empfindlichkeit der unterschiedlichen Schaltungsstrukturen auf diese realen Verstärkerparameter gewonnen werden. Als Grundvoraussetzung dafür muss das Simulationsprogramm zurückgreifen können auf ausreichend genaue und realitätsnahe Modellbeschreibungen der jeweiligen Verstärkertypen.

Eine direkte Einbeziehung einiger dieser Modellparameter in den Dimensionierungsvorgang – d.h. Berücksichtigung innerhalb der Filterentwurfsprogramme – wäre prinzipiell machbar, jedoch hat sich dieser letzte Schritt bisher nicht durchgesetzt (Ausnahme: „AktivFilter"). Der damit verknüpfte zusätzliche Aufwand erscheint nicht gerechtfertigt, denn die Fortschritte auf dem Gebiet der Technologie integrierter Verstärker haben die Frequenzgrenzen bis in den hohen Megahertz-Bereich ausgedehnt, so dass für die meisten Filteranwendungen ein „ausreichend idealer" Verstärkertyp ausgewählt werden kann.

Einen neuen Ansatz zur Berücksichtigung realer Verstärkerdaten und anderer „Fehlerquellen" – wie z. B. Bauteile mit Nennwerten außerhalb der Normreihen und deren Toleranzen – stellt das nachfolgend beschriebene und anhand eines Beispiels erläuterte Verfahren der „Polanpassung" dar. Die Annäherung der realen Filterfunktion an die Idealcharakteristik wird dabei durch eine nachträgliche Schaltungsmodifikation erreicht, die von dem Schaltungssimulator „PSpice" durch eine einzige AC-Analyse berechnet werden kann (von Wangenheim 1998).

Den theoretischer Hintergrund des Verfahrens bildet das Substitutionstheorem der Netzwerktheorie.

Das Substitutionstheorem

Dieses Theorem gehört zu den klassischen Sätzen der Netzwerktheorie und wird häufig bei der Schaltungsanalyse angewendet, wie z. B. bei der Berechnung mehrstufiger und nicht rückwirkungsfreier Verstärkerstufen.

Voraussetzung für die Gültigkeit des Theorems ist ein Netzwerk, welches für alle Zweigspannungen und -ströme genau eine Lösung besitzt. Wenn die Spannung eines bestimmten Zweiges mit u_k und der im Zweig fließende Strom mit i_k bezeichnet werden, kann die Impedanz dieses Zweiges ersetzt werden durch eine unabhängige Spannungs- oder Stromquelle mit der Größe u_k bzw. i_k, ohne dass sich die Spannungs- bzw. Stromverteilung im Netzwerk dadurch ändert.

Detaillierte Untersuchungen zur Anwendbarkeit haben nun ergeben, dass dieses Theorem auch unter erweiterten Randbedingungen Gültigkeit besitzt – wenn nämlich die Voraussetzung einer singulären Lösung erfüllt ist nur für die jeweiligen *Quotienten* aus Zweigspannung und Zweigstrom (Haase u. Reibiger 1985).

Dieses ist aber genau dann der Fall, wenn ein rückgekoppeltes System die klassische Schwingbedingung nach Barkhausen (Schleifenverstärkung $\underline{H}_S=1$) bei einer bestimmten Frequenz erfüllt. Auf dem Wege der *Umkehrung* dieser Aussagen ergibt sich eine für die vorliegende Aufgabenstellung relevante Formulierung des Substitutionstheorems:

Wird in einem rückgekoppelten System die Impedanz $\underline{Z}_i$ eines Schaltungszweiges durch eine Spannungsquelle u_z mit der Frequenz f_z ersetzt, so führt das sich einstellende Spannungs-Strom-Verhältnis in diesem Zweig auf eine neue Impedanz $\underline{Z}_k$, die statt $\underline{Z}_i$ einzusetzen ist, damit die Schleifenverstärkung bei $f=f_z$ den Wert $\underline{H}_S=1$ annimmt .

Es ist offensichtlich, dass nach diesem Prinzip insbesondere harmonische Oszillatoren (Kap. 8), für die grundsätzlich die Bedingung $\underline{H}_S=1$ gilt, durch Modifikation eines Schaltungszweiges auf die Sollfrequenz nachgestimmt werden können. Aber auch Filterschaltungen zweiten Grades sind auf diese Weise zu korrigieren, indem die Bedingung $\underline{H}_S=1$ bei einer zu wählenden Frequenz – vorzugsweise die Polfrequenz f_P – nachträglich erzwungen wird. Auf diese Weise wird erreicht, dass die Schleifenverstärkung der realen Filterschaltung nach Betrag und Phase bei der Polfrequenz f_P den theoretischen Idealwert annimmt – daher der Name: Verfahren der „Polanpassung" – und damit auch die eigentliche Übertragungsfunktion sich dem Idealverlauf annähert.

7.3.2   Filteroptimierung durch Polanpassung

Die Annäherung der durch Fehlereinflüsse verfälschten Filterkurve an die Idealcharakteristik wird dadurch erreicht, dass ein Zweig der zunächst auf klassischem Wege berechneten Schaltung so modifiziert wird, dass die idealen Zieldaten nach Betrag und Phase bei der Polfrequenz f_P exakt erreicht werden. Die dafür notwendigen Schaltungsänderungen kann ein Programm zur Simulation elektronischer Schaltungen – in Verbindung mit einem realistischen Verstärkermodell – im Zuge einer AC-Analyse ermitteln.

Voraussetzung dafür ist aber die Anwendbarkeit des Substitutionstheorems mit der Randbedingung $\underline{H}_S=1$. Deshalb muss die zu korrigierende Schaltung Bestandteil einer geschlossenen Optimierungsschleife werden, die bei der gewünschten Frequenz auf den Wert $\underline{H}_S=1$ gezwungen wird. Gezielte Untersuchungen haben gezeigt, dass es nicht sinnvoll ist, die Filterschaltung direkt – d. h. zwischen dem Eingangs- und dem Ausgangsanschluss – in diese Schleife einzubringen. Auf diese Weise wäre die Übertragungscharakteristik nämlich nur bei der Polfrequenz f_P auf den Idealwert zu setzen. Ein besseres Ergebnis ist dadurch möglich, dass die äußere Rückkopplungsschleife der Filterschaltung geöffnet und über einen zusätzlichen Übertragungsblock „Tuner" wieder geschlossen wird. Auf diese Weise kann die Schleifenübertragungsfunktion $\underline{H}_S(j\omega)$ des Filters bei $\omega=\omega_P$ auf den Sollwert gezogen werden – mit der Folge, dass die gesamte Filterkurve im Bereich der Polfrequenz von der Korrektur erfasst wird.

Die dazu erforderliche Simulationsanordnung ist in Abb. 7.2 wiedergegeben. Die Übertragungsparameter des Blocks „Tuner" (Verstärkung $A_{T,P}$ und Phasendrehung $\varphi_{T,P}$) müssen dabei so gewählt werden, dass bei der Polfrequenz die Voraussetzung des Substitutionstheorems – Schleifenverstärkung $\underline{H}_S=1$ bei $f=f_P$ – erfüllt wäre, sofern das zu korrigierende Netzwerk ein *ideales* Frequenzverhalten aufweisen würde. Zu diesem Zweck müssen die beiden Werte $A_{T,P}$ und $\varphi_{T,P}$ zuvor über eine separate AC-Analyse ermittelt werden.

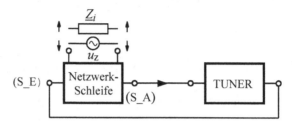

Abb. 7.2 Simulationsanordnung zur Polanpassung

Wenn die Impedanz $\underline{Z}_i$ eines geeigneten Schaltungszweiges der Filterstufe durch eine Spannungsquelle u_Z ersetzt wird, kann auf dem Wege einer AC-Analyse eine neue Impedanz $\underline{Z}_k$ ermittelt werden, die dem Substitutionstheorem genügt und damit die reale Schleifenverstärkung des Filters so korrigiert, dass sie bei $f=f_P$ auf den theoretischen Idealwert gesetzt wird (Polanpassung). Die Vorgehensweise bei dieser Optimierungsprozedur wird in Abschn. 7.3.3 anhand eines realistischen Beispiels ausführlich erläutert.

7.3.3 Beispiel zur Filteroptimierung durch Polanpassung

Das Verfahren der Polanpassung wird angewendet auf ein aktives Tiefpassfilter zweiten Grades mit folgenden Vorgaben:
- Filterstruktur mit Zweifach-Gegenkopplung (Abschn. 4.3.2, Abb. 4.16),
- Butterworth-Charakteristik (Polgüte $Q_P=0,7071$),
- Grenz-/Polfrequenz $f_G=f_P=200$ kHz, Grundverstärkung $A_0=1,414$,
- Operationsverstärker AD822 (Transitfrequenz $f_T\approx1,9$ MHz).

Für alle im Verlaufe der Optimierung durchzuführenden Schaltungssimulationen kommt das Programmpaket „PSpice/Probe" (Version 9.1) zur Anwendung – in Verbindung mit einem 3-Pol-Makromodell des Operationsverstärkers AD822. Dieser Verstärkertyp wurde im Hinblick auf seine Großsignal-Anstiegsrate ausgewählt, die mit einem Wert $SR=3,5$ V/µs bei einer Frequenz von 200 kHz noch verzerrungsfreie Ausgangsamplituden von etwa 3 V ermöglicht.

Da die Transitfrequenz dieses Operationsverstärkers mit 1,9 MHz nur etwa um den Faktor 10 größer ist als die vorgegebene Polfrequenz, ist eine deutliche Abweichung der Übertragungsfunktion vom theoretischen Butterworth-Verlauf zu erwarten.

Die dimensionierte Schaltung zeigt Abb. 7.3. Die Bauteilwerte wurden unter der Annahme eines idealen OPV mit Gl. (4.34) aus Abschn. 4.3.2 ermittelt. Die gleichen Widerstandswerte erhält man – nach Vorgabe der beiden Kapazitätswerte – beispielsweise auch über das Programm „FilterPro". Die in Klammern gesetzten Angaben seien aktuelle Messwerte, die zusätzliche Verfälschungen der Filter-funktion verursachen. Zur Nachbildung realer Verhältnisse enthält das Schaltbild außerdem eine parasitäre Schaltkapazität am invertierenden OPV-Eingang (2 pF) sowie eine reell-kapazitive Ausgangslast (1 kΩ∥1 nF). Diese Zusatzelemente werden beim Optimierungsprozess ebenfalls berücksichtigt.

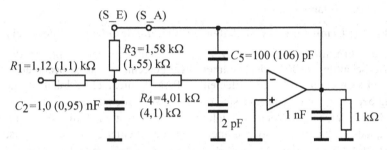

Abb 7.3 Dimensionierter Tiefpass in Zweifach-Gegenkopplungsstruktur

Um zu prüfen, ob eine Optimierung durch Polanpassung überhaupt notwendig ist, wird der Frequenzgang zunächst durch zwei AC-Analysen überprüft:

1. **Ideales Filter:** Bauteilwerte wie berechnet, Ersatz des Operationsverstärkers durch ein ideales Verstärkungselement („PSpice"-Element: OPAMP);
2. **Reales Filter:** Bauteilwerte wie nachgemessen, Verwendung eines realisti-schen 3-Pol-Makromodells aus „PSpice" für den OPV (Typ AD822).

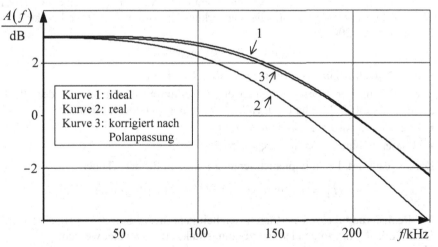

Abb. 7.4 Betragsfunktionen (Simulation), Tiefpass zweiten Grades

Das Ergebnis beider Simulationsläufe ist als Betragsdarstellung in Abb. 7.4 wiedergegeben (Kurven 1 und 2). Beide Filterkurven unterscheiden sich deutlich, wobei die Grenzfrequenz der realen Filterschaltung mit etwa 170 kHz um 15 % vom Sollwert f_G=200 kHz abweicht. In die Darstellung mit aufgenommen ist auch die nach dem Verfahren der Polanpassung korrigierte Übertragungsfunktion des Filters (Kurve 3).

Beschreibung der Optimierungsprozedur

Es folgt eine ausführliche Beschreibung der einzelnen Schritte zur Filteroptimierung durch Polanpassung.

Schritt 1: Ermittlung der Schleifenverstärkung des idealen Filters bei $f=f_P$

Bei der Ermittlung des Frequenzgangs der Schleifenverstärkung für die idealisierte Schaltung – OPV ideal, Bauteile wie berechnet – ist zu beachten, dass das Verstärkermodell („PSpice"–Element: OPAMP) nicht ohne lokale Gegenkopplung betrieben werden darf; es sind deshalb zwei Fälle zu unterscheiden:
- Fall 1: Wenn der Verstärker intern rückgekoppelt ist (Sallen-Key-Stufen, Biquad-Strukturen), existiert immer eine äußere Schleife, die zu öffnen ist;
- Fall 2 : Andernfalls darf nur einer der vorhandenen Rückkopplungspfade geöffnet werden (wie z. B. bei Zweifach-Gegenkopplungs- und GIC-Strukturen).

Anmerkung Damit die Lastverhältnisse an dem Knoten, an dem die Rückkopplungsschleife geöffnet wird, unverändert bleiben, sollte dafür immer der niederohmige OPV-Ausgang gewählt werden. Andernfalls müsste die durch die Öffnung entfallende Belastung bei der Simulation nachgebildet werden.

Im vorliegenden Fall wird deshalb die äußere Rückkopplungsschleife der Filterschaltung am Knoten S_A (Schleifenausgang, Abb. 7.3) zwecks Einspeisung eines Testsignals bei S_E geöffnet. Der Filtereingang ist dabei auf Massepotential zu legen. Eine AC-Analyse der Spannung am OPV-Ausgang (Knoten S_A) liefert Betrag und Phasendrehung für die Verstärkung der offenen Schleife bei der Polfrequenz $f=f_P$=200 kHz:

$$A_{S,P}=0{,}578 \text{ und } \varphi_{S,P}=54{,}7°.$$

Schritt 2: Definition des Übertragungsblocks „Tuner"

Zur Erfüllung der Voraussetzungen des Substitutionstheorems muss der Block „Tuner" in Abb. 7.2 deshalb folgende Übertragungsparameter erhalten:
- Verstärkungswert $A_{T,P}=1/A_{S,P}=1{,}73$;
- Phasendrehung $\varphi_{T,P}=-\varphi_{S,P}=-54{,}7°$.

Daraus resultiert die zu implementierende Funktion für den „Tuner":

$$\underline{H}_T = A_{T,P}\exp(j\varphi_{T,P}) = (1/A_{S,P})\exp(-j\varphi_{S,P}).$$

Zur Realisierung dieser Übertragungseinheit kann bei „PSpice" das Blockelement „ELAPLACE" mit folgender Übertragungsfunktion verwendet werden:

$$XFORM=(1/ASP)*exp(-PHISP*Pi*s/180°/abs(s)).$$

Dabei wird die imaginäre Einheit „j" durch den Quotienten j=s/abs(s) nachgebildet und die in Winkelgraden angegebene Phase $\varphi_{S,P}$ in das Bogenmaß umgerechnet. Gleichzeitig müssen die verwendeten Parameter definiert werden:

PARAMETERS: ASP=0,578   PHISP=54,7   Pi=3,1415.

Ausgestattet mit diesen Eigenschaften wird ein Block ELAPLACE als „Tuner" dann mit seinem Eingangs- bzw. Ausgangsanschluss zwischen Schleifenausgang (Knoten „S_A") und Schleifeneingang „S_E" in die Anordnung nach Abb. 7.3 eingefügt.

Schritt 3: Auswahl eines zur Korrektur geeigneten Schaltungszweiges

Der entscheidende Schritt innerhalb des Optimierungsvorgangs besteht in der Auswahl des zu modifizierenden Schaltungszweiges sowie in der Wahl der Ersatzschaltung (Parallel- oder Reihenkombination). Wegen der Vielzahl der unterschiedlichen Filterstrukturen können hier keine allgemeinen Empfehlungen ausgesprochen werden. Es gibt jedoch eine generelle Einschränkung:

Keine Schaltungsmodifikation mit dem Ziel einer Korrektur der Filterfunktion im Bereich der Polfrequenz darf das *grundsätzliche* Übertragungsverhalten verändern. So muss bei Tiefpässen die Grundverstärkung (bei f=0) sowie das Sperrverhalten mit einem Abfall von 40 dB/Dekade oberhalb der Polfrequenz erhalten bleiben – verursacht durch den dominierenden Einfluss zweier Kapazitäten; bei Bandpässen muss die Funktion auch nach erfolgter Schaltungsergänzung weiterhin für Frequenzen unter- und oberhalb der Polfrequenz gegen Null streben.

Im vorliegenden Beispiel, Abb. 7.3, kann nur der Längszweig mit dem Widerstand R_4 modifiziert werden, ohne gleichzeitig die Gleichspannungsverstärkung der Schaltung zu beeinflussen. Deshalb ist in der realen Filterschaltung – mit OPV-Makromodell und fehlerbehafteten Bauteilwerten – die Impedanz $\underline{Z}_i=R_4$ durch eine Spannungsquelle u_z zu ersetzen („PSpice"-Terminologie: Vz). Die Simulationsanordnung aus „Schematics/PSpice" ist in Abb. 7.5 wiedergegeben.

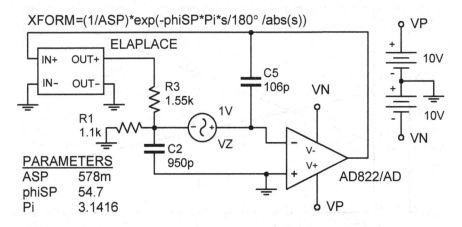

Abb. 7.5 Original-Simulationsanordnung aus „Schematics/PSpice"

Es sei erwähnt, dass zur Korrektur im Prinzip auch Zweige mit der Impedanz „Null" gewählt werden dürfen – also Verbindungen zwischen zwei Knoten – oder Zweige, die noch gar nicht existieren (fiktive Impedanz „unendlich"). Auf diese Weise können sich neuartige Strukturen ergeben mit einem Zweig, der ausschließlich der Kompensation nicht-idealer Einflussgrößen dient.

Schritt 4: Berechnung der Korrekturimpedanz $\underline{Z}_k$

Danach wird für diese aus Filter und „Tuner" bestehende Gesamtanordnung eine AC-Analyse im engeren Bereich um die Polfrequenz (200 kHz) durchgeführt. Zur Berechnung der Impedanz $\underline{Z}_k$, durch die $\underline{Z}_i = R_4$ zu ersetzen ist, wird nur der durch die Quelle u_z fließende Strom i_z benötigt. Dabei muss entschieden werden, ob $\underline{Z}_k$ als Serien- oder Parallelschaltung zweier Elemente ermittelt werden soll:

- Parallelschaltung von $R_{k,\mathrm{P}}$ und $C_{k,\mathrm{P}}$:

$$R_{k,\mathrm{P}} = u_z / \mathrm{Re}(i_z) \qquad \text{mit Re: Realteil,}$$

$$\omega_\mathrm{P} C_{k,\mathrm{P}} = \mathrm{Im}(i_z)/u_z \qquad \text{mit Im: Imaginärteil.}$$

- Serienschaltung von $R_{k,\mathrm{S}}$ und $C_{k,\mathrm{S}}$:

$$R_{k,\mathrm{S}} = \mathrm{Re}(u_z/i_z),$$

$$\omega_\mathrm{P} C_{k,\mathrm{S}} = -1/\big(u_z \cdot \mathrm{Im}(1/i_z)\big).$$

Diese Entscheidung ist zu treffen unter Berücksichtigung der unter Schritt 3 formulierten generellen Einschränkung. Da in der Beispielschaltung eine RC-Serienkombination im R_4-Zweig die Gleichspannungsgegenkopplung aufheben würde, kommt nur eine RC-Parallelschaltung in Betracht. Die Berechnung und Darstellung der Ergebnisse kann vom Grafikprozessor „PSpice/Probe" übernommen werden – besonders einfach über die Definition folgender Makros:

$$\mathrm{Rkp} = \mathrm{Vz/R(I(Vz))} \quad \text{bzw.} \quad \mathrm{Ckp} = \mathrm{IMG(I(Vz))/(Vz*2*3.1416*200k)}.$$

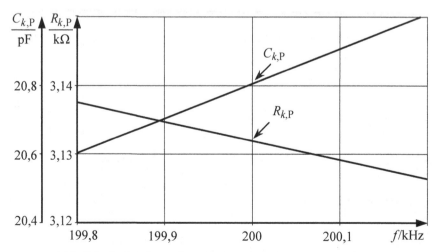

Abb. 7.6 „Probe"-Darstellung der Korrekturelemente $R_{k,\mathrm{P}}$ und $C_{k,\mathrm{P}}$

Nach erfolgter AC-Analyse und unter Nutzung dieser Makros werden die Elemente der Parallelschaltung direkt aus der „Probe"-Darstellung (Abb. 7.6) bei f=200 kHz abgelesen:

$$R_{k,\mathrm{P}}=3{,}132 \text{ k}\Omega \quad \text{und} \quad C_{k,\mathrm{P}}=20{,}8 \text{ pF.}$$

Schritt 5: Ersatz der Impedanz $\underline{Z}_i$ durch die neue Impedanz $\underline{Z}_k$

Nach Ersatz von $\underline{Z}_i$=R_4=4 kΩ in Abb. 7.3 durch die in Schritt 4 berechnete Kombination aus $R_{k,\mathrm{P}}$ und $C_{k,\mathrm{P}}$ bestätigt eine erneute „PSpice"-Simulation (Abb. 7.4, Kurve 3), dass der optimierte Verlauf nahezu deckungsgleich mit dem Idealverlauf ist. Das nach dem Polanpassungsverfahren modifizierte Filter besitzt eine Grenzfrequenz von etwa 199,5 kHz (Zielvorgabe: f_{G}=200 kHz).

7.3.4 Zusammenfassung

Es wurde eine Methode vorgestellt, bei der ein PC-Programm zur Simulation elektronischer Schaltungen eingesetzt wird, um die Auswirkungen der Fehler zu reduzieren, die durch den Einfluss realer Komponenten einer Filterschaltung verursacht werden: Nicht-ideale Verstärkereigenschaften, Toleranzen passiver Bauelemente, parasitäre Schaltkapazitäten, Lastimpedanzen. Grundsätzlich ist das Verfahren anwendbar auf alle Allpolfilter zweiten Grades, d. h. auf Filterfunktionen ohne endliche Übertragungsnullstellen, bei denen die Filterwirkung primär durch die Lage des konjugiert-komplexen Polpaars bestimmt wird.

Das Prinzip der ausführlich beschriebenen Optimierungsprozedur besteht darin, die Schleifenverstärkung der realen Filterschaltung bei der Polfrequenz auf den angestrebten Idealwert zu verschieben (Polanpassung). Zu diesem Zweck ist ein nach bestimmten Kriterien auszuwählender Schaltungszweig zu modifizieren, dessen neue Impedanzwerte vom Simulationsprogramm ermittelt werden können. Den theoretischen Hintergrund des Verfahrens bildet die Umkehrung des Substitutionstheorems der Netzwerktheorie.

In Abschn. 7.3.3, Schritt 3, wurde darauf hingewiesen, dass die Auswahl sowohl eines geeigneten Schaltungszweiges als auch der neuen Impedanzstruktur (Parallel- oder Reihenschaltung) von entscheidender Bedeutung für den Erfolg des Verfahrens ist. In diesem Zusammenhang ist es deshalb hilfreich und wichtig, ein ausreichendes Verständnis für die Funktionsweise der Filterschaltung und für die Aufgabe jedes einzelnen Bauelementes zu besitzen. Oft reicht aber auch schon eine etwas genauere Untersuchung der Dimensionierungsformeln, um die wesentlichen Zusammenhänge zwischen jedem Bauteil und den Filterparametern erkennen zu können.

Für den Fall, dass sich als Ergebnis der Optimierungsprozedur für die neue Impedanz $\underline{Z}_k$ negative Werte ergeben sollten, können
- die Schritte 4 und 5 für eine andere Struktur der Ersatzimpedanz (Serien- bzw. Parallelschaltung), oder
- die Schritte 3 bis 5 für einen anderen Schaltungszweig
wiederholt werden.

Eine Korrektur ist evtl. auch dadurch möglich, dass die Impedanz des ausgewählten Schaltungszweiges nicht ersetzt, sondern *ergänzt* wird

- durch einen Parallelzweig, der aus einer Serienschaltung der Elemente $R_{k,S}$ und $C_{k,S}$ besteht, oder
- durch ein weiteres Serienelement, das aus einer Parallelschaltung der Elemente $R_{k,P}$ und $C_{k,P}$ besteht.

In allen Fällen sind aber die bei Schritt 3 erwähnten Randbedingungen zur Erhaltung der grundsätzlichen Filterfunktion zu beachten. Wenn keine der möglichen Modifikationen zu positiven und realisierbaren Korrekturelementen führt, sind die Abweichungen der Filterfunktion zu groß, um sie auf diesem Wege reduzieren zu können.

Meistens ist – wie auch im behandelten Beispiel – für die festgestellten Abweichungen primär eine Transitfrequenz des Verstärkers verantwortlich, die nicht weit genug oberhalb der Polfrequenz liegt (Faustformel: $f_T/f_P \geq 100$). Die wichtigste Voraussetzung für die Effektivität des Verfahrens der Polanpassung ist dann die Verfügbarkeit eines ausreichend genauen SPICE-Makromodells für den verwendeten Verstärkertyp. Aber auch dann, wenn die Ungenauigkeiten bei den passiven Bauteilen überwiegen (Nennwerte außerhalb der Normreihen sowie Toleranzen), kann über das vorgeschlagene Verfahren eine Schaltungsergänzung zur Korrektur der Filterfunktion ermittelt werden. Voraussetzung dafür ist dann natürlich, dass die Werte aller Bauteile zuvor ausgemessen worden sind.

Sonderfall Oszillatorschaltung

Die hier beschriebene Methode zur nachträglichen Korrektur der durch eine idealisierte Berechnung verursachten Abweichungen ist besonders einfach auf harmonische Oszillatoren anzuwenden (Kap. 8). Da Oszillatorschaltungen als Aktivfilter mit einer Schleifenverstärkung $\underline{H}_S = 1$ aufgefasst werden können, ist die Grundvoraussetzung für die Anwendbarkeit des Substitutionstheorems immer gegeben, ohne dass dazu ein künstlicher Block „Tuner" benötigt wird. Zur Anwendung kommen dann lediglich die in Abschn. 7.3.3 aufgeführten Schritte 3 bis 5.

8 Lineare Oszillatoren

8.1 Grundlagen

8.1.1 Das Oszillatorprinzip

Unter der Bezeichnung „lineare" oder „harmonische" Oszillatoren werden elektronische Schaltungen verstanden, die ein kontinuierliches und sinusförmiges Ausgangssignal mit konstanter Amplitude produzieren können, ohne dass dazu ein Eingangssignal erforderlich ist.

Als Ausgangspunkt der weiteren Überlegungen dient der klassische *LC*-Resonanzkreis, bei dem eine einmal angeregte Schwingung – wegen der stets vorhandenen Wirkleistungsverluste – aus einem mit der Zeit abklingenden Vorgang besteht. Neben dem frequenzbestimmenden passiven Netzwerk müssen Oszillatoren deshalb einen Verstärker enthalten, der dieses Energiedefizit ausgleicht, indem er der Betriebsspannungsquelle Energie entnimmt und dem Resonanzkreis zuführt.

Die enge Verwandtschaft mit aktiven Filtern ist offensichtlich und in vielen Fällen können Oszillatorschaltungen auch direkt aus Filterstrukturen abgeleitet werden. Deshalb kann die Bedingung dafür, dass eine elektronische Schaltung eine einmal angeregte Schwingung aufrecht erhalten kann, auch mittels des Rückkopplungsmodells aus Abschn. 2.1.1 (Abb. 2.1), das mit Abb. 8.1 hier noch einmal wiederholt wird, besonders anschaulich formuliert werden.

Damit eine einmal vorhandene Ausgangsgröße $\underline{u}_A$ sich selber reproduzieren kann, muss $\underline{u}_A$ über ein passives Netzwerk $\underline{H}_R$ auf den Verstärkereingang rückgeführt werden und dabei ein Signal $\underline{u}_1$ erzeugen, welches nach Durchlaufen des Verstärkerblocks A wieder exakt das Ausgangssignal $\underline{u}_A$ ergibt. Das in der Filtertechnik vorhandene Netzwerk $\underline{H}_E$ zur Einspeisung einer externen Eingangsspannung $\underline{u}_E$ entfällt dann.

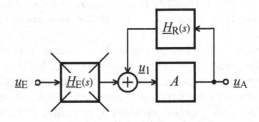

Abb. 8.1 Rückkopplungsmodell, Anwendung auf Oszillatoren

Diese Überlegung ist gleichbedeutend mit der Forderung, dass die Spannung $\underline{u}_A$ auf dem Weg durch beide Übertragungsblöcke genau mit dem Verstärkungswert „1" beaufschlagt wird. Die Übertragungseigenschaften von $\underline{H}_R$ müssen dabei so gewählt werden, dass diese Bedingung nur für eine einzige Frequenz – die gewünschte Schwingfrequenz f_0 – erfüllt werden kann; $\underline{H}_R$ muss deshalb als ein frequenzselektives Netzwerk ausgelegt werden.

Vierpoloszillatoren

Die aus dem Rückkopplungsmodell, Abb. 8.1, abgeleiteten Oszillatorstrukturen bestehen aus zwei in einer geschlossenen Schleife zusammengeschalteten Einheiten – einem frequenzabhängigen Vierpolnetzwerk $\underline{H}_R$ und einem Verstärker A. Zur Aufrechterhaltung einer Schwingung mit der Kreisfrequenz ω_0 muss dann die folgende Bedingung erfüllt sein:

$$A \cdot \underline{H}_R (s = j\omega_0) = \underline{H}_S(s = j\omega_0) = 1 . \tag{8.1}$$

Die Größe $\underline{H}_S$ ist dabei die in Abschn. 2.1.1 mit Gl. 2.1c definierte Schleifensystemfunktion (Schleifenverstärkung). Die über das Rückkopplungsmodell in Abb. 8.1 und über Gl. (8.1) zu entwerfenden selbstschwingenden Schaltungen werden als *Vierpol-Oszillatoren* bezeichnet.

Zweipoloszillatoren

Im Gegensatz dazu werden die *Zweipol-Oszillatoren* abgeleitet aus dem klassischen *RLC*-Resonanzkreis, bei dem die Verluste durch ein Aktivelement mit negativem Eingangswiderstand (NIC, Abschn. 3.1.8) kompensiert werden – der Kreis also „entdämpft" wird. In der Schaltungspraxis kann die Spule als Bauelement dabei durch eine Aktivschaltung in GIC-Technik ersetzt werden. Einige interessante und leistungsfähige Schaltungsbeispiele dazu werden in Abschn. 8.4 vorgestellt.

Da bei den auf diese Weise entwickelten Schaltungsstrukturen kein geschlossener Wirkungskreis aus Rückkopplungsnetzwerk und Verstärker optisch identifizierbar ist, kann die Bedingung zur Selbsterregung nicht direkt über Gl. (8.1) formuliert werden. Stattdessen muss die Differentialgleichung des Systems mit ihren Lösungen – den Eigenwerten – herangezogen werden. Das in Abschn. 1.1.1 durchgerechnete Beispiel hat ergeben, dass die Systemeigenwerte einer passiven *RLC*-Kombination für den theoretisch denkbaren Sonderfall einer kontinuierlichen Schwingung imaginär sein müssen (s. Abschn. 1.1.1, Absatz „Fallunterscheidung"). Die damit verknüpfte Forderung $\sigma_N=-R/2L=0$ für den Realteil der Eigenwerte ist identisch zur eingangs erwähnten Entdämpfung eines Resonanzkreises.

Zu einer anschaulichen Interpretation dieser Aussage kommt man dadurch, dass die Oszillatorschaltung als Filter aufgefasst wird, bei dem in eines der geerdeten Elemente ein Eingangssignal eingespeist wird. Die imaginären Eigenwerte des Systems bleiben dabei erhalten und entsprechen den auf der Imaginär-Achse positionierten Polen der zugehörigen Filtersystemfunktion. Gemäß Definition der Poldaten in Abschn. 1.2.3, Gl. (1.34), gehört dann dazu eine Polgüte $Q_P \to \infty$.

8.1.2 Die Schwingbedingung

Die in Abschn. 8.1.1 erwähnten Bedingungen, unter denen eine elektronische Schaltung in der Lage ist, ein sinusförmiges Ausgangssignal zu produzieren, sollen jetzt noch weiter präzisiert und im Hinblick auf ihre praktische Verwirklichung untersucht werden.

8.1.2.1 Die Schwingbedingung für Vierpol-Oszillatoren

Die aus dem Rückkopplungsmodell abgeleitete Vorschrift, Gl. (8.1), entspricht der von H. Barkhausen formulierten „Allgemeinen Selbsterregungsformel" (Barkhausen 1954). Mit Rücksicht auf die verbreitete Praxis, bei Vierpol-Oszillatoren primär Operationsverstärker einzusetzen, wird das allgemeine Verstärkersymbol A im Folgenden durch die endliche Verstärkung v eines gegengekoppelten OPV ersetzt – mit einem Phasenwinkel φ_V, der eine eventuelle Vorzeichenumkehrung berücksichtigt (invertierenden Betrieb).

Werden die komplexen Größen getrennt nach Betrag und Phase aufgeschrieben, entsteht aus Gl. (8.1) die aus zwei Teilen bestehende Schwingbedingung:

$$\underline{H}_S(j\omega_0) = \left|\underline{H}_R(j\omega_0) \cdot v\right| \cdot e^{j\varphi_R} \cdot e^{j\varphi_V} = 1. \tag{8.2.a}$$

$$\left|\underline{H}_S(j\omega_0)\right| = \left|\underline{H}_R(j\omega_0) \cdot v\right| = 1 \quad \Rightarrow \quad \left|\underline{H}_R(j\omega_0)\right| = \frac{1}{|v|}, \tag{8.2b}$$

$$e^{j\varphi_R} e^{j\varphi_V} = 1 \quad \Rightarrow \quad \varphi_R + \varphi_V = \varphi_S = 0. \tag{8.2c}$$

Damit eine einmal entstandene Schwingung erhalten bleiben kann, muss sowohl die Betragsbedingung, Gl. (8.2b), als auch die Phasenbedingung, Gl. (8.2c), bei $\omega = \omega_0$ exakt eingehalten werden.

8.1.2.2 Die Schwingbedingung für Zweipol-Oszillatoren

Grundlage des Entwurfs von Zweipol-Oszillatorschaltungen ist der passive *RLC*-Resonanzkreis, in dem die einmalig eingespeiste Energie einen Ausgleichsvorgang zwischen beiden Energiespeichern (L bzw. C) in Form einer abklingenden harmonischen Schwingung bewirkt. Soll eine kontinuierliche Schwingung mit konstanter Amplitude entstehen, muss der dämpfende Einfluss der im Kreis real stets vorhandenen und energieverbrauchenden Widerstände kompensiert werden durch ein Element mit negativer Widerstandscharakteristik.

So müsste beispielsweise bei einer *RLC*-Serienschaltung (Abb. 1.1 in Abschn. 1.1.1) zu diesem Zweck ein negatives Element $R_N = -R$ in Reihe zum Widerstand R gelegt werden. Eine ähnliche Überlegung für den entsprechenden *RLC*-Parallelkreis ergibt, dass die Verlustkompensation dann eine Parallelschaltung beider Elemente erforderlich macht. Die schaltungsmäßige Realisierung eines einseitig geerdeten negativen Widerstandes R_N kann z. B. mit dem Negativ-Impedanzkonverter (NIC, Abschn. 3.1.8) erfolgen.

Die Dimensionierung des Zweipol-Oszillators erfolgt also mit dem Ansatz folgender Schwingbedingung:

$$R_N = -|R_N| = -R \quad \Rightarrow \quad |R_N| = R \ .$$ \hfill (8.3)

Dabei wird angenommen, dass in dem Widerstand R alle wirksamen Verlustanteile zusammengefasst sind.

Anmerkung Interessanterweise ist es in manchen Fällen möglich, einen Zweipol-Oszillator auf dem Wege einer anderen Interpretation der Schaltung als Vierpol-Oszillator zu betrachten, s. dazu Abschn. 8.4.1. Bei der Dimensionierung kann dann die Schwingbedingung nach Gl. (8.2) angesetzt werden.

8.1.2.3 Realisierung der Schwingbedingung

Zusammenfassend ist festzuhalten, dass eine schwingungsfähige Schaltung nur dann ein sinusförmiges Ausgangssignal konstanter Amplitude erzeugen kann, wenn für den Realteil der Eigenwerte (Dämpfungskonstante) $\sigma_N = 0$ gilt. Andernfalls kommt es zu abklingenden ($\sigma_N < 0$) oder aufklingenden ($\sigma_N > 0$) Schwingungsformen. Für eine praktisch einsetzbare Oszillatorschaltung müssen also die in Abschn. 8.1.2.2 formulierten Schwingbedingungen, Gln. (8.2) bzw. (8.3), *exakt* eingehalten werden. Allein durch eine sorgfältige Dimensionierung kann diese Forderung – vor dem Hintergrund gestufter Werte für alle Bauelemente mit zusätzlichen Toleranzabweichungen – jedoch keinesfalls erfüllt werden.

Als zusätzliche Randbedingung muss bei der Auslegung der Schaltung außerdem sichergestellt werden, dass der Oszillator schnell und zuverlässig zum Zeitpunkt $t=0$ anschwingen kann (Einschalten der Betriebsspannung). Deshalb müssen die Eigenwerte bei $t=0$ zunächst einen leicht positiven Realteil ($\sigma_N > 0$) aufweisen, der bei anwachsender Schwingungsamplitude automatisch in den Bereich $\sigma_N \approx 0$ zurückgeführt werden muss.

Die Lösung dieser Problematik besteht darin, dass zusätzlich ein aussteuerungsabhängiger – also ein *nichtlinearer* – Schaltungszweig vorzusehen ist, dessen Widerstandsverhalten den selbsttätigen Übergang vom Anschwingzustand (mit $\sigma_N > 0$) in den stationären Schwingzustand (mit $\sigma_N \approx 0$) ermöglicht. Der theoretische Idealwert $\sigma_N = 0$ kann in der Praxis allerdings dauerhaft nie erreicht werden – es stellt sich vielmehr ein Zustand ein, bei dem das Ausgangssignal nach Abschluss der Einschwingphase um diesen „Sollwert" pendelt. Es kommt also zu einem ständigen Wechsel zwischen Anwachsen ($\sigma_N > 0$) und Abklingen der Schwingung ($\sigma_N < 0$), wobei der Amplitudenunterschied – d. h. die Welligkeit der Ausgangsamplitude – durch eine sorgfältige und durchdachte Dimensionierung gering gehalten werden kann. Man spricht in diesem Zusammenhang von der *Amplitudenstabilisierung*.

Eine vertiefte Analyse dieses Verhaltens zeigt, dass es sich bei dem „linearen Oszillator" um ein aktives Element handelt, dessen Arbeitspunkt zwischen den beiden Zuständen „stabil" und „instabil" pendelt – gesteuert durch das eigene Ausgangssignal (Lindberg 1997).

Damit kommt es zu der paradoxen Situation, dass lineare Oszillatorschaltungen auch einen nichtlinearen Schaltungsteil enthalten müssen, um ein qualitativ hochwertiges sinusförmiges Signal produzieren zu können. Als Kompromiss sollte der Grad dieser Nichtlinearität deshalb einerseits so gering wie möglich sein, andererseits aber so groß wie nötig, um die gewünschte Funktion der Amplitudenkontrolle sowohl in der Anschwingphase als auch im stationären Schwingzustand sicherstellen zu können.

Die erweiterte Schwingbedingung

Die mit den Gln. (8.2) und (8.3) angegebenen Schwingbedingungen berücksichtigen zunächst nur den eingeschwungenen Zustand. Um den Anschwingvorgang mit in die Schaltungsdimensionierung einbeziehen zu können, müssen diese Vorgaben modifiziert werden:

- Anschwing-/Schwingbedingung für Vierpol-Oszillatoren:

$$\left|\underline{H}_S(j\omega_0)\right| = \left|\underline{H}_R(j\omega_0)\cdot v\right| \geq 1 \quad \text{und} \quad \varphi_R + \varphi_V = \varphi_S = 0 \,. \tag{8.4}$$

- Anschwing-/Schwingbedingung für Zweipol-Oszillatoren:

$$\left|R_N\right| \geq R \quad \text{(Serienschaltung beider Elemente)}, \tag{8.5a}$$

$$\left|R_N\right| \leq R \quad \text{(Parallelschaltung beider Elemente).} \tag{8.5b}$$

In beiden Fällen gilt das Ungleichheitszeichen für verschwindend kleine Ausgangsamplituden (Zeitpunkt $t=0$, Anschwingphase) und das Gleichheitszeichen für den eingeschwungenen Zustand.

Der negative Widerstand

Der hier als normales Bauteil behandelte negative Widerstand ist ein künstliches aktives Zweipolelement, welches – im Gegensatz zum leistungsverbrauchenden Ohmwiderstand als Stromsenke – eine spannungsgesteuerte Stromquelle darstellt.

Für den stationären Schwingfall, bei dem der negative Widerstand $R_N=-|R_N|$ den gleichen Wert hat wie der resultierende Verlustwiderstand im Schwingkreis, also $|R_N|=R$ ist, kompensieren sich beide Elemente:

$$R - \left|R_N\right| = 0 \quad \text{(Serienschaltung)},$$

$$R\|R_N = -R\cdot\left|R_N\right|\big/\left(R-\left|R_N\right|\right) \to \infty \quad \text{(Parallelschaltung).}$$

Während der Einschwingphase überwiegt in beiden Fällen jedoch der Einfluss des negativen Widerstandes, s. Gl. (8.5), der dann als zusätzliche Energiequelle wirkt und so das Ansteigen der Schwingungsamplitude ermöglicht.

8.1.2.4 Amplitudenstabilisierung

In diesem Abschnitt werden einige Hinweise zur schaltungsmäßigen Umsetzung der Amplitudenanforderungen für die Klasse der Vierpol-Oszillatoren gegeben, bei denen die Schleife über einen separaten Verstärker geschlossen wird und dessen Verstärkungswert von der Signalamplitude gesteuert werden kann.

Als amplitudenabhängige Elemente können Dioden, Heiß- und Kaltleiter, lichtabhängige Widerstände (VACTROL: Kombination LED/LDR), Feldeffekttransistoren und OTA-Bausteine eingesetzt werden. Die Wirkung dieser Elemente besteht darin, auf anwachsende Amplituden bzw. auf eine daraus abgeleitete Steuerspannung mit veränderter Strom-Spannungscharakteristik zu reagieren. Sie müssen mit der Verstärkungseinheit so kombiniert werden, dass steigende Ausgangsamplituden zu sinkenden Verstärkungswerten führen und umgekehrt.

Antiparallele Dioden

Die einfachste Art der Amplitudenbegrenzung besteht darin, den zum Verstärkungswert proportionalen Widerstand R_R im Gegenkopplungszweig des Operationsverstärkers mit zwei antiparallel geschalteten Dioden zu ergänzen, s. Abb. 8.2. Bei ansteigender Schwingungsamplitude werden die Dioden zunehmend niederohmiger und sorgen so für eine nachgebende Verstärkung. Um den Grad der Nichtlinearität des Parallelzweiges einstellbar machen zu können, ist es sinnvoll, den Zusatzwiderstand R_P vorzusehen. Damit verändert sich der Gesamtwiderstand im Gegenkopplungspfad zwischen dem Wert von R_R (bei kleinen Amplituden) und etwa dem Wert der Parallelschaltung $R_R \| R_P$ (bei größeren Amplituden).

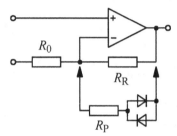

Abb. 8.2 Verstärker mit Aussteuerungsbegrenzung durch Dioden

Dimensionierung Mit Rücksicht auf die erweiterte Schwingbedingung, Gl. (8.4), sind die drei Widerstände so festzulegen, dass das Widerstandsverhältnis R_R/R_0 um einen Spreizungsfaktor ε größer ist als für den nominellen Schwingfall berechnet. Das Verhältnis $(R_R \| R_P)/R_0$ muss dagegen etwa um den gleichen Faktor kleiner gewählt werden. Damit kann sich ein stationärer Zustand etwa in der Mitte zwischen den beiden Grenzwerten einstellen – gesteuert durch den dynamischen Diodenwiderstand. Bei der Festlegung des Faktors ε muss die toleranzbedingte Unsicherheit des Widerstandsverhältnisses berücksichtigt werden; dieser Faktor kann normalerweise etwa im Bereich $\varepsilon \approx (1{,}1 ... 1{,}2)$ gewählt werden.

Heißleiter (NTC-Widerstand)

Eine besonders einfache und wirksame Stabilisierung der Ausgangsamplitude ist dadurch möglich, dass der Widerstand R_R in der Verstärkerschaltung, Abb. 8.2, entweder durch einen NTC-Widerstand ersetzt oder mit ihm in einer Reihenschaltung kombiniert wird. Dabei sind die Kenngrößen des Heißleiters (Nennwert, B-Wert, thermischer Widerstand, thermische Zeitkonstante) sorgfältig der Schaltung anzupassen, um die gewünschte Funktion zu gewährleisten.

Dimensionierung Für eine einwandfreie Funktion sollte der Kaltwiderstand des Heißleiters mindestens um den Faktor 10 größer sein als für den Schwingfall berechnet. Damit ist gewährleistet, dass seine Eigentemperatur im eingeschwungenen Zustand deutlich über der Umgebungstemperatur liegt, so dass deren Einfluss vernachlässigbar wird. Der thermische Widerstand des Bauteils muss so gewählt werden, dass Signalamplituden innerhalb des normalen Aussteuerungsbereichs des Verstärkers den NTC-Widerstand soweit erwärmen, dass die daraus resultierende Widerstandsänderung den Verstärkungswert ausreichend absenkt.

Kaltleiter (PTC-Widerstand)

Prinzipiell ist auch die Verwendung eines PTC-Widerstandes im R_0-Zweig des Verstärkers in Abb. 8.2 möglich. Wegen der relativ steilen Strom-Spannungs-Kennlinie ist die Dimensionierung allerdings relativ kritisch – zumal Kaltleiter nicht in gleich großer Typenvielfalt angeboten werden wie Heißleiter.

Anmerkung Bereits im Jahre 1939 wurde von W. R. Hewlett eine konventionelle Glühlampe (110 V, 6 W) als Kaltleiter zur Stabilisierung eines mit Elektronenröhren aufgebauten RC-Oszillators erfolgreich eingesetzt.

Feldeffekttransistor als Widerstand

Eine qualitativ hochwertige Stabilisierung der Schwingamplitude ermöglicht ein selbstleitender Feldeffekttransistor (z. B. JFET), dessen Drain-Source-Kanal als steuerbarer Widerstand R_{DS} ausgenutzt wird. Zu diesem Zweck wird eine aus der Signalamplitude abgeleitete Steuerspannung U_{GS} an den Gate-Anschluss zurückgeführt; die Source-Elektrode muss dabei auf Massepotential gehalten werden. Die so entstandene Anordnung bildet einen klassischen Regelkreis mit Ausgangssignalsensor, Regler und Stellglied.

Das Schaltungsbeispiel in Abb. 8.3 enthält einen N-JFET mit negativer Steuerspannung, die aus der negativen Halbwelle der Signalspannung abgeleitet werden muss. Beim Einschalten der Betriebsspannung ist $U_{GS}=0$ V, so dass der FET leitet (R_{DS} niederohmig) und die Verstärkung – bei richtiger Dimensionierung von R_0 und R_R – größer ist als der Sollwert für den stationären Schwingfall.

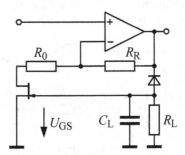

Abb. 8.3 Verstärkungssteuerung mit Feldeffekttransistor

Nach Abklingen des Einschwingvorgangs pendelt die Steuerspannung – und damit der Widerstand R_{DS} und auch die Signalspannung am Ausgang – um den durch die Dimensionierung vorgegebenen Nominalwert. Die Zeitkonstante dieses

Vorgangs („Atmen" der Schwingamplitude) wird durch das Produkt $R_L C_L$ festgelegt. Die Größe dieser Schwankung hängt von der Steigung der Steuerkennlinie des FET ab. Es ist daher sinnvoll, den FET in der gezeigten Weise mit einem Widerstand R_0 zu kombinieren, um diesen störenden Effekt durch Aufteilung des Gesamtwiderstandes auf R_0 und R_{DS} begrenzen zu können. Bei richtiger Dimensionierung kann dadurch gleichzeitig auch erreicht werden, dass die Spannung über der Drain-Source-Strecke den Wert von etwa 0,5 V nicht übersteigt. Größere Amplituden liegen außerhalb des „quasi-linearen" R_{DS}-Widerstandsbereichs und führen zu deutlichen nichtlinearen Verzerrungen.

Die dargestellte FET-Regelschaltung kann ergänzt werden durch einen Widerstand in Reihe zur Diode, wodurch die sich einstellende Ausgangsamplitude beeinflusst werden kann. Außerdem kann der Einfluss der im Widerstandswert schwankenden R_{DS}-Strecke weiter gemildert werden durch einen weiteren Widerstand parallel zur Reihenschaltung von R_0 und R_{DS}.

Dimensionierung Die Auslegung des FET-Regelkreises erfolgt schrittweise:

1. Auswahl eines Feldeffekttransistors, dessen Leitfähigkeit bei steigendem Betrag der Steuerspannung U_{GS} sinkt (JFET, MOSFET selbstleitend),
2. Wahl eines Widerstandes R_{DS} im mittleren Bereich der Kennlinienschar (Kehrwert der Steigung einer Ausgangskennlinie im Nullpunkt),
3. Festlegung eines Wertes für R_0 ; Praxis: $R_0 \approx (10....15) R_{DS}$,
4. Berechnung des Widerstandes R_R (über die Summe $R_0 + R_{DS}$ und abhängig von der geforderten Verstärkung v),
5. Polarität der Diode ist abhängig vom Vorzeichen der Steuerspannung U_{GS},
6. Bei der Wahl von R_L und C_L ist zu beachten, dass die Zeitkonstante $R_L C_L$ ein Vielfaches der Schwingperiode sein sollte (Praxis: Faktor 10...20).

Widerstandsnachbildung mit OTA

Statt eines Feldeffekttransistors kann als steuerbarer Widerstand im Gegenkopplungszweig des Operationsverstärkers auch ein Transkonduktanzverstärker (OTA) eingesetzt werden, bei dem Ausgang und invertierender Eingang kurzgeschlossen sind (s. Abb. 3.25(a) in Abschn. 3.4.2). Der p-Eingang muss gleichzeitig geerdet sein. Die Grundschaltung für dieses Stabilisierungsprinzip zeigt Abb. 8.4.

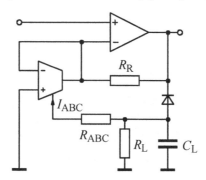

Abb. 8.4 Verstärkungssteuerung mit OTA

Nach Gl. (3.31) gilt für diesen Widerstand $R_{OTA}=1/g_m$, wobei der Übertragungs-leitwert (Steilheit) g_m proportional zum Steuerstrom I_{ABC} ist, s. Gl. (3.26). Damit ändert sich R_{OTA} umgekehrt proportional zu I_{ABC}. Weil der Steuereingang für I_{ABC} – bedingt durch den inneren Aufbau des OTA – intern auf einer negativen Spannung U_{ABC} liegt (etwa um 0,7 V oder 1,4 V oberhalb der negativen Versor-gungsspannung), muss die Diode so gepolt sein, dass die negative Halbwelle der Verstärkerausgangsspannung ausgewertet wird. Nur dann wird die Spannungsdif-ferenz über dem Widerstand R_{ABC} bei steigender Schwingamplitude geringer und verursacht ein Absinken des Steuerstromes bzw. der Verstärkung bei steigendem Wert R_{OTA}.

Dimensionierung Der Variationsbereich des Widerstandes $R_{OTA}=1/g_m$ erstreckt sich über mehrere Dekaden:

$$I_{ABC} \approx (0,1...1000)\ \mu A \ \Rightarrow \ R_{OTA} \approx (50...50 \cdot 10^4)\ \Omega\ .$$

Die Auswahl eines Nennwertes, der die Mitte des Regelbereiches definiert, unter-liegt damit keinen besonderen Einschränkungen. Der zugehörige Strom wird durch den Widerstand R_{ABC} eingestellt. Falls die Regelschaltung zu empfindlich reagiert, kann – ähnlich wie bei der FET-Stabilisierung – ein passend dimensio-nierter Widerstand parallel zu R_{OTA} geschaltet werden.

Die Zeitkonstante der Gleichrichterschaltung sollte als Vielfaches der Schwingperiode gewählt werden (Praxis: Faktor 10...20). Außerdem ist bei der Dimensionierung der Elemente R_{ABC}, R_L und C_L zu berücksichtigen, dass der Ladekondensator den Steuerstrom I_{ABC} liefern muss. Es ist daher sinnvoll, C_L mit einem möglichst großen Wert festzulegen und die Steilheit g_m bzw. den Strom I_{ABC} im Arbeitspunkt der Schaltung möglichst klein zu wählen.

Der OTA als gesteuerter Verstärker

Ein Transkonduktanzverstärker kann auch direkt als gesteuerter Verstärker zur Regulierung der Ausgangsamplitude eingesetzt werden, s. Abb. 8.5

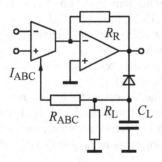

Abb. 8.5 Der OTA als gesteuerter Verstärker

Nach dem in Abschn. 3.4.2, Abb. 3.23(b), beschriebenen Prinzip übernimmt ein nachgeschalteter Operationsverstärker die Strom-Spannungs-Wandlung und stellt das Ausgangssignal niederohmig zur Verfügung. Auf diese Weise kann der Ver-stärkungswert $v=g_m R_R$ direkt über den Steuerstrom I_{ABC} beeinflusst werden.

Die Funktionsweise der Regelschleife – sinkender Steuerstrom bei steigender Ausgangsspannung – ist die gleiche wie zuvor für die Regelschaltung in Abb. 8.4 beschrieben. Auch für die Festlegung der drei Elemente R_{ABC}, R_L und C_L gelten die gleichen Dimensionierungshinweise.

8.2 Oszillatorstrukturen

Bevor einige ausgewählte Schaltungen vorgestellt und ausführlich behandelt werden, erscheint es sinnvoll, zunächst einen einführenden Überblick über die prinzipiellen Entwurfsmöglichkeiten für lineare Oszillatoren zu vermitteln. Aus der zuvor erwähnten engen Verwandtschaft mit Aktivfiltern resultiert eine Vielzahl unterschiedlicher Strukturvarianten und Schaltungsmöglichkeiten. In diesem Abschnitt werden deshalb auch einige praxisrelevante Anforderungen und operationelle Randbedingungen formuliert, um einen qualitativen Vergleich zwischen den alternativen Lösungen zu ermöglichen. Wie bei den aktiven Filterschaltungen gilt auch hier die Einschränkung, dass nur induktivitätsfreie RC-Oszillatorschaltungen auf der Basis integrierter Verstärkerbausteine berücksichtigt werden. Abhängig vom gewählten Verstärkertyp (OPV, CFA, OTA, CC) liegt die obere Frequenzgrenze darum etwa bei einigen MHz. Für die in der Hochfrequenz- und Mikrowellentechnik bevorzugten Transistoroszillatoren – u. a. in klassischer Colpitt-, Clapp-, Hartley- oder Pierce-Struktur – gelten etwas andere Entwurfsrichtlinien.

8.2.1 Vierpol-Oszillatoren

Das Entwurfsprinzip für Oszillatoren nach dem Rückkopplungsmodell, Abb. 8.1, besteht darin, ein passives RC-Netzwerk mit einem Verstärker so zu kombinieren, dass die resultierende Schleifenverstärkung beide Teile – Betrag und Phase – der Schwingbedingung, Gl. (8.2), ausschließlich bei der gewünschten Frequenz $f=f_0$ erfüllt. Anschließend ist ein geeigneter Schaltungszweig unter Berücksichtigung der erweiterten Schwingbedingung, Gl. (8.4), dann so zu modifizieren, dass die Funktion des Oszillators – sicheres Anschwingen mit anschließender Amplitudenstabilisierung – gewährleistet ist.

Da die Verstärkereinheiten entweder invertierend oder nicht-invertierend ausgelegt werden können, ergibt sich aus der Phasenbedingung, Gl. (8.2c), die Forderung, dass die Funktion $\underline{H}_R$ der frequenzbestimmenden Schaltung im Rückkopplungspfad bei der Schwingfrequenz f_0 eine Phasendrehung $\varphi_R = -180°$ oder $\varphi_R = 0°$ erzeugen muss.

Aus diesem Grunde kommen für diese Aufgabe nur RC-Filternetzwerke mindestens zweiten Grades zur Anwendung. Dabei können alle klassischen Filtertypen eingesetzt werden: Tiefpass, Bandpass, Hochpass, Allpass, Bandsperre. Abschn. 8.3 enthält eine kleine Auswahl aus den zahlreichen Möglichkeiten, Vierpol-Oszillatoren nach diesem Prinzip zu entwerfen.

8.2.2 Zweipol-Oszillatoren

Basis dieser Oszillatorschaltungen ist der klassische *RLC*-Parallelresonanzkreis, der durch Kompensation seiner Verluste zu einer entdämpften und somit schwingungsfähigen Schaltung wird. Bei einem nach diesem Prinzip arbeitenden spulenfreien *RC*-Oszillator wird die Funktion der Spule von einer Aktivschaltung übernommen. Unterschiedlichen Schaltungsvarianten resultieren aus den verschiedenen Möglichkeiten für diese Schaltungsumwandlung (NIC-, GIC-, FDNR-Technik).

Bei den auf diese Weise entworfenen Zweipol-Oszillatoren kann u. U. auf das zusätzliche Einbringen einer Nichtlinearität zur Amplitudenstabilisierung verzichtet werden. Nach dem Aufklingen der angeregten Schwingung kommt es dann zu einer „harten" Signalbegrenzung (Verformung) – bestimmt durch die maximale Aussteuerungsfähigkeit der Verstärker bzw. durch die Betriebsspannung. Wenn die Filterwirkung der *RC*-Struktur innerhalb der Schaltung gut genug ist, um die so entstandenen nichtlinearen Verzerrungen korrigieren zu können (Oberwellenunterdrückung), liefert der Oszillator auch in diesem Fall eine sinusförmige Spannung mit einer für viele Anwendungen ausreichenden Qualität.

8.2.3 Auswahlkriterien

Um für eine bestimmte Anwendung eines der zahlreichen Oszillatorkonzepte auswählen zu können, ist es sinnvoll und hilfreich, einige Bewertungskriterien zur Verfügung zu haben. In diesem Zusammenhang haben sich in der Praxis die nachfolgend aufgelisteten Anforderungen als geeignete Prüfpunkte erwiesen. Dabei handelt es sich ausschließlich um qualitative oder operationelle Aspekte. Der Schaltungsaufwand – wie z. B. die Anzahl der passiven Bauelemente oder der Verstärkereinheiten – wurde nicht berücksichtigt.

1. Die Schwingbedingung, Gl. (8.4) bzw. Gl. (8.5), und die Schwingfrequenz f_0 sollten unabhängig voneinander einstellbar bzw. wählbar sein. Nur unter dieser Voraussetzung kann eine wirksame Amplitudenstabilisierung – ohne Beeinflussung der Schwingfrequenz – implementiert werden.

2. Die Schwingfrequenz f_0 sollte durch Variation nur eines Bauteilwertes verändert werden können – bevorzugt durch einen einseitig geerdeten Widerstand, um eine elektronische Steuerung von f_0 zu ermöglichen, z. B. durch einen als Widerstand betriebenen Feldeffekttransistor.

3. Das Ausgangssignal muss an einem niederohmigen Spannungsausgang zur Verfügung gestellt werden.

4. Im Hinblick auf die Signalqualität sollte eine vergleichsweise einfache und wirksame Amplitudenstabilisierung möglich sein – evtl. in Verbindung mit einer Oberwellenfilterung zur Reduzierung von Begrenzungseffekten.

5. Die durch nicht-ideale Verstärkereigenschaften verursachte Abweichung der Schwingfrequenz vom Nominalwert sollte vergleichsweise gering sein.

Anmerkung zu Punkt 5 Für diese Frequenzfehler sind bei den meisten Vierpol-Oszillatoren primär die mit steigender Frequenz zunehmenden Phasendrehungen der realen Verstärker verantwortlich. Ist die Oszillatorschaltung beispielsweise ausgelegt für einen idealisierten nicht-invertierenden Verstärker (mit $\varphi_V=0°$), der in Wirklichkeit aber eine Phasendrehung von $-5°$ verursacht, stellt sich – in Übereinstimmung mit der Phasenbedingung nach Gl. (8.4) – eine Frequenz ein, bei der $\underline{H}_R$ eine Phasendrehung $\varphi_R=+5°$ aufweist. Da der Oszillator ursprünglich aber für den Fall $\varphi_V=0°$ und $\varphi_R=0°$ dimensioniert worden ist, weicht die Schwingfrequenz vom Zielwert ab.

Dabei spielt die Empfindlichkeit des $\underline{H}_R$-Netzwerks auf diese Phasenänderungen eine bedeutende Rolle – ausgedrückt durch die Steigung der Kurve $\varphi_R=f(\omega)$ im Bereich um ω_0 (Phasensteilheit von $\underline{H}_R$). Andererseits hängt die Größe der vom Verstärker verursachten Phasenfehler aber auch direkt von dessen Beschaltung – also vom Verstärkungswert selber – ab, so dass die Phasensteilheit des $\underline{H}_R$-Netzwerks alleine als Qualitätskriterium zum Vergleich von Oszillatorschaltungen nur von eingeschränkter Bedeutung ist (Lutz u. Gottwald 1985).

8.3   Vierpol-Oszillatorschaltungen

8.3.1 *RC*-Bandpass-Oszillator

Für den frequenzbestimmenden Teil $\underline{H}_R$ im Blockschaltbild, Abb. 8.1, kann grundsätzlich jede passive oder aktive Bandpassanordnung eingesetzt werden. Aus der Vielzahl der möglichen Varianten wird hier ein einfaches passives *RC*-Netzwerk ausgewählt – mit einer Phasendrehung $\varphi_R=0°$ bei $\omega=\omega_0$. Zur Einhaltung der Phasenbedingung, Gl. (8.2c), muss die Schleife dann durch einen nicht-invertierenden Verstärker geschlossen werden, s. Abb. 8.6.

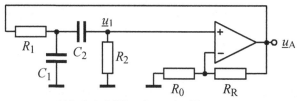

Abb. 8.6 *RC*-Bandpass-Oszillator

Ein anderer *RC*-Oszillator mit gleichen Eigenschaften und identischen Entwurfsgleichungen entsteht, wenn die zwei Widerstände und Kondensatoren zu einer Spannungsteilerschaltung aus $\underline{Z}_1$ und $\underline{Z}_2$ kombiniert werden, wobei $\underline{Z}_1$ aus einer *RC*-Serienschaltung und $\underline{Z}_2$ aus einer *RC*-Parallelschaltung besteht. Auf diese Weise erhält man den bekannten Wien-Robinson-Oszillator, der praktisch in allen einschlägigen Lehrbüchern Erwähnung findet und deshalb hier in seiner Grundform nicht weiter behandelt werden soll.

Dimensionierung

Die Berechnung des passiven Teils der Schaltung führt auf die Rückkopplungs-funktion

$$\underline{H}_R(s = \mathrm{j}\omega) = \frac{\underline{u}_1}{\underline{u}_A} = \frac{\mathrm{j}\omega T_2}{1 + \mathrm{j}\omega(T_1 + T_2 + T_3) - \omega^2 T_1 T_2}$$

$$\text{mit } T_1 = R_1 C_1, \; T_2 = R_2 C_2, \; T_3 = R_1 C_2.$$

Bei der Kreisfrequenz

$$\omega = \omega_0 = \sqrt{\frac{1}{T_1 T_2}}$$

erreicht der Nenner sein Minimum (beide Realteile ergänzen sich zu Null) und der Betrag der Funktion nimmt den Maximalwert an:

$$\left|\underline{H}_R(\omega = \omega_0)\right| = A_{R,\max} = \frac{T_2}{T_1 + T_2 + T_3}.$$

Wie bei jedem Bandpass wird die Funktion bei der Mittenfrequenz ω_0 mit einem Phasenwinkel $\varphi_R = 0°$ reell. Beide Teile der Schwingbedingung, Gl. (8.2), können also bei $\omega = \omega_0$ erfüllt werden, sofern die Verstärkung eingestellt wird auf den Kehrwert von $A_{R,\max}$:

$$v = 1 + \frac{R_R}{R_0} = \frac{1}{A_{R,\max}} = \frac{T_1 + T_2 + T_3}{T_2}.$$

Dieser Zusammenhang zwischen v und den drei Zeitkonstanten zeigt, dass ein Abgleich der Schwingfrequenz f_0 durch Variation von T_1 oder T_2 auch den not-wendigen Verstärkungswert v und damit die Schwingbedingung beeinflussen würde. Diese Abhängigkeit kann dadurch aufgelöst werden, dass alle drei Zeit-konstanten gleich gewählt werden:

$$T_1 = T_2 = T_3 = T \;\Rightarrow\; R_1 = R_2 \text{ und } C_1 = C_2 \;\Rightarrow\; \omega_0 = 1/RC.$$

Bei dieser vereinfachten Dimensionierung mit jeweils gleichen Bauelementen wird die Schwingbedingung – unabhängig von der Zeitkonstanten T – erfüllt für den festen Verstärkungswert

$$v = 1 + \frac{R_R}{R_0} = \frac{3T}{T} = 3 \;\Rightarrow\; R_R = 2R_0.$$

Bewertung

Ein deutlicher Nachteil der Schaltung in Abb. 8.6 ist die Tatsache, dass die Schwingfrequenz f_0 nur bei gleichzeitiger Abstimmung der zwei Widerstände $R_1 = R_2$ oder der beiden Kapazitäten $C_1 = C_2$ verändert werden kann. Für die Amp-litudenstabilisierung kann jede der in Abschn. 8.1.2.4 erwähnten Varianten einge-setzt werden.

8.3.2 *RC*-Tiefpass-Oszillator

Eine der bekanntesten Oszillatorschaltungen auf Tiefpassbasis ist der *RC*-Phasenschieber – bestehend aus einer Kette von drei gleichen *RC*-Gliedern, die über einen invertierenden Verstärker in einer Schleife zusammengeschaltet sind. Eine Modifikation dieses Prinzips, die hier als Beispiel für die Klasse der Tiefpassoszillatoren behandelt wird, besteht aus nur zwei *RC*-Gliedern, die mit einem invertierenden Integrator kombiniert werden, s. Abb. 8.7.

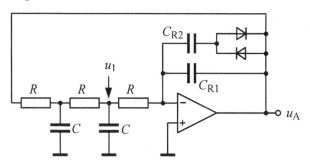

Abb. 8.7 *RC*-Tiefpassoszillator

Bei einer bestimmten Frequenz ω_0 beträgt die Phasendrehung des passiven *RC*-Teils $\varphi_R = -90°$ und kann so die konstante Phasendrehung $\varphi_V = -270°$ (+90°) des Umkehrintegrators kompensieren. Damit ist der Phasenanteil der Schwingbedingung, Gl. (8.2c), bei $\omega = \omega_0$ zu erfüllen.

Die Oszillatorschleife enthält kein reines Verstärkerelement, welches nach einer der in Abschn. 8.1.2.4 beschriebenen Möglichkeiten zur Amplitudenkontrolle modifiziert werden könnte. Die Schaltskizze enthält deshalb einen speziell auf diese Schaltung zugeschnittenen Stabilisierungszweig (C_{R2}-Zweig mit Dioden).

Dimensionierung

Die Berechnung des passiven Teils der Schaltung führt auf

$$\frac{\underline{u}_1}{\underline{u}_A} = \frac{1}{3 + 4j\omega RC - \omega^2 R^2 C^2} \; .$$

Unter Vernachlässigung des Diodenwiderstandes im leitenden Zustand ist mit der Parallelschaltung $C_R = C_{R1} + C_{R2}$ die Integratorfunktion

$$\frac{\underline{u}_A}{\underline{u}_1} = -\frac{1}{j\omega RC_R} \; .$$

Durch Produktbildung ergibt sich daraus die Übertragungsfunktion der Schleife

$$\underline{H}_S(j\omega) = -\frac{1}{3j\omega RC_R - 4\omega^2 R^2 CC_R - j\omega^3 R^3 C^2 C_R} \; .$$

Im Hinblick auf die noch zu ermittelnden Bedingungen für eine sichere Selbsterregung wird auf die Funktion $\underline{H}_S$ die erweiterte Schwingbedingung in der allgemeinen Form, Gl. (8.4), angesetzt:

$$\underline{H}_S(j\omega_0) = -\frac{1}{3j\omega_0 RC_R - 4\omega_0^2 R^2 CC_R - j\omega_0^3 R^3 C^2 C_R} \geq 1.$$

Die linke Seite dieser Ungleichung besteht aus einer komplexen Funktion, die
rechte Seite dagegen ist rein reell. Eine einfache Auswertung dieser Beziehung
zur Ermittlung der gesuchten Größen ist deshalb durch eine Trennung in Imagi-
när- und Realteil möglich:

(a) $\operatorname{Im}(\underline{H}_S) = 0 \quad \Rightarrow \quad 3\omega_0 RC_R - \omega_0^3 R^3 C^2 C_R = 0 \qquad \Rightarrow \quad f_0 = \frac{\sqrt{3}}{2\pi RC}$,

(b) $\operatorname{Re}(\underline{H}_S) \geq 1 \quad \Rightarrow \quad 4\omega_0^2 R^2 CC_R \xrightarrow{\omega=\omega_0} 12\frac{C_R}{C} \leq 1 \quad \Rightarrow \quad C_R \leq \frac{C}{12}$.

Die Schwingfrequenz kann also durch das Produkt RC und die Schwingbedingung
durch die Kapazität C_R eingestellt werden. Das Ungleichheitszeichen legt die
Bedingung für das Anschwingen fest.

Amplitudenstabilisierung

Während des Anschwingvorgangs sind die Dioden zunächst noch gesperrt und es
ist daher $C_R=C_{R1}<C/12$ zu wählen. Mit dem Anwachsen der Amplituden öffnen
die Dioden und vergrößern die Gesamtkapazität bis sich der stationäre Zustand
mit $C_R=C/12$ einstellt. Der Einfluss des dynamischen Durchlasswiderstandes der
Dioden ist bei dieser Überlegung vernachlässigt.

Beispiel Die Funktionsfähigkeit der Stabilisierung wurde durch eine SPICE-
Simulation für eine Schwingfrequenz $f_0=1$ kHz überprüft.

- Berechnete Werte: $R = 1\,\text{k}\Omega \Rightarrow C = 275{,}7$ nF, $C_R = C/12 = 22{,}97$ nF.
- Gewählte Werte: $C_{R1}=22$ nF , $C_{R2}=2{,}7$ nF.

Als Ergebnis stellt sich eine sinusförmige Schwingung der Frequenz $f_0=1{,}02$ kHz
ein, die nach etwa 100 ms eine maximale Amplitude von 300 mV erreicht. Der
Klirrfaktor beträgt etwa 0,3 %.

■

8.3.3 Allpass-Oszillator

Wird ein Allpass zweiten Grades, der bei der Polfrequenz ω_P eine Phasendrehung
von $-180°$ aufweist, mit einem invertierenden Verstärker in einer Schleife zusammengeschaltet, ist die Schwingbedingung phasenmäßig nur bei der Frequenz
$\omega=\omega_P$ erfüllt. Der zweite Teil der Schwingbedingung (Betrag) kann dann einfach
über den Verstärkungswert des Inverters eingestellt werden. Damit sind zum Aufbau dieser Oszillatorschaltung zwei Verstärkerbausteine erforderlich.

Bei der Oszillatorschaltung in Abb. 8.8 wird der Allpass zweiten Grades aus Abschn. 4.5.1, Abb. 4.27, eingesetzt.

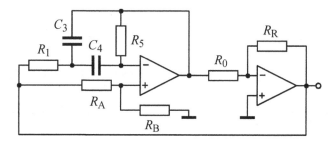

Abb. 8.8 Allpass-Oszillator

Dimensionierung

Aus der zugehörigen Allpassfunktion, Gl. (4.48), ergeben sich für den einfach zu behandelnden Fall mit $R_1=R_5=R$ und $C_3=C_4=C$ die Beziehungen

$$\text{Allpass-Abstimmbedingung: } \frac{R_\text{B}}{R_\text{A}+R_\text{B}} = \frac{1}{5} \Rightarrow \omega_\text{P} = \omega_0 = \frac{1}{RC}, \quad Q_\text{P} = \frac{1}{2}.$$

Zur Einhaltung der Schwingbedingung für den stationären Nominalfall muss der Inverter deshalb die Verstärkung $v=-R_\text{R}/R_0 =-5$ erhalten. Wird der Widerstand R_R dann etwas größer als $5R_0$ gewählt, wird der Schwingvorgang sicher eingeleitet, bevor die – nicht dargestellte – Amplitudenkontrolle die Verstärkung wieder auf den Wert $v=-5$ reduziert.

Bewertung

Eine tiefergehende Analyse der Schaltung zeigt, dass eine Abstimmung der Pol- bzw. Schwingfrequenz durch Veränderung nur eines Bauelementes generell nicht möglich ist, da gleichzeitig die Abstimmbedingung für die Allpassbedingung beeinflusst würde. Mit der angesetzten vereinfachten Bauelementewahl sind also keine zusätzlichen Einschränkungen verbunden.

Zur notwendigen Amplitudenstabilisierung kann – mit Ausnahme der OTA-Widerstandsnachbildung (Abb. 8.4) – jedes der in Abschn. 8.1.2.4 vorgeschlagenen Verfahren angewendet werden. Für den Fall der Stabilisierung mit Feldeffekttransistor ist zu beachten, dass der Source-Anschluss direkt am n-Eingang des Operationsverstärkers liegen muss („virtuelles" Massepotential), damit die Steuergröße U_GS ausschließlich von der auf den Gate-Anschluss rückgeführten Spannung bestimmt wird.

Die Besonderheit des Allpass-Oszillators besteht darin, dass der Polgüte (im Zahlenbeispiel $Q_\text{P}=0{,}5$) durch eine andere Dimensionierung höhere Werte zugewiesen werden können. Damit erhält die Phasenfunktion bei $\omega=\omega_\text{P}$ eine größere Steilheit – mit der Folge, dass die vom Operationsverstärker verursachten Phasenfehler sich weniger stark auf die Schwingfrequenz auswirken. In diesem Zusammenhang sei auf die Anmerkung zu Punkt 5. im Abschn. 8.2.3 hingewiesen.

8.3.4   Quadratur-Oszillatoren

8.3.4.1 Integratorschleife mit Operationsverstärkern

Bei der Tiefpass-Oszillatorschaltung aus Abschn. 8.3.2, Abb. 8.7, kompensiert ein invertierender Integrator mit der Phasenverschiebung von +90° bei $f=f_0$ die negative Phasendrehung einer vorgeschalteten zweipoligen RC-Tiefpassstufe. Wird der Tiefpassteil durch eine nicht-invertierende Integratorschaltung (Phasenverschiebung −90°) ersetzt, entsteht eine schwingungsfähige Anordnung aus zwei in einer geschlossenen Schleife zusammengeschalteten Integratoren, s. Abb. 8.9(a).

Diese Oszillatorstruktur kann auch als Umsetzung der klassischen Schwingungsdifferentialgleichung in eine Schaltung mit ausschließlich integrierenden Elementen interpretiert werden (Tietze und Schenk 2002). Die Bezeichnung der Schaltung als „Quadraturoszillator" oder „Zweiphasenoszillator" deutet darauf hin, dass an zwei Ausgängen zwei jeweils um 90° verschobene Signale zur Verfügung stehen.

Für die nicht-invertierende Stufe kann jede der vier Integratorschaltungen aus Abschn. 3.1.6 eingesetzt werden. Bei dem in Abb. 8.9(b) dargestellten Schaltungsbeispiel wird dafür ein BTC-Integrator verwendet (Abschn. 3.1.6, Abb. 3.11). Wird stattdessen ein invertierender Integrator mit einer zusätzlichen Inverterstufe gewählt, entsteht eine aus drei Operationsverstärkern bestehende Schaltung, die auch aus dem Zustandsvariablenfilter nach Tow-Thomas (Abschn. 4.6.3, Abb. 4.35) durch Entdämpfung abgeleitet werden kann ($Q_P \to \infty$ mit $R_Q \to \infty$).

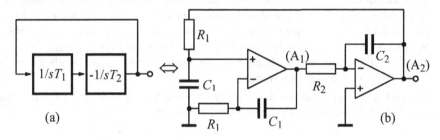

Abb. 8.9 Quadratur-Oszillator,
(a) Blockschaltbild   **(b)** Schaltung mit BTC- und Umkehr-Integrator

Dimensionierung

Das Produkt beider Integratorfunktionen ist identisch zur Übertragungsfunktion der Schleife

$$\underline{H}_S(\mathrm{j}\omega) = -\frac{1}{\mathrm{j}\omega T_1} \cdot \frac{1}{\mathrm{j}\omega T_2} = -\frac{1}{\mathrm{j}\omega R_1 C_1} \cdot \frac{1}{\mathrm{j}\omega R_2 C_2} = \frac{1}{\omega^2 R_1 R_2 C_1 C_2}.$$

Die entstandene Funktion ist rein reell und bestätigt somit die Erwartung, dass die Schwingbedingung hinsichtlich der Phase für jede Frequenz erfüllt ist – unter der Annahme idealisierter Eigenschaften für beide Operationsverstärker.

Mit Gl. (8.2a) gilt dann für die Schwingfrequenz

$$\frac{1}{\omega_0^2 R_1 R_2 C_1 C_2} = 1 \quad \Rightarrow \quad f_0 = \frac{1}{2\pi\sqrt{R_1 R_2 C_1 C_2}} \xrightarrow[C_1=C_2=C]{R_1=R_2=R} \frac{1}{2\pi RC}.$$

Dieses Ergebnis zeigt, dass die Schwingfrequenz hier durch Variation nur eines Parameters (R_2 oder C_2) durchgestimmt werden kann.

Amplitudenstabilisierung

Eine besondere Eigenschaft der Oszillatorschaltung in Abb. 8.9(b) besteht darin, dass – rein theoretisch – eine gesonderte Amplitudenstabilisierung nicht erforderlich ist. Da die Phasenbedingung – auch für reale OPV-Eigenschaften – über einen großen Frequenzbereich immer erfüllt ist, kann es zu Dauerschwingungen nur für die Frequenz f_0 kommen, bei der die Schleifenverstärkung betragsmäßig den Wert „1" hat.

Ein Ansteigen der Schwingspannung bis in den Übersteuerungszustand der Verstärker wird dadurch verhindert, dass der Verstärkungswert für die in einem „abgeschnittenen" Sinussignal enthaltenen Oberwellen stets kleiner wäre als „1" (die erste Oberwelle wird bereits um 40 dB gedämpft). In der Praxis stellt sich damit automatisch eine Amplitude im Bereich der Aussteuerungsgrenzen der Verstärker ein. Für gleiche Zeitkonstanten $T_1 = T_2$ erreichen beide OPV-Einheiten gleichzeitig diese maximal mögliche Amplitude.

Um dadurch verursachte mögliche Verzerrungen zu vermeiden, ist es sinnvoll, beide Zeitkonstanten *ungleich* zu wählen. In diesem Fall haben beide Stufen bei f_0 unterschiedliche Übertragungseigenschaften – mit der Folge, dass die Ausgangsamplituden unterschiedlich sind und nur der Integrator mit der kleineren Zeitkonstanten bis an seine Grenzen ausgesteuert wird. Eine Verkleinerung von R_2 erhöht beispielsweise die Schwingfrequenz und die Amplitude am Ausgang A_2. Am anderen OPV (Ausgang A_1) kann dann ein kleineres Signal mit deutlich verbesserter Qualität abgenommen werden.

Beispiel Die Signalqualität für eine Schwingfrequenz $f_0 = 1$ kHz wird durch eine SPICE-Simulation ermittelt. Dafür gewählte Werte:

$$R_1 = 20 \text{ k}\Omega, \quad R_2 = 5 \text{ k}\Omega, \quad C_1 = C_2 = 15.915 \text{ nF}.$$

Das Simulationsergebnis ist eine sinusförmige Spannung mit der Frequenz $f_0 = 998{,}4$ Hz. Die Signalamplitude beträgt etwa 4,5 Volt am Ausgang A_1 (Klirrfaktor etwa 0,02 %) und ca. 9 Volt am Ausgang A_2.

Bei einer Reduzierung von R_2 um den Faktor 16 entsteht am Ausgang A_1 eine Schwingung bei $f_0 = 3{,}99$ kHz mit einer Amplitude von etwa 1 Volt. ∎

Bewertung

Die Vorteile des Integrator-Oszillators sind sein relativ einfacher Aufbau ohne die Notwendigkeit einer separaten Amplitudenkontrolle, die Erzeugung zweier um 90° gegeneinander verschobener Signalfrequenzen sowie die Möglichkeit, die Schwingfrequenz nur mit einem Bauteil verstimmen zu können – ohne Einfluss auf die Schwingbedingung.

8.3.4.2 Integratorschleife mit CC-Bausteinen

Viele der ursprünglich für Operationsverstärker entwickelte Filter- und Oszillator-strukturen können auch auf Aktivelemente übertragen werden, die im Strommo-dus arbeiten. Ein Beispiel dafür ist das Universalfilter mit zwei Stromkonvertern (Current-Conveyor, CC) aus Abschn. 4.7.3, Abb. 4.42. Um die Schaltung als Oszillator arbeiten zu lassen, wird die dämpfende Wirkung des Widerstandes R_3 dadurch kompensiert, dass der Ausgangsknoten des ersten CC-Blocks auf den hochohmigen y-Eingang zurückgeführt wird, s. Abb. 8.10. Über das Verhältnis R_1/R_3 kann dann die Schwingbedingung eingestellt werden.

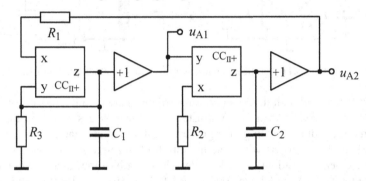

Abb. 8.10 Quadratur-Oszillator mit CC–Baugruppen (einschl. Impedanzwandler)

Dimensionierung

Werden die Strom-/Spannungsgleichungen für den Current-Conveyor aus Abschn. 3.5, Gl. (3.33), auf die Schaltung, Abb. 8.10, angewendet, erhält man

Stufe 1:
$$i_{x1} = \frac{u_{A1} - u_{A2}}{R_1} = i_{z1} = u_{A1}\left(\frac{1}{R_3} + sC_1\right),$$

$$\frac{u_{A1}}{u_{A2}} = -\frac{1}{sR_1C_1 + R_1/R_3 - 1} \xrightarrow{R_1=R_3} -\frac{1}{sR_1C_1}.$$

Stufe 2:
$$\frac{u_{A2}}{u_{A1}} = \frac{1}{sR_2C_2}.$$

Unter der Voraussetzung $R_1 = R_3$ stellt also die hier analysierte Anordnung eben-falls eine aus zwei Integratorstufen (invertierend/nicht-invertierend) gebildete schwingungsfähige Schleife dar. Für das Aussteuerungsverhalten, die Amplitu-denkontrolle und die Dimensionierung beider Stufen gelten deshalb sinngemäß die gleichen Aussagen wie für den Quadraturoszillator in Abb. 8.9. Die Schwing-bedingung kann – ohne Beeinflussung der Frequenz – mit R_3 kontrolliert werden. Umgekehrt kann die Schwingfrequenz mit dem Widerstand R_2 variiert werden, ohne die Schwingbedingung zu verletzen. Von Vorteil ist, dass beide Widerstände einseitig geerdet sind und so eine elektronische Steuerung einfach möglich ist.

8.4   Zweipol-Oszillatorschaltungen

8.4.1   Resonanzkreisentdämpfung mit NIC

Ausgangsbasis dieses Oszillators ist der klassische LC-Parallelresonanzkreis in Abb. 8.11.

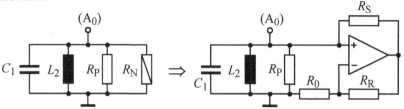

Abb. 8.11 Parallelresonanzkreis mit aktiver Entdämpfung durch NIC

Diese Zweipolschaltung kann kontinuierliche Schwingungen erzeugen, wenn der Widerstand R_P, in dem alle Verluste der Spule und des Kondensators enthalten sein sollen, durch einen gleich großen negativen Widerstand $R_N=-|R_N|$ in seiner Wirkung kompensiert wird. Die in Abb. 8.11 gezeigte Aktivschaltung verwendet dazu einen Operationsverstärker, der als Negativ-Impedanzkonverter (NIC) beschaltet ist, s. Abb. 3.13 in Abschn. 3.1.8. Der Ausgang der Schaltung ist weiterhin bei dem mit A_0 bezeichneten Knoten.

Mit Gl. (3.14a) für den NIC-Eingangswiderstand und mit der Schwingbedingung für Zweipoloszillatoren, Gl. (8.3), gilt dann die Dimensionierungsvorschrift

$$R_P = |R_N| = \frac{R_S}{R_R} R_0 \quad \Rightarrow \quad \frac{R_P}{R_S} = \frac{R_0}{R_R}. \tag{8.6}$$

Mit dem Ziel, eine schwingungsfähige aktive RC-Schaltung ohne Induktivitäten zu erhalten, kann in einem zweiten Schritt die Parallelschaltung aus L_2 und R_P ersetzt werden durch einen weiteren Aktivblock, s. Abb. 8.12. Dabei arbeitet der OPV als Umkehrintegrator, dessen Ausgangsspannung einen Strom mit induktivem Charakter durch den Widerstand R_1 verursacht.

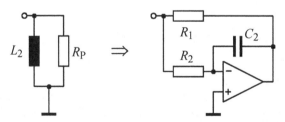

Abb. 8.12 Aktive Nachbildung einer geerdeten und verlustbehafteten Induktivität

Die Dimensionierung der drei Elemente R_1, R_2 und C_2 erfolgt durch Vergleich der Eingangsimpedanzen beider Schaltungen.

Der komplexe Eingangsleitwert der Aktivschaltung berechnet sich zu

$$\underline{Y}_{E,\,aktiv} = \frac{1}{R_1} + \frac{1}{R_2} + \frac{1}{j\omega R_1 R_2 C_2}\,.$$

Der Kehrwert dieses Eingangsleitwerts ist die gesuchte Eingangsimpedanz, die zu vergleichen ist mit dem Ergebnis für die passive Originalschaltung:

$$\underline{Z}_{E,\,aktiv} = \frac{1}{\underline{Y}_{E,\,aktiv}} = R_1 \,\|\, R_2 \,\|\, j\omega R_1 R_2 C_2 \quad \Leftrightarrow \quad \underline{Z}_{E,passiv} = R_P \,\|\, j\omega L_2\,.$$

Ein Vergleich der Real- bzw. Imaginärteile liefert

$$R_P = R_1 \,\|\, R_2 \quad \text{und} \quad L_2 = R_1 R_2 C_2\,. \tag{8.7}$$

Schaltung und Funktionsprinzip

Ein Operationsverstärker mit der Beschaltung nach Abb. 8.12 und einer Dimensionierung nach Gl. (8.7) kann also jede verlustbehaftete geerdete Induktivität ersetzen. Wird diese Aktivschaltung zur Nachbildung der Elemente L_2 und R_P in Abb. 8.11 eingesetzt, entsteht die Oszillatorschaltung in Abb. 8.13.

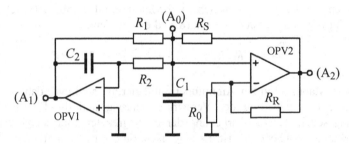

Abb. 8.13 Zweipol-Oszillator mit aktiver Induktivitätsnachbildung

Die Funktionsweise dieser Schaltung kann auch auf anderem Wege abgeleitet werden. Dazu werden die beiden Widerstände R_R und R_0 sowie der Verstärker OPV2 als eine nicht-invertierende Verstärkereinheit mit $v=1+R_R/R_0$ angesehen. Dieser Verstärker ist dann Bestandteil einer Schleife, die über einen frequenzabhängigen Schaltungsteil mit der Übertragungsfunktion $\underline{H}_R(j\omega)$ – bezogen auf den p-Eingang von OPV2 (Knoten A_0) – geschlossen wird. Dabei ist $\underline{H}_R$ eine Bandpassfunktion, die der klassischen Struktur aus Serienwiderstand R_S und Parallelresonanzkreis mit Verlustwiderstand $R_P=R_1\|R_2$ entspricht, vgl. dazu die Darstellungen in Abb. 8.11 und Abb. 8.12.

Nur durch eine andere Interpretation der Schaltungsstruktur kann in diesem Fall also ein Zweipol- in einen Vierpol-Oszillator überführt werden. Diese neue Betrachtungsweise erlaubt auch sofort die Aussage, dass das Ausgangssignal am Knoten A_0 des Zweipol-Oszillators – verstärkt um den Faktor $v=1+R_R/R_0$ – auch am niederohmigen Ausgang A_2 von OPV2 zur Verfügung steht.

Dimensionierung

Der einfachste Weg zur Berechnung der Schwingfrequenz führt über die passive Originalschaltung mit Gl. (8.7):

$$\omega_0 = \frac{1}{\sqrt{L_2 C_1}} \xrightarrow{\;L_2 = R_1 R_2 C_2\;} \omega_0 = \frac{1}{\sqrt{R_1 R_2 C_1 C_2}}. \tag{8.8}$$

Die Schwingbedingung, Gl. (8.6), kann – unabhängig von der Frequenz – eingestellt werden mit den Widerständen R_S, R_0 oder R_R :

$$\frac{R_P}{R_S} = \frac{R_0}{R_R} \xrightarrow{\;R_P = R_1 \| R_2\;} \frac{R_1 \| R_2}{R_S} = \frac{R_0}{R_R}. \tag{8.9}$$

Weil die beiden Widerstände R_1 und R_2 nach Gl. (8.8) auch die Schwingfrequenz festlegen, ist eine Variation von ω_0 nur über die beiden Kapazitätswerte C_1 bzw. C_2 möglich. Ohne weitere Einschränkung der Funktionalität und in Übereinstimmung mit Gl. (8.9) ist in der Praxis deshalb folgende Widerstandswahl üblich:

$$R_1 = R_2 = R_S = R_0 = R \quad \text{und} \quad R_R = 2R.$$

Amplitudenstabilisierung

Zusammen mit der erweiterten Schwingbedingung, Gl. (8.5b), zur Sicherung des Anschwingvorgangs entsteht aus Gl. (8.8) die Ungleichung

$$\frac{R_0 R_S}{R_R} \leq R_1 \| R_2 \xrightarrow{\;R_1 = R_2 = R_S = R\;} R_R \geq 2R.$$

Besondere Maßnahmen zur Amplitudenstabilisierung sind evtl. dann entbehrlich, wenn eine Übersteuerung der Verstärker zulässig und die Filterwirkung der Schaltung selber zur Unterdrückung der im begrenzten Sinussignal enthaltenen Oberwellen ausreichend gut ist. Es zeigt sich, dass für alle sinnvollen Dimensionierungen der Verstärker OPV1 als erster übersteuert wird. Das Ausgangssignal an A_1 ist deshalb – je nach Übersteuerungsgrad – eine „abgeschnittene" Sinusspannung. Zwischen A_1 und dem Ausgang A_2 des anderen Verstärkers wirkt der aus R_1 und C_1 liegende Tiefpass ersten Grades, so dass nur eine relativ geringe Oberwellendämpfung zu erwarten ist (etwa 8 dB für die dominante dritte Harmonische).

Eine deutliche Qualitätsverbesserung kann erreicht werden, wenn die Übersteuerung von OPV1 dadurch verhindert wird, dass eine Amplitudenbegrenzung rechtzeitig einsetzt. Zu diesem Zweck wird der „überdimensionierte" Widerstand R_R mit zwei antiparallel geschalteten Dioden kombiniert – mit der Konsequenz, dass nun der Ausgang A_2 ein durch die Diodenwirkung verzerrte Signalform führt. Demgegenüber kann am Ausgang A_1 aber ein qualitativ deutlich verbessertes Sinussignal abgenommen werden. Zur Erklärung dieses Effektes wird der Ausgang A_2 als Signalquelle angesehen. Zwischen den beiden Knoten A_2 und A_1 liegt dann ein Tiefpassfilter zweiten Grades in der Struktur nach Abb. 4.16 (Abschn. 4.3.2.1, Zweifach-Gegenkopplung), so dass die Spannung an A_1 die gefilterte Version der Spannung an A_2 ist.

Zu diesem Tiefpass gehört eine Polfrequenz, die identisch ist zu der Schwingfrequenz, sowie eine Polgüte, die der Güte des Resonanzkreises gleicht:

$$Q_P = Q = \frac{R_S \| R_P}{\omega_0 L_2} = (R_S \| R_P) \sqrt{\frac{C_1}{L_2}} = \frac{R_1 \| R_2 \| R_S}{\sqrt{R_1 R_2}} \sqrt{\frac{C_1}{C_2}},$$

$$\text{Sonderfall: } R_1 = R_2 = R_S = R \;\Rightarrow\; Q_P = Q = \frac{1}{3}\sqrt{\frac{C_1}{C_2}}.$$

(8.10)

Die Filterwirkung kann i. a. als ausreichend angesehen, wenn für diesen Gütewert
$Q \geq 3$ gilt. Das folgende Beispiel verdeutlicht den Dimensionierungsprozess.

Für den Fall, dass die Oszillatorfrequenz durch Kapazitätsabstimmung erhöht
werden soll, ist es sinnvoll. den Wert von C_2 zu verkleinern sowie im umgekehrten Fall der Wert von C_1 bei einer Frequenzverringerung zu vergrößern. In beiden
Fällen wird dabei gem. Gl. (8.10) der Gütewert angehoben, wodurch die Oberwellenfilterung weiter verbessert werden kann.

Dimensionierungsbeispiel

Die Oszillatorschaltung in Abb. 8.13 wird mit den Gln. (8.8), (8.9) und (8.10)
dimensioniert für eine Schwingfrequenz f_0=1 kHz.

Vorgabe: $C_1 = 100 \text{ nF}, \; C_2 = 1 \text{ nF} \;\Rightarrow\; C_1/C_2 = 100 \;\Rightarrow\; Q_P = Q = 3,33$.

Widerstände: $R_1 = R_2 = R_S = R = \dfrac{1}{2\pi f_0 \sqrt{C_1 C_2}} = 15,915 \text{ k}\Omega, \quad \dfrac{R_R}{R_0} = 2$.

Zur Kontrolle der Übersteuerungseigenschaften werden die Beträge der Einzel-
verstärkungen bezüglich der am gemeinsamen Knoten A_0 anliegenden Spannung
ermittelt:

$$\text{OPV1: } \left|\frac{u_{A1}}{u_{A0}}\right| = \frac{1}{2\pi f_0 R_2 C_2} = \sqrt{\frac{C_1}{C_2}} = 3Q_P = 10,$$

$$\text{OPV2: } \left|\frac{u_{A2}}{u_{A0}}\right| = 1 + \frac{R_R}{R_0} = 3.$$

Für alle Gütewerte $Q_P \geq 1$ ist also die Verstärkung von OPV1 die größere von
beiden, so dass dieser Verstärker – sofern keine separate Amplitudenkontrolle
vorgesehen wird – als erster die Aussteuerungsgrenze erreicht.

Simulation Eine SPICE-Simulation dieser Schaltung (mit R_R/R_0=2,2 für siche-
res Anschwingen) bestätigt die theoretischen Überlegungen und die Berechnung.
Bei einer Betriebsspannung U_B=±10 V für die Operationsverstärker entsteht am
Ausgang A_2 ohne eine Amplitudenstabilisierung durch Dioden ein kontinuierli-
ches Sinussignal mit einer Amplitude von etwa 3 V (Klirrfaktor k=0,35 %). Die
Spannung am Ausgang A_1 ist eine bei etwa 9 V „abgeschnittene" Sinusfunktion.

Zur weiteren Verbesserung der Signalqualität kann der Widerstand R_R mit zwei antiparallelen Dioden überbrückt werden. Damit wird der Anstieg der Spannung bei A_2 „sanft" begrenzt bei etwa 0,6 V. Gleichzeitig wird damit verhindert, dass OPV1 die Aussteuerungsgrenze erreicht. Werden die Dioden nach dem Prinzip von Abb. 8.2 zusätzlich mit einem Vorwiderstand R_V=10 kΩ kombiniert, ergibt die Schaltungssimulation eine Amplitude von etwa 5 V am Ausgang A_1 mit einem Klirrfaktor von nur k=0,05 %.

■

8.4.2 GIC-Resonator

Eine Klasse besonders leistungsfähiger Filterschaltungen mit dem Allgemeinen Impedanzkonverter wurde im Abschn. 4.4 beschrieben. Es erscheint deshalb vielversprechend, das GIC-Prinzip auch für Oszillatorschaltungen zu nutzen.

Ausgangspunkt der Schaltungssynthese ist der als verlustlos angesetzte LC-Parallelresonanzkreis, bei dem die Induktivität L durch einen entsprechend beschalteten GIC-Block ersetzt wird, s. dazu Abschn. 3.2.2 und Abb. 3.17.

Diese Anordnung ist nur dann in der Lage, kontinuierliche Schwingungen zu erzeugen, wenn die in Wirklichkeit stets vorhandenen Verluste sowohl des parallel geschalteten Kondensator als auch der Aktivschaltung kompensiert werden können. Zu diesem Zweck wird zunächst die bekannte GIC-Struktur (Abschn. 3.2.1, Abb. 3.16) betrachtet, die um einen Widerstand R_0 erweitert worden ist, s. Abb. 8.14 (von Wangenheim 1996).

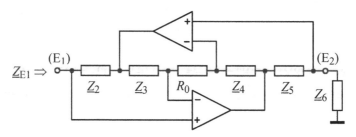

Abb. 8.14 GIC-Struktur nach Antoniou mit Erweiterung durch R_0

Der Einfluss des Widerstandes R_0 wird sichtbar, wenn die Eingansimpedanz am Knoten E_1 ausgewertet wird:

$$\underline{Z}_{E1} = \frac{\underline{Z}_2 \underline{Z}_4 \underline{Z}_6}{\underline{Z}_3 \underline{Z}_5} - R_0 \frac{\underline{Z}_2}{\underline{Z}_3}. \tag{8.11}$$

Der Widerstand R_0 erzeugt bei der Eingangsimpedanz also einen zusätzlichen Anteil mit negativem Vorzeichen. Für R_0=0 geht die Schaltung wieder über in die klassische Antoniou-Struktur mit einer Eingangsimpedanz wie in Abschn. 3.2.1 mit Gl. (3.16) angegeben.

Besonders vorteilhaft wirkt sich die Tatsache aus, dass mit R_0 stets ein Widerstand im Rückkopplungszweig der Verstärker liegt. Anders als beim „normalen" GIC-Block können darum auch die exzellenten Großsignaleigenschaften von Transimpedanzverstärkern (CFA) in dieser Schaltung ausgenutzt werden.

Schaltung und Funktionsprinzip

Wie in Abschn. 3.2 ausgeführt, kann der erste Teil von Gl. (8.11) durch eine geeignete Wahl der Impedanzen $\underline{Z}_2$ bis $\underline{Z}_6$ das elektrische Verhalten sowohl von Induktivitäten als auch von FDNR-Elementen nachbilden.

Die Anwendung als Aktivelement in Oszillatoren beruht darauf, diesen ersten Teil der Eingangsimpedanz bei einer bestimmten Frequenz zu kompensieren durch eine extern anzuschließende weitere Impedanz (Resonanzeffekt). Der zweite *negative* Teil dient der Kompensation der Systemverluste und ermöglicht so die Selbsterregung.

Bei der Zuordnung der Impedanzen gibt es nach Abschn. 3.2 für die L-Simulation zwei sowie für die FDNR-Nachbildung drei mögliche Dimensionierungen. Deshalb resultieren daraus fünf Schaltungsvarianten des GIC-Oszillators. Eine dieser Schaltungen mit besonders guten Eigenschaften hinsichtlich Dimensionierung, Abstimmbarkeit und Amplitudenkontrolle bzw. Signalqualität wird hier – stellvertretend für dieses Oszillatorprinzip – näher beschrieben, s. Abb. 8.15.

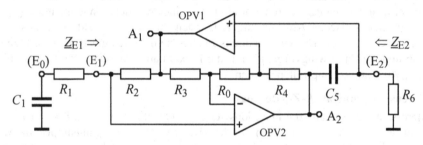

Abb. 8.15 GIC-Resonator

Dimensionierung als *LC*-Resonator

Um der GIC-Schaltung bezüglich des Eingangsknotens E_1 induktives Verhalten zu verleihen, wird für die Impedanz $\underline{Z}_5$ ein Kondensator C_5 eingesetzt, s. Abschn. 3.2.2. Damit geht die Eingangsimpedanz, Gl. (8.11), über in den Ausdruck

$$\underline{Z}_{E1} = \frac{sC_5R_2R_4R_6}{R_3} - R_0\frac{R_2}{R_3}\,.$$

Wenn dem GIC-Block am Knoten E_1 ein Widerstand R_1 vorgeschaltet wird, s. Abb. 8.15, erhält man am Eingangsknoten E_0 die Impedanz $\underline{Z}_{E0}$, die in einen induktiven Anteil sL und einen reellen Anteil R_N aufgeteilt werden kann:

$$\underline{Z}_{E0} = \underline{Z}_{E1} + R_1 = \frac{sC_5R_2R_4R_6}{R_3} + \left(R_1 - R_0\frac{R_2}{R_3}\right) = sL + R_N\,.$$

Dabei repräsentiert der erste Term eine reine Induktivität L; der reelle Anteil R_N besteht aus einer Differenz, der durch eine passende Widerstandswahl ein *negatives* Vorzeichen zugewiesen werden muss (Kompensation der Systemverluste). Für die vereinfachte Dimensionierung

$$R_2 = R_3 = R_4 = R$$

erhält man dann

$$L = C_5 R R_6 \quad \text{und} \quad R_N = R_1 - R_0 \le 0. \tag{8.12}$$

Wenn die so erzeugte aktive Induktivität mit der Kapazität C_1 eines bei E_0 angeschlossenen Kondensators zu einem Resonanzkreis ergänzt wird, entsteht der GIC-Resonator in Abb. 8.15, dessen Eigenwerte für den Fall $R_N < 0$ einen positiven Realteil besitzen (Bedingung zum Anschwingen). Für ungedämpfte sinusförmige Schwingungen muss die Bedingung $R_N = 0$ auf dem Wege einer Amplitudenbegrenzung eingestellt werden. Im stationären Zustand mit $R_1 = R_0$ stellt sich dann die für den LC-Kreis charakteristische Schwingfrequenz ein:

$$f_0 = \frac{1}{2\pi\sqrt{LC_1}} = \frac{1}{2\pi\sqrt{C_1 C_5 R R_6}} \xrightarrow{C_1 = C_5 = C} \frac{1}{2\pi C\sqrt{R R_6}}. \tag{8.13}$$

Diese Schaltung erlaubt also das Durchstimmen der Frequenz – unabhängig von der Schwingbedingung – durch Variation nur eines geerdeten Widerstandes (R_6), der zur elektronischen Abstimmung z. B. auch durch einen Feldeffekttransistor ersetzt werden kann. Das Ungleichheitszeichen in Gl. (8.12) gilt wieder für kleine Amplituden (Anschwingvorgang). Für die Praxis kann ein Widerstandsverhältnis $R_1/R_0 \approx (0{,}9...0{.}95)$ empfohlen werden.

Dimensionierung als R-Z_D-Resonator

Interessanterweise kann die Funktionsweise des Oszillators in Abb. 8.15 auch auf einem anderen Weg beschrieben werden. Dazu wird die Eingangsimpedanz bezüglich des Schaltungsknotens E_2 betrachtet. In formaler Übereinstimmung mit Gl. (8.11) für die Eingangsimpedanz bei E_1 kann – aufgrund des symmetrischen Aufbaus der GIC-Schaltung in Abb. 8.14 – auch für E_2 ein ganz ähnlicher Ausdruck in allgemeiner Form angegeben werden (mit Berücksichtigung einer bei E_1 angeschlossenen Lastimpedanz $\underline{Z}_1$):

$$\underline{Z}_{E2} = \frac{\underline{Z}_1 \underline{Z}_3 \underline{Z}_5}{\underline{Z}_2 \underline{Z}_4} - R_0 \frac{\underline{Z}_5}{\underline{Z}_4} \quad \text{mit} \quad \underline{Z}_1 = R_1 + \frac{1}{j\omega C_1}.$$

Mit der Zuordnung der Bauelemente wie in Abb. 8.15 und den zuvor eingeführten Vereinfachungen

$$R_2 = R_3 = R_4 = R \quad \text{und} \quad C_1 = C_5 = C$$

lautet der Ausdruck für die Eingangsimpedanz am Knoten E_2:

$$\underline{Z}_{E2} = -\frac{1}{\omega^2 R C^2} - \frac{R_0 - R_1}{j\omega R C}. \tag{8.14}$$

Ein Vergleich mit Gl. (3.19) in Abschn. 3.2.3 zeigt, dass der erste Anteil dieses Ausdrucks die frequenzabhängige und negative Eingangsimpedanz Z_D eines FDNR-Elements darstellt. Der zweite Anteil stellt für $R_0 > R_1$ formal eine negative Kapazität dar, die bei Gleichheit von R_0 und R_1 verschwindet.

In Analogie zum Verhalten einer LC-Kombination kann die negative FDNR-Impedanz bei E_2 durch einen an diesen Knoten angeschlossenen Ohmwiderstand (R_6 in Abb. 8.15) bei einer bestimmten Frequenz kompensiert werden. In diesem Fall und für die Bedingung $R_1 = R_0$ verschwindet dann die Summe beider Leitwerte:

$$\frac{1}{R_6} + \frac{1}{\underline{Z}_{E2}\,(\omega = \omega_0)} = \frac{1}{R_6} - \omega_0^{\,2} R C^2 = 0 \quad \Rightarrow \quad f_0 = \frac{1}{2\pi C \sqrt{R R_6}}\,.$$

Der Vergleich mit Gl. (8.13) zeigt, dass die Funktionsweise des Oszillators in Abb. 8.15 sowohl über den klassischen LC-Schwingkreis als auch über den Resonanzeffekt zwischen einem Ohmwiderstand und einem frequenzabhängigen negativen Widerstand (FDNR) beschrieben werden kann.

Dieser Effekt kann auch auf andere Weise anschaulich erklärt werden. Durch Anwendung der inversen Bruton-Transformation (Abschn. 2.2.3) ergibt sich nämlich unmittelbar, dass die Parallelschaltung eines Ohmwiderstandes mit einem FDNR-Element und einer negativen Kapazität dem elektrischen Verhalten einer Parallelschaltung aus Induktivität, Kapazität und einem negativen Widerstand entspricht, wodurch die Äquivalenz zum LC-Schwingkreis offensichtlich wird (s. Absatz: „Dimensionierung als LC-Resonator").

Amplitudenstabilisierung

Es zeigt sich, dass für alle sinnvollen Dimensionierungen die Begrenzung der aufklingenden Schwingungsamplitude am Ausgang A_1 auftritt. Deshalb kann am Ausgang des anderen Operationsverstärkers OPV2 (Ausgang A_2) ein Sinussignal mit einer für viele Anwendungen ausreichenden Qualität erwartet werden. Eine deutliche Qualitätsverbesserung tritt aber auf, wenn die Schwingbedingung mit $R_1 = R_0$ erzwungen wird, bevor die Aussteuerungsgrenzen von OPV1 erreicht werden. Eine einfache Möglichkeit dazu bieten wieder zwei antiparallel zu R_0 geschaltete Dioden oder ein passend dimensionierter NTC-Widerstand in Kombination mit dem Widerstand R_0.

Dimensionierungsbeispiel und Simulation

Über die Gln. (8.12) und (8.13) werden die Bauelemente für eine Schwingfrequenz $f_0 = 1$ kHz festgelegt:

$$R_2 = R_3 = R_4 = R = 1\,\text{k}\Omega\,, \quad C_1 = C_5 = C = 0{,}1\,\mu\text{F}\,,$$

$$R_6 = 2{,}53\,\text{k}\Omega\,, \quad R_0 = 500\,\Omega\,, \quad R_1 = 470\,\Omega\,.$$

Mit Stabilisierungsdioden parallel zum Widerstand R_0 liefert die SPICE-Simulation eine Schwingung der Frequenz $f_0 = 999$ Hz mit einer Amplitude am Ausgang A_1 von etwa 2,5 V (Klirrfaktor 0,3 %). Die Schwingungsamplitude am Ausgang A_2 beträgt 2 V (Klirrfaktor ca. 1 %).

8.5   Zusammenfassung

Die in Abschn. 8.3 und 8.4 behandelten Oszillatorstrukturen stellen nur eine begrenzte Auswahl aus den zahlreichen Möglichkeiten dar, frequenzselektive *RC*-Schaltungen mit Verstärkern zu selbstschwingenden Anordnungen zu kombinieren. Dabei können für die Klasse der Vierpoloszillatoren grundsätzlich alle klassischen Filtertypen – Tief-, Hoch- und Allpässe, Band- und Sperrfilter – eingesetzt werden. Das einzigste Kriterium für die Auswahl der Schaltung ist die Forderung, dass bei einer bestimmten Frequenz – der Schwingfrequenz – die Filterübertragungsfunktion positiv-reell oder negativ-reell sein muss, um in Kombination mit einem passend beschalteten Verstärker die Schwingbedingung erfüllen zu können.

Die Auswahl eines bestimmten Schaltungskonzeptes für eine spezielle Anwendung wird primär bestimmt durch die Höhe der Schwingfrequenz, deren Variationsbereich und durch die angestrebte Qualität des erzeugten Signals (Frequenzkonstanz, nichtlineare Verzerrungen, Klirrfaktor). In diesem Zusammenhang können auch schaltungsspezifische Besonderheiten eine wichtiges Entscheidungshilfe darstellen – wie z. B. die Möglichkeit zum separaten Abgleich von Schwingfrequenz und Schwingbedingung, Art und Wirksamkeit einer Amplitudenkontrolle sowie die Einflüsse der beim Entwurf üblicherweise idealisierten Verstärkereigenschaften, s. dazu Abschn. 8.2.3 (Auswahlkriterien).

Vergleich

In Tabelle 8.1 sind die in diesem Kapitel vorgestellten *RC*-Oszillatoren mit ihren drei wichtigsten Eigenschaften noch einmal vergleichend gegenübergestellt. Die Angaben zur relativen Frequenzabweichung resultieren aus SPICE-Simulationen.

Tabelle 8.1   Vergleich der *RC*-Oszillatoren

Oszillatorschaltung	f_0-Variation ohne Einfluss auf Schwingbedingung	f_0-Variation mit nur einem Element	Relativer Frequenzfehler (f_0=200 kHz)
RC-Bandpass-Oszillator	ja	nein	12 %
RC-Tiefpass-Oszillator	ja	nein	14 %
Allpass-Oszillator	ja	nein	11 %
OPV-Integratorschleife	ja	ja	17 %
CC-Integratorschleife	ja	ja	4 %
RLC-NIC-Oszillator	ja	ja	12 %
GIC-Resonator	ja	ja	6 %

Da alle Widerstands- und Kapazitätswerte bei der Simulation ohne Toleranzen angesetzt wurden, ist der ermittelte Frequenzfehler ausschließlich dem verwendeten nicht-idealen Operationsverstärkermodell zuzuordnen. Um die unterschiedlichen Empfindlichkeiten der sieben Schaltungen auf reale Verstärkereigenschaften zu erfassen, wurde mit f_0=200 kHz eine relativ hohe Schwingfrequenz gewählt.

Grundlage der Simulationen ist ein realistisches Zweipolmodell des OPV-Typs LF411 (Transitfrequenz f_T=5.5 MHz, Slew Rate 15 V/µs); die Simulation der CC-Integratorschleife basiert auf dem Typ AD844 (Transitfrequenz $f_T \approx$33 MHz).

Unberücksichtigt beim Vergleich der Oszillatoren bleibt der Schaltungsaufwand, also die Anzahl der passiven und aktiven Elemente. Auch der Klirrfaktor als Maß für die nichtlinearen Verzerrungen wurde nicht bewertet, da diese Größe vor allem abhängt von der gewählten Art der Amplitudenstabilisierung sowie vom Grad der „Überdimensionierung" zur Sicherstellung des Anschwingvorgangs.

Relaxations-Oszillatoren

Zwei andere Konzepte zur Erzeugung sinusförmiger Signale sollen kurz erwähnt werden. Dabei handelt es sich um keine „harmonischen" Oszillatoren, die im linearen Teil der Verstärkerkennlinie betrieben werden, sondern um rückgekoppelte Verstärker, deren Ausgangssignal periodisch zwischen den beiden Aussteuerungsgrenzen wechselt (Relaxations-Oszillator, astabile Kippschaltung). Über eine Zusatzschaltung kann daraus ein sinusförmiges Signal erzeugt werden.

Oberwellenfilterung

Werden die – in der Rechteckform primär vorhandenen ungeraden – Vielfachen der Grundwelle mit einem ausreichend selektiven Tief- oder Bandpass unterdrückt, entsteht eine sinusförmige Spannung mit einem für viele Anwendungen ausreichend kleinen Klirrfaktor. Der Nachteil dieses Prinzips besteht darin, dass das Filter auf die Kippfrequenz abgestimmt sein muss und diese deshalb nicht verändert werden kann, ohne gleichzeitig auch das Filter zu verstimmen.

Dreieck-Sinus-Wandlung mit Differenzverstärker

Die klassischen Relaxationsschaltungen enthalten als Verzögerungselement einen einfachen *RC*-Tiefpass ersten Grades oder eine integrierende Stufe, so dass – zusätzlich zum Rechtecksignal am Verstärkerausgang – auch eine nahezu dreieckförmige Spannung verfügbar ist. Diese Signalform kann durch die nichtlineare Kennlinie eines Differenzverstärkers mit „weicher" Begrenzung in einen sinusförmigen Spannungsverlauf überführt werden. Voraussetzung dafür ist ein symmetrisches Dreiecksignal mit einer Amplitude, die weder zu klein (kein Begrenzungseffekt) noch zu groß ist (harter Begrenzungseffekt). Schaltungssimulationen zeigen, dass die optimale Größe dafür etwa ±80 mV beträgt:

Amplitude Dreieck	Klirrfaktor (Sinus)
70 mV	3 %
80 mV	1,3 %
90 mV	2 %

Da die Dreieck-Sinus-Wandlung keine Filter erfordert, kann die Kippfrequenz über einen weiten Bereich durchgestimmt werden – ohne Einfluss auf die Qualität der Signalform am Ausgang des Differenzverstärkers (Klirrfaktor).

Literaturverzeichnis

Allstot DJ, Brodersen RW, Gray PR (1978) MOS switched-capacitor ladder filters.
IEEE Journal of Solid-State Circuits vol SC-13: 806-814

Antoniou A (1969) Realization of gyrators using operational amplifiers and their use in RC-active network synthesis. Proc. IEE vol 116: 1838-1850

Barkhausen H (1954) Elektronenröhren, 3. Band Rückkopplung. S. Hirzel Verlag Leipzig

Boctor SA (1975) Single Amplifier Functionally Tunable Lowpass-Notch Filter.
IEEE Trans. Circuits and Systems vol CAS-22: 875-881

Brodersen RW, Gray PR, Hodges DA (1979) MOS Switched-Capacitor Filters.
Proc. IEEE vol 67: 61-75

Bruton LT (1969) Network transfer functions using the concept of frequency-dependent negative resistance. IEEE Trans. Circuit Theory CT-16: 406-408

Bruton LT (1975) Low-Sensitivity digital ladder filters. IEEE Trans. Circuit and Systems CAS-22: 168-176

Budak A (1991) Passive and active network analysis and synthesis. Waveland Pr Inc

Chang CY (1968) Maximally flat amplitude lowpass filter with arbitrary number of pairs of real frequency transmission zeros. IEEE Trans. Circuit Theory CT-15: 465-467

Deliyannis T (1968) High-Q factor circuit with reduced sensitivity.
Electronics Letters vol 4: 577

Dostal T (1995) Insensitive Voltage-Mode and Current-Mode Filters from Transimpedance Opamps. IEE Proc. Circuits Devices Syst. vol 142: 140-143

Feistel KH, Unbehauen R (1965) Tiefpässe mit Tschebyscheff-Charakter der Betriebs-dämpfung im Sperrbereich u. maximal geebneter Laufzeit. Frequenz 8: 265-282

Fleischer PE, Tow J (1973) Design formulas for biquad active filters using three operational amplifiers. Proc. IEEE vol 61: 662-663

Fliege N (1978) Broadbanding techniques for RC-active filters with two operational amplifiers. NTZ 31: 289-292

Frey D (1996) Log Domain Filtering for RF Applications.
IEEE Journal of Solid-State Circuits vol SC-31: 1468-1475

Ghausi MS, Laker KR (1981) Modern Filter Design. Prentice-Hall, Inc., Englewood Cliffs, NJ

Girling FE, Good EF (1970) Active Filters 12: The leap-frog or active-ladder synthesis.
Wireless World 76: 341-345

Gorski-Popiel J (1967) RC-active Synthesis using Positive Immitance Converters.
Electron. Letters vol 3: 381-382

Gray PR, Meyer RG (1982) MOS Operational Amplifier Design – A Tutorial Overview.
IEEE Journal of Solid-State Circuits vol SC-17: 969-982

Gregorian R, Nicholson WE (1979) CMOS Switched-Capacitor Filters for a PCM voice codec. IEEE Journal of Solid-State Circuits vol SC-14: 970-980

Gregorian R, Martin KW, Temes GC (1983) Switched-Capacitor Circuit Design.
    Proc. IEEE vol 71: 941-966

Gregorian R, Temes GC (1986) Analog MOS Integrated Circuits for Signal Processing.
    John Wiley & Sons Inc., New York

Haase J, Reibiger A (1985) A Generalization of the Substitution Theorem of Network
    Theory. Proc. ECCTD '85, Prague: 220-223

Herpy M, Berka J (1984) Aktive RC-Filter. Franzis, München

Hurtig G (1972) The primary resonator block technique of filter synthesis.
    Proc. Int. Filter Symp. 1972, Santa Monica: 84-88

Johnson DE, Johnson JR (1966) Lowpass filters using ultraspherical polynomials.
    IEEE Trans. Circuit Theory CT-13: 364-369

Kerwin WJ, Huelsman LP, Newcomb RW (1967) State-variable synthesis for insensitive
    integrated circuit transfer functions. IEEE Journal of Solid-State Circ. vol SC-2: 87-92

Laker KR, Ghausi MS (1974) Synthesis of a low sensitivity multi-loop feedback active
    RC-Filter. IEEE Trans. Circuits and Systems vol CAS-21: 252-259

Laker KR, Schaumann R, Ghausi MS (1979) Multiple-Loop feedback topologies for the
    design of low-sensitivity active filters. IEEE Trans. Circ. Systems vol CAS-26: 1-21

Lindberg E (1997) Oscillators and Eigenvalues. Proc. ECCTD'97 (Budapest): 171-176

Lüder E (1978) Integrierbare Filter in VLSI-Technik. AEÜ 32: 381-389

Lutz R, Gottwald A (1985) Ein umfassendes Qualitätsmaß für lineare Verstärker-
    Oszillatoren. FREQUENZ 39: 55-59

Marko H (1995) Systemtheorie, Methoden und Anwendungen für ein- und mehrdimen-
    sionale Systeme. Springer, Berlin Heidelberg New York

Martin K, Sedra AS (1979) Stray-insensitive switched-capacitor filters based on the
    bilinear z-transform. Electron. Letters vol 15: 365-366

Meyer M (2002) Grundlagen der Informationstechnik. Vieweg, Braunschweig/Wiesbaden

Mitra AK, Aatre VK (1977) A Note on Frequency and Q Limitations of Active Filters.
    IEEE Trans. Circuits and Systems vol CAS-24: 215-218

Moschytz GS (1984) MOS Switched-Capacitor Filters: Analysis and Design.
    IEEE Press, New York

Mullik SK (1961) Pulse networks with parabolic distribution of poles.
    IRE Trans. Circuit Theory CT-8: 302-305

Nelin BD (1983) Analysis of Switched-Capacitor Networks using General-Purpose Circuit
    Simulation Programs. IEEE Trans. Circuits and Systems vol CAS-30: 43-48

Ohm J, Lüke HD (2005) Signalübertragung. Springer, Berlin Heidelberg New York

Orchard HJ (1966) Inductorless Filters. Electron. Letters vol 2: 224-225

Padukone PR, Ghausi MS (1981) A comparative study of multiple amplifier active RC
    biquadratic sections. Int. Journal on Circuit Theory and Applications vol 9: 431-459

Papoulis A (1958) Optimum Filters with monotonic response. Proc. IRE vol. 46: 606-609

Saal R, Entenmann W (1988) Handbuch zum Filterentwurf. Hüthig Verlag, Heidelberg

Sallen RP, Key EL (1955) A practical method of designing RC-active filters.
    IRE Trans. Circuit Theory vol CT-2: 74-85

Schaumann R, Soderstrand MA, Laker KR (1981) Modern Active Filter Design.
    IEEE Press, New York

Schüßler HW (1994) Digitale Signalverarbeitung. Springer, Berlin Heidelberg New York

Sedra AS, Espinoza JL (1975) Sensitivity and Frequency Limitations of Biquadratic Active Filters. IEEE Trans.Circuits and Systems vol CAS-22: 122-130

Sedra AS, Roberts GW, Gohh F (1990) The current conveyor: history, progress and new results. IEE proceedings vol 137, part G: 78-87

Sharma SP, Taylor JT, Haigh DG (1988) Stray-free second-order circuit for correction of sample-and-hold amplitude distortion in SC filters. Electronics letters vol 23: 177-178

Smith KC, Sedra AS (1968) The Current Conveyor – a new circuit building block. IEEE Proc. vol 56: 1368-1369

Taylor JT, Haigh DG (1987) Stray-free first-order circuit for correction of sample-and-hold amplitude distortion in SC filters. Electronics letters vol 24: 1007-1008

Temes GC, Orchard HJ (1973) First-order sensitivity and worst case analysis of doubly terminated reactance two-ports. IEEE Trans. Circuit Theory CT-20: 567-571

Temes GC (1981) MOS Switched-Capacitor Filters – history and state of the art. Proc. Europ. Conf. on Circuit Theory and Design ECCTD-81: 176-185

Tietze U, Schenk C (2002) Halbleiter-Schaltungstechnik. Springer, Berlin Heidelberg New York

Tow J (1975) Design and evaluation of shifted companion form active filters. Bell System Tech. Journal vol 54: 545-568

Ulbrich E, Piloty H (1960) Über den Entwurf von All-, Tief- und Bandpässen mit einer im Tschebyscheffsen Sinne approximierten Gruppenlaufzeit. AEÜ 14: 451-467

Unbehauen R, Cichocki A (1989) MOS Switched-Capacitor and Continuous-Time Integrated Circuits and Systems. Springer, Berlin Heidelberg New York

von Wangenheim L (1996) Modification of the classical GIC structure and its application to RC-oscillators. Electronics Letters vol 32: 6-8

von Wangenheim L (1997) Hochwertige RC-Oszillatorschaltungen. Elektronik 14/1997: 99-101

von Wangenheim L (1998) Spice Simulator Tunes RC Active Filter Circuits. Electronic Design vol 46, no. 18: 88-90

Williams AB, Taylor FJ (2006) Electronic Filter Design Handbook. McGraw-Hill Inc., New York

Sachverzeichnis

Printed in the United States
By Bookmasters